U0188534

高端装备关键基础理论及技术丛书·先进材料

残余应力基础理论及应用

高玉魁　著

上海科学技术出版社

内 容 提 要

《残余应力基础理论及应用》共分 7 章。第 1 章系统阐述了残余应力的产生机理，并说明了残余应力的影响；第 2 章详细介绍了磁测法、超声波法、X 射线法和中子衍射法等残余应力无损检测技术；第 3 章介绍了小孔法、深孔法、切槽法和云纹干涉法等残余应力有损检测技术；第 4 章通过各种实例，说明了工程检测特点；第 5 章介绍了残余应力的调控与消除方法；第 6 章介绍了各向异性材料的残余应力，包括单晶、织构和复合材料等；第 7 章结合残余应力的具体工程应用实例，对预拉伸板、喷丸成形、表面强化等残余应力加以分析，阐述了残余应力的重要作用，并分析了残余应力对裂纹萌生和扩展的影响。《残余应力基础理论及应用》理论、实验与应用并重，宏观和微观相结合，既注重理论体系的完整性，又注重工程实际的应用性，其中介绍的典型零件涵盖了航空、汽车、核电、轨交、桥梁和化工等领域。本书是对近年来有关残余应力研究很好的总结，也是一部实用性较强的专业技术工具书。

《残余应力基础理论及应用》可供从事材料基础理论、热处理、表面工程、交通、航空航天、机械专业的技术人员与科研人员参考阅读，也可作为高等院校相关专业师生的参考书。

图书在版编目(CIP)数据

残余应力基础理论及应用 / 高玉魁著. —上海：上海科学技术出版社，2019.7（2024.9 重印）
（高端装备关键基础理论及技术丛书. 先进材料）
ISBN 978-7-5478-4406-9

Ⅰ.①残… Ⅱ.①高… Ⅲ.①残余应力-研究 Ⅳ.①O343

中国版本图书馆 CIP 数据核字(2019)第 063903 号

残余应力基础理论及应用
高玉魁 著

上海世纪出版(集团)有限公司
上 海 科 学 技 术 出 版 社 出版、发行
（上海市闵行区号景路 159 弄 A 座 9F-10F）
邮政编码 201101 www.sstp.cn
上海当纳利印刷有限公司印刷
开本 787×1092 1/16 印张 21.5 插页 8
字数 410 千字
2019 年 7 月第 1 版 2024 年 9 月第 7 次印刷
ISBN 978-7-5478-4406-9/TB·10
定价：150.00 元

序

我的学生、现为同济大学教授的高玉魁要我给《残余应力基础理论及应用》一书写序，使我感到很高兴。残余应力目前已成为机器零件制造中需要关注控制的重要问题，但对很多在生产实际中工作的技术人员而言，对其作用机理有待进一步明确，对与其有关的测试评价技术也有待进一步掌握。这本专著的出版，无疑是很有意义的。

人类社会的生活离不开各种机器。机器都是由多个零件组成，每个零件都要采用合适的材料，经过设计和加工两大步骤制造而成，其主要目标是成形和成性（使材料及零件具备所需的形状和性能），以承担机器所需的功能，并且能安全和长久地工作。此外，还希望其制造工艺简单、低廉、高效，制成的零件重量轻。实际上，除了零件本身外，制造零件的材料也需要进行成形和成性，而进行材料及零件成形和成性的各种设备和工具也属于机器，因此机器制造业的主要基础就是零件制造业。新中国成立之初，我国的机器制造业极为薄弱，“洋钉”“洋车”等这些“洋”名，是我们这辈人的亲身感受；短短近 70 年来，我们亲眼看见我国的机器制造业突飞猛进，心中的自豪之情油然而生。当然，在零件的成形和成性技术方面，我国和一些先进国家相比仍有一定差距，要使我国真正变成制造业强国，还需要做出很大努力，需要生产、科研及教学人员继续向国外先进技术学习，对当前生产实际中存在的问题深入探索，形成有自己特色的东西。

残余应力，是材料及零件成形和成性工艺中必然会形成的重要参数，是一个古老而又日新月异的话题。我国早在古代进行金属冶炼和武器（特别是铁器）制造时，就注意到残余应力造成武器变形和开裂的现象，并采取了相应的措施。到了现代机器制造业，各种成形和成性工艺不断出现，成形技术有切削加工、铸造、压力加工、焊接等；成性技术除了整体成分调整和整体热处理之外，各种表面改性技术如表面热处理、化学热处理、表面形变（喷丸、表面碾压）、镀层等也广泛应用。在这些技术中，往往会采用加力、加热（冷却）等手段，而有些材料在加热冷却过程中还会发生内部显微组织的变化，零件表面还会发生化学成分的变化，这些因素在零件表面和内部的分布一般都是不均匀的，而这正是零件在加工完成后内部存在残余应力的原因，因此几乎所有的材料和零件都会与残余应力发生关系。如前所述，残余应力最早被注意到，是因为其造成零件的非预期性变形和开裂，使零件报废；而后来的实践和研究还发现，残余应力对材料及零件性能的影响还有时效性，特别是当表面出现残余拉应力时，其会使材料和零件在放置或工作一段时间后突然开裂。这种延迟断裂在工程中表现为不可预期的疲劳断裂、氢脆、白点、焊后开裂、镀后开裂、应力腐蚀等，会造成十分严重的后果。后来，技术人员意识到，残余应力的作用，在很多情况下可以认为是其与外加应力叠加的结果。于是人们开始用一些手段来消除残余应力，一些智者更反其道而行之，希望在成形或成性的工艺中，如表面喷丸、表面碾压、负前角刃具切削等，使零件表面形成压应力，可以有效地改善零件的疲劳性能。综上所述，目前，残余应力在材料及机器制造业中已是十分普遍而重要的问题，也有可能变害为利，因此已成为材料及零件制造过程中的关键内容和核心技术之一。

残余应力对于机器零件制造的重要作用，虽已得到关注，但是应该承认，目前工程技术人员对其认识还不够深入，高校内对于残余应力知识的传授也显得不足。这是因为残余应力问题涉及的面很广，从生产层面来说，涉及设计、制造、测量等方面，而从知识层面来说，则涉及材料学、各种工艺学、力学、表面技术等方面，因此要想对残余应力有深入的了解，就必须从实际到理论都具备广阔深入的知识。

本书作者高玉魁教授，在本人指导下攻读硕士学位时，就开始从事疲劳性能和残余应力的研究，以后一直从事航空航天关键零部件定寿与延寿方面的科研和教学工作。他在工作中注意深入实际，并提高到先进的理论高度来认识；他在国家出版基金项目资助下，2014 年已出版了专著《表面完整性理论及应用》；又从实际中，深知残余应力在机器制造业中的重要性，近年来一直注意扩充知识，收集资料，终于写成此书，实属难能可贵。该书应对我国成为制造业强国起一定作用。

姚枚

原哈尔滨工业大学机械工艺系教授，

后燕山大学材料科学与工程学院教授(退休)，

曾任中国机械工程学会材料分会副理事长

前　言

残余应力是影响材料和零部件变形、疲劳、应力腐蚀的重要因素。搞清楚残余应力的产生机理，准确表征其数值和分布情况，弄明白残余应力的作用机制和应用领域，并在此基础上对残余应力进行适宜的调控，这不仅是材料、力学、热处理、表面工程等多方面的学者进行研究所关注的重要科学问题，而且也是工程师、设计师在实际应用残余应力来计算寿命和制造维修时经常面临的关键技术问题。

中国制造已从原来以图纸形状导向为主的“仿形加工”“成形制造”“控形制造”，转向了以使役性能导向为主的“控性制造”。“控性制造”主要是控制表面完整性，而残余应力是表面完整性中重要的力学参数。

“材料是基础、设计是关键、制造是保障”，这是航空领域对设计、材料和制造的定位和认识。制造强国的核心是要有创新自主的知识和技术，尤其是核心的关键技术。这些技术都是国家的根本利益和属于机密性的文件，是买不来的，所以对于核心的技术我们只能自主研制和研发，如航空发动机核心零部件的制造技术和飞机关键零部件的长寿命表面完整性制造，再如高性能高集成度的芯片制造技术。制造技术不只是工艺的操作和工艺参数域的确定，还有制造机理和制造工艺与性能、功能相关性的认识和研究，我们往往侧重前者而对后者的重视不够，这导致了很多问题的出现，如制造中的变形与可靠性差、寿命短和性能没法达到预期的目标等。表面完整性中的残余应力是决定零部件使役性能的关键因素，因此加强和加深对残余应力的研究和认识，重视其重要作用并控制调整其状态和分布，是非常重要和有意义的。

本书从残余应力的定义入手，首先阐述了残余应力的产生机理，其次对测试表征方法和作用机制进行了分析，在此基础上重点介绍了残余应力的调控技术和工程应用等各个方面，尤其是给出了复合材料、单晶材料等新型各向异性材料和零部件的残余应力测试方法。通常人们总是认为残余应力是有害的，它会导致零部件变形和开裂。本书结合航空工业的案例，从调控残余应力角度阐述了残余应力也是很有利的，如采用喷丸在表层引入残余压应力来提高疲劳性能，再如铝合金的预拉伸板去除残余应力和采用喷丸成形来制造飞机机翼等，这些都是残余应力工程应用的实际典型代表案例。

本书对于从事残余应力相关工作的科研人员和设计师、工程师具有重要的参考价值，也可以作为高等院校相关专业本科生和研究生教材使用。为便于学生和工程师实际操作来测试残余应力，本书附录给出了 X 射线残余应力的测试步骤。为方便大家查阅术语和相关内容，还在本书最后给出了索引。

20 余年我之所以能够专心于残余应力的钻研和探索，得助于恩师——燕山大学教授姚枚先生一直以来给予的鼓励和关爱，得助于家庭的理解和大力支持。感谢姚枚教授能够带领我进入残余应力领域和欣然提笔为本书作序；感谢国家自然科学基金项目(1132226)、国家 973 计划(2010CB833105)、国防 973 项目(6138503)、大飞机项目和航空科学基金项目等给予的资助；感谢我的研究生们特别是叶璋硕士和陶雪菲博士，他们对本书初稿进行了整理和修改。

本书出版的主要目的是加强大家对残余应力重要性的认识和对残余应力研究与应用的重视。因著者的水平和能力有限，书中难免存在一些错误和不当之处，谨请读者批评指正。

2019 年 3 月 4 日于同济大学

目　录

符号表

（按字母排序）

符号	含义
a_i	第 i 个点距离源区的裂纹长度
A	存在残余应力时的压痕面积
A_0	无残余应力时的压痕面积
A_1	探头的磁路有效截面积
A_2	试件的磁路有效截面积
A_c	压头的有效接触面积
c	材料的定容比热
C_0	无残余应力的载荷-位移曲线的加载曲率
d	平行原子平面的间距
d_k	炸药的临界爆炸直径
dR	应力的改变量
dv	L_{CR} 波传播速度的改变量
da/dN	长裂纹的扩展速率
da_i/dN_i	裂纹扩展速率
d_{hkl}、θ_{hkl}	产生布拉格峰的 hkl 晶面间距和布拉格角
D_0	相邻的入射光束中心的距离
e_b	基体的受冲击压缩应变
e_e	残余应力诱导的塑性流变
e_p	喷涂颗粒本身的热应变
e_{em}	初始存在的弹性应变量
e_{ph}	金属产生的总的塑性变形量
e_{pm}	中性爆炸最终形成的塑性应变量
E	单位面积的畴壁能

E_0	室温下涂层材料的弹性模量
E_c	涂层的弹性模量
E_i	压头材料的弹性模量
E_s	被测材料的弹性模量
E_t	复合响应模量
E_{hkl}	衍射弹性模量
f	无量纲应力强度因子
$f_r(\alpha)$	参考载荷条件下的无量纲应力强度因子
F	存在残余应力时的载荷
F_0	无残余应力时的载荷
$F_i(\alpha)$	待定函数
h_0	无残余应力时的压入深度
h_c	最大接触深度
h_f	塑性深度
h_s	表面接触周边的偏离高度
h_{max}	最大压入深度
H_0	强化层深度
H_M	受喷体金属材料的冲击硬度
HP	金属在应力集中区表面出现的漏磁场
$H_P(x)$	漏磁场的法向分量
$H_P(y)$	漏磁场的切向分量
H_{max}	最大残余应力深度
k_0、k	分别为基片镀膜前后的曲率半径
k_1、k_2	主方向 1、2 的声弹性系数
K	材料的热导率
K_f	疲劳应力集中系数
K_t	理论应力集中系数
K_1、K_2	松弛系数
L_1	探头的有效长度
L_2	试件的有效长度
L_{CR}	沿应力反向传播的临界折射纵波
$m(a, x)$	权函数

M	磁化强度
$M_s = E_s/(1-\nu_s)$	基片的二维杨氏模量，其中 E_s、ν_s 分别为基片材料的杨氏模量和泊松比
n	安全系数
N_f	疲劳扩展寿命
N_i	第 i 段的扩展寿命
P_{max}	最大载荷
Q	疲劳缺口敏感度
r	爆炸距离
r_0	使用炸药的安全半径
$[R]$	许用应力
R_d	动应力(激励力)
R_f	薄膜应力
R_i	首次钻孔增量前的电阻应变计读数
R_m	抗拉强度
R_q	最大淬火应力
R_r	残余应力
R_s	屈服极限
$R(x)$	无裂纹体中假想裂纹处的应力分布
$R_b(Z)$	材料抗拉强度的分布
R_{op}	工作应力
R_{r0}	径向应力
R_w^r	局部疲劳极限
$R_r(Z)$	实测的残余应力分布
$R_w(Z)$	无残余应力时材料疲劳极限沿深度的分布
R_{θ_0}	环向应力
R_1、R_2	工件内的两个主应力
R_{max}	简单加载时横截面上最大负载点的应力
$R_{r,max}$	最大残余应力
R_{surf}	表面残余应力
$R_{v,max}$	复杂加载时横截面上最大负载点的相当应力
R_{yield}	屈服应力

s	裂纹体特征尺寸
t	焊接试样中测得的波传播时间
t_0	零应力条件下 L_{CR} 波传播固定距离所需要的时间
t_s、t_f	分别为基片和薄膜的厚度
T_0	止裂温度
T_m	喷涂材料熔点
T_s	基体温度
T_t	断裂转变温度
v_0	零应力条件下纵波的传播速度
v_1、v_2	瑞利波沿主方向1、2的传播速度
V_p	MAE脉冲信号的电压峰值
w	调制角频率
x	距孔壁的距离
x_m	热波的最大穿透深度
α	压头边界与材料表面的夹角
α_c	基体的热膨胀系数
α_d	沉积物的热膨胀系数
α_s	涂层的热膨胀系数
β	与压头形状有关的参量
ΔK	名义应力强度因子范围
$\Delta T'$	喷涂材料熔点（T_m）与基体温度（T_s）的差值
ΔT	温度差值
$\Delta\mu$	磁导率的变化量
Δp_ϕ	距离爆炸源 r 处的超压
ΔK_{th}	长裂纹扩展门槛
ΔK_{eff}	有效应力强度因子范围
$\Delta R = R_f - R_i$	对应于每次钻孔增量
ε	与压头形状有关的参数
λ	入射波波长
λ_0	初始磁致伸缩系数
μ_0	材料无残余应力时的磁导率
μ_1	探头的磁导率
μ_2	试件的磁导率

μ_{r}	裂纹面张开位移
μ_{R}	材料有残余应力时的磁导率
μ_{t}	热波的热扩散长度
ν	被测材料的泊松比
ν_{c}	涂层的泊松比
ν_{i}	压头材料的泊松比
ν_{hkl}	衍射泊松比
ρ	材料的密度
$\tau_{r\theta_0}$	剪应力
Φ	探头的磁通量
φ_0	参考信号相位
ψ	断面收缩率
ω	电机转动角速度
ω_0	无应力峰值位置

第 1 章
绪　论

各种机械制造工艺(如铸造、切削、焊接、热处理、装配等)的工件内会出现不同程度的残余应力。残余应力将会对材料的物理、力学性能产生巨大影响,对结构的强度造成很大危害。此外,随着材料科学的不断进步,涂层制备技术在不断发展,涂层种类在不断增多,涂层的质量和性能也在不断提高。涂层中存在的残余应力对涂层界面韧性、结合强度、耐热循环能力、耐蚀性、疲劳强度等性能都有着显著的影响,这是导致涂层表面裂纹、涂层剥落及被涂覆零件变形的一个重要因素。因此,研究和检测材料中的残余应力,对生产和科学实验都有非常重要的意义。

1.1 内应力分类

残余应力是当没有外力作用时,物体维持内部平衡存在的应力[1-2]。外界没有通过物体表面向物体内部传递应力时,物体内部保持平衡的应力系统,称为内应力(internal stress)或固有应力(inherent stress)或初始应力(initial stress)。残余应力(residual stress)是内应力的一种。

内应力的存在状态随材料性能、产生条件等的不同而不同,分类方法也不一致。按其作用的范围来分,可分为宏观内应力与微观内应力两大类:

(1) 宏观内应力。又称残余应力(被称为第一类内应力),它是在宏观范围内分布的,其大小、方向和性质等可用通常的物理或机械的方法进行测量。

(2) 微观内应力。属于显微视野范围内的应力,依其作用范围可细分为两类,即微观结构应力(又称第二类内应力,在晶粒范围内分布)和晶内亚结构应力(又称第三类内应力,在一个晶粒内部作用)。

1.1.1 宏观内应力

残余应力又称为宏观内应力,按产生的原因残余应力可分为以下三种[2]。

1) 不均匀塑性变形产生的残余应力

材料通常由于加工的原因会引起不均匀的塑性变形,即材料不同部分的塑性变形量不相同,这样必然会在不同部分之间出现相对的压缩或拉伸变形,从而产生残余应力。滚压、拉拔、挤压、切削、喷丸等加工工艺,都会引起不均匀的塑性变形。

2) 热影响产生的残余应力

热影响产生的残余应力是复杂的。在加热或冷却的过程中,材料内部会存在温度梯度,由于这种不均匀加热或冷却造成不均匀的热胀冷缩,从而产生热应力。而当组织转变引起材料内部产生不均匀的体积变化时,则产生相变应力。由于热影响而产生塑性变形时,材料本身的屈服强度及弹性模量等力学特征值也要受到影响,从而也会影响应力变化。

3) 化学作用产生的残余应力

这种残余应力是由于从表面向内部传递的化学变化或物理变化而产生的。比如瓷器,它是在表面涂上釉子原料,然后加热形成釉子,由于釉子有较大的膨胀系数,冷却后在釉子上产生拉应力而发生龟裂。裂纹是有规律的,每条裂纹大都和另一裂纹互相连接起来,这种龟裂能使沿其垂直方向的拉应力消失。而泥土龟裂所形成的裂纹交角恰好为 120°的星形裂纹。

钢材在进行渗氮处理时,表面会产生比体积较大的化合物层,表面便产生了很大的残余压应力。渗碳处理时也会发生类似情况。这主要是因为化学变化导致密度变化所造成的。

1.1.2 微观内应力

微观内应力属于显微视野范围内的应力,根据其作用的范围,又可分为两类,即第二类、第三类内应力。第二类内应力作用于晶粒或亚晶粒之间(在 0.01～1 mm 范围内),是在此范围内的平均应力。第三类内应力作用于晶粒内部(在 10^{-6}～10^{-2} mm 范围内)。

按照内应力的产生原因,微观内应力可分为以下几种。

1) 由于晶粒的各向异性而产生的微观内应力

这种内应力包括由于晶体的热膨胀系数、弹性模量等的各向异性及晶粒间的方位不同而产生的微观内应力。以晶体弹性模量的各向异性为例,铅的单晶体的弹性模量随晶体方位不同有 1～3 倍的变化,锌的单晶体的弹性模量有 1～4 倍的变化。绝大多数金属的弹性模量都具有各向异性,其弹性模量一般以晶体的<111>方向为最大、<100>方向为最小。在多晶体中,由于各晶粒的方向不同,即使所施加的外力是均匀的,各晶粒的变形也可能不同,此时若有塑性变形发生,各晶粒的塑性变形也会不均匀,因此必然引起内应力。

2）由于晶粒内外的塑性变形而产生的微观内应力

这种微观内应力包括由于晶粒内的滑移、穿过晶粒间的滑移及双晶的形成等而产生的微观内应力。例如，晶粒内有滑移变形，位错就会在晶界堆积，还可能穿过晶界在更广的范围内进行滑移，显示出扭折带等情况。由于位错穿过晶粒并不消失，因此这时也会在组织内不均匀地形成各种内部缺陷。这些就成为外力去除后产生微观内应力的主要原因。

3）由于夹杂物、沉淀相或相变出现不同相而产生的微观内应力

在金相组织内，当有夹杂物、沉淀相或相变而出现不同相时，由于体积变化及热应力的作用，可能产生相当大的微观内应力。

内应力的分类见表 1－1[3]。

表 1－1　内应力的分类

<table>
<tr><th rowspan="2">内应力</th><th colspan="8">涉及的尺度(mm)</th></tr>
<tr><th>10</th><th>1</th><th>10^{-1}</th><th>10^{-2}</th><th>10^{-3}</th><th>10^{-4}</th><th>10^{-5}</th><th>10^{-6}</th></tr>
<tr><td>第一类</td><td colspan="2">不均匀的外部载荷引起的应力</td><td colspan="6"></td></tr>
<tr><td>第二类</td><td></td><td colspan="3">结构的内应力</td><td colspan="4"></td></tr>
<tr><td rowspan="2">第三类</td><td colspan="3"></td><td colspan="3">晶体内的内应力</td><td colspan="2"></td></tr>
<tr><td colspan="4"></td><td colspan="4">位错引起的内应力</td></tr>
</table>

1.2　工程中常见的残余应力

在 1.1 节中已经提到，残余应力的产生原因主要有三种：不均匀塑性变形、不均匀的热和不均匀的相变，这里不再赘述。下面结合工程中常见的几种残余应力予以介绍。

1.2.1　焊接残余应力

焊接构件因焊接而产生的应力称为焊接应力。按照作用时间，焊接应力可分为焊接瞬时应力和焊接残余应力：焊接过程中，某一瞬时的焊接应力称为焊接瞬时应力，它会随时间的变化而产生变化；焊后残留在焊件内的焊接应力则称为焊接残余应力，它是由于焊接加热产生不均匀温度场而引起的。

1）焊接残余应力的分类

焊接残余应力按其发生源可分为以下三种情况：

(1) 直接应力。这是由于不均匀加热和冷却的结果，是取决于加热和冷却时的温度梯度而表现出来的热应力。它是形成焊接残余应力的主要原因。

(2) 间接应力。这是由焊接前加工状况所产生的应力。构件在轧制与冷拔后其表面会产生拉应力,它与焊接产生的应力叠加,并对焊后构件的变形产生附加的影响。此外,构件受外界约束产生的拘束应力也属于此类应力。

(3) 组织应力。这是由于组织变化而产生的应力,即由于相变造成的比体积变化而产生的应力。它与碳含量及材料的其他成分有关。

2) 焊接残余应力的产生过程

在焊接过程中,工件受到电弧热的不均匀加热而产生焊接应力,当工件冷却后仍然保留在工件内部的应力即焊接残余应力。焊接过程是一个不均匀的受热过程,即焊缝及其相邻区域的金属都要被加热到很高温度,然后快速冷却下来。由于在焊接过程中,焊件各部分的温度不同,随后的冷却速度也各不相同,因而焊件各部分在热胀冷缩和塑性变形的影响下,必然会产生焊接应力。

图 1-1 所示为焊后冷却过程中不同位置温度分布随时间的变化。当时间为零时,焊缝附近急速被加热到高温状态。因此,首先会在达到这一温度的焊缝间产生很大的热应力,并且其附近会伴随塑性变形的发生。在接合方向上显然为约束状态,因而将产生明显的压缩塑性变形;在垂直于接合的方向上,对于一般的焊接状态,也会发生塑性变形。因为此时焊缝部分的长度变短,因此如果使各处从现在这种状态冷却到室温,必然会使实质尺寸小的焊缝部分呈拉应力状态,而这种拉应力不会超过材料的屈服强度。

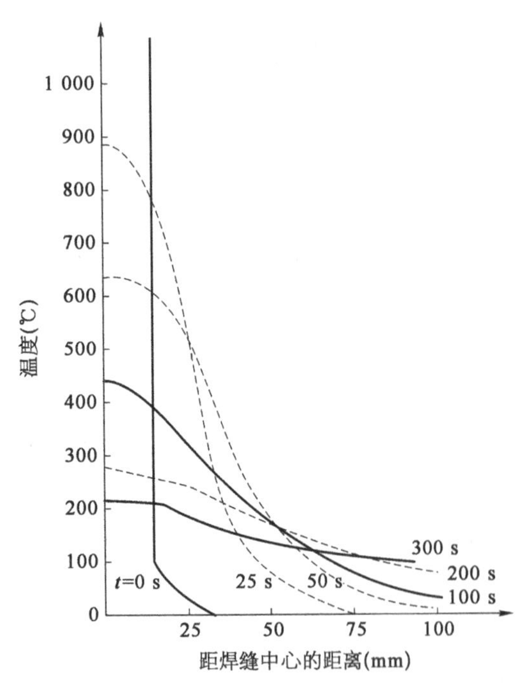

图 1-1　焊后冷却过程中不同位置温度分布随时间的变化[4]

注:焊接板材尺寸 200 mm×12 mm

图 1-2 所示为冷却过程中的温度分布和相应的热应力状态。图 1-2a 的上图给出了开始时间为零的温度分布曲线。在中央的熔化区呈山状分布,与此相对应的热应力分布如图 1-2c、d 所示。在热应力分布曲线的中央出现的折曲,是由于熔化部分的屈服强度几乎为零而造成的。随着时间的不断延长,其温度分布逐渐趋于缓和。图 1-2b 所示为从冷却途中的某个时刻到另一时刻的温度变化。图 1-2c 是与温度变化相对应的热应力变化,热应力不超过该温度下的屈服强度。实际的热应力(见图 1-2d)是在冷却开始时的热应力基础上再叠加上那时的热应力变化而得到的残余应力最终状态。焊接残余应力的产生,就是由加热和冷却时的热应力,以及由其所产生的塑性变形来确定的。

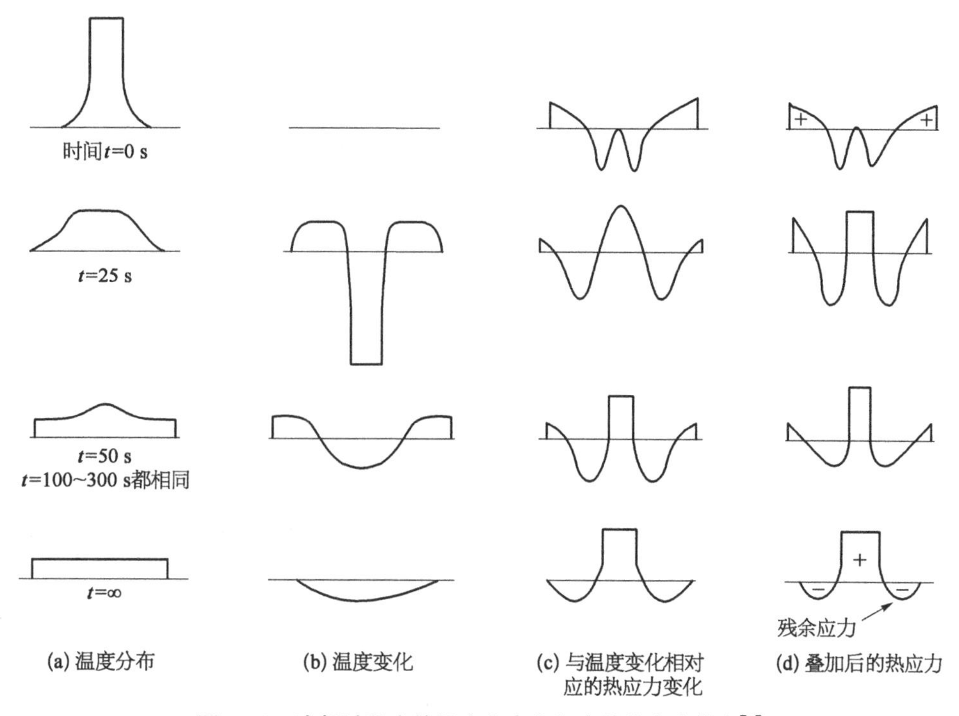

图 1-2 冷却过程中的温度分布和相应的热应力状态[4]

3) 焊接应力的影响因素

焊接应力是由很多影响因素同时作用造成的。这些影响因素主要包括焊接时温度分布不均匀、熔敷金属的收缩、焊接接头金属组织转变及工件的刚性约束等[5]。焊接热过程贯穿于整个焊接过程,是产生焊接应力的决定性因素。焊接温度场的温度分布越不均匀,焊接应力越大。

此外,焊接应力还与焊接参数有关。在焊接速度一定时,焊接电流越大,不均匀热输入越大,所产生的温度场分布不均匀度越大,因此产生的焊接应力越大;反之,产生的焊接应力就越小。在焊接电流一定时,焊接速度越大,不均匀热输入越大,所产生的温度场分布不均匀度越大,因此产生的焊接应力越大;反之,产生的焊接应力就越小。

1.2.2 铸造残余应力

铸造过程中零件内各部分产生的应力,包括冷却后的残余应力,都会成为零件在铸造时和铸造后形成各种缺陷的原因。铸造时发生的过大应力是凝固和冷却时造成零件开裂的原因,也是铸造后加工或退火时产生开裂的原因。此外,应力还会造成尺寸不稳定,使铸造时或铸造后的加工过程中产生无法预料的变形和尺寸偏差。因此,铸造应力是使用铸件的加工部门在加工中需要经常考虑和研究的问题。

从残余应力的产生根源来看,可分为两种:一是由于材料组织和成分不同,其分布和大小就不同的取决于材质的组织应力；二是受零件形状和铸造技术等影响的结构应力。受结构条件影响的应力，主要是凝固和冷却时由于零件各部分的冷却速度不一致而产生的，这与零件各部分的壁厚不均匀及形状不对称有关，而且也与浇铸和成形等铸造技术有关。此外，由于组织和成分的不均匀，都会在微观上和宏观上产生组织应力。从实际情况来看，残余应力的产生情况较为复杂，构件的形状、所用材质及铸造技术等都会对残余应力产生影响。

1）零件截面内保持平衡的残余应力

以浇铸圆棒为例，这种情况下，外层冷却快，内层冷却慢。这种温度梯度的存在是残余应力产生的原因。图 1－3 所示为零件截面内保持平衡的残余应力。开始凝固、冷却时，其应力分布如图 1－3a 所示。外层因迅速冷却而收缩，从而表现为拉应力状态；内层则呈压应力状态，其温度比外层高，且具有塑性。在压应力作用下，一旦发生塑性变形，这部分的实际尺寸就会减小。随着进一步冷却，其应力分布发生反向变化，如图 1－3b 所示，得到外层压缩、内层拉伸的应力状态。

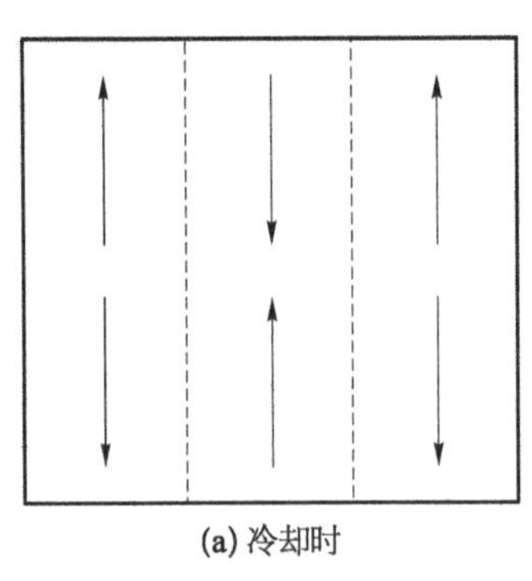
(a) 冷却时

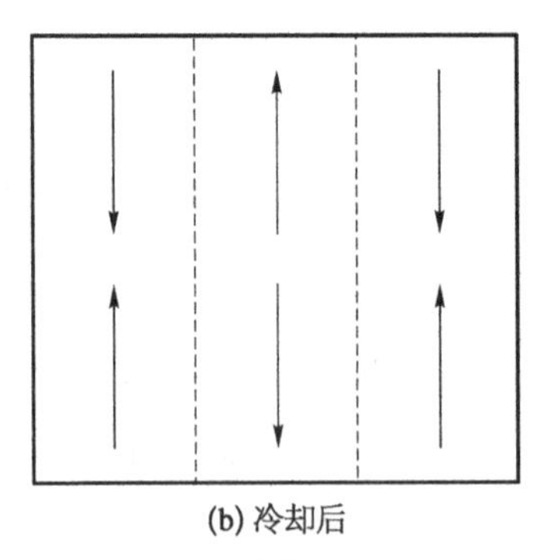
(b) 冷却后

图 1－3　零件截面内保持平衡的残余应力[6]

2）零件间相互保持平衡的残余应力

图 1－4 所示为具有两个或两个以上截面的零件，其并列排列的两端又连接在一起的情况下产生的应力。在浇铸过程中，截面积小的外侧两个构件比中间的构件冷却快。因此，在凝固、冷却初期，外侧为拉应力，中心为压应力，如图 1－4a 所示；冷却后，应力状态发生反向变化，表现出如图 1－4b 所示的残余应力分布。

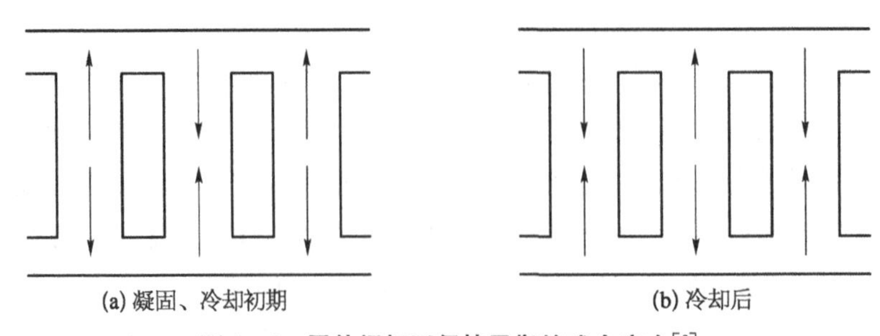
(a) 凝固、冷却初期　　(b) 冷却后

图 1－4　零件间相互保持平衡的残余应力[6]

3) 由于型砂抗力而产生的残余应力

由于型砂抗力而产生的残余应力实例如图 1-5 所示。"H"形零件意味着，当使其各部分都受到相同的冷却，并且由型砂所构成的铸型又足够结实时，图中的 A 部分随着冷却而发生的收缩就会受到铸型的束缚，因此将产生残余拉应力。

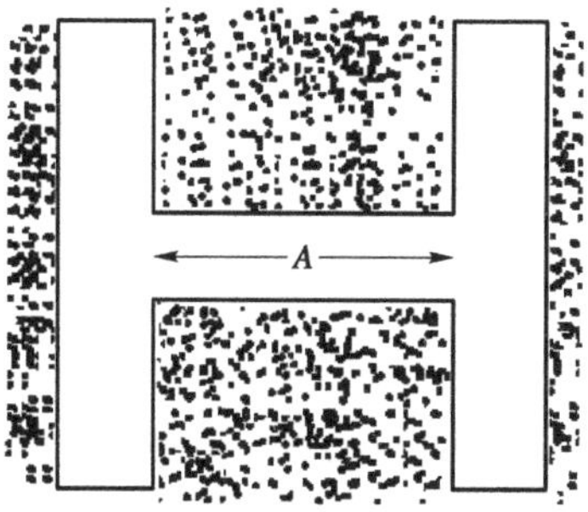

图 1-5 由于型砂抗力而产生的残余应力实例[6]

1.2.3 切削残余应力

1) 切削残余应力的产生机理

在对零件进行切削时，已加工表面受到切削力和切削热的作用会发生严重的不均匀弹塑性变形，并且金相组织的变化影响将产生切削残余应力。产生切削残余应力的原因主要包括以下三种[7]：

(1) 机械应力塑性变形效应。在切削过程中，原本与切屑相连的表面层金属产生相当大的、与切削方向相同的弹塑性变形，切屑切离后使表面呈现残余拉应力而心部为残余压应力。同时，表层金属在背向力方向也发生塑性变形，刀具对加工表面的挤压使表层金属发生拉伸塑性变形，但由于受到基体金属的阻碍，从而在工件表层产生残余压应力。另外，表层金属的冷态塑性变形使晶格扭曲而疏松，密度减小，体积增大，也会使表层产生残余压应力而心部为残余拉应力。

(2) 热应力塑性变形效应。切削时，强烈的塑性变形和摩擦使已加工表面层的温度升温很高，而心部温度较低。当热应力超过材料的屈服强度时，表层在高温下将伸长，但由于受到基体材料的限制，本应该发生的伸长被压缩。在切削后的冷却过程中，金属弹性逐渐恢复。当冷却到室温时，表层金属要收缩，但由于受到基体金属的阻碍，工件表层产生残余拉应力。

(3) 表层局部金相组织转变。切削时产生的高温会引起表面层金相组织的变化，由于不同的金相组织密度不同，表层体积也将发生变化。例如，马氏体密度为 7.75 g/cm^3，奥氏体密度为 7.968 g/cm^3，珠光体密度为 7.78 g/cm^3，铁素体密度为 7.88 g/cm^3。若表层体积膨胀，会产生残余压应力；反之，则产生残余拉应力。

2) 切削残余应力的影响因素

切削残余应力的性质和大小受很多因素的影响，掌握这些因素的影响规律并进行合理选择，对于降低残余应力和优化切削过程是很有必要的。影响因素主要包括以下几种：

(1) 工件材料的影响。工件材料本身状态及其物理力学性能对切削残余应力产生直接影响。塑性好的材料切削加工后通常产生残余拉应力；塑性差的材料则产生残余压应力。根据工件材料的具体初始应力状态，切削加工可能使工件内残余应力值增大或减小。

(2) 切削参数的影响。切削速度的影响一般是通过“温度因素”来进行的。切削速度较低时,易产生残余拉应力;切削速度较高时,由于切削温度升高,易产生残余压应力。增加进给量和切削深度时,被切削层金属的截面及体积增大,使刀刃前的塑性变形区和变形程度增加。如果此时切削速度较高,则温度因素的影响也有所加强,因此表面残余拉应力将会增大。

(3) 刀具参数的影响。当增大刀具的前角、后角,减小刀尖的圆弧半径和切削刃的钝圆半径时,残余应力会减小。刀具的锋利性、后刀面的磨损或钝圆半径对残余应力的影响很大,其次是刀具前角。

1.2.4 磨削残余应力

磨削加工是指由嵌有许多小刀具的砂轮进行的切削加工。这种磨削所产生的试样加工变形层比一般切削更局限于表面,并且伴随着很大的发热现象。

磨削残余应力主要是由磨削过程中的机械作用应力、热应力和相变应力综合作用的结果[8]。

1) 磨粒的机械作用引起塑性变形而形成的残余压应力

在磨削过程中,工件表面层的材料会产生很大的塑性变形,并在工件与磨粒刃尖接触点附近形成赫兹型应力场,导致工件表面层形成残余压应力。一般来讲,由于这种机械作用被局限于 5～15 μm 的深度范围,因此,仅在工件表面的极薄层分布着这种残余压应力。

2) 磨削热造成热塑性变形而形成的残余拉应力

磨削时会产生大量的磨削热,使工件磨削区的表面层金属承受瞬时高温而膨胀。由于受到下层金属的束缚,使其产生很大的压应力,此压应力很容易超过工件材料的屈服强度而产生塑性变形。在冷却过程中,表面部分将存在残余压应变,而产生残余拉应力。因此,所有能降低磨削温度的因素都可以减小残余拉应力。

3) 组织变化引起的残余应力

组织变化引起的残余应力即相变应力,也是由磨削热引起的。这是因为,只有在达到一定的温度时,工件材料才能发生组织的转变。但由于组织变化不同于热塑性变形,因此它们对残余应力的影响也不相同。相变产生残余应力的性质取决于相变的类型。当由比体积小的相向比体积大的相转变时(如马氏体转变为奥氏体),会产生残余拉应力;反之,则产生残余压应力(如回火马氏体转变为非回火马氏体)。

因此,对于钢类工件,在磨削温度未达到二次淬火温度时,由于马氏体的回火效应使工件体积收缩,在表面层形成残余拉应力;而当磨削温度达到二次淬火温度时,二次淬火层内的回火马氏体转变为非回火马氏体会使体积膨胀,而在二次淬火层内形成残余压应力。但对于含碳量高的钢材,如果二次淬火层内产生大量的残留奥氏体,那么该层就会产生收缩,同样会形成残余拉应力。

1.2.5 热处理残余应力

在对材料进行淬火等热处理后，其内部将会产生残余应力。如果材料内各部分的形状和体积发生不均匀的变化，则残余应力的产生是无法避免的。热处理残余应力的大小和分布对材料的力学性能有很大的影响，热处理残余应力成为各种缺陷产生的原因。热处理残余应力对零件是否有害主要取决于应力的分布状态，这就要求设计者和制造者能够合理利用残余应力来提高零件的力学性能。例如，齿轮经渗碳、表面淬火和薄壳淬火后，都能够在表面形成残余压应力，而压应力有利于提高齿轮的疲劳寿命。

1）由热应力产生的残余应力

当试样淬火急冷时，试样的内部不发生相变，图 1－6 所示为此情况下热残余应力的产生过程。当试样在急速冷却的过程中，由于表层(R)和心部(K)的冷却状态不同而产生温差，因而产生热应力。图 1－6a 所示为试样表层和心部的冷却曲线。图 1－6b 所示为对应的热应力变化曲线，表层与心部的应力大小随着温差的大小而变化；Ⅰ表示试样处于弹性状态时的表层应力，Ⅱ和Ⅲ分别表示表层与心部的实际应力。图 1－6c 所示为沿试样半径方向的残余应力分布曲线。试样表层处于压应力状态，而心部则处于拉应力状态，这是“热应力型”残余应力分布的普遍状况。此种情况下，试样的残余应力大小取决于试样冷却时的温差与材料的屈服强度。

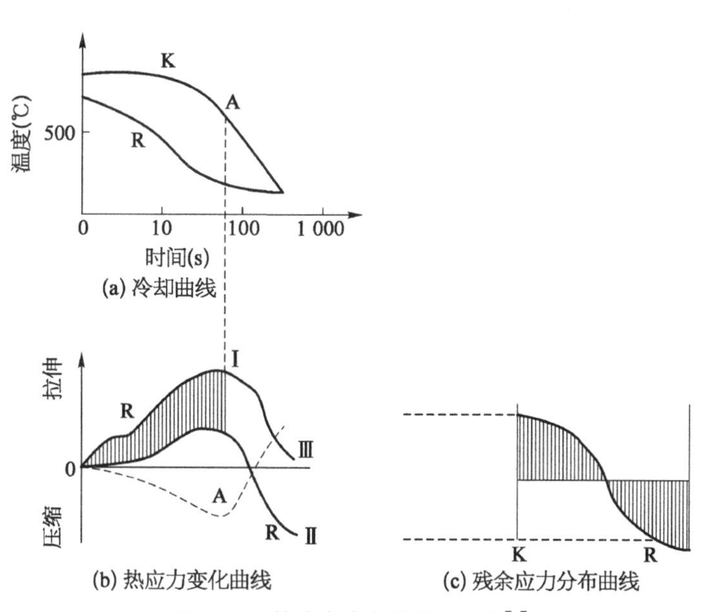

图 1－6 热残余应力的产生过程[9]

注：A 表示表层和心部温差最大的位置

2）由相变应力产生的残余应力

相变应力是金属材料在热处理相变过程中产生的应力，包括不均匀相变引起的应力(组织应力)和不等时相变引起的应力(附加应力)。两种相变应力都是由于不同组织结构的体积差异而引起的。例如,零件表面在进行淬火时,由于表层马氏体组织的比体积大于心部,从而在表层产生残余压应力,心部则呈现拉应力。这种残余应力分布是由不均匀相变而引起的。碳钢零件在整体淬火时,先将零件加热到奥氏体转变温度以上,然后保温一段时间,再进行快速冷却,从而得到马氏体组织。在这样的热处理过程中,由于表层和心部冷却速度的不同而使相变出现时差,最终导致表层拉应力而心部压应力的分布状态。也就是说,这种残余应力分布是由不等时相变而引起的。

3) 最终残余应力

热处理应力除了热应力和相变应力之外,材料化学成分的变化也可以产生应力。例如,渗碳、渗氮等化学热处理方法都会使零件表面的化学成分发生变化,或者是增大了含碳量,或者是提高了含氮量。化学热处理后,零件表面将会产生很高的残余压应力。相反,如果零件在加热时发生了脱碳现象,表层碳含量会减少,则表层的残余压应力将会转变为拉应力。

图 1-7 所示为大截面钢件经淬火、水冷后所产生的各种应力分布情况。图 1-7a 所示为热应力分布,表层呈压应力,而心部呈拉应力。图 1-7b 所示为不等时相变引起的应力,表层为拉应力,而心部为压应力。由于钢件的截面大,无法淬透整个截面,从而产生如图 1-7c 相变引起的应力。用以上这些应力合成如图 1-7d 所示的最终残余应力的简单叠加只能用来做定性的解释,而且实际情况要复杂很多,如相变产生的应力和不均匀相变导致的应力存在时间上的不一致。显然,必然会对后来应力的形成造成影响,同样,后一步的应力也会使先前已形成的应力重新分布。总之,它们相互之间都有很大影响。

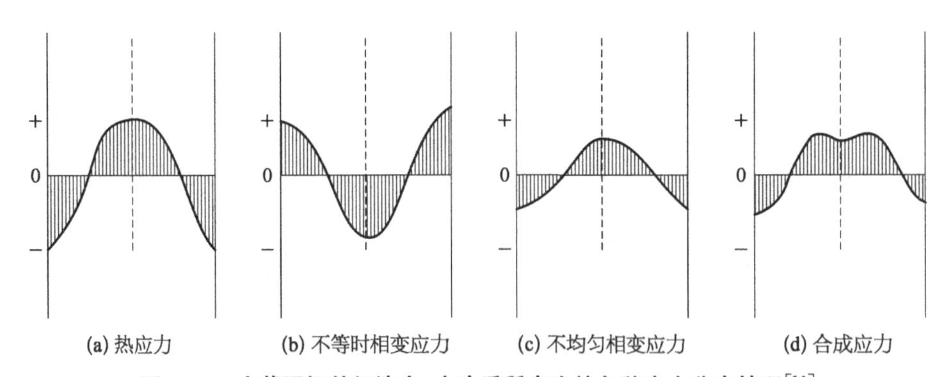

图 1-7 大截面钢件经淬火、水冷后所产生的各种应力分布情况[10]

1.2.6 薄膜残余应力

薄膜残余应力是薄膜生产、制备过程中普遍存在的现象。无论化学气相沉积法、物理气相沉积法还是磁控溅射法等镀膜技术,薄膜中的残余应力都是不可避免的。薄膜应力是一种宏观现象，然而它却能够反映出沉积薄膜的内部状态。薄膜中残余应力的存在会影响其质量和性能。薄膜应力通常分为拉应力和压应力两类。例如，薄膜中的残余拉应力会加剧材料内部的应力集中，并促进裂纹的萌生或加剧微裂纹的扩展；而残余压应力会松弛材料内部的应力集中，可以提高材料的疲劳性能，但过大的压应力却会使薄膜起泡或分层。

无论使用哪种镀膜方式，当膜料在真空室中由蒸气沉积在基板上时，由于从气体变成固体，这种相的转变会使膜料的体积发生很大的变化，此变化加上沉积原子(或分子)和原子(或分子)间的挤压或拉伸，在成膜过程中会有微孔、缺陷等产生而造成内应力。当镀膜完成后，镀膜机内的温度从高温降至室温时，由于薄膜和基板之间的热膨胀系数不同，导致收缩或伸长量不匹配而产生热应力。

热残余应力是由于薄膜和基底材料热膨胀系数的差异引起的，所以也称为热失配应力。热膨胀系数是材料的固有特性，不同种类材料之间的热膨胀系数可能有很大的差异。这种差异是薄膜在基底上外延生长时产生残余应力的主要原因。

目前对薄膜残余应力的成因有以下几种理论模型[11]。

(1) 热收缩效应模型。热收缩产生应力模型的前提是：蒸发沉积时薄膜最上层会达到相当高的温度。在薄膜的形成过程中，沉积到基体上的蒸发气相原子具有较高的动能，从蒸发源产生的热辐射等使薄膜的温度上升。当沉积过程结束时，在薄膜温度冷却到周围环境温度过程中，原子逐渐不能移动。薄膜内部的原子是否能移动的临界标准是再结晶温度，在再结晶温度以下的热收缩就是产生残余应力的原因。

(2) 相转移效应模型。在薄膜的形成过程中，发生从气相到固相的转移。根据蒸发薄膜材料的不同，可细分为从气相经液相到固相的转移，以及从气相经液相再经过固相到别的固相的转移。相转变时一般发生体积的变化，从而产生残余应力。

(3) 晶格缺陷消除模型。在薄膜中经常含有许多晶格缺陷，其中的空位和空隙等缺陷，在经过退火处理时，由于原子在表面扩散，这些缺陷将被消除，从而使体积发生收缩，形成拉应力性质的残余应力。

(4) 表面张力和晶粒间界弛豫模型。在薄膜形成的最初期核生成及其成长阶段，由于膜内的原子和膜本身是容易移动的，故不能产生残余应力；当膜增大增厚时，它和基片之间的结合增强了，这时不但原子移动或膜的运动受到抑制，而且由于表面张力，膜的结晶也受到了抑制，从而产生了压应力；当膜再进一步增大时，多层膜的膜与膜之间的距离变小从而引力增大，产生了拉应力；当膜与膜层间形成晶界时，拉应力达到最大。此后，如果晶界状态不变，应力就保持固定不变。

(5) 界面失配模型。当与基体晶格结构有较大差异的薄膜材料在这种基体上形成薄膜时，如果两者之间相互作用较强，薄膜的晶格结构会变得接近于基体的晶格结构，于是薄膜内部产生大的畸变而形成内应力。如果失配程度较小，会产生均匀的弹性变形；相反，如果失配程度较大，则会产生界面位错，从而使薄膜中的大部分应变产生松弛。这种界面失配模型一般用来解释单晶薄膜外延生长过程中应力的产生。

(6) 杂质效应模型。在薄膜形成的过程中，环境气氛中的氧气、水蒸气、氮气等气体的存在会引起薄膜的结构发生变化。例如，杂质气体原子的吸附或残留在薄膜中形成了间隙原子，造成点阵畸变，并且还可能在薄膜内扩散、迁移，甚至发生晶界氧化等化学反应。残留气体作为一种杂质在薄膜中掺入越多，则越容易形成大的压应力。另外，由于晶粒间界扩散作用，即使在低温下也能产生杂质扩散，从而形成压应力。

(7) 原子或离子团的钉扎效应模型。在薄膜溅射沉积过程中，最显著的特点是存在着工作气体原子的作用或离子团，而且溅射时原子能量相对较高、离子团比较稳定，具有较好的钉扎效应。在低的工作气压或负偏压条件下，通常得到压应力状态的薄膜，而压应力一般是溅射薄膜时常见的残余应力。

1.2.7 涂层残余应力

1) *涂层残余应力产生原因*

残余应力是热喷涂涂层本身固有的特性之一，是指产生应力的各种因素作用不复存在时，在物体内部依然存在并保持自身平衡的应力。它主要是涂层制造过程中加热和冲击能量作用的结果，以及基体与喷涂材料之间的热物理、力学性能的差异造成的，可将其分为热应力和淬火应力两种[12]。

(1) 热应力。热应力是指由于温度变化(包括喷涂后的冷却等过程)，引起如图 1-8 所示的涂层和基体的热膨胀系数的失配，从而产生的残余应力。

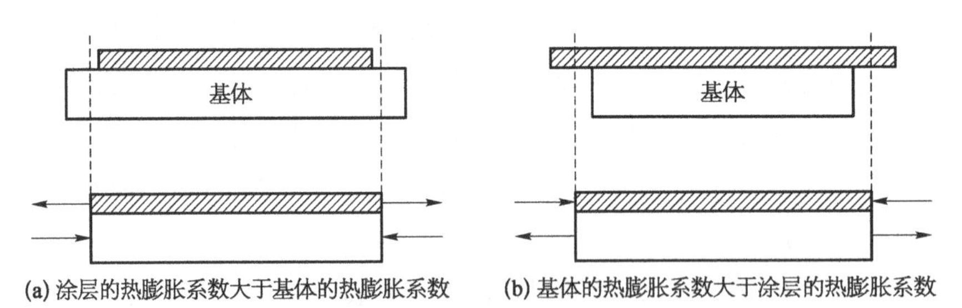

(a) 涂层的热膨胀系数大于基体的热膨胀系数　(b) 基体的热膨胀系数大于涂层的热膨胀系数

图 1-8　涂层热残余应力产生理论示意图($\Delta T<0$)[13]

对于单层涂层的热应力解可近似表示为[14-16]

$$R_{th}=E_c(\alpha_s-\alpha_c)\Delta T \tag{1-1}$$

式中，E_c 为涂层的弹性模量；α_s 和 α_c 分别为涂层和基体的热膨胀系数；ΔT 为温度差值。

由式(1-1)可见，当 $\alpha_s>\alpha_c$ 时，涂层产生拉应力；当 $\alpha_s<\alpha_c$ 时，涂层产生压应力。式(1-1)是热应力理论计算的基本公式，但是其基于很多假设，因而必然存在很大误差。因此，许多学者都在此公式的基础上进行了修正。

(2) 淬火应力。由于单个喷涂颗粒快速冷却到基体温度的收缩而产生的应力称为淬火应力。单个熔滴的冲击、铺展、固化及冷却过程如图 1-9 所示。

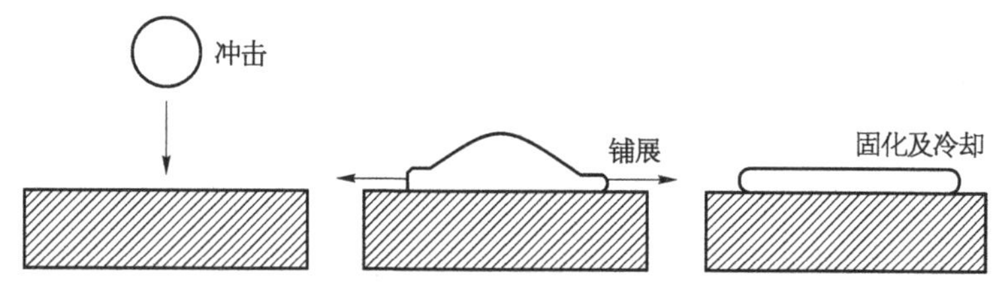

图 1-9　单个熔滴的冲击、铺展、固化及冷却过程[13]

喷涂过程中最大淬火应力可表示为

$$R_q = \alpha_d \Delta T' E_0 \tag{1-2}$$

式中，α_d 为沉积物的热膨胀系数，它近似等于室温下涂层材料的热膨胀系数；E_0 为室温下涂层材料的弹性模量；$\Delta T'$ 为喷涂材料熔点（T_m）与基体温度（T_s）的差值，即

$$\Delta T' = T_m - T_s \tag{1-3}$$

显然，热喷涂涂层中淬火应力始终是拉应力，材料性能、基体温度、涂层厚度都会影响其分布。由于固化过程会发生塑性屈服、蠕变、微开裂及界面滑移等现象，因而淬火应力（R_q）会被部分释放，R_q 会远低于式(1-2)的理论值。

2) *涂层残余应力影响因素*

热喷涂涂层的残余应力大小主要取决于涂层材料、涂层厚度和热喷涂工艺等因素。

(1) 涂层材料的影响。通常热喷涂涂层中的残余应力为拉应力，但对于一些材料(如 WC/Co)，无论采用什么喷涂工艺(常规、等离子或超音速火焰喷涂)，涂层中都会产生残余压应力。这主要因为在热喷涂时，经喷枪热源加热后的喷涂颗粒会发生熔化或软化，这些熔化或软化的颗粒同时得到加速，并以很高的速度撞击到基体或已形成的涂层表面上。颗粒对表面的撞击必然会给喷涂表面带来较大的作用力 F，从而引起受冲击表面的局部变形。受冲击表面的局部变形对残余应力的大小和性质会产生较大的影响。从热喷涂残余应力的形成机理来看，基体的受冲击压缩应变 e_b 与喷涂颗粒本身的热应变 e_p 是决定涂层残余应力大小和性质的两个最主要因素。如果 $e_b - e_p \geqslant 0$，则涂层中为残余拉应力，反之为压应力。由于冲击力 F 直接决定着 e_b 的大小，所以其对残余应力有着非常大的影响。根据动量守恒定律 $Ft = mv$，冲击力 F 随着颗粒飞行速度的增加而减小。由于 WC 颗粒的熔点相对较高，因此无论采取哪种喷涂方法，喷涂颗粒撞击基体表面仍存在部分固态的 WC 颗粒，固态的颗粒与基体表面的碰撞为弹性碰撞。这样在喷涂 WC 涂层时，部分 WC 颗粒与基体的作用时间 t 会大大减小，与此同时，冲击力 F 和冲击应变也会相应地大幅度增加。在热应变不变的情况下，冲击应变的增加不但会改变涂层残余应力的大小，甚至还会改变残余应力的性质；而且撞击力越大，涂层的残余应力值越大。

(2) 涂层厚度的影响。通常涂层内残余应力会随着涂层厚度的增加而增大，因此易导致涂层的开裂，甚至产生剥离。由于残余应力的存在，大多数热喷涂涂层都有一个最大涂层厚度的限制，这不利于涂层的广泛应用。

(3) 热喷涂工艺的影响。对于同种材料热喷涂涂层，残余应力大小随着喷涂温度的增加而增大，同时随喷涂颗粒飞行速度的增大而减小。但颗粒温度对涂层的残余压应力影响不是很大，涂层的残余压应力主要取决于颗粒的飞行速度，飞行速度越大，涂层的残余压应力越大。这主要是由于喷涂的热应变与喷涂颗粒的温度成正比，而基体表面的压应变与喷涂颗粒的飞行速度成正比，而且对于动能高、温度低的热喷涂工艺方法，喷涂层的残余应力相对较低，甚至出现残余压应力。而与此相反，对于动能低且温度较高的热喷涂工艺方法，喷涂层的残余应力都很高。残余拉应力对涂层的使用性能和寿命都非常不利，而残余压应力却对涂层有利。由此可见，颗粒飞行速度是热喷涂技术的最重要参数之一，它不但影响与控制涂层的质量如结合强度、孔隙率等，还决定着涂层残余应力的特性、分布和大小。

3) 涂层失效行为

在机械零部件的使用过程中，由于残余应力与外加载荷的共同作用，可能会导致涂层的提前失效。通常情况下，由于残余应力导致涂层发生的失效形式有以下几种[17]：

(1) 分层剥离。在拉应力与压应力作用下都可能发生分层剥离，如图 1－10a 所示。

(2) 表面微裂纹或桥接裂纹。图 1－10b 所示的表面裂纹可能会沿着垂直于表面向界面扩展。如果界面结合强度较低，将会导致涂层与基体的剥离；如果涂层与基体结

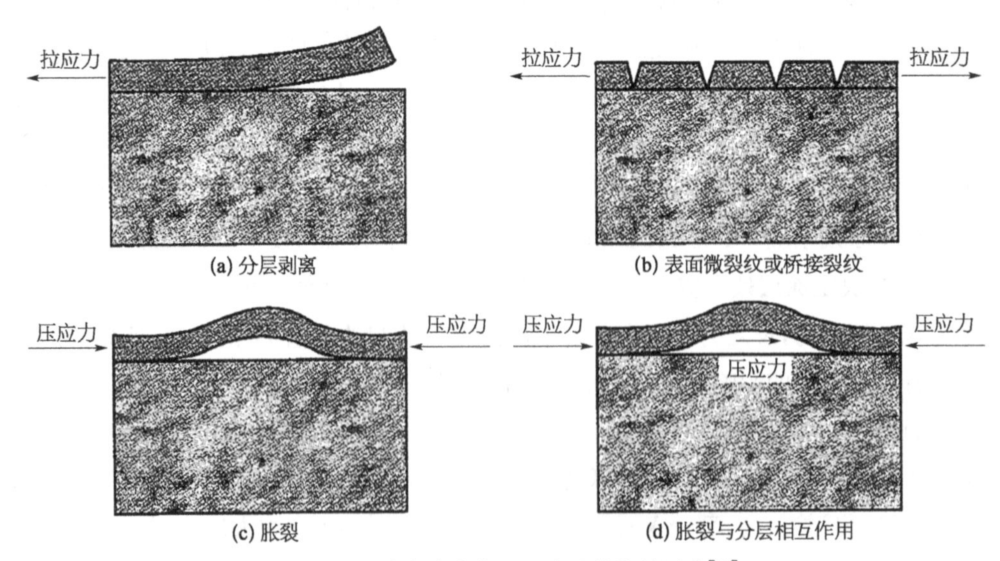

图 1－10　残余应力作用下涂层的失效形式[17]

合强度较高或基体塑性较好，这些裂纹将会被释放，不会对涂层产生破坏。因此，涂层的失效行为与众多因素相关，这些因素主要包括涂层内部的应力水平、涂层的结合强度和基体的塑性性能等。

(3) 胀裂。涂层在压应力下的胀裂(图 1-10c)也是一种主要的失效形式，但这种失效行为的发生有一个前提条件，即涂层与基体界面处存在微裂纹或局部分离。一旦涂层内部的压应力超过了临界胀裂应力，就会发生胀裂。临界胀裂应力可以表示为

$$R_b = \frac{kE_c}{12(1-\nu_c^2)} \cdot \left(\frac{t}{c}\right)^2 \tag{1-4}$$

式中，k 为常数，约为 14.7；E_c 为涂层的弹性模量；ν_c 为涂层的泊松比；t 为涂层厚度；c 为界面处分离区的半径。

(4) 胀裂与分层相互作用。在界面发生胀裂时，由于残余压应力的作用，在边缘区域可能导致涂层与基体的分离，如图 1-10d 所示。但这种失效模式一般发生在涂层内部，主要原因是界面处的残余应力较低、韧性较高。通过力学分析，可以获得这种失效模式下分层裂纹的能量释放率，其大小与开裂位置有很大关系。

上述失效行为一般发生在涂层的界面边缘处，这主要是由于几何形状不连续导致的应力集中造成的。同时，界面形貌也是一个重要的影响因素。如果界面平坦，残余应力值较低，则不易造成涂层的失效；但如果界面有较高的表面粗糙度，则可能由于几何形状不连续形成较高的残余应力，涂层就可能会发生应力诱导失效。

1.3 残余应力的影响

残余应力对机械制造过程有着重要的影响。例如，经热处理和机械加工后零件尺寸的变形、磨削时的开裂、应力腐蚀，以及铸造、焊接时的尺寸变化、开裂等，都与加工过程及工件的各种弊病有关。但是，由于工艺方法改善和材料获得改进，在观察不到这些弊病时，就降低了对残余应力的关注。然而，残余应力存在的重大意义就在于它对零件力学性能的影响和对它的利用。实际上，在机械使用过程中发生的意外破坏事故，除了材料本身的结构强度外，多数是由残余应力的影响造成的。

1.3.1 残余应力对变形的影响

1.3.1.1 残余应力造成的零件不良变形

当存在残余应力的零件受到外加载荷时，外加作用应力和残余应力的状况会使整个零件的变形受到影响。外加载荷所造成的残余应力的变化和变形如图 1-11 所示。在框架状零件(图 1-11a)的截面上存在着如图 1-11b 所示的残余应力，对零件施加拉力 F，截面 a 则呈现出残余拉应力。在铸造或焊接情况下，当工件之间有相互作用或

者具有约束力时，都将呈现出这种状态的应力。下面介绍一下施加拉力时各截面的变形。当把材料看作理想弹塑性体时，则会表现出如图 1-11d、e 所示的应力-应变曲线。图 1-11d 表示截面 a 处的变形，图 1-11e 表示截面 b、c 处的变形，图中的 0 点表示负载为零时各自的残余应力。图 1-11f 为整体上外加载荷与伸长率的关系。当加载到 1 点时，截面 a 达到屈服强度，如图中曲线Ⅰ所示；当加载到 2 点时，截面 a 达到塑性状态，而截面 b、c 仍处于弹性状态；当加载到 3 点时，截面 b、c 也均达到塑性状态。因此，作为整体的变形就有如图 1-11f 所示的 1、2、3 的状态，形成曲线Ⅱ所示的变形过程。在此状态下卸载，残余应力就会减小乃至释放。图 1-11c 是从 2 的状态下卸载时的残余应力。对于具有此例所示残余应力的塑性材料，当加载到 3 点以后的状态时，整个截面都达到塑性状态，由此直至材料破坏的行为与不具有残余应力的构件是一样的，可以认为，此时残余应力是没有影响的。也就是说，对于塑性材料，残余应力仅影响全截面达到塑性变形以前的变形。

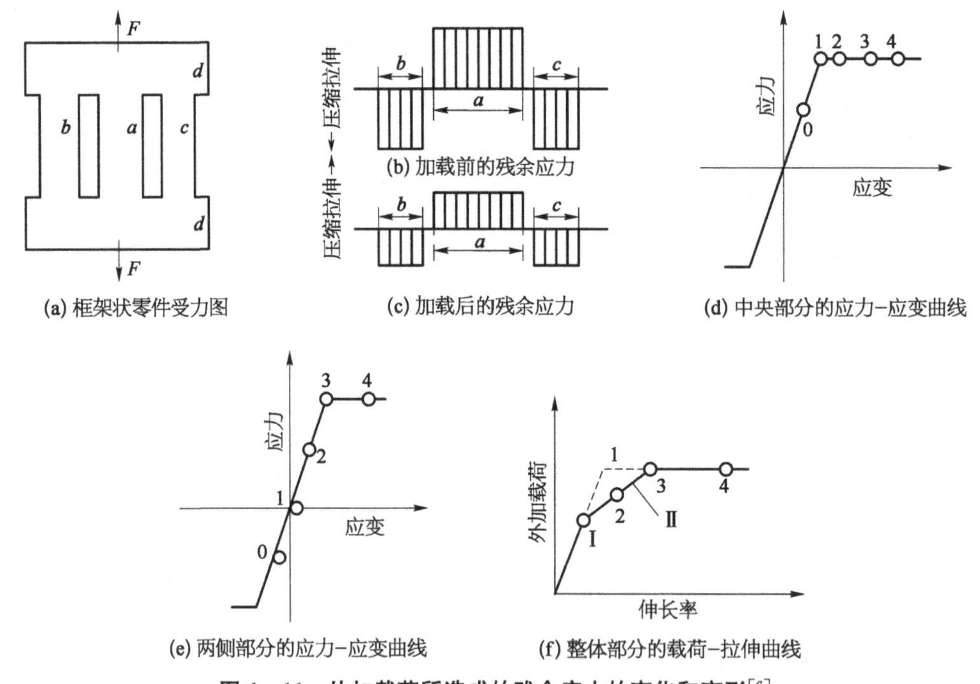

图 1-11　外加载荷所造成的残余应力的变化和变形[6]

1.3.1.2　残余应力引入的有利变形

通常情况下，残余应力造成的变形对零件会产生不利的影响，可也有情况与此相反，工艺流程中会特意引入残余应力，从而造成变形以达成目的，这里以喷丸成形技术为例加以说明。喷丸成形是一种借助高速弹丸流撞击金属构件表面，引入残余应力使构件产生变形的金属成形方法，它是一种无模成形工艺，是大中型飞机金属机翼整体壁板首选的成形方法，其原理如图 1-12 所示。按照驱动弹丸运动的方式，喷丸成形分为

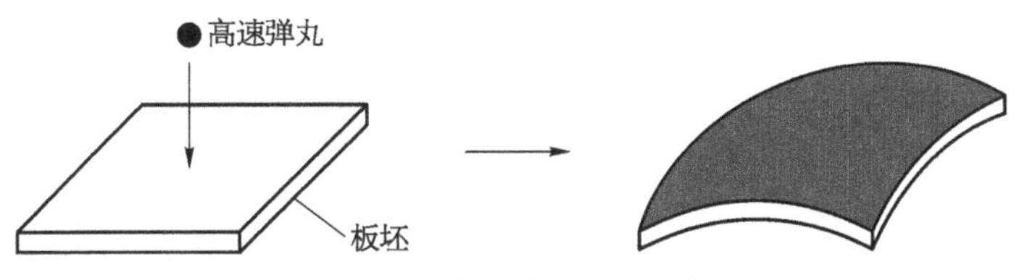

图 1－12　喷丸成形原理示意图

叶轮式喷丸成形和气动式喷丸成形，两者没有本质区别；按照喷打方式，喷丸成形分为单面喷丸成形和双面喷丸成形，其中双面喷丸成形主要用于复杂型面构件的成形；根据喷丸成形时构件是否承受弹性外力，喷丸成形分为自由状态喷丸成形和预应力喷丸成形，其中预应力喷丸成形可以获得更大的喷丸变形量和更复杂的构件外形。

喷丸成形工艺优点显著，包括以下几点：① 成本低。无需成形模具，生产准备周期短，场地占用少，零件尺寸不受设备喷丸室大小限制等。② 品质高。具有延长制件疲劳寿命，提高制件抗耐腐蚀性能的潜质等。自 20 世纪中叶以来，喷丸成形工艺被广泛应用于飞机尤其是运输机金属机翼整体壁板的成形，包括当前正在营运的所有空客客机系列飞机、波音客机系列飞机、庞巴迪客机等。目前，国内飞豹、枭龙、歼 10、ARJ21 等飞机机翼整体壁板也采用了喷丸成形工艺。因此，喷丸成形技术是大中型运输机金属机翼制造领域不可或缺的重大关键技术之一。

在国外，自 20 世纪 50 年代初期将喷丸工艺应用于飞机机翼壁板成形以来至 20 世纪 50 年代末，喷丸工艺已被西方航空工业大国广泛应用，目前大型机翼整体壁板喷丸成形技术已经被美国金属改进公司和美国波音公司等少数几家公司垄断。伴随机床控制技术的进步，喷丸设备由过去的机械控制喷丸机发展到后来的数控喷丸机。此外，通过竞争兼并，已经形成高度垄断、大型、专业化、喷丸工艺及设备兼营的跨国集团公司喷丸成形设备供应商，如美国金属改进公司等。随着大型运输机机翼设计技术的发展，喷丸成形技术经历了带纵筋机翼整体壁板蒙皮类零件到不带筋条机翼整体厚蒙皮类零件和带曲筋机翼整体壁板类零件的喷丸成形等发展阶段。波音系列客机和空客系列客机的金属机翼整体壁板喷丸成形是喷丸成形技术成功应用的典型代表。

如图 1－13 所示，A380 飞机超临界外翼下翼面整体壁板长 30 余米、厚 30 余毫米，是迄今采用喷丸成形技术所获得的长度最长、厚度最大的构件，代表了国际喷丸成形工艺技术的最新成果。

在国内，喷丸成形技术开展研发已近 40 年，历经机械控制喷丸和数控喷丸等发展阶段，20 世纪 90 年代以来进入数控喷丸成形时代，数控喷丸成形先后成功应用到第三代飞机的机翼整体壁板，以研制成功 ARJ21 飞机超临界外翼下翼面整体壁板(图 1－14)为标志，国内首次实现真正意义上的喷丸成形。ARJ21 支线飞机超临界外翼下翼面整体壁板长 10 余米、厚 10 余毫米，是国内采用喷丸成形工艺技术所获得的长度最长、厚度最大、外形最复杂的构件，被公认为国内喷丸成形技术最高成就。

图 1-13　采用预应力喷丸成形的 A380 机翼下壁板

图 1-14　ARJ21 飞机机翼下中壁板零件

长期以来，国内外喷丸成形技术研发十分活跃，新手段、新方法相继出现，如以增大变形量为目的的不同大小弹丸同时双面喷丸、以控制喷丸区域和变形为目的的超声喷丸、以增加残余压应力层深度与残余应力大小为目的的激光冲击喷丸、以开辟喷丸成形新途径为目的的高压水喷丸、以显著提高材料利用率为目的的激光焊接与摩擦焊接带筋整体壁板喷丸成形等。喷丸成形的具体应用将在本书第 7 章的 7.1.4 节中讲到，这里不再赘述。

1.3.2　残余应力对尺寸稳定性的影响

金属零件尺寸不稳定是指零件在使用或存放过程中自发改变形状和尺寸而造成不可逆变形的现象。机床床身和仪器机架类大多是灰铸铁件，在使用过程中经常会出现这种不可逆变形，从而影响整个机器精度的稳定。要保持零件的尺寸稳定性，可从以下两个方面着手：

(1) 尽量选用尺寸稳定性高的材料，再用特殊的工艺方法进行稳定化处理，以保证合金组织的稳定和合金抗微小塑性变形的能力。

(2) 分析和估算各道次热加工、冷加工工序和机械装配时对零件诱发的残余应力，以及残余应力在零件工作或存放过程中的松弛程度。

当金属材料具有稳定组织时，零件的尺寸稳定性主要与残余应力的松弛有关。一方面，当金属材料为亚稳定组织时，零件尺寸不稳定应该是组织转变和残余应力松弛两个因素同时作用的结果。这时，组织的转变促使残余应力松弛，而残余应力松弛又激活组织转变。另一方面，由于工作应力和残余应力的长期作用，金属材料都会发生微塑性变形。因此，在工作应力没有多大变化的情况下，研究零件的尺寸稳定性，除了估算完工后零件中的残余应力分布外，还需要重点分析材料的抗微小塑性变形能力问题。

1.3.3 残余应力对加工精度的影响

若零件坯料在切削加工前已经存在一定的残余应力，或者在粗加工后产生了残余应力，这都会影响完工后零件的尺寸精度和几何形状。因为如果切削时切除的金属层中分布着残余应力，则随着这层金属的分离，残余应力原先的平衡将会受到破坏，再达到新的平衡过程中，工件会产生新的变形，加工精度也受到了影响。

长期存放实验证明，许多结构钢中的焊接残余应力是不稳定的，其随着时间而不断地变化[18]。如 Q235 钢在室温 20℃下存放，原始应力为 240 MPa，经过两个月降低了 2.5%。在 100℃下存放时，应力降为 20℃时的 1/5，其原因在于 Q235 钢在室温下的蠕变和应力松弛。30CrMnSi、25CrMnSi、12Cr5Mo、20CrMnSiN 等高强度合金结构钢在焊后产生残留奥氏体，而奥氏体在室温存放过程中不断转化为马氏体，残余应力因马氏体的体积膨胀而减小。而 35 钢和 40Cr13 等钢材焊后在室温和稍高温度下存放会发生残余应力增大的相反现象。因此，残余应力不稳定，构件的尺寸也就不稳定。

1.3.4 残余应力对疲劳性能的影响

疲劳断裂分为裂纹萌生、裂纹扩展与快速断裂三个阶段，但残余应力对疲劳性能的影响主要集中在疲劳裂纹的萌生与裂纹前期的扩展阶段[1,19]。

1.3.4.1 残余应力场对疲劳裂纹萌生的影响

疲劳损伤主要产生在表面、表层或者接近表面的次表层，当然也可能会因内部存在夹杂物、大的疏松、孔洞或其他缺陷而由内部萌生疲劳裂纹，但这种事情发生的概率较小，多数疲劳裂纹还是萌生在表面、表层或次表层，这是因为这些位置材料原子间的相互作用使能量状态与内部完全不同。

在反复加载作用下，表面层或次表层形成微观裂纹所需要的抗力要小于内部裂纹(无内部缺陷)萌生所需的应力水平，表面层或次表层所产生的塑性流变要早于内部。

表面的每一个晶粒均以不同的方式裸露于外界，而且相互接触的相对晶界的面积和晶粒的体积都是不同的。对于任一确定的晶粒而言，在界限内的相对面积数值都可以是 0～100%的任意一个数值。

因为表面是由大量晶粒所组成，从统计学上来看，构成表面的晶粒平均以体积和界面的一半处于材料中，而另一半似乎被表面切断。苏联的材料学者和某些物理研究学者依据此推理和一些实验研究结果认为，表面层的疲劳性能是内部各层疲劳性能的50%，而且发现在变形过程中有厚度约为晶粒大小的表层材料其塑性流变与中心材料相比显得更早。如果依据晶粒露出表面程度来进行此类研究，这样的结论显得并不完全合理。因为按照统计学来讲，既然表面的晶粒仅露出表面的体积和界面的一半，则表面层的厚度应是晶粒平均大小的一半，然而为了确定表面层的厚度，应当注意由于露出表面的晶粒与其相邻的下层的晶粒在变形过程中具有连续性，前者的塑性流变也将使后者的变形增加，因此表面层的厚度应当大于晶粒尺寸的一半，但这一量值还将取决于从表面到材料内部的变形梯度并需要按照截面变形均匀性的原则来加以确定。在这种情形下，即使在同一零件上，其微观组织结构也相同，但因加载量级和形式不同，则因应力梯度和变形的不均匀性导致表面层深度是不相同的。因此，表面层厚度是一个量值，它不仅由晶粒尺寸大小来确定，而且还受加载形式、材料强度和变形能力等的影响，即它是受表层梯度变形影响的一个数值。一般而言，材料表面层的厚度范围为 0.01～0.5 mm。早期用腐蚀变形试样表面的方法，根据塑性变形流特征所确定的不同材料依据变形程度的不同，表面层厚度多为 0.02～0.2 mm，即为 1～10 个晶粒厚度。

有时表面层在总的变形过程中还可能起到保护层的作用，如表面形变强化层，在变形达到一定程度后表层性能有时得以加强，这是由于表层塑性变形超前而得以加工硬化的缘故。喷丸、滚压、挤压、激光冲击强化等都是采用预先形变引入加工硬化的表面改性工艺技术。

以上分析侧重的是在表层及位于表层下材料的成分和组织状态相同的条件下，不存在名义几何应力集中的情况，即光滑试样状态。在几何应力集中的情况下(缺口试样)，疲劳损伤的基本过程和根本机理还是与光滑试样相同，但也具有其他一些显著的特点：

(1) 应力集中试件的疲劳裂纹萌生时位错滑移只能发生于并被局限在几何应力集中处，不像光滑试样那样，承受较大载荷的晶粒多，可开动的滑移位错数量多，这是因为几何应力集中部位的底部(不管是结构槽或表面不平凹处，还是表面划伤底部)与光滑表面相比还是只占极小面积。

(2) 在应力集中处薄弱晶粒的塑性变形，受周围晶粒的变形约束较大，这是因为这些晶粒与薄弱晶粒不是位于一条直线上而是成某一角度。因此如果没有应力集中，即如果在光滑试样表面和应力集中区名义上额定的应力水平相同，则有应力集中试样的寿命将比无应力集中试样高很多。此时几何应力集中区越是尖锐，则在上述条件下寿命就越长。

(3) 疲劳应力集中系数除了与加载条件有关外，还与材料强度和微观组织状态相关。材料的强度越高，晶粒越细小，其对疲劳强度的应力集中敏感性越高。

(4) 对缺口处进行预先强化，增加缺口处疲劳裂纹的萌生抗力是提高缺口件疲劳性能的主要途径。对缺口处进行喷丸强化、挤压强化、滚压强化、激光冲击强化，都是工程中可以采用的实用延寿技术和工艺。

在工程应用中和实际疲劳实验时，常常采用等效应力集中或疲劳有效应力集中来考虑应力集中的影响，即在相同的实验温度、频率下，将存在应力集中和不存在应力集中时的疲劳强度极限应力之比作为疲劳应力集中系数 K_f。这一概念的提出其实把缺口件疲劳损伤的物理意义给掩盖了，因为要揭示其物理意义，需要在相同的应力水平而不是不同的应力水平下。疲劳应力集中系数 K_f 和名义或理论应力集中系数 K_t 是不同的，对此在缺口试件疲劳裂纹萌生部分还将详细阐述。

残余应力对疲劳性能的影响很大，如焊接残余拉应力使疲劳强度降低很多，寿命明显减小，而预先的表面形变强化通过在表面层引入残余压应力，可以大幅度提高疲劳强度和延长疲劳寿命。残余应力的调整技术已是很重要的研究方向，但在人类的实践过程中常常是实践走在理论的前边。工程上早已采用喷丸强化、滚压强化、挤压强化等表面形变强化技术来延长疲劳寿命和提高疲劳强度，而且提出了表面形变强化、表面改性等技术术语和名词，但最为确切的名称应该是表面预应变强化处理，就像建筑中对钢筋预应力处理一样，疲劳前对零部件表层进行预先的形变处理产生弹塑性应变以实现加工硬化效果。

表面形变强化所引入的残余压应力之所以可以明显改善疲劳性能，主要是因为它可以降低、抵消或减小外加载荷的不利影响，可使平均应力减小，使疲劳裂纹萌生抗力增加甚至使疲劳裂纹仅在表面形变强化层下萌生。下面结合笔者十多年来的研究成果以及参考某些同行的研究成果，来阐述表面预应变强化处理对光滑试件和缺口试件疲劳裂纹萌生的影响机理。

1) *光滑试样*

光滑试样疲劳裂纹源的位置不仅取决于表面是否存在加工刀痕、弹丸丸坑、喷丸冲击时玻璃弹丸在表面的陷入或存在粗大的组织结构等缺陷，而且还与外加载荷的类别、应力梯度及残余应力的分布等密切相关。表面预应变强化处理试样在正常情况下往往萌生于表面强化层下的残余拉应力区域，见图 1-15。只有当喷丸强度较高、在表面产生过喷形成微观裂纹，或表面强化层内存在夹杂或其他显著的组织缺陷时，由于缺陷处的应力集中，才能导致疲劳裂纹在表面或表面强化层内的缺陷处萌生，此时的疲劳裂纹萌生特征见图 1-16。

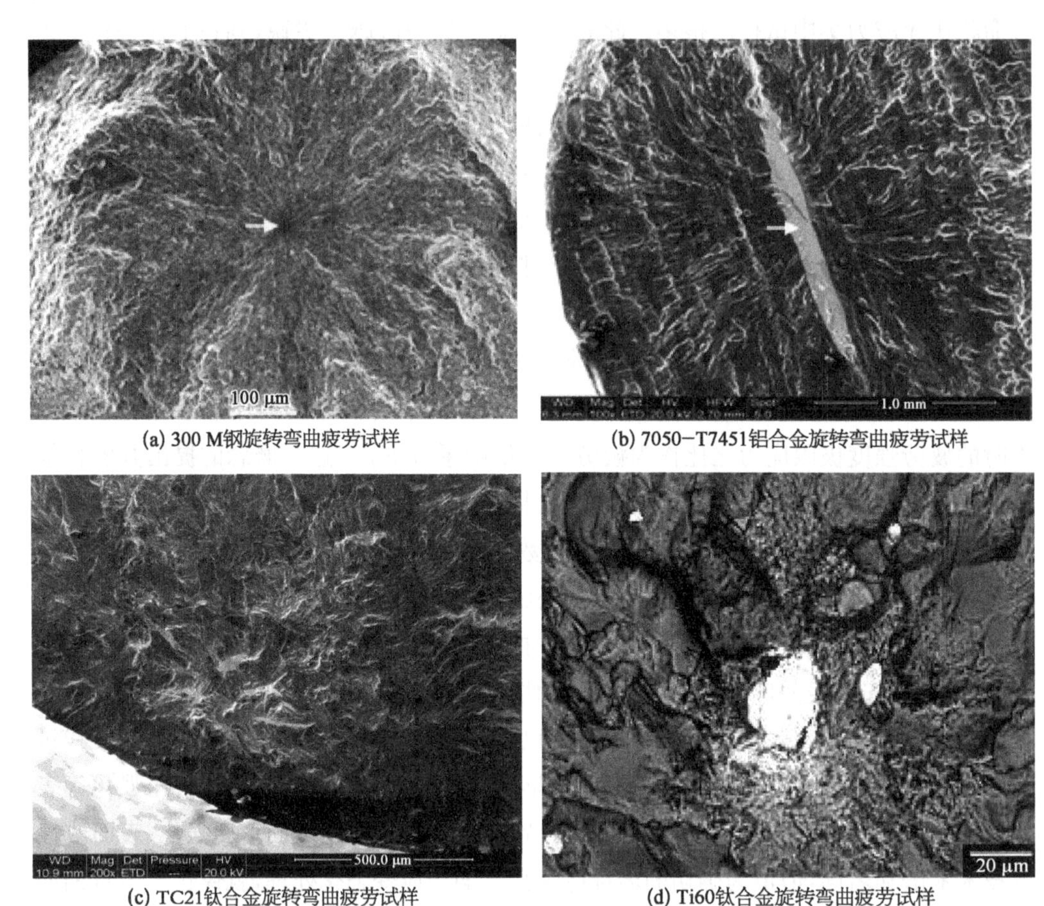

(a) 300 M钢旋转弯曲疲劳试样　(b) 7050-T7451铝合金旋转弯曲疲劳试样

(c) TC21钛合金旋转弯曲疲劳试样　(d) Ti60钛合金旋转弯曲疲劳试样

图 1-15　表面预应变强化处理光滑试样疲劳裂纹萌生在表面强化层下

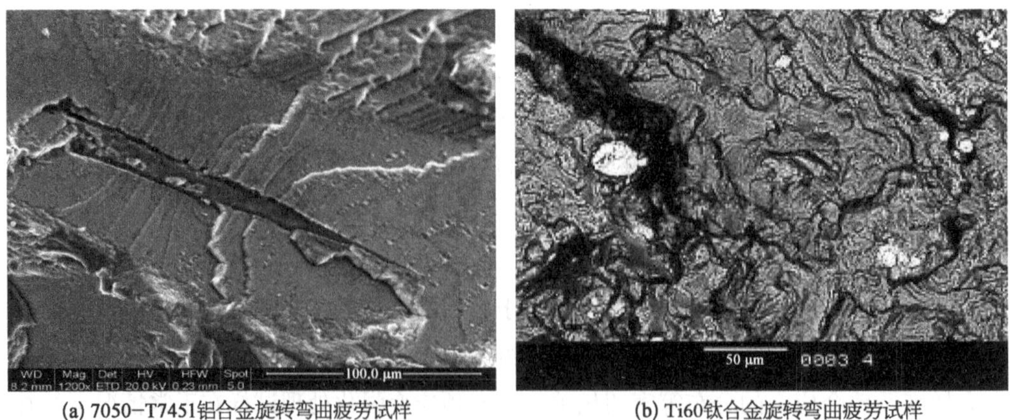

(a) 7050-T7451铝合金旋转弯曲疲劳试样　(b) Ti60钛合金旋转弯曲疲劳试样

图 1-16　由于材料显著的初始缺陷表面预应变强化处理光滑试样疲劳裂纹萌生在强化层内

为了对疲劳裂纹源萌生于表面预应变强化层下时残余应力的作用进行评估，需要计算裂纹源处的局部疲劳强度。实验测量的疲劳强度为表面处的疲劳强度，是一个表象数值，只适用于疲劳裂纹萌生于表面的情况。局部疲劳强度的概念是马赫劳赫于1979年提出的，而且马赫劳赫认为所有失效的基本判据可用下式表示：

$$R_{\max}(\text{或}\,R_{v,\max}) \leqslant [R] = K/n \tag{1-5}$$

式中，$R_{\max}$ 为简单加载时横截面上最大负载点的应力；$R_{v,\max}$ 为复杂加载时横截面上最大负载点的应力；$[R]$ 为许用应力；K 为材料特性；n 为安全系数。

为了估计残余应力的影响，可把 R_{r} 叠加到上式左端的外加应力 $R_{\max}$ 或 $R_{v,\max}$ 中，即把残余应力折算为局部的疲劳性能。对于存在残余应力的试样，其局部疲劳极限 R_{w}^{r} 将是离表面距离的函数，即

$$R_{\mathrm{w}}^{r}(Z) = R_{\mathrm{w}}(Z)\left\{1 - \left[\frac{R_{\mathrm{r}}(Z)}{R_{\mathrm{b}}(Z)}\right]\right\} \tag{1-6}$$

式中，$R_{\mathrm{w}}(Z)$ 为无残余应力时材料的疲劳极限沿深度的分布；$R_{\mathrm{b}}(Z)$ 为材料抗拉强度的分布；$R_{\mathrm{r}}(Z)$ 为实测的残余应力分布。

这种方法曾被用于成功预测了弯曲疲劳时45钢淬火低温回火加喷丸试样的疲劳裂纹萌生位置。具体做法是将外加载荷与残余应力叠加合成有效应力，比较有效应力与局部疲劳强度的数值大小。如果有效应力大于局部疲劳强度，将可能萌生疲劳裂纹。对于光滑试样局部最大应力往往分布在表面强化层下的区域，如图1-17所示。图1-17中下半部曲线是测得的残余应力分布曲线，上半部曲线是材料的局部疲劳极限沿深度变化曲线。由于残余应力沿深度分布存在极大值，与此相应材料的局部疲劳强度在近表层出现高峰。一系列近于平行的细斜线是表层所受外载应力梯度线，一系列黑点是

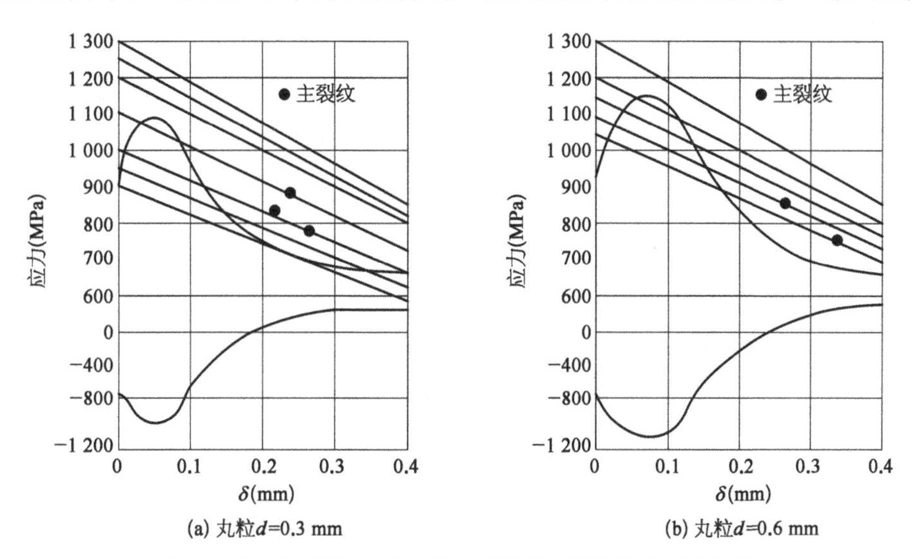

图1-17　外载应力、残余应力和局部疲劳强度的分布情况

扫描电镜断口分析发现的裂纹萌生位置。当应力幅较高、应力梯度较陡时，表面的外载应力大于材料的表层局部疲劳强度，裂纹总在表面萌生。当表面最大应力小于或等于1 100 MPa、应力梯度较缓时，疲劳源转移到表层下一定的深度处，此处的外载应力超过了局部疲劳强度，裂纹往往在那些起微观缺口作用的夹杂物或微孔处萌生，慢慢扩展。试样载荷在有些应力幅 ($R_{max}=1\ 100$ MPa) 下，裂纹既可在表面萌生，也会在表下萌生。但是此时的表面裂纹在向内扩展过程中，外载应力难以逾越强化层的局部疲劳强度高峰，裂纹停止扩展，成为非扩展裂纹。当外载应力梯度线从表到里均低于材料的局部疲劳强度时，疲劳破坏很难发生，此时的应力幅相当于材料的疲劳强度。

局部疲劳极限的提出，有一定的创新性。但是材料表面与内部的情况在外加载荷下的变形约束条件不同。在材料表面处的晶粒，在外加载荷作用下，晶粒的位错源开动，由于一侧是自由的，位错可以滑出表面。而处于内部的晶粒，由于受到周围晶粒的约束，在周围晶界受阻的位错对位错源反作用力的情况与表面情况完全不同。因此马赫劳赫提出的局部疲劳极限的概念没有揭示疲劳源在表面与处于内部时由于约束条件不同而导致疲劳极限的不同，显得过于笼统。

虽然表面强化主要使疲劳裂纹萌生于表面强化层下，但由于疲劳裂纹也有可能萌生于表面或表面强化层内的缺陷处，所以要从所有的可能性来分别讨论疲劳裂纹萌生的位置与力学条件。由于疲劳首先在薄弱环节处发生，所以寻找疲劳源也就是寻找材料的薄弱环节，通过对疲劳断裂破坏整体情况的分析，可以给出如图 1－18a～c 所示三种疲劳裂纹源的形成方式。现分别介绍如下。

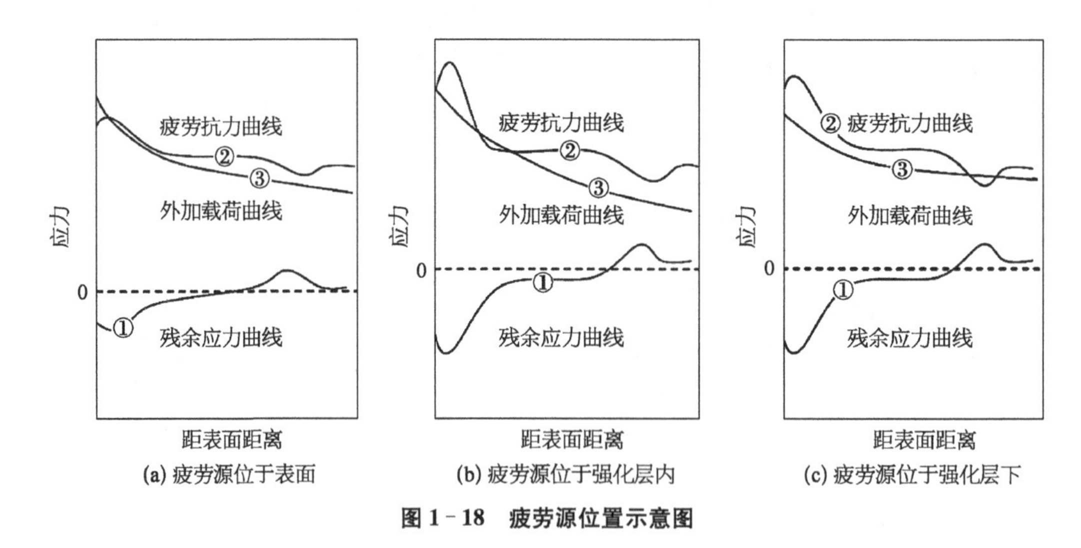

图 1－18　疲劳源位置示意图

图 1－18a～c 分别为疲劳源萌生于表面、表面强化层中和表面强化层下基体中的情况。第一种情况如图 1－18a 所示，产生这种情况的原因是表面没有进行强化或强化不够，表面的残余压应力较小，整个残余应力曲线较平缓，与机械加工试样的情况相类

似。曲线①是残余应力分布曲线，由于残余应力在试样本身是相互平衡的，因此在残余压应力下将会出现一个残余拉应力区。曲线②是疲劳破坏所需的应力分布，与残余应力相对应，其分布也较为平缓。曲线③是在外加载荷作用下的应力分布曲线。从图(a)中可以看到只存在两种情况：其一，外加应力较小，整个外加载荷应力曲线将全部处于曲线②下方，不会发生疲劳破坏；其二，若外加载荷增大，表面处的应力将首先超过疲劳破坏所需的应力，并且由于此时曲线②较为平缓，随着外加载荷的增加，即使在试样内部的应力超过疲劳所需的应力，但是由图可以看出，此时在表面的外加应力已远远超过疲劳破坏所需的应力，疲劳裂纹将先一步在表面萌生。因此不可能产生能够引起材料发生破坏的内部疲劳裂纹。

第二种情况与一些表面预应变强化处理试样的情况相似，疲劳源位于表面强化层中。这种情况经过了适当的表面强化处理，在材料的表面引入很大的残余压应力，如图1－18b所示。曲线①、②、③的意义与图1－18a中的意义一样，但是由于经过喷丸强化，残余压应力大大增加，因此使疲劳破坏所需的应力出现一个峰值，并且梯度较陡。当增大外加载荷时，外加应力最先超过疲劳破坏所需应力的区域不是位于最表面，也不是位于表面强化层下的基体中，而是位于表面强化层中的某一位置，因此疲劳源首先在此处萌生。产生此种情况，一方面是由于在试样表面引入较大的残余压应力，使在表面发生疲劳破坏所需的应力大大增加；另一方面是由于夹杂、强化相与稀土相等引起的应力集中有关，应力集中越大，应力梯度越陡，此种情况越易发生。

若应力集中效应减小，应力梯度也相对较为平缓，或者内部存在夹杂缺陷所产生的局部应力集中，就会产生如图1－18c所示的第三种情况，即疲劳源既不在表面，也不在表面强化层中，而是位于表面强化层下的基体中。由于残余拉应力或夹杂缺陷局部应力集中的影响，疲劳破坏所需的应力将在表面强化层下的基体中出现一个谷值。此处疲劳破坏所需的应力较小，并且由于应力梯度较为平缓，在增大载荷时，外加应力首先超过疲劳破坏所需应力的位置、将位于此处，因此，此处将首先萌生能够引起材料发生疲劳破坏的疲劳裂纹。

根据以上结果，针对光滑试样疲劳裂纹源萌生位置的不同，可以提出不同的优化或改进方法。第一种情况是由于表面强化的强度不够，须进一步进行补充强化，如进行二次喷丸等，产生更大更深的残余压应力场，把疲劳源从表面“赶到”内部。

对于第二种和第三种情况，虽然疲劳源均在表面以下，但是由于裂纹萌生的位置与局部的应力集中情况不同，所以对实际的问题应分别对待。通常来讲，对于疲劳裂纹萌生于表面强化层下的晶界处且疲劳极限提高幅度大于30%时，就可以认为表面强化工艺是适宜的，无须进一步来优化，这样可以节约研究成本。对于疲劳裂纹萌生于表面强化层内/下的夹杂、氧化膜或稀土相处的情况，应注意从冶金角度来适当控制其含量与形状，尽量避免其对疲劳性能的不利影响。

2) 缺口试样

缺口试样疲劳裂纹形成过程中的变形特点和材料的应力集中特性不再赘述。材料的强度越高，其应力集中敏感性越强，见图1-19。从图1-19中还可以看出，表面预应变强化处理工艺如喷丸强化对于抑制缺口的应力集中具有很好的效果。

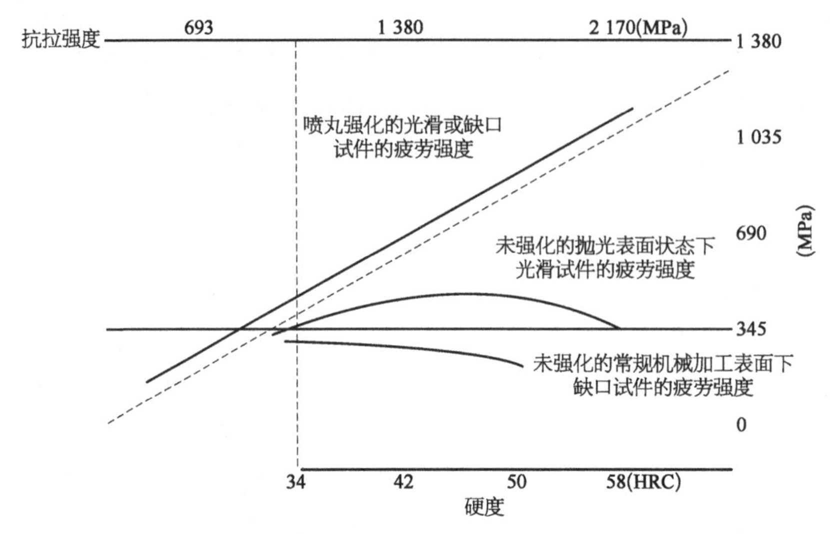

图1-19　材料强度与应力集中敏感性

根据以往的大量实验并参考国内外文献，关于缺口试件的疲劳裂纹萌生和与之相关的疲劳强度以及表面预应变强化处理效果等，可以总结归纳出以下规律：

(1) 对于旋转弯曲疲劳而言，K_t 越高，表面预应变强化处理提高的幅度越大，表面预应变强化处理效果越显著。

(2) 对于轴向拉-拉疲劳而言，表面预应变强化处理效果不如表面承受最大载荷的弯曲疲劳。根据研究结果，无论采用喷丸强化还是采用挤压强化，对超高强度 AerMet100 钢缺口试样的强化效果都基本相同，表面强化提高的幅度在22%～28%范围之内。

(3) 对于同一材料而言，缺口的应力集中系数 K_t 越大，表面强化效果越好。缺口试样的理论应力集中系数 K_t 大于疲劳缺口系数 K_f，疲劳缺口敏感度 q 小于1，表面强化缺口试样的 q 数值要小于机械加工缺口试样的 q 数值。因此表面强化可以降低缺口的应力集中敏感性，提高缺口试样的疲劳极限。

(4) 对于机械加工缺口试样，疲劳裂纹源位于表面。研究表明，对于 $K_t=2$ 和 $K_t=2.2$ 的表面强化缺口试样，疲劳裂纹源位于表面强化层下；而对于 $K_t=3$ 的表面强化试样，其疲劳裂纹源仍然位于表面。也就是说缺口试件疲劳裂纹的萌生受应力集中程度和残余应力的综合作用。

1.3.4.2　残余应力场对疲劳裂纹扩展的影响

从疲劳损伤的形成与发展进程来看，可以将其划分为四个阶段：① 表面层内局部的塑性变形，形成沿一定滑移面方向并在很多晶粒间协调变形的细观屈服区，发展成微观裂纹；② 微观裂纹在一定应力作用下扩展成小裂纹；③ 小裂纹扩展成长裂纹；④ 长裂纹扩展到一定程度，变为完全瞬态断裂。

线弹性断裂力学方法已被广泛应用于结构的损伤容限分析中，目前的趋势是把同样的方法延伸到疲劳耐久性分析。为了在不显著增重的前提下得到更长的使用寿命，疲劳耐久性分析必须假设非常小的初始裂纹长度。断裂力学采用 $da/dN-\Delta K$ 曲线进行长裂纹的扩展分析，但由于疲劳小裂纹在相同的名义应力强度因子范围 ΔK 作用下的扩展速率高于长裂纹，所以将长裂纹分析方法直接应用于小裂纹的可行性一直受到质疑。但对于结构设计而言，一种能够适用于所有裂纹尺寸的统一的分析方法无疑是非常重要的。要想建立这种分析方法，需要了解疲劳小裂纹的扩展规律和特征及与长裂纹扩展规律的关联性。

疲劳裂纹在表面层内的扩展很复杂，小裂纹扩展也受晶粒晶界和残余应力的影响，而且其扩展速度高于长裂纹。疲劳小裂纹的扩展规律曾是多年来疲劳断裂界研究的热点。疲劳小裂纹和长裂纹的扩展规律见图 1-20。众多学者观察到疲劳小裂纹的扩展规律不同于长裂纹，存在"小裂纹效应"。所谓的"小裂纹效应"是指：① 疲劳小裂纹在相同的名义应力强度因子范围 ΔK 作用下扩展速率高于长裂纹；② 在低于长裂纹扩展门槛 ΔK_{th} 时，小裂纹仍然能够扩展。"小裂纹效应"在负应力比实验中表现更为明显。

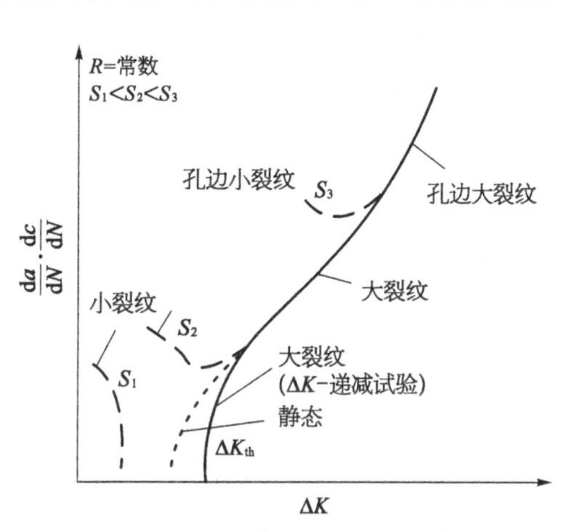

图 1-20　疲劳小裂纹和长裂纹的扩展规律示意图

很多研究表明，裂纹闭合是导致小裂纹和长裂纹扩展行为差异的主要原因。若考虑裂纹闭合的影响，用线弹性断裂力学来计算有效应力强度因子范围 ΔK_{eff}，则能消除小裂纹和长裂纹扩展规律的差异，将小裂纹和长裂纹的扩展速率 da/dN 统一用 ΔK_{eff} 来描述。近 20 年来，国内外疲劳断裂界致力于通过小裂纹行为的研究，用断裂力学方法来定量统一描述裂纹从萌生到扩展的全过程，以进行材料的损伤容限和耐久性分析。这方面的研究导致了多项国际合作，典型的如美国国家航空航天局(NASA)著名断裂力学教授 Newmen 团队和北京航空材料研究院吴学仁研究员团队对飞机结构材料疲劳小裂纹行为与寿命预测的研究。这些研究以 $da/dN-\Delta K_{eff}$ 曲线为基础，应用于自然萌生的小裂纹和长裂纹的扩展，建立了基于材料初始缺陷的裂纹扩展分析模型来预测疲劳全寿命的方法，编写了相应的寿命预测程序，目前航空领域应用最广泛的是 FASTRAN-Ⅱ。近年来，该方法不断得到改进和完善，并成功地应用于多种航空高强度的结构材料，包括铝合金、钛合金、结构钢等。

裂纹闭合是由裂纹尖端尾迹裂纹面的接触而引起的。尺寸很小的小裂纹因尾迹区小或初始缺陷等原因，比长裂纹难以闭合甚至完全张开，导致有效应力强度因子范围 ΔK_{eff} 提高，增加了小裂纹的扩展速率。在考虑裂纹闭合影响后，小裂纹和长裂纹扩展规律应该相同。利用这一原理，将长裂纹的扩展曲线 $da/dN-\Delta K$ 进行闭合分析，可得到材料的 $da/dN-\Delta K_{eff}$ 曲线，以适用于裂纹的全长度范围分析。

建立小裂纹扩展理论和寿命预测的关键是裂纹扩展过程中张开应力的定量求取。Newman 等针对有限宽度板中心裂纹和中心孔边裂纹，以修正的 Dagdale 塑性诱导闭合分析模型为基础，建立裂纹闭合定量分析模型，并应用于 FASTRAN-Ⅱ 寿命预测分析程序。该塑性诱导闭合分析模型由于是针对中心裂纹和中心孔边裂纹建立的，未考虑试样厚度所导致的裂纹尖端三维约束效应对裂纹扩展过程的影响，而且也不适用于孔边穿透裂纹。为了使 FASTRAN-Ⅱ 推广应用于孔边穿透裂纹，需要引入约束因子来描述裂纹前缘的三维约束效应并发展了 FASTRAN 寿命预测分析程序。值得注意的是裂纹闭合受裂纹几何形状的影响。McClung 对不同几何形状的裂纹试样进行了裂纹闭合有限元分析，发现在小范围屈服条件下，K_{max}/K_0（$K_0=R_{yield}\sqrt{\pi a}$，$R_{yield}$ 为屈服应力）能够关联不同试样的正则化张开应力。S. R. Daniewicz 利用赵伟-吴学仁的三维权函数法，建立了三维非穿透表面裂纹的闭合分析模型，指出在平面应力条件下不同形状裂纹的张开应力可由 $K_{max}/(\sigma_0\sqrt{W})$ 来关联。这些研究结果都为疲劳寿命的预测和小裂纹扩展寿命的分析奠定了基础。

下面以笔者曾对 7475-T7351 铝合金单边缺口拉伸疲劳试样的研究结果来阐述疲劳小裂纹和长裂纹的扩展行为以及表面预应力强化处理的定量影响分析[1,17]。疲劳实验前对试样的缺口部位进行了铣削机械加工和喷丸强化，然后对试样的整体部位采用化学抛光方法来消除缺口表面和试样整体表面的加工痕迹、边缘毛刺、弹丸坑痕等表面缺陷和机械加工引入的残余应力，避免疲劳小裂纹在加工表面缺陷处萌生。采用疲劳实验对比了铣削加工试样和喷丸试样的疲劳小裂纹扩展行为与力学规律。

单边缺口拉伸疲劳试样的长度方向平行于板材的轧制方向，所有的试样都经铣削加工至最终图纸尺寸，见图 1-21。在铣削加工中所采用的工艺过程考虑了尽量减小缺口根部的残余应力。对铣削加工试样和喷丸强化试样进行化学抛光，以去除缺口边缘的机械加工毛刺和喷丸的丸坑痕迹。化学抛光使试样的所有表面去除了约 20 μm 厚的一层材料，可尽量避免疲劳小裂纹在表面加工缺陷处萌生。

在 MTS 疲劳实验机上进行应力比 $R=0.06$、$R_{max}=160$ MPa 条件下小裂纹的扩展实验研究，用 AC 纸进行复型记录以观察疲劳小裂纹尺寸，并与用显微镜观测记录的裂纹扩展 $a-N$ 数据进行对比。研究疲劳小裂纹扩展的 $a-N$ 曲线、$da/dN-N$ 曲线和 $da/dN-a$ 曲线，得到疲劳小裂纹的扩展力学规律。用扫描电镜观察疲劳小裂

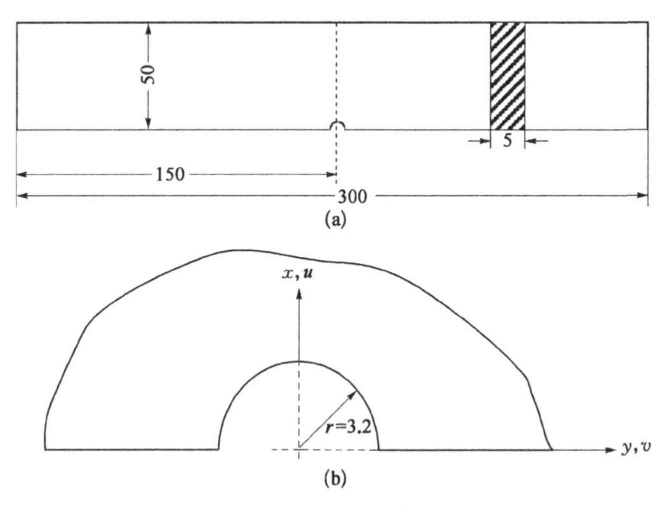

图 1-21　单边缺口拉伸疲劳试样(a)及其缺口图纸(b)

纹的扩展路径和曲线转折的对应关系,观察疲劳裂纹的扩展方式。

在实验中可能会出现多条裂纹,多裂纹的疲劳裂纹扩展行为及其交互作用是一个很复杂的力学问题,本书在此不做赘述。

疲劳小裂纹长度 a、c 参数的定义见图 1-22。对疲劳小裂纹扩展速率 da/dN 的计算,采用简单的点到点割线计算方法,即

$$da/dN = \Delta a/\Delta N = (a_{i+1} - a_i)/(N_{i+1} - N_i) \tag{1-7}$$

式中,a_i 为循环周次为 N_i 时的裂纹长度;时间间隔 ΔN 为相邻两次复型之间的循环周次。

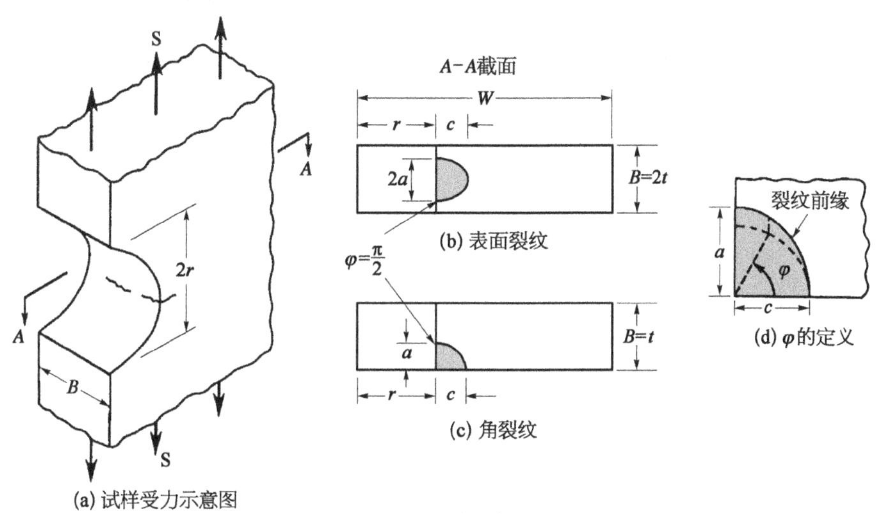

图 1-22　小裂纹参数定义

用复型法能观察到的最初小裂纹的长度约为 20 μm,表面机械加工试样的 $a-N$ 曲线见图 1-23。疲劳小裂纹的断口和复型照片分别见图 1-24 和图 1-25,小裂纹为表面裂纹。裂纹起源于直径约为 20 μm,含 Si、Zn、Cu、Zr 等元素的第二相颗粒,见图 1-26。

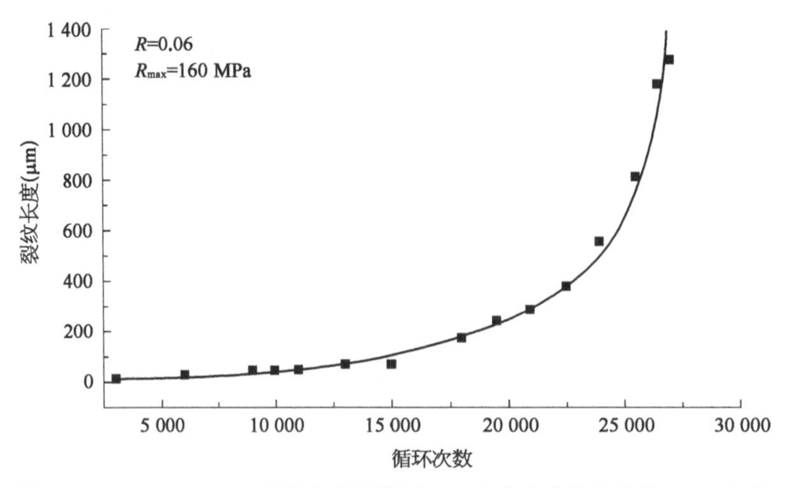

图 1-23　7475-T7351 铝合金表面机械加工疲劳小裂纹扩展的 a-N 曲线

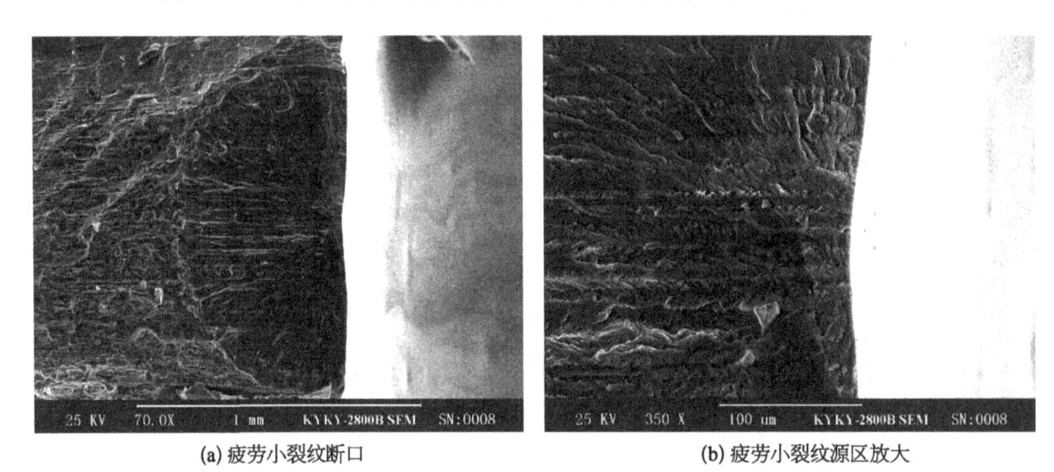

(a) 疲劳小裂纹断口　　(b) 疲劳小裂纹源区放大

图 1-24　7475-T7351 铝合金机械加工试样疲劳小裂纹

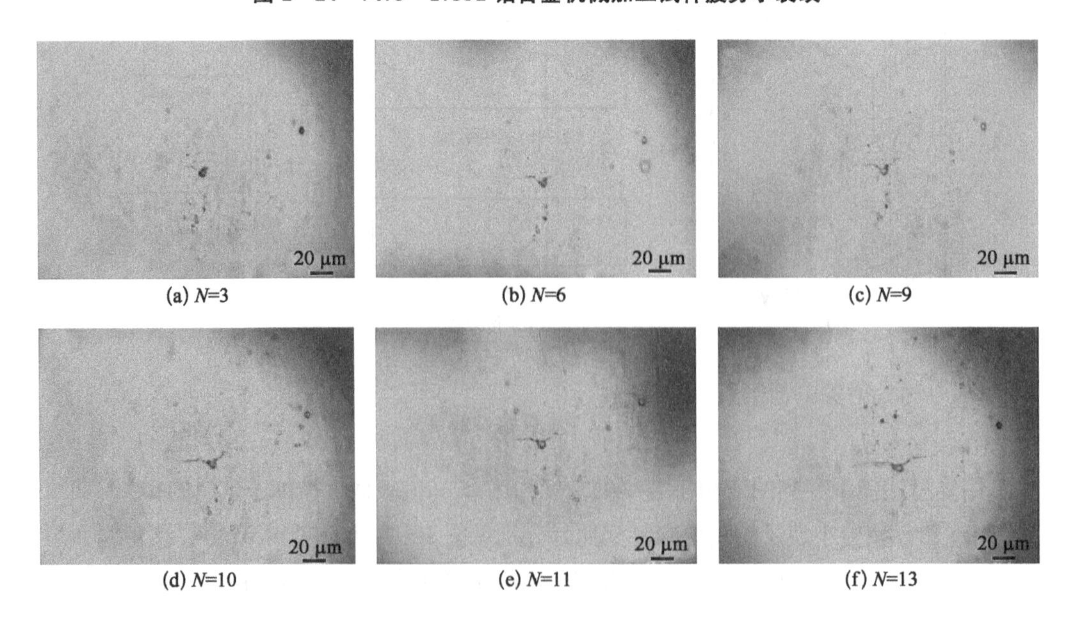

(a) N=3　(b) N=6　(c) N=9

(d) N=10　(e) N=11　(f) N=13

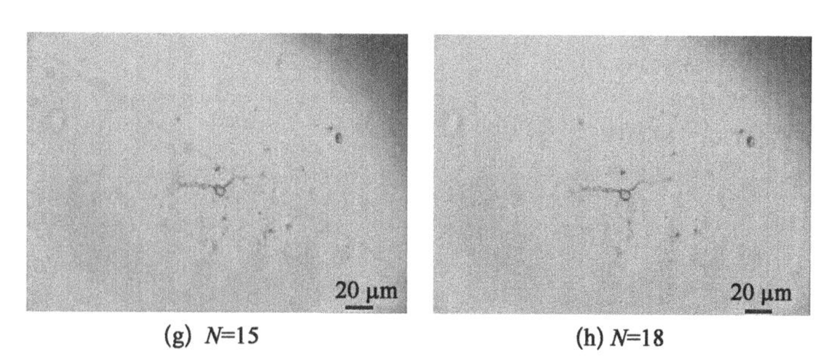

(g) N=15　　(h) N=18

图 1－25　7475－T7351 铝合金机械加工疲劳试样裂纹扩展的系列表面复型照片(对应的循环次数为 $N\times1\ 000$)

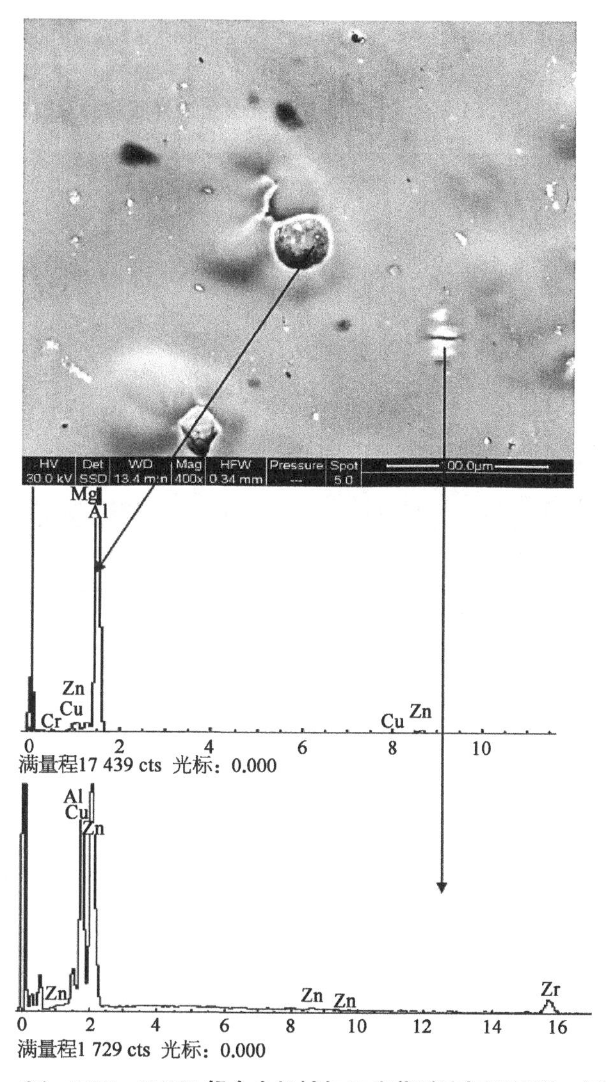

图 1－26　7475－T7351 铝合金机械加工疲劳裂纹起源于第二相质点

表面喷丸强化试样的 $a-N$ 曲线见图 1－27。喷丸强化试样疲劳小裂纹的断口和复型照片分别见图 1－28 和图 1－29。

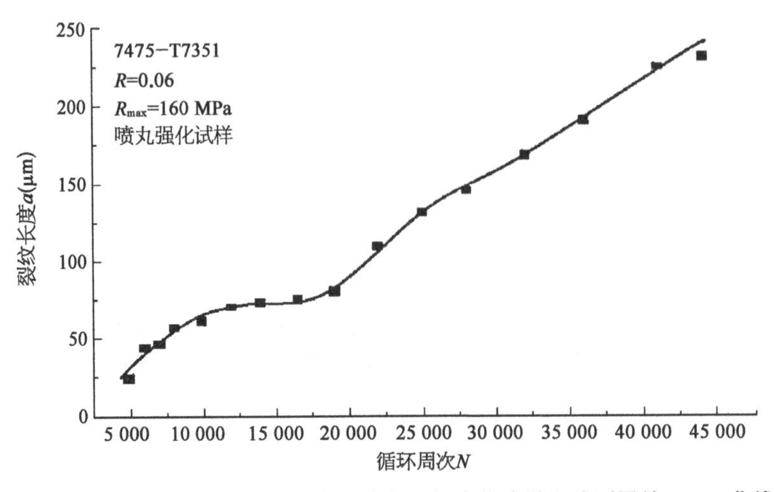

图 1-27　7475-T7351 铝合金表面喷丸强化疲劳试样实验测量的 a-N 曲线

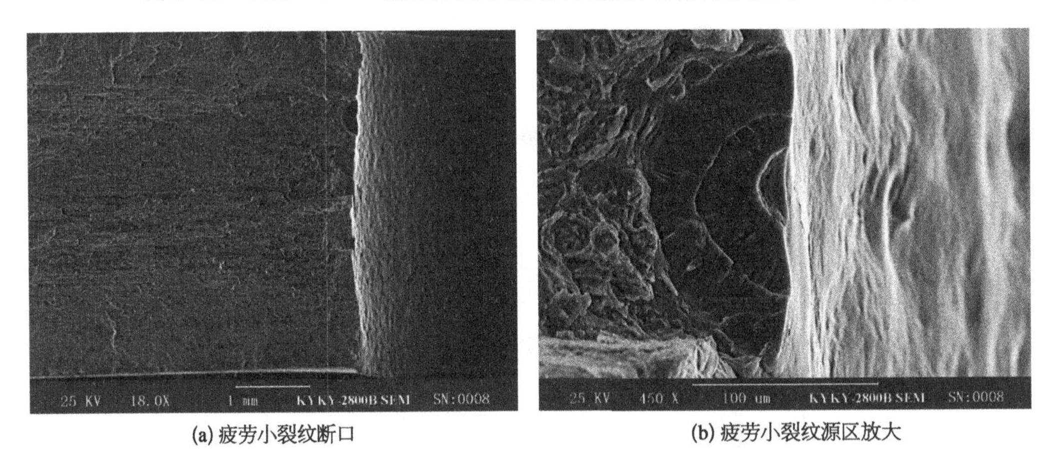

(a) 疲劳小裂纹断口　　(b) 疲劳小裂纹源区放大

图 1-28　7475-T7351 铝合金表面强化疲劳试样裂纹源

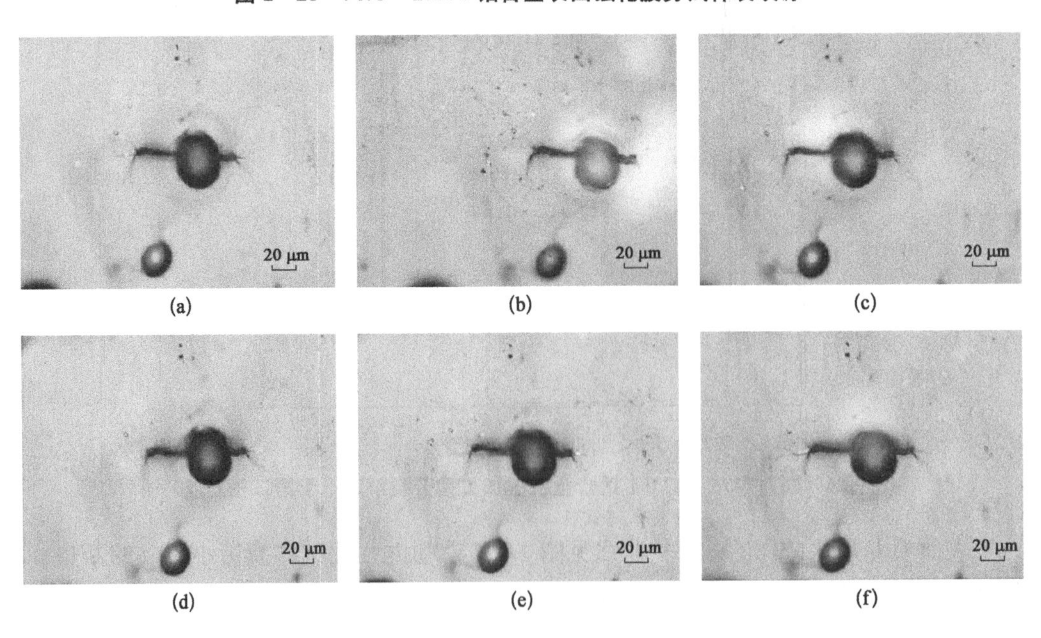

(a)　(b)　(c)

(d)　(e)　(f)

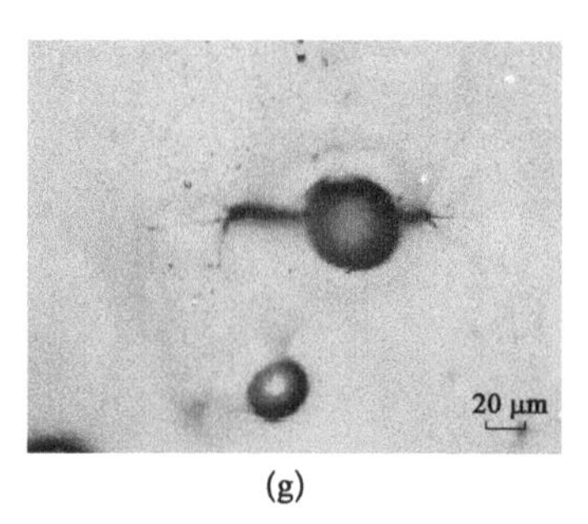

(g)

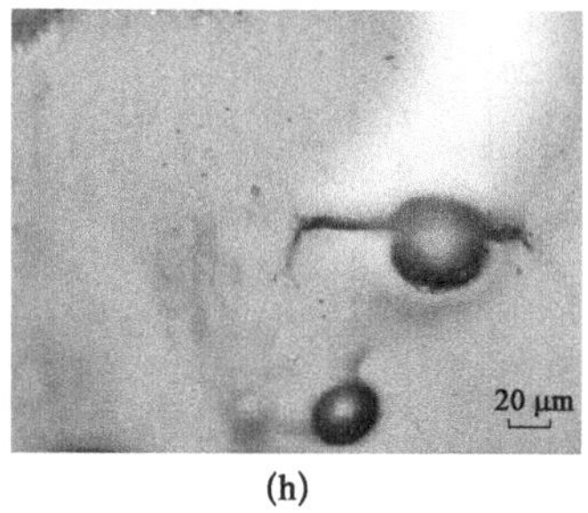

(h)

图 1-29　7475-T7351 铝合金表面强化疲劳试样裂纹扩展的系列表面复型照片

为对比机械加工和喷丸试样疲劳小裂纹的扩展行为，将它们的 $a-N$、$\mathrm{d}a/\mathrm{d}N-N$ 和 $\mathrm{d}a/\mathrm{d}N-a$ 曲线分别绘制于图 1-30、图 1-31 和图 1-32 中。可以看出在 15 000 循环周次前，由于实际观测和小裂纹长度测量存在的误差，喷丸试样与机械加工试样两者之间疲劳小裂纹扩展速率的差别未能确定。当疲劳循环周次超过 15 000 后，喷丸试样疲劳小裂纹的扩展速率明显低于机械加工试样。

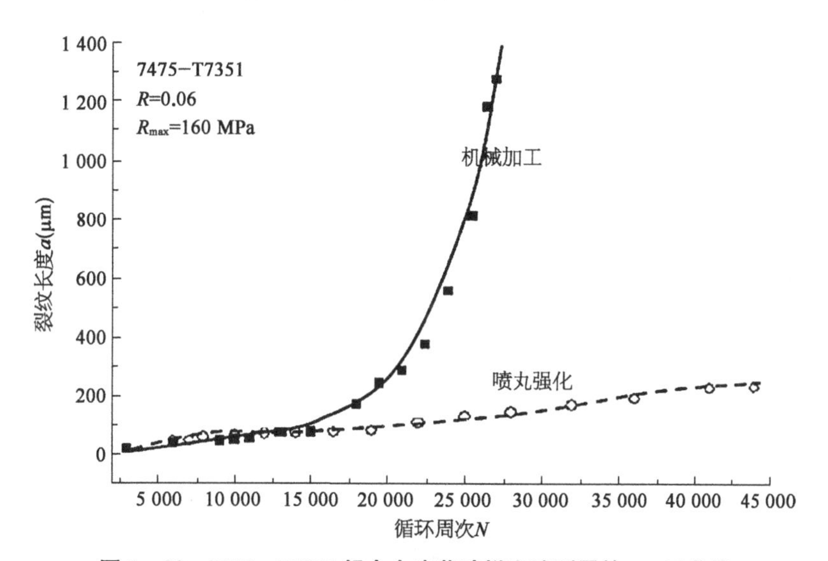

图 1-30　7475-T7351 铝合金疲劳试样实验测量的 $a-N$ 曲线

众所周知，采用表面强化工艺技术可提高构件的疲劳性能和延长其使用寿命，那么如何定量评价表面强化的延寿效果和残余应力对疲劳小裂纹扩展的影响，则是表面强化技术的一个重要研究课题。

表面强化工艺技术显著延长应力集中部位疲劳寿命的主要原因是表面强化引入的残余压应力。残余压应力使应力集中部位实际有效的应力水平和应力比减小，降低了裂纹在表面强化层内的扩展速率，这种规律在第 6 章的实验中已得到验证。由于裂纹扩展寿命在一般情况下多消耗在裂纹较小的阶段，所以表面强化层内残余压应力对结构寿命的有利影响是很显著的。第 6 章的实验表明，喷丸强化确实给裂纹扩展阶段的

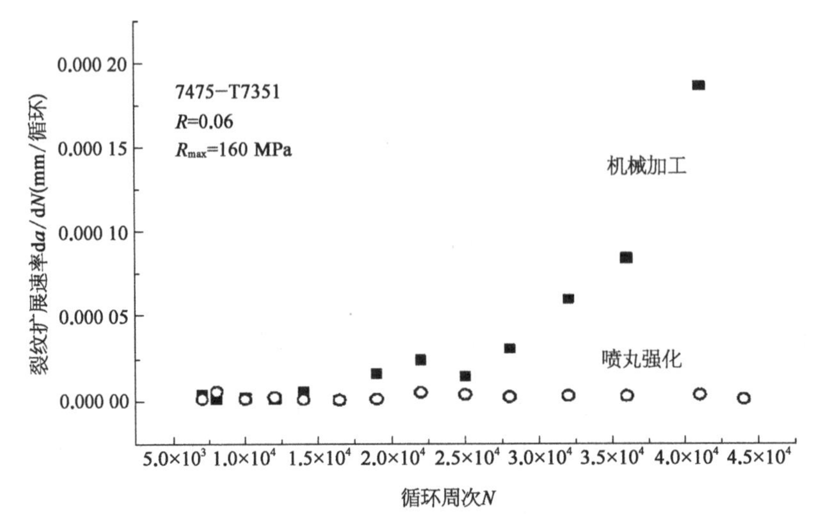

图 1－31　7475－T7351 铝合金疲劳试样实验测量的 da/dN－N 曲线

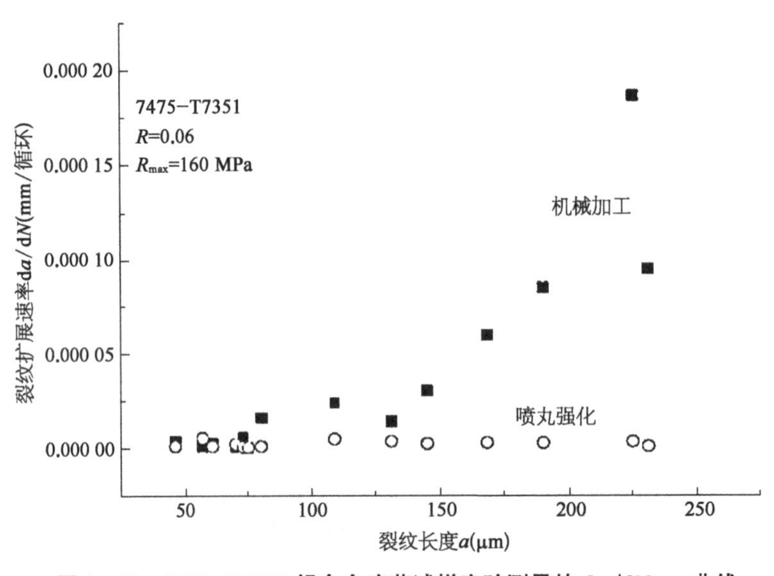

图 1－32　7475－T7351 铝合金疲劳试样实验测量的 da/dN－a 曲线

寿命带来了很大的增益。定量评价表面强化对裂纹扩展寿命的增益，需要基于断裂力学理论，定量计算表面强化层中小裂纹在外加载荷和残余应力作用下的应力强度因子。

为了理解和解释疲劳小裂纹的扩展行为、预测疲劳小裂纹的扩展寿命，需要得到表面裂纹和角裂纹的高精度应力强度因子解。由于应力强度因子解在工程实际中的重要性，其求解技术成为疲劳断裂力学研究的热点之一。虽然在裂纹体分析中采用了多种解法，但多数解都是利用有限元方法确定的，计算工作量非常大。下面利用适应性强、快速高效、精确可靠的权函数法，来计算表面强化层内的残余应力与外加载荷联合作用下小裂纹的应力强度因子。

二维权函数法目前已比较成熟。吴学仁和 Carlsson 撰写的国际上第一部关于断裂力学权函数法的专著,系统给出了各类二维裂纹问题的权函数封闭解。

采用的三维权函数方法是在二维权函数法和片条合成法的基础上建立的,这种方法已被成功地用来解决了很多三维裂纹问题。其基本思路是将三维裂纹体未开裂部位所引起的约束作用转化为对二维片条的一种弹性边界条件,使片条含有局部的三维特性。利用二维裂纹权函数的通用表达式,通过采用约束条件,来构造片条的权函数。下面基于线弹性断裂力学,采用权函数方法,结合叠加原理,计算外加载荷和残余应力作用下裂纹的应力强度因子,分析裂纹在残余应力和外加交变载荷共同作用下的扩展速率和寿命,利用寿命预测分析程序 FASTRAN 定量计算和预测疲劳小裂纹在表面强化层内的扩展行为,并将理论预测计算结果和实验结果进行对比分析,对表面强化在裂纹扩展阶段的延寿效果进行定量评价。

应力强度因子作为表征裂纹尖端场奇异性强度的特征参量,在裂纹体分析中起着非常关键的作用。由于应力强度因子是损伤容限设计中剩余强度计算和裂纹扩展阶段寿命分析时不可缺少的关键参数,因此其正确计算对于表面强化延寿的定量分析显得极为重要。

在线弹性范围内,应力强度因子服从叠加原理。即对某一给定的裂纹体而言,几种载荷联合作用下的应力强度因子等于各种载荷单独作用下的应力强度因子之和。经表面喷丸强化的试样,虽然在强化过程中其表面层进入了塑性变形阶段,但喷丸强化后留下的残余应力场仍然是弹性的。因此,只要无裂纹体在外加载荷和残余应力的共同作用下不发生塑性变形,叠加原理将依然有效。应用叠加原理进行计算分析时,要注意:

(1) 在混合边界条件下,载荷边界与位移边界在各种情况下都应保持一致;

(2) 负值的应力强度因子只有在它抵消正值的应力强度因子时才有意义;

(3) 在裂纹面应力为负(即为压应力)的情况下,在求解的中间过程中,允许裂纹面位移出现负值(即裂纹互相嵌入),但在求得最终解时,沿整个裂纹面的位移必须为正值或零。

利用叠加原理,可以求解在外加载荷和残余应力共同作用下的裂纹体应力强度因子。具体的处理方法为构造一个等效的裂纹体,这个裂纹体的几何形状及尺寸和载荷/位移边界等与实际裂纹体完全相同,但在受载方式上与原加载荷条件不同,即在它给定载荷的边界上载荷为零,在它给定位移的边界上位移为零。现只须考虑作用在裂纹面上的分布载荷,并将这个分布载荷等效为在无裂纹体中的假想裂纹处由所有的外加载荷和残余应力联合作用下所引起的应力分布,如图 1-33 所示。这一原理适用于残余应力、热应力等的裂纹体,且不因裂纹的引入所导致的残余应力重新分布而失效。

由于应力强度因子在裂纹体分析中的中心地位,它的求解自然受到高度重视。目前已形成了众多的理论和数值分析解法及多种有限元计算机模拟分析方法。由于

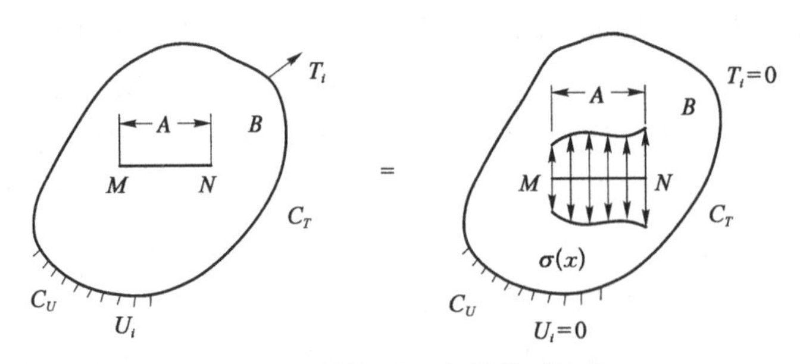

图 1-33 叠加原理与等效裂纹体

应力强度因子的求解需要对不同裂纹长度进行计算，很重要的一点是要在保证求解精度的条件下提高求解效率。权函数法是一种高效、灵活、简便和可靠的应力强度因子计算方法。

权函数法在处理裂纹面任意受载条件下的高度灵活、适应性强、使用简单的特点，使其成为计算表面强化残余应力场中裂纹应力强度因子的理想解析方法。权函数法这一特有的优势，是基于它把影响裂纹应力强度因子的载荷和几何两个因素做了变量分离。权函数本身仅反映裂纹体的几何特性，与受载方式无关，它一旦由某种受载情况下的已知解确定，就可不受限制地被用来求解任意载荷条件下的应力强度因子，而且求解过程非常简单，只须做如下积分运算：

$$K=\int_0^a m(a,\ x)R(x)\mathrm{d}x \tag{1-8}$$

式中，$m(a,\ x)$ 为权函数；$R(x)$ 为无裂纹体中假想裂纹处的应力分布。

根据应力强度因子求解的叠加原理，可以将裂纹体边界上的载荷和体内的残余应力等效地"转化"到裂纹面上。这里所指的裂纹面载荷为无裂纹体内假想裂纹处的应力分布。无裂纹体的应力分布，不仅不涉及裂纹尖端的奇异性，而且由于不考虑裂纹长度参数的影响只须进行一次计算，所以利用权函数法计算应力强度因子非常高效。穿透裂纹用二维权函数解，非穿透裂纹则须用三维权函数解。由于三维权函数法是建立在二维权函数法的基础上、结合片条合成法和位移协调条件而确定的，所以二维权函数的确定是计算三维权函数的基础。

如上所述，通过对裂纹面载荷 $R(x)$ 一个简单的加权积分可求得应力强度因子：

$$K=f a\sqrt{\pi a} \tag{1-9}$$

$$f=\int_0^a \frac{R(x)}{R}\ \frac{m(a,\ x)}{\sqrt{\pi a}}\mathrm{d}x \tag{1-10}$$

$$x=X/R,\ \alpha=a/R \tag{1-11}$$

式中，$R(x)$ 为裂纹面载荷，即为无裂纹体中假想裂纹处的应力；R 为任意选定的参考应力；$m(a, x)$ 为权函数；a 为裂纹长度；X 为沿裂纹方向的坐标，对于本节中的缺口边缘裂纹，原点定在裂纹嘴处；f 为无量纲应力强度因子。

式(1-10)表明，在任意裂纹面载荷 $R(x)$ 作用下，只要确定裂纹体的权函数 $m(a, x)$，应力强度因子就可通过一个简单的积分运算而确定。由于 $R(x)$ 的求解不涉及裂纹问题，因此可以采用常规的弹性力学方法解决。根据叠加原理，$R(x)$ 是将无裂纹体边界上的载荷与位移以及各类内应力“等效转化”在假想裂纹处的应力分布。权函数求解应力强度因子的关键是确定权函数 $m(R, x)$ 的解析表达式。尽管可以采用有限元数值分析方法来推导 $m(R, x)$，但最便捷的途径是利用权函数与参考载荷下裂纹面张开位移 μ_r 之间的关系进行推导：

$$m(a, x)=\frac{E}{f_r(\alpha)}\frac{1}{R\sqrt{\pi a}}\frac{\partial\mu_r(\alpha, x)}{\partial\alpha} \tag{1-12}$$

其中

$$\partial\mu_r(\alpha, x)=\frac{U_r(\alpha, x)}{W} \tag{1-13}$$

式中，$f_r(\alpha)$ 为参考载荷条件下的无量纲应力强度因子；$E'=E$（平面应力），$E'=E/(1-\nu)$（平面应变），E 为弹性模量，ν 为泊松比。

由此可见，参考载荷作用下裂纹面位移表达式是求解权函数的关键。吴学仁研究员系统解决了各类边缘裂纹和中心裂纹的二维权函数推导问题。对于各类边缘裂纹，裂纹面的位移通式可表达为

$$\mu_r(\alpha, x)=\frac{R'\alpha}{\sqrt{2E'}}\sum_{i=1}^{J}F_i(\alpha)\left(1-\frac{x}{\alpha}\right)^{i-\frac{1}{2}} \tag{1-14}$$

式中，$F_i(\alpha)$ 为待定函数，其项数 J 取决于所采用条件的数目。视不同的裂纹几何形状和已知条件，可取 $J=2, 3, 4$。确定 $F_i(\alpha)$ 待定函数的条件一般有：

(1) 裂纹尖端位移场与应力强度因子的关系；

(2)“自洽”条件，即将权函数反作用于参考载荷自身时，所得应力强度因子应与原参考载荷下的应力强度因子完全相同；

(3) 在裂纹嘴处裂纹面的曲率为零；

(4) 裂纹嘴处的位移。

待定函数 $F_i(\alpha)$ 的具体推导及其与 $f_r(\alpha)$ 的关系见相关文献，在此不再赘述。对于边缘裂纹，其权函数 $m(a, x)$ 可统一表达为

$$m(\alpha, x)=\frac{1}{\sqrt{2\pi\alpha}}\sum_{i=1}^{j+1}\beta_i(\alpha)\left(1-\frac{x}{\alpha}\right)^{i-\frac{3}{2}} \tag{1-15}$$

其中

$$\beta_i(\alpha)=\frac{\alpha F'_{i-1}(\alpha)+\frac{1}{2}[(2i-1)F_i(\alpha)-(2i-5)F_{i-1}(\alpha)]}{f_r(\alpha)} \tag{1-16}$$

对于非穿透裂纹的情况，需要利用三维权函数法来计算应力强度因子。三维裂纹问题与二维裂纹问题的主要差别是二维问题中只有裂纹长度 a 一个参量，而在三维问题中，描述图 1-22 中裂纹特征的参数有裂纹长度 a 和裂纹深度 c 两个参量，且应力强度因子在裂纹前缘各点都是不断变化的。

采用权函数法计算单边缺口拉伸试样半圆缺口根部表面裂纹的应力强度因子。在计算分析中，假定残余应力和外加载荷应力在试样厚度方向上是均布的。求解参考应力时的三维裂纹问题权函数方法的基本思想是，把三维裂纹离散为两组含穿透裂纹的片条，把三维裂纹体未开裂部分对片条的约束作用转化为片条在裂纹扩展前方边界上的弹性位移边界条件，依据片条区域和孔以外面积对含裂纹片条的约束作用及片条的位移协调条件，并利用两种极限情况下对应二维问题的权函数构造出具有上述三维性质片条的权函数。根据裂纹参量的定义，可由二维裂纹片条的应力强度因子合成三维裂纹前缘任一点处的应力强度因子，其关系式为

$$K(\varphi)=\frac{1}{1-\eta^{2}}\left\{K_{a}^{4}(a_{x})+\left[\frac{E}{E_{s}}K_{c}(c_{y})\right]^{4}\right\}^{\frac{1}{4}}(-1)^{n} \quad (1-17)$$

为了评价表面强化残余应力的作用，需要计算在外加载荷和残余应力分别作用下的应力强度因子。7475-T7351 铝合金单边缺口拉伸试样表面裂纹无量纲应力强度因子 f 的计算结果见图 1-34。在外加载荷 $R=160$ MPa 作用下表面裂纹的应力强度因子见图 1-35。

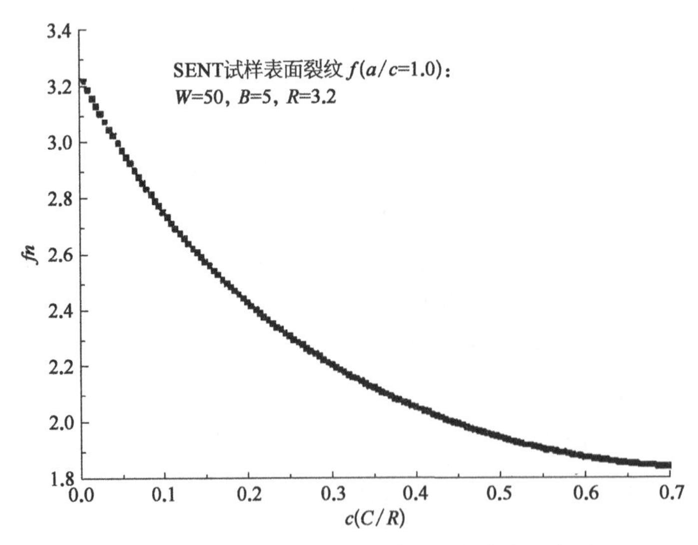

图 1-34　单边缺口拉伸试样的无量纲应力强度因子

由于残余应力场的自平衡性，残余应力的分布一般都相当复杂。在近表面层区域，残余应力的梯度较大。计算喷丸强化残余应力场中边缘裂纹的应力强度因子时，可以对残余应力做多项式拟合，利用二维裂纹受幂函数分布载荷应力强度因子的权函数公

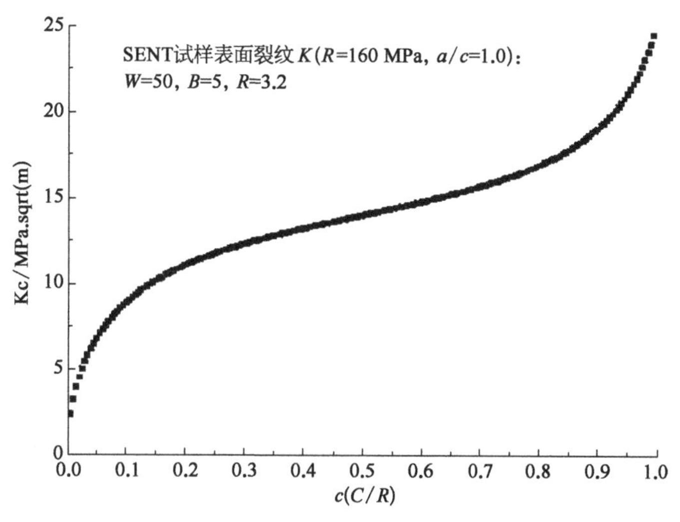

图 1-35　机械加工试样在均匀拉伸载荷($R=160$ MPa)作用下的应力强度因子

式求解。对于 $\frac{R(x)}{R}=x^n$ 的分布载荷，有

$$f_n=\frac{2^{n+\frac{1}{2}}n!\ \alpha^n}{\pi}\left[\sum_{i=1}^{J+1}\beta_i(\alpha)\prod_{k=0}^{n}\frac{1}{2i+2k-1}\right] \tag{1-18}$$

由此可得到多项式载荷 $\frac{R(x)}{R}=\sum_{n=0}^{N}C_nx^n$ 作用下的无量纲应力强度因子 f：

$$f=\sum_{n=0}^{N}C_nf_n \tag{1-19}$$

对于难以用多项式拟合的复杂残余应力场，可以采用分段线性化的方法，计算边缘裂纹的无量纲应力强度因子 f 值。对于线性的分布载荷 $R(x)/R=kx+b$，有

$$f=kf_l+bf_c \tag{1-20}$$

$$f_l=\frac{\sqrt{2}\alpha}{\pi}\left[\sum_{i=1}^{J+1}\frac{\beta_i(\alpha)\left[2+\frac{(2i-1)x}{a}\right]}{(2i-1)(2i+1)}\left(1-\frac{x}{\alpha}\right)^{i-\frac{1}{2}}\right]_{x_2}^{x_1} \tag{1-21}$$

$$f_c=\frac{\sqrt{2}}{\pi}\left[\sum_{i=1}^{J+1}\frac{\beta_i(\alpha)}{2i-1}\left(1-\frac{x}{\alpha}\right)^{i-\frac{1}{2}}\right]_{x_2}^{x_1} \tag{1-22}$$

采用多项式拟合公式和分段线性化表格输入的方式，分别计算喷丸强化试样的应力强度因子，无量纲参数 x 和 c 分别定义为 $x=X/R$、$c=C/R$。分段线性化表格输入的参数见表 1-2。无量纲应力强度因子 f 和应力强度因子的具体计算结果分别见图 1-36、图 1-37。

表 1-2　残余应力表格输入格式中各点的位置与应力数值

$X(\mu m)$	0	45	60.8	142.2	165	219	300	472	50 000
$x = X/R$	0	0.014 0	0.019	0.044 4	0.051 6	0.068 4	0.094	0.147 5	15.625
R	−308	−380	−299.3	−178.7	−95.4	−48.25	0	72.68	0

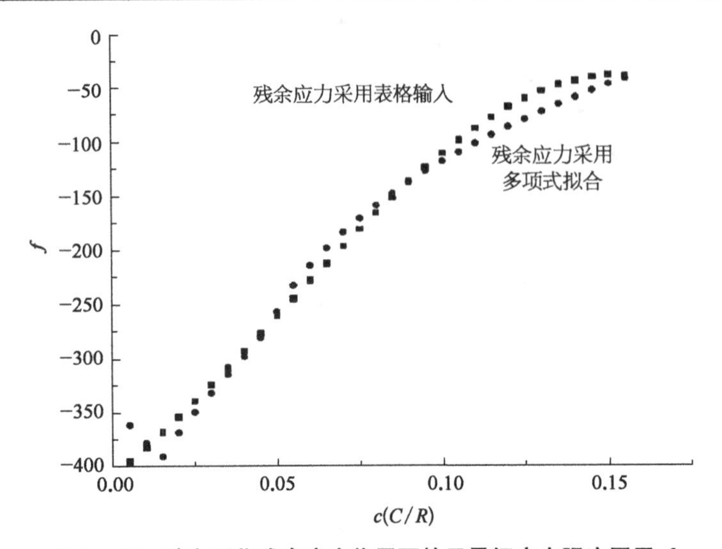

图 1-36　喷丸强化残余应力作用下的无量纲应力强度因子 f

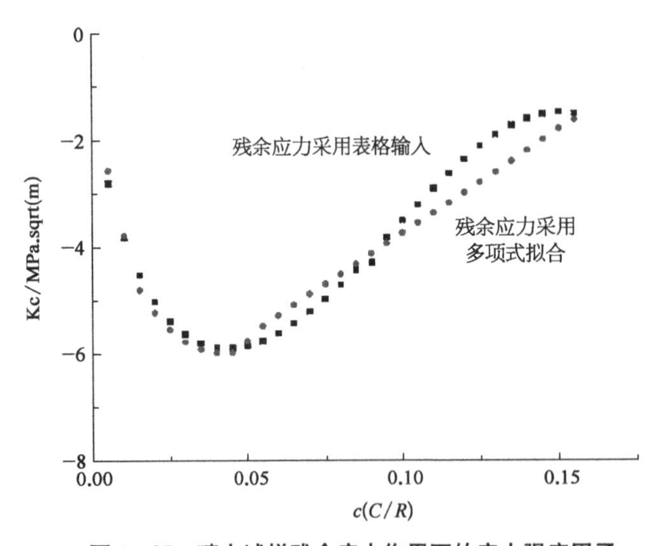

图 1-37　喷丸试样残余应力作用下的应力强度因子

由于多项式拟合时的误差，导致多项式拟合法和分段线性化方法计算结果存在一些差别。对于应力分布变化显著的残余应力场，一般宜采用分段线性处理方法。

采用类比方法得到修正系数，将残余应力的二维应力强度因子换算为三维应力强度因子，具体过程为：先计算参考载荷为 100 MPa 下单边缺口拉伸试样穿透表面裂纹(二维问题)和非穿透表面裂纹(三维问题)的应力强度因子，然后计算出不同 C/R 下的穿透表面裂纹和非穿透表面裂纹应力强度因子比值，再把得到的残余应力二维应力强度因子依据不同 C/R 下的二维表面裂纹和三维表面裂纹应力强度因子比值，换算成残余应力的三维应力强度因子。计算结果见表 1-3 和图 1-38。

表 1-3　残余应力的二维与三维应力强度因子计算结果

$C(\mu m)$	C/R	K_{100-2D} MPa$\sqrt{m}$	K_{100-3D} MPa$\sqrt{m}$	$\frac{K_{100-3D}}{K_{100-2D}}$	K_{rs-2D} MPa$\sqrt{m}$	K_{rs-3D} MPa$\sqrt{m}$
16	0.005	2.495	1.454	0.582 7	−2.565	−1.494
32	0.010	3.493	2.036	0.582 9	−3.790	−2.209
48	0.015	4.236	2.471	0.583 2	−4.800	−2.780
64	0.020	4.844	2.827	0.583 5	−5.228	−3.051
80	0.025	5.364	3.132	0.583 9	−5.544	−3.237
96	0.030	5.821	3.401	0.584 2	−5.770	−3.371
112	0.035	6.229	3.641	0.584 6	−5.912	−3.456
128	0.040	6.597	3.859	0.584 9	−5.981	−3.498
144	0.045	6.934	4.058	0.585 3	−5.980	−3.500
160	0.050	7.243	4.242	0.585 7	−5.760	−3.373
176	0.055	7.529	4.413	0.586 1	−5.482	−3.213
192	0.060	7.795	4.572	0.586 5	−5.278	−3.096
208	0.065	8.043	4.720	0.586 8	−5.082	−2.982
224	0.070	8.276	4.860	0.587 2	−4.882	−2.867
240	0.075	8.494	4.991	0.587 6	−4.695	−2.759
256	0.080	8.700	5.116	0.588 0	−4.510	−2.652
272	0.085	8.894	5.233	0.588 4	−4.321	−2.542
288	0.090	9.078	5.345	0.588 8	−4.128	2.431
304	0.095	9.253	5.451	0.589 1	−3.932	−2.316
320	0.100	9.418	5.552	0.589 5	−3.743	−2.206

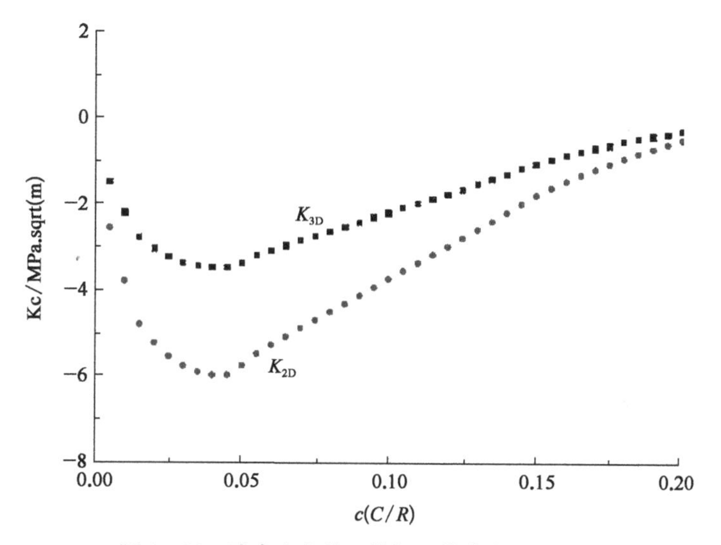

图 1-38　残余应力的二维与三维应力强度因子

将计算的残余应力三维应力强度因子与外加载荷 $R_{max} = 160\ \text{MPa}$ 的三维应力强度因子进行叠加，得到外加载荷与残余应力联合作用下的三维应力强度因子，见图 1-39。

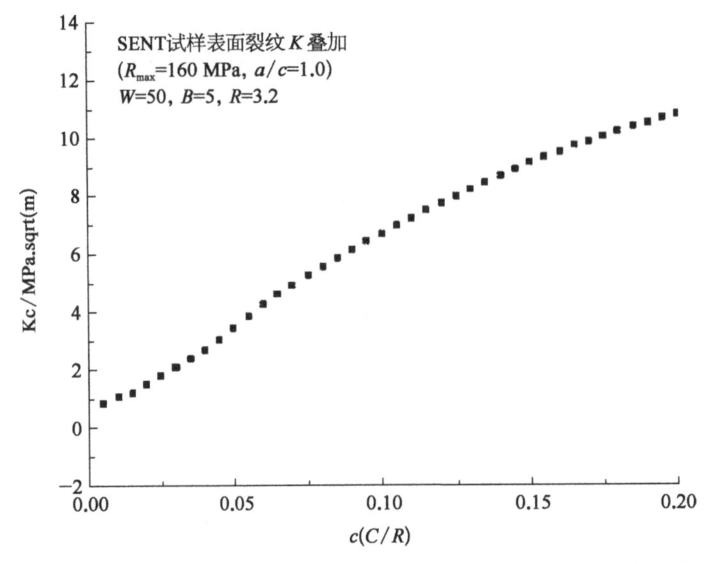

图 1-39 喷丸试样残余应力和 R_{max}=160 MPa 联合作用下的应力强度因子

将外加载荷与残余应力联合作用下的三维应力强度因子计算所得的 $da/dN - \Delta K$ 与不考虑残余应力作用的 $da/dN - \Delta K$，绘制在图 1-40 中。由图可以看出，不考虑残余应力作用时，喷丸试样 $da/dN - \Delta K$ 数据点聚集在基线下方；而考虑残余应力的作用并将残余应力与外加载荷进行叠加计算联合作用下的 ΔK 后，所得到的 $da/dN - \Delta K$

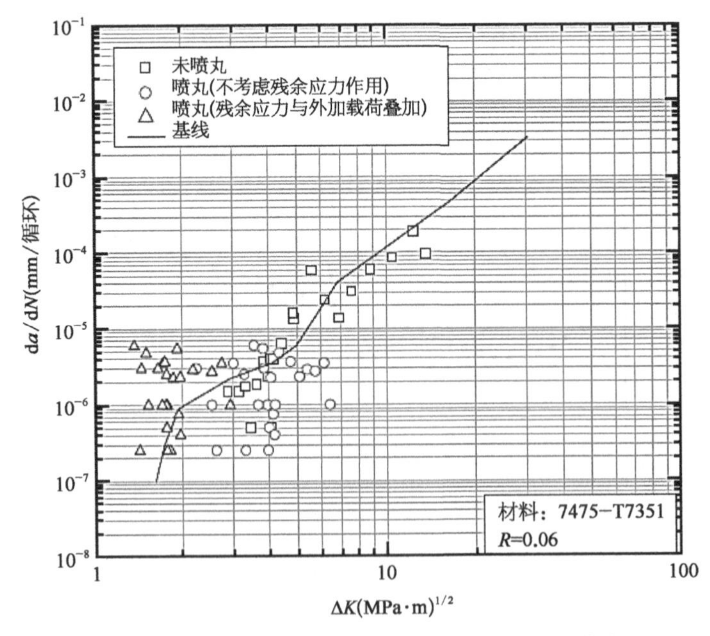

图 1-40 7475-T7351 铝合金的 $da/dN - \Delta K$ 曲线

数据点分布在长裂纹扩展速率基线两边，而且大部分数据点位于长裂纹扩展基线的上方，符合小裂纹扩展速率高于相同 ΔK 时长裂纹扩展速率的特征。这些实验分析结果表明，利用权函数法和叠加原理可以较好地量化喷丸残余应力对小裂纹扩展速率的影响。

利用疲劳裂纹寿命分析软件，计算从初始裂纹尺寸扩展到一定裂纹尺寸的时间历程。将长裂纹按应力比 $R=0.5$、$R=0.06$ 和 $R=-1$ 的裂纹扩展速率曲线经过闭合分析后得到其如图 1-41 所示的 $\mathrm{d}a/\mathrm{d}N-\Delta K_{\mathrm{eff}}$ 基线。将上述基线数据列为表 1-4，并以此为基础，应用 FASTRAN 软件进行疲劳寿命预测，取平均晶粒尺寸或第二相颗粒尺寸为初始裂纹缺陷长度，令 $a_0=c_0=0.020\ \mathrm{mm}$，预测结果与实验结果见图 1-42。预测结果与实测结果吻合较好。这些实验分析结果表明，采用断裂力学的权函数法和叠加原理，可以对喷丸强化残余应力场对疲劳小裂纹的影响作用做出较好的定量评价，并能对残余应力场小裂纹的扩展寿命做出较准确的预测。

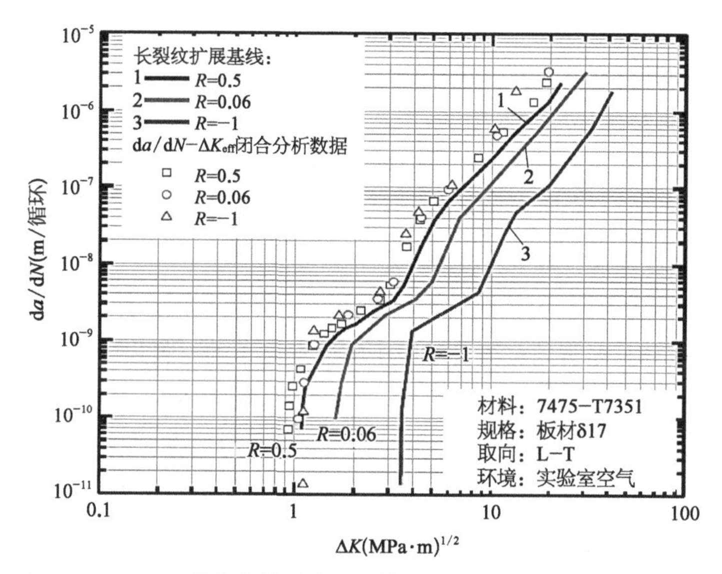

图 1-41　7475-T7351 铝合金长裂纹扩展基线及其 $\mathrm{d}a/\mathrm{d}N-\Delta K_{\mathrm{eff}}$ 闭合分析数据点

表 1-4　7475-T7351 铝合金 $\mathrm{d}a/\mathrm{d}N-\Delta K_{\mathrm{eff}}$ 闭合分析基线数据

$\mathrm{d}a/\mathrm{d}N$	6.94×10^{-11}	1.41×10^{-10}	2.55×10^{-10}	4.29×10^{-10}	8.62×10^{-10}	1.23×10^{-9}	1.47×10^{-9}	1.64×10^{-9}
ΔK_{eff}	0.934	0.941	9.975	1.08	1.24	1.42	1.55	1.73
$\mathrm{d}a/\mathrm{d}N$	2.47×10^{-9}	3.37×10^{-9}	5.30×10^{-9}	1.69×10^{-8}	3.75×10^{-8}	6.67×10^{-8}	2.46×10^{-7}	5.40×10^{-7}
ΔK_{eff}	2.17	2.71	3.06	3.70	4.31	5.07	8.54	11.4

1.3.5　残余应力对脆性断裂的影响

脆性断裂一般是指在未到寿命的时期内材料内部突然发生裂纹，并且迅速扩展到

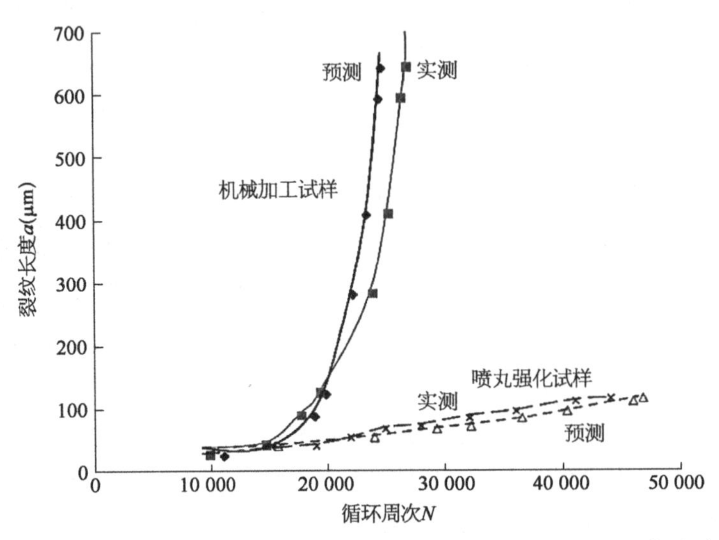

图 1-42　7475-T7351 铝合金裂纹长度与循环周次关系的预测结果与实验结果

整个截面而导致破坏，而此时几乎没有由于外部载荷而产生的塑性变形。这种脆性断裂通常是在低温等特殊环境下发生的，但在普通的状态下也可能发生。由于温度的下降、变形速度的增加或者厚壁断面等，使构件的塑性变形处于抑制的状态，当因某种原因受到大的作用应力时，脆性断裂就会突然发生。残余应力作为初始应力附加到普通构件的断面时，就会对脆性断裂产生影响。

图 1-43 所示为温度、尖锐缺口和残余应力对焊接碳钢试件断裂强度的影响。当试件没有尖锐缺口时，断裂的载荷将对应于实验温度下的材料强度极限，如图 1-43 中曲线 PQR 所示。试件有尖锐缺口，但没有残余应力存在时，引起断裂的应力如图 1-43 中曲线 $PQSUT$ 所示。当温度高于断裂转变温度 T_t 时，在高应力作用下发生高能量断裂；当温度低于断裂转变温度 T_t 时，断裂应力降低到接近于屈服强度。如果在高残余拉应力区有一个缺口，则可能发生以下各种形式的断裂：

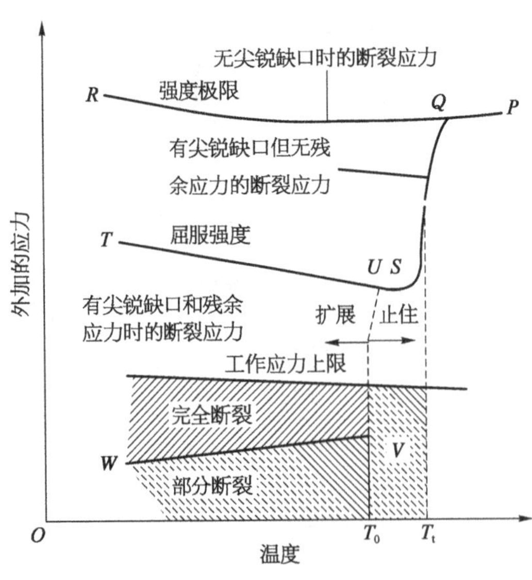

图 1-43　温度、尖锐缺口和残余应力对焊接碳钢试件断裂强度的影响[18]

T_0 —止裂温度；T_t —断裂转变温度

(1) 温度高于 T_t 时，断裂应力等于强度极限（曲线 PQR），残余应力对断裂应力没有影响。

(2) 温度低于 T_t，但高于止裂温度 T_0 时，裂纹可能在低应力下始发，但被止住。

(3) 温度低于 T_t 时，根据断裂始发时应力水平将发生下述两种情况之一：① 如果应力低于临界应力(如图 1－43 中曲线 *WV* 所示),裂纹将在扩展一段距离后被止住;② 如果应力高于临界应力,将发生完全断裂。

1.3.6 残余应力对应力腐蚀开裂的影响

当材料处于静应力的作用下,同时又处于与腐蚀性介质相接触的状态时,往往经过一定时间后,材料就会有裂纹产生,并发展到整个断面而最终破坏。这就是所谓的应力腐蚀开裂。这种开裂只有满足几个特殊条件才会发生,它的特征如下所述：

(1) 拉应力和腐蚀必须共存,缺少任何一方,裂纹或者不发生,或者不扩展。其原因是拉应力对金属表面腐蚀钝化膜的破坏加速了腐蚀破坏过程。

(2) 由于材料成分和组织的不同,对开裂的敏感性也就不同。

(3) 裂纹在特定的腐蚀介质下更易于发生。

因为拉应力和腐蚀共存是应力腐蚀开裂的必要条件,所以在分析应力腐蚀开裂时应该把残余应力的影响考虑在内。

根据对应力腐蚀破坏实例的大量统计,产生应力腐蚀开裂的钢种主要是近年来大量应用的超低碳不锈钢。图 1－44 所示为 18－8 型和 25－20 型两种铬镍不锈钢的应力(R)与断裂时间(t)的关系图。应力越大,发生断裂所需要的时间越短;应力越小,发生断裂所需要的时间越长。

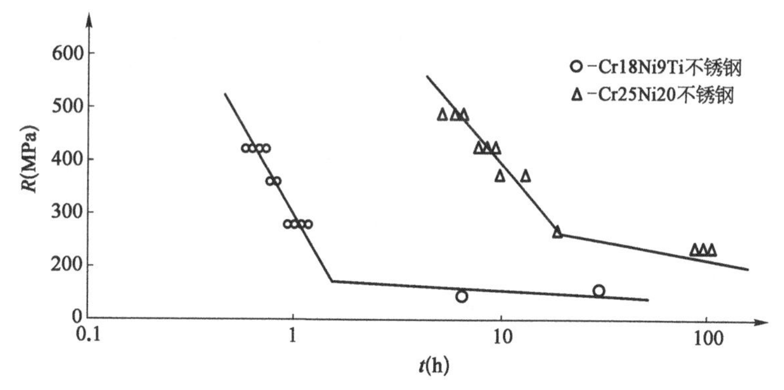

图 1－44 18－8 型和 25－20 型两种铬镍不锈钢的应力与断裂时间的关系图[18]

注：在 42%(质量分数)MsC12 沸腾溶液中

通常情况下,达到破坏的时间取决于裂纹的产生和扩展的快慢。在拉应力作用下,裂纹的扩展在应力腐蚀开裂中是很重要的。关于其机理目前有两种说法：一种说法认为,整个过程中由于应力而加速了腐蚀,这是因为在微小凹痕处的应力集中形成了局部电池,从而促进了腐蚀。而另一种说法则认为,由于腐蚀和裂纹尖端的应力集中使小范围的脆性破坏交替发生,从而促使裂纹向前扩展。后一种说法认为裂纹本身是机械地向前扩展,而腐蚀则促使了应力集中的发生。目前支持后一种说法的人较多。

对于裂纹扩展而言,作用应力的种类,也就是说它的分布是非常重要的。图 1-45 所示为作用应力对应力腐蚀开裂的影响。将铝合金进行各种塑性拉伸,然后从外部施加拉应力或弯应力来研究其应力腐蚀开裂。对于承受弯应力状态的试样,裂纹在其内部扩展时,其裂纹尖端处的应力集中程度比均匀拉伸状态试样要小,则此时对应力腐蚀开裂是不敏感的。

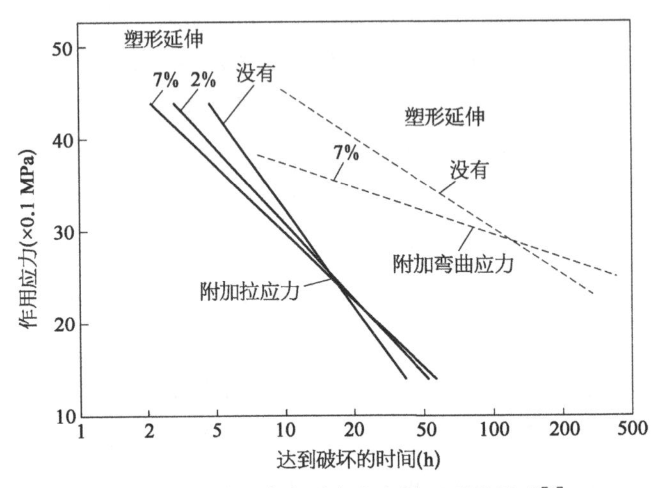

图 1-45 作用应力对应力腐蚀开裂的影响[6]

注:1. 材料为铝合金[ω(Zn)为 5.3%,ω(MB)为 0.30%,ω(Mn)为 0.30%];腐蚀介质(质量分数)为 3%NaCl+0.1%H_2O_2。

2. 7%、2%指塑性延伸率。三条实线为从外部施加拉应力时,塑性延伸率分别为 7%、2%和没有塑性延伸时的曲线。两条虚线为从外部施加弯曲应力,塑性延伸率分别为 7%和没有塑性延伸时的曲线。

仅有残余应力或外应力时,两者的裂纹扩展状态是不同的。但实际上往往在残余应力上都有外应力,这时的残余应力具有重要的意义。由于残余应力的类型、大小和分布的不同,当其与外应力叠加时,有可能成为适宜于应力腐蚀开裂的状态,也可能是相反的状态。作为残余应力效应,当有腐蚀介质接触的部位上存在残余压应力时,对防止应力腐蚀开裂是有效的。

1.3.7 残余应力对硬度的影响

由于原理不同,硬度可以分为压入硬度和回弹硬度。但当存在残余应力时,无论哪种硬度的测量值都会受到影响。在压入硬度情况下,残余应力会影响压痕部分周围的塑性变形;对于回弹硬度,残余应力会影响回弹能量,从而使硬度的测量值有所变动。如果硬度的测量值变动很大,则可以反过来用硬度的测量来测量残余应力。但是,对此影响从理论上分析是极其困难的。

1) 残余应力对压入硬度的影响

如果利用与压入硬度不同的赫兹硬度,则由于它在测量硬度时是把球压到表面,用处于载荷作用下的部分开始产生塑性变形的压力来表示硬度的，因此在所测得的硬度中，除了取决于组织状态的硬度外，还可求得残余应力的影响。如果用 F 表示载荷，用 R 表示材料表面与球接触部分的最高压力，则根据赫兹接触理论可得

$$R=\frac{1}{\pi}\sqrt[3]{\frac{3FE^2}{2(1-\nu_p^2)^2d^2}} \tag{1-23}$$

式中，E 为弹性模量；ν_p 为泊松比；d 为球的直径。用式(1－23)求得的硬度是对应于材料弹性极限的指标。

图 1－46 所示为硬度为 58HRC (这是无应力作用时的硬度) Ni－Cr 钢的圆板进行弯曲变形，从而求出的圆板表面应力与赫兹硬度之间的关系。无应力作用时，硬度为 3 400 MPa；当应力为－1 470 MPa(－210×7 MPa)时，硬度则为 6 800 MPa。

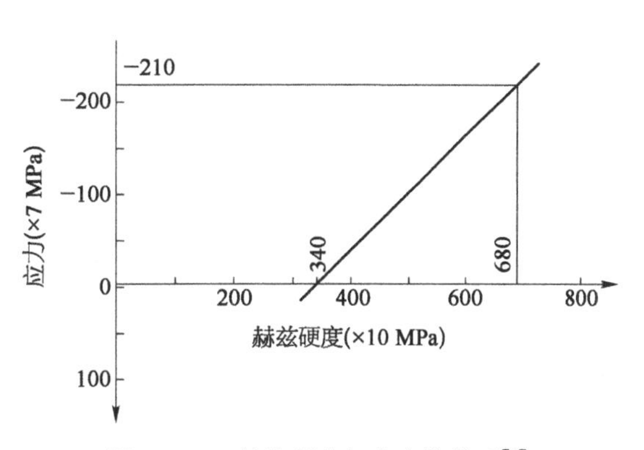

图 1－46　赫兹硬度与应力的关系[6]

注：材料为 Ni－Cr 钢，经淬火＋回火处理

2) 残余应力对回弹硬度的影响

对于回弹硬度而言，材料的弹性模量和屈服强度等具有决定性的影响。残余应力对这种硬度也会造成一定的影响。因此，当残余应力存在时，即使是在低载荷作用下，材料内部也易于发生塑性变形。由于回弹硬度能使材料受到冲击力，因此只要在材料内造成微小的塑性变形功，就会减少回弹能，从而降低回弹硬度。当残余应力是拉应力时，这种效应会更加明显，如图 1－47 所示。

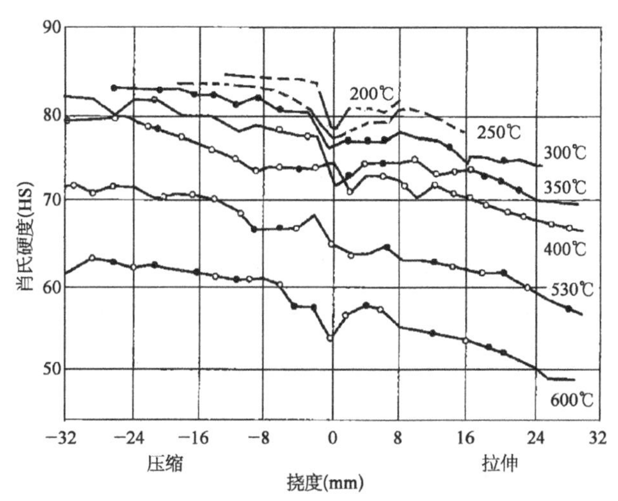

图 1－47　肖氏硬度与弯曲应力的关系[6]

注：图中温度为退火温度

1.4 残余应力检测技术概况

残余应力的检测技术始于20世纪30年代。自20世纪50年代末到70年代初，随着微电子技术的发展和计算机的普遍应用，残余应力的检测技术取得了突破性的进展。测试仪器不断改造，实验方法逐步规范，测量数据的可信度大大提高。发展至今共形成了数十种检测方法，根据是否对试样造成破坏，目前传统残余应力的检测技术主要分为无损检测技术与有损检测技术两大类。

1) 无损检测技术

物理检测法主要有X射线法[20-22]、中子衍射法[23-25]、超声法[26-28]和磁测法[29-30]。这些方法均属无损检测法，对工件不会造成破坏。

近年来，随着现代工业的发展，涌现出一批新的残余应力测量技术，如纳米压痕法[31]、磁记忆应力检测法[32]、扫描电子声显微镜[33]和激光超声检测法[34]等。其中，用纳米压痕技术测量材料表面的残余应力受到国内外很多研究学者的关注。纳米压痕残余应力测量方法是一种很有前途的方法，它对工件所造成的破坏小，测量方便、迅速，而且标距小，适用于应力梯度变化大的场合。有关内容将在本书第2章详述。

2) 有损检测技术

机械法有取条法[35]、切槽法[36]、剥层法[37-40]和盲孔法[41-45]等。机械法测量残余应力须释放应力，这就需要对工件局部分离或者分割，从而会对工件造成一定的损伤或者破坏，但机械法理论完善，技术成熟，目前在现场测试中广泛应用，其中尤以浅盲孔法的破坏性最小。有关内容将在本书第3章详述。

参考文献

[1] 高玉魁.表面完整性理论与应用[M].北京：化学工业出版社，2014.

[2] Schijve J. Fatigue of structures and materials[M]. [s. l.]: Springer Science & Business Media, 2001.

[3] 王海斗，朱丽娜，邢志国.表面残余应力检测技术[M].北京：机械工业出版社，2013.

[4] 宋天民.焊接残余应力的产生与消除[M].北京：中国石化出版社，2005.

[5] 汪建华，陆皓.焊接残余应力形成机制与消除原理若干问题的讨论[J].焊接学报，2002，23(3)：75-79.

[6] 米谷茂.残余应力的产生和对策[M].北京：机械工业出版社，1983.

[7] 刘海涛，卢泽生，孙雅洲.切削加工表面残余应力研究的现状与进展[J].航空精密制造技术，2008，44(1)：17-19.

[8] 胡忠辉，袁哲俊.磨削残余应力产生机理的研究[J].哈尔滨工业大学学报，1989(3)：51-60.

[9] 袁发荣，伍尚礼.残余应力测试与计算[M].长沙：湖南大学出版社，1987.

[10] 方博武.金属冷热加工的残余应力[M].北京：高等教育出版社，1991.

[11] 邵淑英，范正修，范瑞瑛，等.薄膜应力研究[J].激光与光电子学进展，2005，42(1)：22－27.

[12] 罗瑞强.热喷涂涂层中应力研究与分析[D].武汉：武汉理工大学，2008.

[13] 姜祎.军用装备再制造等离子喷涂层的残余应力实验研究[D].北京：装甲兵工程学院，2007.

[14] Johner G, Wilms V, et al. Experimental and theoretical aspects of thick thermal barrier coatings for turbine applications [C]// Thermal spray: advances in coatings technology. Proceedings of the National Thermal Spray Conference, Orlando, FL, USA, 1988.

[15] Townsend P H, Barnett D M, et al. Elastic relationships in layered composite media with approximation for the case of thin films on thick substrate[J]. Journal of Applied Physics, 1987 (62): 4438－4444.

[16] Hsueh C H. Thermal stresses in elastic multiplayer systems[J]. Thin Solid Films, 2002(418): 182－188.

[17] Gao Y K, Wu X R. Experimental investigation and fatigue life prediction for 7475－T7351 aluminum alloy with and without shot peening-induced residual stresses[J]. Acta Materialia, 2011, 59(9): 3737－3747.

[18] 张显程，徐滨士，王海斗，等.功能梯度涂层热残余应力[J].机械工程学报，2006，42(1)：18－22.

[19] 黄向红.焊接残余应力对结构性能的影响[J].现代机械，2011(1)：7－70.

[20] 胡奈赛，张定铨.残余应力对材料疲劳性能影响的某些进展[J].机械强度，1990(1)：19－26.

[21] 于康，孙亚非，陈晓江. X射线衍射残余应力测试方法及应用[J].火箭推进，2015，41(2)：102－107.

[22] 杨帆，蒋维栋，蒋建清. X射线衍射技术在薄膜残余应力测量中的应用[J].功能材料，2007，38(11)：1745－1749.

[23] 马昌训，吴运新，郭俊康. X射线衍射法测量铝合金残余应力及误差分析[J].热加工工艺，2010，39(24)：5－8.

[24] 孙光爱，陈波.中子衍射残余应力分析技术及其应用[J].核技术，2007，30(4)：286－289.

[25] 蒋文春，WOO Wanchuck，王炳英，等.中子衍射和有限元法研究不锈钢复合板补焊残余应力[J].金属学报，2012(12)：1525－1529.

[26] 徐小严，吕玉廷，张荻，等.中子衍射测量残余应力研究进展[J].材料导报，2015，29(9)：117－122.

[27] 朱伟，彭大暑，杨立斌，等.超声波法测量残余应力的原理及其应用[J].计量与测试技术，2001，28(6)：25－26.

[28] 赵翠华.残余应力超声波测量方法研究[D].哈尔滨：哈尔滨工业大学，2008.

[29] Devos D, Duquennoy M, Romero E, et al. Ultrasonic evaluation of residual stresses in flatglass tempering by an original double interferometric detection[J]. Ultrasonics, 2006(44): 923－927.

[30] 王威，王社良，徐金兰.磁测残余应力方法及特点对比[J].建筑技术开发，2005，34(2)：18－19.

[31] 张卫民，郭欣，袁俊杰，等.金属试件残余应力及损伤的磁记忆检测方法研究[J].无损检测，

2006,28(12)：623－625.
[32] Jae-il Jang, Dongil Son, Yun-Hee Lee, et al. Assessing welding residual stress in A335 P12 steel welds before and after stress-relaxation annealing through instrumented indentation technique[J]. Scripta Materialia, 2003(48)：743－748.
[33] 胡智，任吉林.铁磁材料构件的应力分析和磁记忆检测[J].无损检测，2005，27(7)：355－358.
[34] Liao J, Yang Y, Jiang X P, et al. Scanning electron acoustic imaging of residual stress distributions in ceramic coatings and sintered ceramics[J]. Materials Letters, 1999(39)：335－338.
[35] 石一飞.金属材料表面缺陷及残余应力的激光超声无损检测研究[D].南京：南京理工大学，2009.
[36] 聂诗东，杨波，熊刚，等.切条法测弯曲条残余应力的夹直测量方法，CN105352640A[P].2016.
[37] 朱荣华，尹元杰，谢惠民，等.喷丸镍基合金材料微区残余应力的切槽法测量研究[J].实验力学，2017，32(2)：145－151.
[38] 焦光裴.剥层法测量注塑制品残余应力的实验研究[D].郑州：郑州大学，2013.
[39] Bendek E, Lira I, Francois M, et al. Uncertainty of residual stresses measurement by layer removal[J]. International Journal of Mechanical Sciences, 2006(48)：1429－1438.
[40] Yang F, Jiang J Q, Fang F, et al. Rapid determination of residual stress profiles in ferrite phase of cold-drawn wire by XRD and layer removal technique[J]. Materials Science and Engineering A, 2008(486)：455460.
[41] Lima C R C, Nin J, Guilemany J M. Evaluation of residual stresses of thermal barrier coatings with HVOF thermally sprayed bond coats using the Modified Layer Removal Method (MLRM)[J]. Surface & Coatings Technology, 2006, 200(20)：5963－5972.
[42] 王娜.中厚板焊接残余应力测试的盲孔法研究[D].大连：大连理工大学，2007.
[43] Matias R Vioi, Andres E Dolinko, Gustavo E Galizzi, et al. A portable digital speckle pattern interferometry device to measure residual stresses using the hole drilling technique[J]. Optics and Lasers in Engineering, 2006(44)：1052－1066.
[44] Paul Barsanescu, Petru Carlescu. Correction of errors introduced by hole eccentricity in residual stress measurement by the hole-drilling strain-gage method[J]. Measurement, 2009(42)：474－477.
[45] Sicot O, Gong X L, Cherouat A, et al. Influence of experimental parameters on determination of residual stress using the incremental hole-drilling method[J]. Composites Science and Technology, 2004(64)：171－180.
[46] Maxwell A S, Turnbull A. Measurement of residual stress in engineering plastics using the hole-drilling technique[J]. Polymer Testing, 2003(22)：231－233.

第2章

残余应力无损检测技术

物理式残余应力测试方法主要包括纳米压痕法、射线法、磁测法、超声法及扫描电镜法。此类方法是无损式测量方法，其中射线法使用较多，而且比较成熟；磁测法设备较复杂，携带到现场并在实物上测量有一定的困难，操作技术也较复杂。超声法和磁测法能够测量表面下一定深度的残余应力场分布，是一种较新的测试方法。此外，本章还介绍了曲率法以及拉曼光谱两种新技术在残余应力无损检测方面的应用。

2.1 纳米压痕技术

纳米压痕(nanoindentation)技术又称为深度敏感压痕(depth sensing indentation)技术，是近年发展起来的一种新技术。它可以在无须分离薄膜与基底材料的情况下直接得到薄膜材料的许多力学性能，如弹性模量、硬度、屈服强度、加工硬化指数等[1]。纳米压痕技术不只是显微硬度的简单延伸，其通过对加载、卸载曲线的分析不仅可以得到硬度和弹性模量，而且可以得到诸如蠕变、残余应力、相变等丰富的信息。纳米压痕技术在微电子科学、表面喷涂、磁记录及薄膜等相关的材料科学领域得到了越来越广泛的应用。

通过压头对材料表面加载，然后测出压痕区域尺寸，以此来评价材料力学性能的技术，称为压痕技术。由于超薄层(涂层及复合材料界面层)的厚度会达到亚微米级甚至纳米级，传统的压痕方法已经不再适用，纳米压痕测试技术应运而生。传统压痕方法是先进行加载，然后离线测量。而纳米压痕技术是用计算机来控制载荷的连续变化，并在线监测压痕的深度，由于施加的是超低载荷，加上监测传感器具有优于 1 nm 的位移分辨率，因此可以获得小到纳米级(0.1～100 nm)的压痕深度，适用于薄膜材料力学性能的测试[2]。

2.1.1 纳米压痕技术的理论方法

压痕实验是以赫兹理论为基础建立起的一项测试技术，压痕实验接触属于固体相接触中的非协调接触方式，物体之间接触面积相对于试样本身来说很小，因此，应力仅高度集中于接触附近区域下。完整的压痕过程包括加载和卸载两个过程，加载时，压头接受外载荷，压入样品表面。在压头压入过程中，材料经历了弹性和塑性变形，随着载荷不断加大，压头压入材料表面的深度增加，当载荷达到最大值后，移除外载。在卸载过程中，仅发生弹性位移恢复，因此硬度及弹性性能即可从卸载曲线中分析得到。对于完全弹性材料来说，其塑性变形为零，加载曲线和卸载曲线是重合的，而完全塑性材料的卸载曲线是垂直于位移轴的，其弹性变形为零。图 2－1 为典型的载荷-位移曲线。图 2－2 为压头压入材料和卸载后的参数示意图[3]。

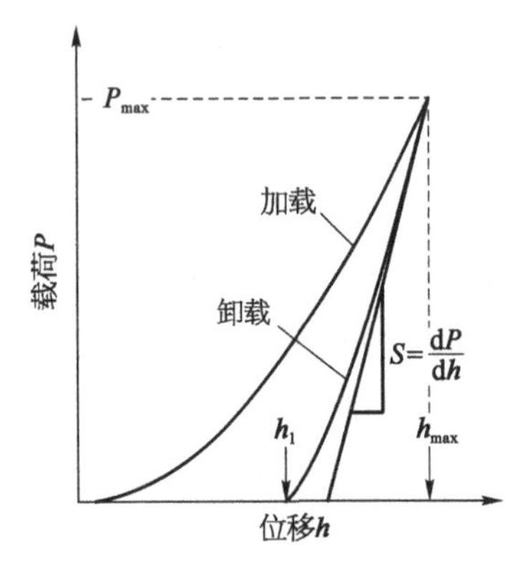

图 2－1　典型的载荷-位移曲线[4]

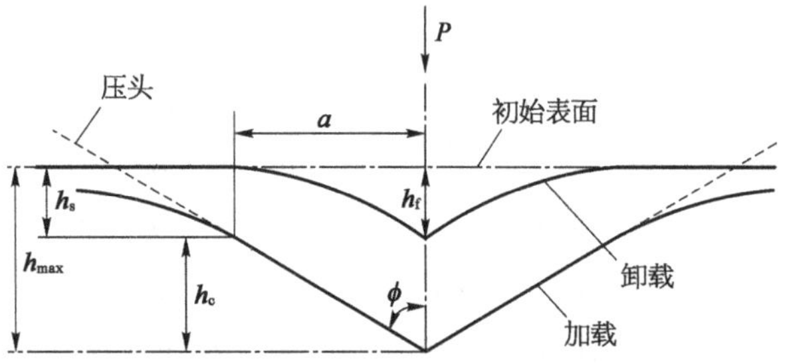

图 2－2　压头压入材料和卸载后的参数示意图[4]

图 2－2 中，h_{max} 为最大压入深度，h_c 为最大接触深度，h_s 为表面接触周边的偏离高度，h_f 为塑性深度，其中 h_{max}、h_f 可直接从载荷-位移曲线中测量得到，h_c、h_s 可通过式(2－1)和式(2－2)计算得到。

2.1.1.1　接触深度的计算

由 Sneddon 公式可知，接触深度 h_c 可用下式计算得出：

$$h_c = \varepsilon \frac{P_{max}}{S} \tag{2-1}$$

式中，ε 为与压头形状有关的参数(锥形压头 $\varepsilon=0.72$，棱锥或球形压头 $\varepsilon=0.75$，圆柱形压头 $\varepsilon=1.00$)。

h_s 为表面接触周边的偏离高度，接触深度即为最大接触深度与接触表面周边偏离高度的差值：

$$h_s = h_{max} - h_c \tag{2-2}$$

式中，h_{max} 为最大压入深度，其可通过载荷-位移曲线得到。

2.1.1.2　接触刚度的计算

如果要从载荷-位移曲线中计算出硬度和弹性模量，则首先要准确地测量出材料的弹性接触刚度和接触面积。建立卸载位移与载荷的关系，用式(2－3)对载荷-位移曲线卸载部分进行拟合[5]：

$$P = B(h - h_f)^m \tag{2-3}$$

式中，B 和 m 为通过测试可获得的拟合参数，均为常量。材料弹性接触刚度可由卸载曲线顶部最大载荷点做直线拟合，但这样计算得到的材料弹性接触刚度受数据多少的影响较大。因此，Oliver - Pharr 根据载荷扭深关系曲线顶部 25%～50%的部分用最小二乘法来拟合。其中 B 与材料的塑性性能和压头几何形状有关，对 Berkovich 压头来说，m 的值会根据压痕材料的不同在 1.2～1.5 之间取值，Vicker 压头的 B 值等于 2。h_f 为完全卸载后残留深度。材料的弹性接触刚度 S 可由式(2 - 4)经微分计算得到[6]：

$$S = \left(\frac{\mathrm{d}P}{\mathrm{d}h}\right)_{h-h_{\max}} = Bm(h_{\max} - h_f)^{m-1} \tag{2-4}$$

2.1.1.3 接触面积的计算

现有的面积计算方法有很多，下面主要介绍三种接触面积的计算方法。

1) 经验公式法

经验公式法即 Oliver - Pharr 法，经过多年的应用实践，此方法已成为压痕测试过程中计算接触面积较为常用的方法。压痕接触面积经验公式[7]为

$$A = 24.56h_c^2 + \sum_{i=0}^{7} C_i h_c^{1/2} \tag{2-5}$$

式中，C_i 为常数值，对不同的压头其取值不同，其值由实验确定。

2) AFM 法

AFM 法是指通过原子力显微镜(AFM)直接提取压痕形貌进行计算，此方法的计算结果精确度不够高，但随着原子力显微镜技术的发展，微纳米尺度压痕形貌也可由 AFM 法精确测得[7]。由于原子力显微镜具有很高的横向、纵向分辨率，可直接通过压痕仪中的原子力显微镜测量材料的压痕形貌，并通过计算得到残余接触面积[9]。Chowdhury 等[10]用磁控溅射方法在 Si 基体表面沉积了氮化碳膜，并对薄膜进行了压痕实验，通过原子力显微镜测量压痕的边长，然后计算出压痕面积。

3) Zhu 模型

由于 Oliver - Pharr 法忽略了压痕周围的凸起变形现象，Bolshakov 等发现当凸起较小时，Oliver - Pharr 法得到的接触面积与有限元分析法中得到的真实接触面积吻合得非常好，但当凸起较为明显时，Oliver - Pharr 法会低估真实接触面积，误差最大可达 50%。Zhu L N 等针对 Oliver - Pharr 法的不足，建立了适用于计算存在凸起时的接触面积计算模型即 Zhu 模型[8]。

在 Zhu 模型中，他们将凸起变形部分的面积看作 3 个圆弧面积之和，真实接触面积为三个圆弧面积与 Oliver - Pharr 法计算的三角形面积之和，他们用此模型很好地计算

了等离子喷涂层 FeCrBSi 的硬度值。模型如图 2-3 所示，得到的计算公式为[9]

$$A=14.175\left[\frac{\theta\pi}{120\sin^2\dfrac{\theta}{2}}-3\cot\frac{\theta}{2}\right](h_{\max}+h_{\text{pile-up}})^2+A_{\text{O-P}} \tag{2-6}$$

$$x=3.765\,\frac{1-\cos\dfrac{\theta}{2}}{\sin\dfrac{\theta}{2}}(h_{\max}+h_{\text{pile-up}}) \tag{2-7}$$

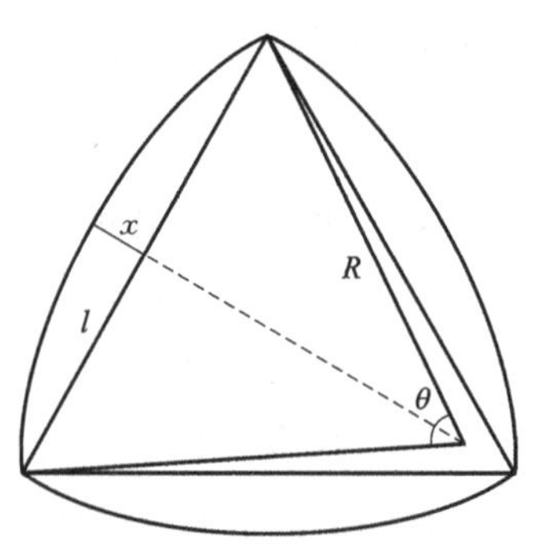

图 2-3　存在凸起时的投影接触面积图[9]

2.1.1.4　硬度的计算

目前，微纳米尺度压痕硬度的计算方法主要是 Oliver - Pharr 法。Oliver - Pharr 法利用载荷-位移曲线中的卸载部分进行计算，得到等效接触面积来计算硬度值。硬度计算公式为[7]

$$H=\frac{P_{\max}}{A} \tag{2-8}$$

式中，$P_{\max}$ 为最大载荷，A 为有效接触面积。由于 Oliver - Pharr 法是以完全弹性理论为依据建立的，因此 Oliver - Pharr 法只能计算有效压痕深度 h_c 小于最大压痕深度的情况，无法解释 pile - up 现象。用 Oliver - Pharr 法计算得到的压痕凸起材料的接触面积比压痕真实接触面积要小，得到的硬度值偏高。

2.1.1.5　弹性模量的计算

由于压头不可能是完全刚性的，Oliver - Pharr 法引入复合响应模量 E_t，并将材料弹性接触刚度 S 的计算公式改进为式(2-9)，则 E_t 可由式(2-9)、式(2-10)计算得出：

$$E_t=\frac{\sqrt{\pi}}{2\beta}\frac{S}{\sqrt{A_c}} \tag{2-9}$$

$$\frac{1}{E_t}=\frac{1-\nu^2}{E_s}+\frac{1-\nu_i^2}{E_i} \tag{2-10}$$

式中，β 为与压头形状有关的参量；对于 Berkovich 压头和圆锥压头，β 取值分别为 1.14 和 1.058。A_c 为压头的有效接触面积；E_t、E_i、E_s 分别为复合响应模量、压头材料的弹性模量和被测材料的弹性模量，其中复合响应模量可通过实验求得。ν_i、ν 分别为压头和被测材料的泊松比。

2.1.2　纳米压痕技术检测原理

Bolshakov 等[11]在 1996 年通过实验和有限元模拟发现，8090 铝合金的硬度不受残余应力的影响，也就是说材料的硬度不随残余应力的改变而改变。基于硬度不变的前提，Suresh[12]在 1998 年提出了一种测量等双轴残余应力的理论模型；Yun-Hee Lee 等[13-15]也于 2002 年、2003 年和 2004 年先后提出了三种测量残余应力的模型，其中前两种模型讨论的是等双轴残余应力，后一种测试扩展到了非等双轴平面应力。

2.1.2.1 Suresh 理论模型[12]

由于平均接触应力 R_{ave}（等效于硬度 H）不受任何固有应力的影响，因而有

$$R_{ave}=\frac{F}{A}=\frac{F_0}{A_0} \tag{2-11}$$

式中，F、A 分别为存在残余应力时的载荷和压痕面积；F_0、A_0 分别为无残余应力时的载荷和压痕面积。

根据 Kick 定律，载荷-位移曲线可表示为

$$F_0=C_0h_0^2,\ F=Ch^2 \tag{2-12}$$

式中，C_0、C 分别为无残余应力和有残余应力时载荷-位移曲线的加载曲率；h_0、h 分别为无残余应力和有残余应力时的压入深度。

压痕面积 A_0 和 A 可以表示为

$$A_0=D_0h_0^2,\ A=Dh^2 \tag{2-13}$$

式中，D_0、D 为压痕面积的度量，这两个参数与压痕接触周边的堆积和凹陷效应有关。

由式(2-11)～式(2-13)可得

$$R_{ave}=\frac{C}{D}=\frac{C_0}{D_0} \tag{2-14}$$

同理

$$\frac{D}{D_0}=\frac{C}{C_0},\ \frac{D}{C}=\frac{D_0}{C_0} \tag{2-15}$$

1）残余拉应力

上述模型针对的是等双轴残余应力，即 $R_{x,0}^R=R_{y,0}^R$，可以等效为静水应力 $R_{x,0}^R=R_{y,0}^R=R_{z,0}^R=R_h$，加上一个单轴压应力 $-R_{z,0}^R=-R_h$。

残余拉应力从 x 释放到 y 时，压入载荷增大，则

$$F_2=F_1+R_hA \tag{2-16}$$

$$F_1=Ch_1^2,\ F_2=C_0h_2^2,\ A_1=Dh_1^2 \tag{2-17}$$

$$C_0h^2=Ch^2+\sigma_hDh^2 \tag{2-18}$$

$$\frac{C_0h_2^2}{Ch_1^2}=\frac{A_2}{A_1}=\frac{A_0}{A}=1+\frac{R_hD}{C}=1+\frac{R_h}{R_{\text{ave}}} \tag{2-19}$$

$$\frac{A}{A_0}=\left(1+\frac{R_h}{R_{\text{ave}}}\right)^{-1} \tag{2-20}$$

$$R_h=H\left(\frac{A_0}{A}-1\right) \tag{2-21}$$

在有残余应力的材料上压入载荷 F_1，记为 x。压痕状态从 x 到 z 变化，要经过两个步骤：

(1) 载荷由 F_1 降到 F_2，$F_2=F_1-R_hA_1$，载荷从 x 到 y；

(2) 固定载荷 F_2，压痕深度从 h_1 降到 h_2：

$$F_1=Ch_1^2,\ F_2=Ch_2^2,\ A_1=Dh_1^2 \tag{2-22}$$

$$Ch_1^2-R_hA_1=Ch_2^2 \tag{2-23}$$

由式(2-22)和式(2-23)得

$$\frac{h_0^2}{h^2}=\frac{h_2^2}{h_1^2}=1-\frac{R_hD}{C}=1-\frac{R_h}{R_{\text{ave}}} \tag{2-24}$$

即

$$\frac{h_0^2}{h^2}=\left(1-\frac{R_h}{R_{\text{ave}}}\right)^{-1} \tag{2-25}$$

$$R_h=H\left(1-\frac{h_0^2}{h^2}\right) \tag{2-26}$$

2) *残余压应力*

与拉应力的情况相似，同理可得固定压痕深度时残余应力的计算公式为

$$R_h=\frac{H}{\sin\alpha}\left(1-\frac{A_0}{A}\right) \tag{2-27}$$

固定载荷时残余应力的计算公式为

$$R_h=\frac{H}{\sin\alpha}\left(\frac{h_0^2}{h^2}-1\right) \tag{2-28}$$

式中，α 为压头边界与材料表面的夹角。在此情况下引入 $\sin\alpha$ 是因为：与拉应力不同，压应力的存在促使压头与样品接触，因而不能直接改变拉应力公式中残余应力的符号来得到压应力的公式。

2.1.2.2 Lee 理论模型Ⅰ[13]

2002 年，Yun-Hee Lee 等提出了一种用压痕法测量 DLC/Si 和 Au/Si 薄膜残余应力的方法，它针对的是等双轴残余应力。该方法的前提是假设硬度不变，但加载曲线斜

率改变。当固定压痕深度时，为了满足硬度不变的前提，材料被压表面形貌必然会发生变化。压头压入时的表面形貌如图 2-4 所示。当残余应力从拉应力释放到零再到转换为压应力的过程中，压痕逐渐由凹陷转为堆积。

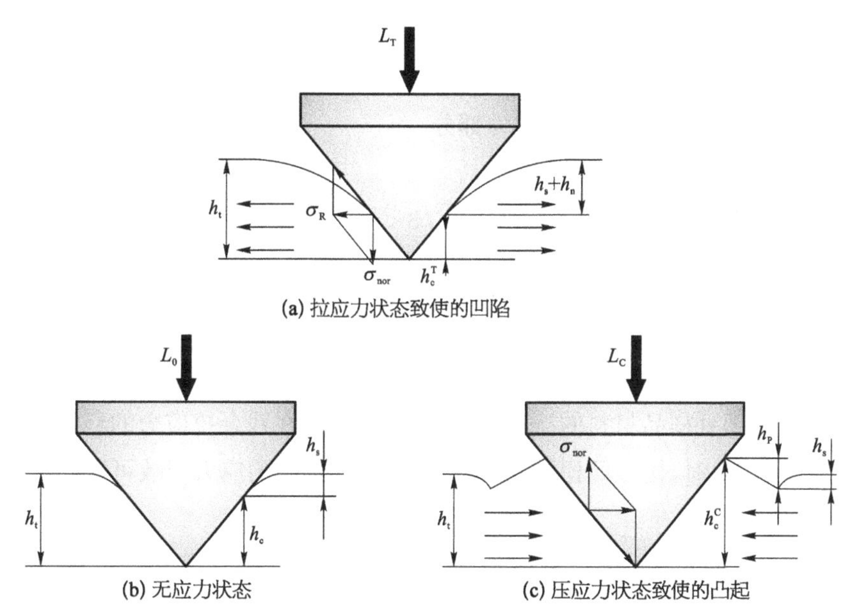

图 2-4　压头压入材料后表面形貌图[16]

对于恒定压痕深度 h_1，拉应力、无应力和压应力状态的载荷分别为 F_T、F_0 和 F_c。压应力的加载曲线斜率大于无应力的，而拉应力的加载曲线斜率小于无应力的。

由于硬度不变，所以

$$H=\frac{F_T}{A_T}=\frac{F_0}{A_0}=\frac{F_c}{A_c} \tag{2-29}$$

如果将由残余应力引起的载荷差定义为 F_r，则

$$F_r=F_0-F_1 \quad \text{(拉应力状态)} \tag{2-30}$$

$$F_r=F_c-F_0 \quad \text{(压应力状态)} \tag{2-31}$$

材料内的残余应力为

$$R_r=\frac{F_r}{A} \tag{2-32}$$

2.1.2.3　Lee 理论模型 Ⅱ[10]

2003 年，Yun-Hee Lee 等又提出了一种测量(100)钨单晶体残余应力的方法。钨单晶体中的弹性残余应力视为等双轴平面应力，即 $R_{r,x}=R_{r,y}=R_{r,z}=0$，将该应力分解为平均应力和偏应力，则有

$$\begin{bmatrix} R_r & 0 & 0 \\ 0 & R_r & 0 \\ 0 & 0 & 0 \end{bmatrix} = \begin{bmatrix} \frac{2}{3}R_r & 0 & 0 \\ 0 & \frac{2}{3}R_r & 0 \\ 0 & 0 & \frac{2}{3}R_r \end{bmatrix} + \begin{bmatrix} \frac{1}{3}R_r & 0 & 0 \\ 0 & \frac{1}{3}R_r & 0 \\ 0 & 0 & -\frac{2}{3}R_r \end{bmatrix}$$

等双轴应力　　　平均应力部分　　　偏应力部分

偏应力部分沿压痕方向的应力元素 $\left(-\frac{2}{3}R_r\right)$ 直接加在垂直方向的应力上，因此，无应力和有应力试样的载荷差可表示为

$$F_r = -\frac{2}{3}R_r A_c \tag{2-33}$$

由于压头回弹处样品材料的压痕深度和硬度不变，在残余拉应力的释放过程中，载荷由 F_T 增大到 F_0 时，接触面积由 A_T 增大到 A_c。连续的应力释放可以表示为

$$F_0 = F_T + F_r = F_T - \frac{2}{3}\int_{F_T}^{F_0} \mathrm{d}(RA_c) \tag{2-34}$$

残余应力从 R_r 到 0 的释放过程被认为是线性的，即

$$R = \frac{R_r}{F_T - F_0}(F - F_0) \tag{2-35}$$

如果除去压痕尺寸效应，那么接触面积 A_c 可以由载荷 F 来表示，而接触面积的经验拟合公式为 F 的三次方程，拟合常数为 R_0、R_1、R_2、R_3，则有

$$A_c = R_0 + R_1 F + R_2 F^2 + R_3 F^3 \tag{2-36}$$

将式(2-35)和式(2-36)代入式(2-34)可得

$$R_r = \frac{3}{2}\frac{L_r^2}{R_3 F_T^4 + (R_2 - R_3 F_0)F_T^3 + (R_1 - R_2 F_0)F_T^2 + (R_0 - R_1 F_0)F_T - R_0 F_0} \tag{2-37}$$

2.1.2.4 Lee 理论模型Ⅲ[11]

2004 年，Yun-Hee Lee 等建立了测量二维平面应力的方法，将应力状态划分为四类，即单轴应力 ($R_x^{app} \neq 0$, $R_y^{app} = 0$)、等双轴应力 ($R_x^{app} = R_y^{app} \neq 0$)、双轴应力 ($R_x^{app} \neq R_y^{app} \neq 0$) 和纯切应力 ($R_x^{app} = -R_y^{app} \neq 0$)。将等双轴主应力元素用 R_x^{app} 表示，另一个应力元素用 R_y^{app} 表示(表 2-1)。其中 R_y^{app} 可以用 kR_x^{app} 来表示，$k = \frac{R_y^{app}}{R_x^{app}}$，$k$ 的范围为 -1.0(纯切应力) ~ 0(单轴应力) ~ 1.0(等双轴应力)。

表 2-1 无应力和人为施加应力时压痕载荷曲线分析[11]

应力状态	R_x^{app} (MPa)	R_y^{app} (MPa)	应力比率 k
参考状态	0	0	无应力
1#	−415	−414	1.0(等双轴)
2#	−375	−248	0.66(双轴)
3#	−408	0	0(单轴)
4#	−239	231	−1.0(纯剪切)
5#	414	0	0(单轴)
6#	428	427	1.0(等双轴)

因为平均应力 $R_{avg}^{app}=\dfrac{R_x^{app}+R_y^{app}}{2}=\dfrac{(1+k)R_x^{app}}{2}$，并且 Lee 理论模型Ⅱ中的偏应力元素为 $-\dfrac{2R_{avg}^{app}}{3}$，而 $\dfrac{2R_{avg}^{app}}{3}\times A_T=F_0-F_T$，所以 $R_{avg}^{app}=\dfrac{3(F_0-F_T)}{2A_T}$。

因此残余应力模型为

$$R_x^{app}=\frac{2R_{avg}^{app}}{1+k}=\frac{2}{1+k}\,\frac{3(F_0-F_T)}{2A_T}=\frac{3}{(1+k)A_T}(F_0-F_T) \tag{2-38}$$

2.1.2.5 模型之间的联系[2]

通过以上对各种理论模型的详细介绍，可以发现它们之间的联系。如果将各模型的原理用矩阵的形式表示，则各模型及其测量公式表示如下。

Suresh 模型可以表示为

$$\begin{bmatrix} R_r & 0 & 0 \\ 0 & R_r & 0 \\ 0 & 0 & 0 \end{bmatrix}=\begin{bmatrix} R_r & 0 & 0 \\ 0 & R_r & 0 \\ 0 & 0 & R_r \end{bmatrix}+\begin{bmatrix} 0 & 0 & 0 \\ 0 & 0 & 0 \\ 0 & 0 & -R_r \end{bmatrix} \tag{2-39}$$

$$P_0=P_T+R_rA_1$$

$$R_h=H\left(\frac{P_0}{P_T}-1\right)$$

Lee 理论模型Ⅰ可以表示为

$$\begin{bmatrix} R_r & 0 & 0 \\ 0 & R_r & 0 \\ 0 & 0 & 0 \end{bmatrix}=\begin{bmatrix} R_r & 0 & 0 \\ 0 & R_r & 0 \\ 0 & 0 & R_r \end{bmatrix}+\begin{bmatrix} 0 & 0 & 0 \\ 0 & 0 & 0 \\ 0 & 0 & -R_r \end{bmatrix} \tag{2-40}$$

$$F_R=F_0-F_T$$

$$R_r=F_R/A$$

Lee 理论模型Ⅱ可以表示为

$$\begin{bmatrix} R_r & 0 & 0 \\ 0 & R_r & 0 \\ 0 & 0 & 0 \end{bmatrix} = \begin{bmatrix} \frac{2}{3}R_r & 0 & 0 \\ 0 & \frac{2}{3}R_r & 0 \\ 0 & 0 & \frac{2}{3}R_r \end{bmatrix} + \begin{bmatrix} \frac{1}{3}R_r & 0 & 0 \\ 0 & \frac{1}{3}R_r & 0 \\ 0 & 0 & -\frac{2}{3}R_r \end{bmatrix} \quad (2-41)$$

$$F_0 = F_T + F_r = F_T - \frac{2}{3}\int_{F_T}^{F_0} d(RA_c)$$

$$R_r = \frac{3}{2}\,\frac{L_r^2}{R_3F_T^4 + (R_2 - R_3F_0)F_T^3 + (R_1 - R_2F_0)F_T^2 + (R_0 - R_1F_0)F_T - R_0F_0} \quad (2-42)$$

Lee 理论模型Ⅲ可以表示为

$$\begin{bmatrix} R_x^{app} & 0 & 0 \\ 0 & R_y^{app} & 0 \\ 0 & 0 & 0 \end{bmatrix} = \begin{bmatrix} R_x^{app} & 0 & 0 \\ 0 & kR_x^{app} & 0 \\ 0 & 0 & 0 \end{bmatrix}$$

$$= \begin{bmatrix} \frac{1+k}{2}R_x^{app} & 0 & 0 \\ 0 & \frac{1+k}{2}R_y^{app} & 0 \\ 0 & 0 & 0 \end{bmatrix} + \begin{bmatrix} \frac{1-k}{2}R_x^{app} & 0 & 0 \\ 0 & -\frac{1-k}{2}R_y^{app} & 0 \\ 0 & 0 & 0 \end{bmatrix} \quad (2-43)$$

$$R_x^{app} = \frac{2R_{avg}^{app}}{1+k} = \frac{2}{1+k}\,\frac{3(F_0 - F_T)}{2A_T} = \frac{3}{(1+k)A_T}(F_0 - F_T)$$

对比式(2-40)和式(2-41)，可以发现对于拉应力而言，固定压痕深度时 Suresh 模型与 Lee 理论模型相同，而压应力情况则相差一个系数 $\sin\alpha$。Lee 理论模型Ⅱ的测量结果约为 Lee 理论模型Ⅰ的 3/2，这是因为两种模型考虑的从 F_T 到 F_0 的卸载方式不同，模型Ⅰ认为在卸载过程中残余应力不变，而模型Ⅱ认为是线性卸载，残余应力在此过程中从最大值线性变为零。当 $k=1$ 时，Lee 理论模型Ⅲ就是 Lee 理论模型Ⅱ。

上述所有理论模型均采用球形、圆锥形和棱锥形对称压头，并将残余应力假设为等轴的或不等轴的表面应力，且仅能测量平均残余应力的大小，而残余应力的方向和每个方向上残余应力的大小还无法确定。这些都阻碍了用纳米压痕技术去测量复杂表面残余应力的发展。

2.1.2.6　Swadener 理论

Swadener 理论以使用球形压头为前提，因球形压头有确定的变形范围，用其计算残余应力比用尖锐的锥形压头精确得多。Aljat 等已经成功地用球形压头测量了抛光铝合金的表面应力，并分析了产生测量误差的原因[17]。他们发现存在残余拉应力时纳米压痕载荷-位移曲线会倾向于得到大的压入深度，存在压应力时则相反。图 2-5 为施加不同应力下的平均接触应力与无量纲接触半径 $E_r a/(R_{yield}R')$ 的关系。根据以上发现，他们研究了两种用球形压头测量残余应力的方法[7]。

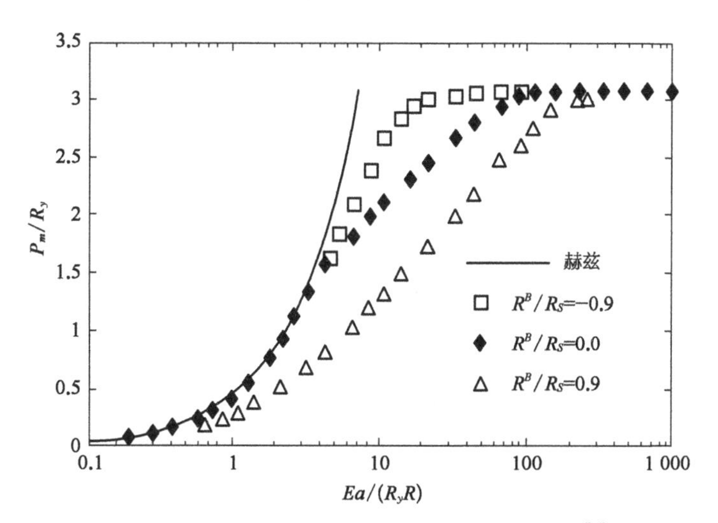

图 2-5　双轴残余应力对平均接触压力的影响[6]

(1) 第一种方法。依据材料受应力影响刚开始屈服时，测量深度和接触半径可用 Hertzian 接触力学分析的理论，对于球形压头提出的残余应力计算公式为

$$\frac{R_r}{R_y}=1-\frac{3.72}{3\pi}\left(\frac{E_r a}{RR_y}\right) \tag{2-44}$$

式中，R 为压头半径；a 为接触半径；R_y 为屈服应力。很显然，只要获得独立可估算的屈服强度，即可用式(2-44)计算残余应力。

(2) 第二种方法。Tabor 提出硬度和屈服强度之间的关系式为 $H=kR_y$（k 为常数因子），对于存在残余应力的材料来说，该式应该修正为 $H+R_r=kR_y$。如果已知参考试样的应力状态，kR_y 的变化和 $E_r a/(R_yR)$ 可由实验得到，式(2-44)即可用来计算残余应力。

球形压头测残余应力的理论中第一种方法要求单独测量材料的屈服应力，而第二种方法要知道参考试样的应力状态，因此需要做额外的实验来对其进行测量，并且此项技术应用于薄膜材料残余应力的测量方面存在困难[18]。

2.2 拉曼光谱技术

拉曼光谱又称为拉曼效应，是用发现人 C.V. Raman 的名字命名的。拉曼光谱最初用的光源是聚焦的日光，后来用汞弧灯。由于它的强度不太高和单色性差，限制了它的发展。20 世纪 60 年代激光技术兴起，机翼光电信号转换器件的发展给拉曼光谱带来新的转机。20 世纪 70 年代中期，激光拉曼针的出现，给微区分析注入了活力。20 世纪 80 年代以来，一些公司相继推出了拉曼探针共焦激光拉曼光谱仪，入射光的功率可以很低，灵敏度得到很大的提高。这些性质使得拉曼光谱的应用无论在广度和特异性方面都得到了空前发展。

2.2.1 拉曼光谱技术的产生

拉曼散射是光照到物质上发生的非弹性散射所产生的。单色光束的入射光光子与分子相互作用时可发生弹性碰撞和非弹性碰撞。在弹性碰撞过程中，光子与分子间没有能量交换，光子只改变运动方向而不改变运动频率，这种散射过程称为瑞利散射。在非弹性碰撞过程中，光子与分子之间有能量交换，光子不仅改变运动方向，还将一部分能量传递给分子，或者分子的振动和转动能量传递给光子，从而改变了光子的频率，这种散射过程称为拉曼散射。拉曼散射分为斯托克斯散射和反斯托克斯散射，通常的拉曼实验检测到的是斯托克斯散射，拉曼散射和瑞利光的频率差值称为拉曼位移。拉曼位移就是分子振动或转动频率，与入射线的频率无关，而与分子的结构有关。每一种物质都有自己的特征拉曼光谱，拉曼谱线的数目、位移值的大小和谱带的强度等都与物质分子振动和转动能级有关[19]。

最简单的拉曼光谱如图 2-6 所示。在光谱图中有三种线，中央的是瑞利散射线，它的频率为 γ_0，强度最强。其次是斯托克斯线，位于瑞利线的低频一侧，与瑞利线的频

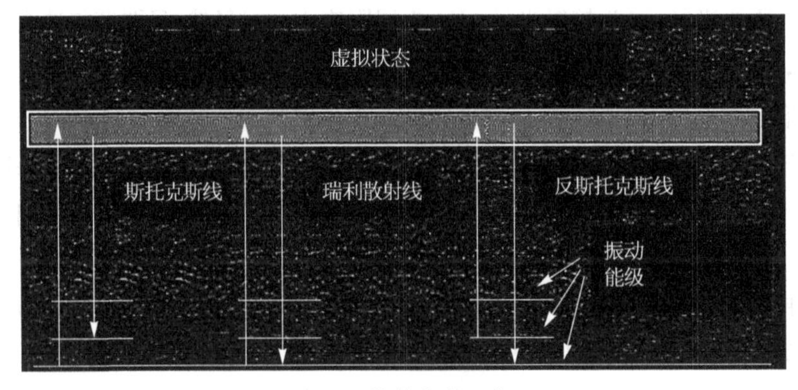

图 2-6 拉曼光谱示意图

差为 $\Delta\gamma$。斯托克斯线的强度比瑞利线弱得多，大约为后者的百分之一到上万分之一。反斯托克斯线在瑞利线的高频一侧出现，与瑞利线的频差也是 $\Delta\gamma$，和斯托克斯线对称地分布在瑞利线的两侧。反斯托克斯线的强度比斯托克斯线又要弱得多，因此不容易被观察到。

2.2.2 拉曼光谱的特点

1) 优点[20]

(1) 拉曼散射光谱对于样品制备没有任何特殊要求，对形状大小的要求也较低，不必粉碎、研磨，不必透明，可以在固体、液体、气体等物理状态下进行测量；对于样品数量要求比较少，可以是毫克甚至是微克的数量级，适用于研究微量和痕量样品。

(2) 拉曼散射采用光子探针，对于样品是无损伤探测，适合对那些稀有或珍贵的样品进行分析。

(3) 因为水是很弱的拉曼散射物质，因此可以直接测量水溶液样品的拉曼光谱而无须考虑水分子振动的影响，比较适合于生物样品的测试，甚至可以用拉曼光谱检测活体中的生物物质。

2) 缺点

拉曼光谱的缺点有二：一是会产生荧光干扰，样品一旦产生荧光，拉曼光谱会被荧光所湮灭，从而检测不到样品的拉曼信号；二是检测灵敏度低。

2.2.3 拉曼光谱技术种类

1) 表面增强拉曼光谱技术

1974 年，Fleischmann 等发现，吸附在粗糙化的银(Ag)电极表面的吡啶分子具有巨大的拉曼散射现象，加上活性载体表面选择吸附分子对荧光发射的抑制，使激光拉曼光谱分析的信噪比大大提高，这种表面增强效应称为表面增强拉曼散射(SERS)。表面增强拉曼光谱技术是一种新的表面测试技术，可以在分子水平上研究材料分子的结构信息，如银纳米粒子、银交替粒子上的联喹啉等。通过对表面增强拉曼光谱技术进行全面仔细的研究后，发现其所存在的缺点也相当突出，如只有金、银、铜三种金属和少数极不常用的碱金属具有强的表面增强拉曼散射效应，且金、银、铜需要表面粗糙化之后才具有高的表面增强拉曼散射活性。通过研究人员的不懈探索，在 20 世纪 90 年代后期终于取得了一些突破性的进展，目前表面增强拉曼光谱技术已发展成为单分子科学的研究手段之一，并且在一些过渡金属(第Ⅷ副族元素)体系观察到了表面增强拉曼光谱效应。表面增强拉曼散射效应的强弱与纳米尺度下的表面粗糙度密切相关，人们已经意识到表面增强拉曼散射不仅是表面科学而且是纳米科学的一个重要现象。随着实验和理论方法的进一步创新和发展，表面增强拉曼光谱技术最终将成为固体表面物理化学、表面科学和纳米科学的一个有力工具[19]。

2) 高温拉曼光谱技术

任何固体或液体,只要温度高于 0 K 都存在热辐射,热辐射是指物质中处于激发态的粒子以一定的概率随机地向低能级跃迁,而在拉曼谱中构成连续的基底。平衡状态下热辐射的平均光谱能量密度和温度有关,随着辐射源温度的升高,辐射光的中心频率由红外波段逐渐向可见光波段移动,且强度明显增大,随机波动幅度也增大。随着温度的升高,某一激发波长下拉曼散射光频率逐渐被高温背景"淹没"。高温激光拉曼技术被用于冶金、玻璃、地质化学、晶体生长等领域,它也可以用来研究固体的高温相变过程、熔体的键合结构等,然而这些测试需要在高温下进行,因此需要对常规拉曼仪进行技术改造,可以获得极为丰富的微结构信息。高温拉曼光谱技术的开发为高温工艺过程、地质化学以及材料制备等领域的结构研究和应用提供了一种新的原位检测手段。

3) 共振拉曼光谱技术

当激光共振拉曼光谱(RRS)产生的激光频率与待测分子的某个电子吸收峰接近或重合时,这一分子的某个或几个特征拉曼谱带强度可以达到正常拉曼谱带强度的 10^4 ~10^5 倍,并能够观察到正常拉曼效应中难以出现的、其强度可与基频相比拟的泛音及组合振动光谱。与正常拉曼光谱相比,共振拉曼光谱的灵敏度高,结合表面增强技术,灵敏度已达到单分子检测级别。

4) 共聚焦显微拉曼光谱技术

显微拉曼光谱技术是将拉曼光谱分析技术与显微分析技术结合起来的一种应用技术,是监测固相有机反应简单而有效的工具。它不仅可以提供聚合物官能团振动的信息,而且可以提供聚合物骨架振动的信息,与其他传统技术相比,更易于直接获得大量有价值信息。共聚焦显微拉曼光谱不仅具有常规拉曼光谱的特点,还具有自己的独特优势,即其独特的纵向分辨功能可以实现样品空间微区的分析。辅以高倍光学显微镜,该技术具有微观、原位、多相态、稳定性好、空间分辨率高等特点,可实现逐点扫描,获得高分辨率的三维拉曼图像。选取合适的拉曼光谱特征峰,可以对实验样品进行定量分析,具有很高的准确性。近几年共聚焦显微拉曼光谱在肿瘤检测、文物考古、公安法学等领域有着广泛的应用。

5) 傅里叶变换拉曼光谱技术

傅里叶变换拉曼光谱是 20 世纪 80 年代发展起来的一种新技术。1987 年,Perkin Elmer 公司推出了第一台近红外激发傅里叶变换拉曼光谱仪(NIR FT - R),采用傅里叶变换技术对信号进行采集,进行多次累加来提高信噪比,并用 1 064 mm 的近红外激光照射样品,大大减弱了荧光背景。从此,傅里叶变换拉曼光谱技术在化学、生物学和生物医学样品的非破坏性结构分析方面显示出了巨大的生命力。

近年来,实现了拉曼光谱技术与其他多种微区分析测试仪器的联用,如拉曼光谱技术与扫描电镜联用、拉曼光谱技术与原子力显微镜/近场光学显微镜联用、拉曼光谱技术与红外联用等。这些联用的着眼点是微区的原位检测，通过联用可以获得更多的信息，并可提高可信度，这开拓了新的发展方向，推动了科学研究工作进一步向纵深发展。

2.2.4 拉曼光谱技术检测原理

当单色光照射固体时，光子与物质分子相互碰撞引起光的散射。其中发生非弹性散射的光束经分光后形成拉曼散射光谱。拉曼散射光谱与固体分子的振动有关，并且只有当分子的振动伴有极化率时才能与激发光发生相互作用，产生拉曼散射。拉曼峰的频率等于物质原子的振动频率。如果物体中存在应力，某些对应力敏感的谱带就会产生移动和变形。其中拉曼峰频移的改变与所受应力成正比，即 $\Delta\gamma = KR$ 或 $R = \alpha\Delta\gamma$，式中 $\Delta\gamma$ 为频移(单位：cm^{-1})，K 和 α 为应力因子[21]。

拉曼峰频移的改变可简单地说明如下：当固体受到压应力作用时，分子的键长通常要缩短。依据应力常数和键长的关系，应力常数会增加，从而振动频率增加，谱带向高频方向移动；相反，当固体受到拉应力作用时，谱带向低频方向移动。

2.3 磁测技术

20 世纪 50 年代，人们发现了外力可以改变磁化曲线的现象，从而产生了一种新的无损检测方法——磁测法。磁测法的最大优点是测量速度快，非接触测量并适合现场测试。但测试结果受很多因素的影响，可靠性和精度差，量值标定困难，对材质比较敏感且仅能用于铁磁材料。磁测法都是需要外部激励磁场来工作，因此带来了磁化不均匀、设备笨重、能源消耗、剩磁和磁污染等问题。

2.3.1 磁记忆检测技术

金属磁记忆检测技术(metal magnetic memory test)是一种利用金属磁记忆效应来检测部件应力集中部位的快速无损检测方法。它克服了传统无损检测的缺点，能够对铁磁性金属构件内部的应力集中区，即微观缺陷的早期失效和损伤等进行诊断，防止突发性的疲劳损伤，是无损检测领域一种新的检测手段[21]。

金属磁记忆检测最早由俄罗斯学者 A. Doubove 于 1994 年[22]提出，随后在美国旧金山举行的第 50 届国际焊接学会上，报道了专题“金属应力集中区—金属微观变化—金属磁记忆技术”，在无损检测领域引起强烈反响。目前该方法已被俄罗斯、中国、德国等国家的相关企业采用并制定了相关的检测标准[23]。

2.3.1.1 磁记忆检测法的原理

1) 金属磁记忆的物理基础

金属磁记忆检测的物理基础是自发磁化现象、磁机械效应、磁致伸缩和磁弹性效应。

（1）自发磁化现象。指原先不显示磁性的某些铁磁性材料工件在经过切削加工以后，工件本身和刀具被强烈磁化，而某些本来并无磁性的机器零部件在运行一段时间之后却显现出了磁性，前者被称为加工磁化，后者被称为运行磁化，磁记忆效应即为运行磁化现象。

（2）磁机械效应。指铁磁材料在地磁场作用的条件下，其缺陷处的磁导率减小，工件表面的漏磁场增大的特性。

（3）磁致伸缩。铁磁材料由于磁化状态的改变，其长度和体积都要发生微小的变化，这种现象称为磁致伸缩。铁磁性物质被磁化时其长度发生变化的效应称为线性磁致伸缩，体积发生变化时称为体积磁致伸缩。由于体积磁致伸缩比起线性磁致伸缩还要微弱得多，用途也少，所以一般只讨论长度变化的线性磁致伸缩，简称磁致伸缩。晶体的磁致伸缩大小可以用磁致伸缩系数 λ 表示，即 $\lambda=\frac{\Delta l}{l}$（式中，$l$ 为晶体在某晶轴方向上的长度；Δl 为由于磁致伸缩引起该晶轴方向上长度的变化量）。

（4）磁弹性效应。铁磁学的研究指出，磁弹性效应是指当弹性应力作用于铁磁性材料时，铁磁体不但会产生弹性变形，还会产生磁致伸缩性质的形变，从而引起磁畴壁的位移，改变自发磁化强度的方向和应力方向的磁导率。

2）金属磁记忆现象

铁磁体在载荷和地球磁场的共同作用下会产生磁记忆现象，这是磁弹性效应和磁机械效应共同作用的结果，产生磁记忆现象的内部原因取决于铁磁晶体的微结构特点。通常，铁磁工件在经熔炼、锻造、热处理等加工时，温度大大超过居里点（即磁性材料中自发磁化强度降到零时的温度），构件内部的磁畴组织会被瓦解，磁性会消失。随后在金属冷却到居里点以下的过程中，一方面，铁磁晶体在重新结晶的同时重新形成磁构造；另一方面，由于材料内部的各种不均匀性（如形状、结构及含有夹杂或缺陷等）而形成组织结构不均匀的遗传性。这些组织结构的不均匀部位往往是缺陷或内应力集中的部位，一般以位错的形式存在，并在地球磁场的环境中由于磁机械效应的作用会出现磁畴的固定节点，产生磁极，形成退磁场，以微弱的散射磁场的形式在工件表面出现，表现为金属的磁记忆性。

3）磁记忆检测原理

铁磁性材料在载荷的作用下会发生磁致伸缩效应从而发生形变，引起磁畴位移，改变磁畴的自发磁化方向，以此增加磁弹性能来抵消载荷应力的增加，导致金属磁特性的不连续分布。当这些载荷消失后，应力集中区的金属磁特性不连续分布仍然存在的特性被称为磁记忆效应。铁磁材料处于地磁场或外加磁场中时，磁场正常穿过金属，其磁感线为平行的直线束。如图 2－7 所示，当金属受载荷的作用时，其内部具有逆磁致伸缩效应的磁畴组织发生可逆或不可逆的重新取向。金属在应力集中区表面出

现漏磁场 H_P，该漏磁场的法向分量 $H_P(x)$ 值为梯度状且过零点，切向分量 $H_P(y)$ 具有最大值。根据磁记忆效应，这种畸变在载荷消失后仍然存在。通过测量金属表面漏磁场 H_P，便可检测出应力集中部位[24]。

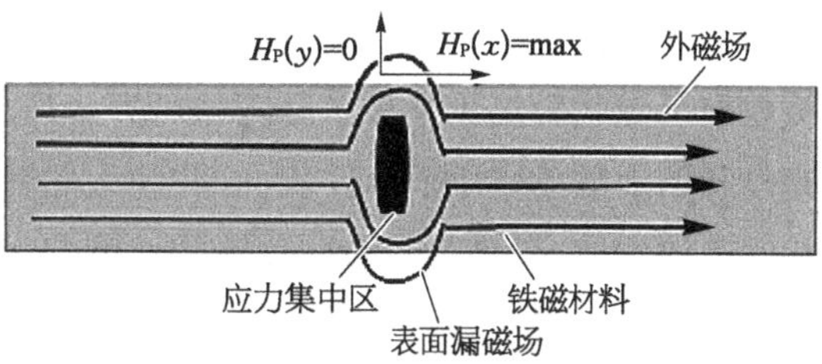

图 2-7 铁磁材料在应力集中区作用下的磁场分布图[24]

为了使磁构件内的总自由能趋于最小，在磁机械效应的作用下，必将导致构件内部的磁畴在地球磁场中做畴壁的位移甚至不可逆的重新取向排列，主要以增加磁弹性能的形式来抵消应力能的增加，从而在磁构件内部产生极大的磁场强度。这种强度大大高于地球的磁场强度。对金属力学性能的研究表明，即使在金属材料的弹性变形区，也不存在完全没有能量耗损的完全弹性体。由于金属内部存在多种内耗效应(如黏弹内耗、位错内耗等)，因此在动态载荷消除之后，在加载时，金属内部形成的应力集中区必然会得以保留，特别是在动载荷、大变形和高温情况下尤为突出。保留下来的应力集中区同样具有较高的应力能，因此，为抵消应力能，在磁机械效应的作用下引发的磁畴组织的重新取向排列也会保留下来，并在应力集中区形成类似缺陷的漏磁场分布形式。

4) *磁记忆检测法应用于疲劳检测的原理*

疲劳破坏是由于产生了一条裂纹而该裂纹随后生长所致。在均质的金属中，裂纹起源于自由表面，该表面以下的金属不会因循环应力而损伤。在疲劳实验过程中，由于外加循环应力的作用，试件加载不久即出现少量滑移线。随着实验的进行，滑移线不断变长和增加，累积而形成滑移带。深浅不一的表面微裂纹主要起源于持久有效的滑移带上。显微裂纹萌生后，先沿滑移面继而转向垂直于外力方向的平面扩展，在循环载荷作用下进一步延伸而深入金属体内，数量众多的微裂纹通过交滑移使相邻的相互平行的微观裂纹逐步连接成为一个主导的宏观裂纹，最终导致试件破坏。因此磁性法是结构疲劳损伤监测方面非常有前途的一种方法，它是利用铁磁材料磁特性对显微结构和应力变化非常敏感的特性，通过测量结构表面的特征磁场变化而实现疲劳损伤监测和评估的一类方法[25]，如磁巴克豪森法[26-27]、磁声发射法[28-29]等。

在疲劳加载过程中，高密度位错积聚部位的出现意味着应力集中的诞生。因为位错应力场的作用类似于钉扎缺陷的作用，所以会阻碍位错聚集区域磁畴壁在外力作用下的运动，促使该区域磁畴分布异于其他区域，以特有的磁信号特征指示出该危险部位。随着疲劳循环次数的增加，大量微裂纹的结合使裂纹聚集处泄露的磁信号表征更为明显，从而实现了磁性检测技术在微裂纹扩展阶段便能够评判试件的安全状况。

2.3.1.2 磁记忆检测法的特点

在评定设备和机构应力变形状态时，已知的检测方法繁多，如电阻应变片法、X射线衍射法、超声波法等。与上述检测方法相比，金属磁记忆检测方法获取的是金属零件被地磁场磁化后处于平衡状态的相对静止信息，不需要对被测表面进行任何磁化处理，完全利用地磁场作用下零件表面的“纯天然”磁信息进行工作，是一种被动检测的方法。相比其他方法，更易实现检测仪器的小型化，并实现点磁测量[30]。

金属磁记忆检测实质上是从金属表面拾取地磁场作用条件下的金属构件漏磁场信息，这和漏磁检测方法有相似之处。但金属磁记忆检测方法获取的是在微弱的地磁场作用下构件本身具有的“天然”磁化信息，在这种状态下，金属零件的应力分布情况可以通过此次分布清晰地显现出来。而漏磁检测所进行的人工磁化，其强度远远超过了零件表面的“天然”磁信息，人工磁化的同时，从很大程度上覆盖了原本零件表面的应力分布情况，但人工磁化增强了缺陷处的漏磁场强度。因此，漏磁检测在检测宏观缺陷时更具有优势。

金属磁记忆检测方法也可以发现缺陷，但主要是应力变化较为剧烈部位的微观信息，通过评价该部位应力集中程度来发现缺陷，因此金属磁记忆方法的优势应在检测肉眼难以发现的微缺陷方面，适用于早期诊断[31]。

2.3.1.3 磁记忆检测法的发展

作为一种新兴的检测技术，金属磁记忆方法在拥有广阔的应用前景的同时，其基础理论和监测手段都有待完善，目前尚存在磁记忆现象明确而机理模糊、检测标准未定量化、对“危险区”的评判手段仍不完善等诸多亟须解决的问题，还需要进行大量的磁记忆检测技术的机理研究、磁记忆检测的定量化研究以及磁记忆效应的机理性实验研究。

2.3.2 磁噪声技术

磁噪声法又称为巴克豪森磁噪声(MBN)法。该方法是德国科学家 H. Barkhausen 在 1919 年发现，现已成为无损检测技术的重要分支。

铁磁性材料在磁化过程中会发生磁畴转动和磁畴壁位移的现象，有可逆和不可逆两种模式，且取决于材料的各向异性特性和磁畴的转动角度[32]。这两种变化会使材料内部产生非连续性的电磁脉冲，通过检测线圈可以提取此过程中因磁感应强度变化所产生的电磁脉冲及磁巴克豪森信号[33]。

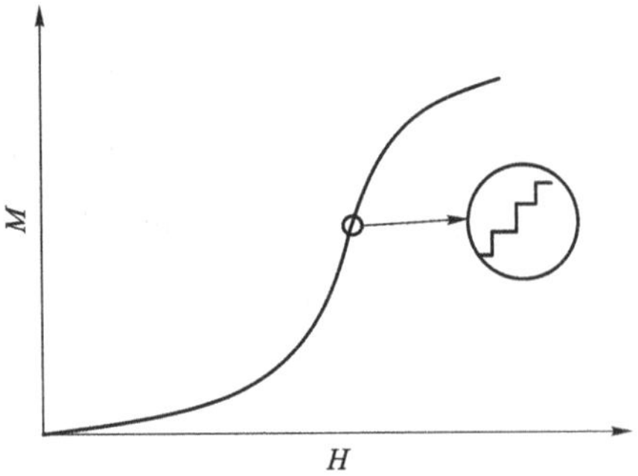

铁磁性材料在磁化过程中，其内部磁畴转动、90°和 180°磁畴壁的运动是非连续的。如图 2-8 所示，将磁化过程放大可以看到，材料的磁化强度 M 随外部磁场强度 H 的变化是呈阶梯状上升的。在交替变化的磁场中，磁畴会发生往复运动，磁畴壁会进行反复运动，从而产生大量的 MBN 信号。

图 2-8　铁磁性材料磁化曲线[32]

MBN信号中包含着丰富的信息，这些信息与材料的微观组织结构和内应力状况密切相关，通过磁敏传感器拾取MBN信号，将磁信号转换为相应的电信号，再通过对电信号进行滤波、放大，分析信号的时频特性，可反映出材料微观结构的变化、应力状态、微损伤状态，实现疲劳、应力集中等状态的检测和评估。

根据铁磁学理论，当外磁场 $H=0$ 时，材料处于磁中性，畴壁处于平衡状态。以两个相差180°的磁畴为例，所加外磁场方向如图2-9所示。右畴缩小，左畴扩大，畴壁向右移动。位移从0至 x_1 为可逆壁移阶段，畴壁移到分界点 x_1 处所需的强度为临界磁场强度 H_0 [34]：

$$H_0=\frac{1}{2\mu_0 M_s \cos\theta}\left(\frac{\mathrm{d}E}{\mathrm{d}x}\right)_{\max} \tag{2-45}$$

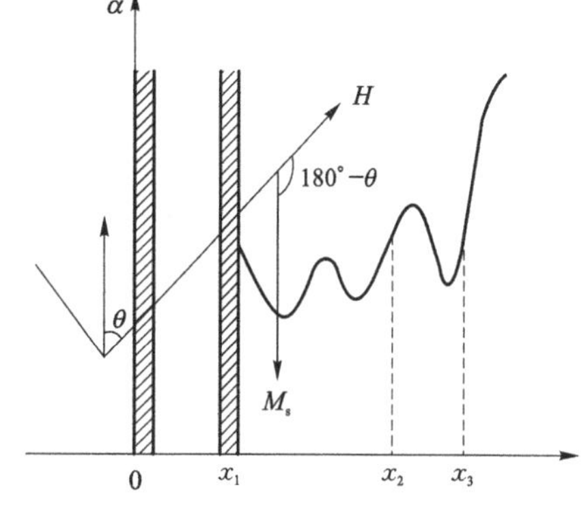

图2-9　180°可逆壁移磁化[34]

式中，μ_0 为磁导率；M_s 为饱和磁化程度；θ 为磁畴矩在易磁化方向受外磁场作用转过的一个小角度；E 为单位面积的畴壁能；x 为位移。

当磁场强度增加至略超过 H_0 时，畴壁从 x_1 跳到 x_2，随着磁场强度的继续增加，畴壁又从 x_2 跳到 x_3，此处 $\mathrm{d}E/\mathrm{d}x$ 更大。所以随着磁场强度的增加，可能产生几次跳跃式的畴壁移动。一个完整磁化过程中所有的巴氏跳跃聚集到一起形成了MBN信号。由于材料的磁性结构取决于其微观组织，而畴壁的快速移动对于材料受力、组织结构和位错等因素比较敏感，所以MBN信号的特征能反映出铁磁性材料的磁畴结构和运动规律，进而反映材料的显微组织及应力状态。

采用MBN信号对材料的应力应变效应进行研究，是MBN技术的主要研究内容之一。材料所受应力主要有两大方面：一是外界加载应力，涵盖压应力与拉应力、单向应力与周期应力、低应力和超限应力等；二是材料内部残余应力，包括残余拉应力和残余压应力等。

当材料内存在残余应力时，残余应力会影响材料晶粒的排列、组织结构等，利用MBN技术可以有效地检测出材料表面的残余应力分布[34-35]。如印度Vashista长期研究材料表面残余应力和MBN信号的关系，其指出材料在弹性范围内，MBN磁响应信号与残余应力成正相关关系[36-37]。

2.3.3　磁应变技术

磁应变法的原理是基于铁磁性材料的磁致伸缩效应，即铁磁性材料在磁化时会发生尺寸的变化；反过来，铁磁体在应力作用下其磁化状态（磁导率和磁感应强度等）也会发生变化，因此通过测量磁性变化可以测量铁磁材料中的应力。

当试样内存在残余应力时，也会使磁畴的移动和转向均受阻而使磁化率减小，这种现象称为磁弹性现象。铁磁性材料磁导率的相对变化量与应力之间存在下列线性关系：

$$\frac{\Delta\mu}{\mu_0}=\lambda_0\mu_0 R \tag{2-46}$$

式中，$\Delta\mu$ 为磁导率的变化量，$\Delta\mu=\mu_0-\mu_\sigma$（$\mu_\sigma$ 为材料有应力时减小的磁导率）；λ_0 为初始磁致伸缩系数；μ_0 为材料无应力状态时的磁导率；R 为应力。式(2-46)说明磁导率的相对变化量与应力成正比。

当线圈通电时，磁回路中产生磁通。当试件中存在残余应力时，磁导率发生变化并导致磁回路中总磁阻发生变化。总磁阻 R_m 为探头磁阻 R_1 与试件磁阻 R_2 之和，即

$$R_m=R_1+R_2=\frac{L_1}{\mu_1 A_1}+\frac{L_2}{\mu_2 A_2} \tag{2-47}$$

式中，L_1、L_2 分别为探头和试件的有效长度；μ_1、μ_2 分别为探头和试件的磁导率；A_1、A_2 分别为探头和试件的磁路有效截面积。

只要测出磁阻的变化就能测出应力，磁阻的变化可用桥式电路来进行测量，根据有应力试样的输出电流 I 大小可计算出被测试件的应力。

在平面应力状态下，探头的磁通量 Φ 是主应力 R_1、R_2 和探头磁极的方向与主应力方向之间夹角的函数。测量时转动探头，由于磁导率和磁感应强度在最大应力方向最小，故输出电流最小；而在最小主应力方向则相反。因此，由电流表读数的极小值与极大值即可以确定出主应力的方向。

另一方面，主应力方向的输出电流差（I_1-I_2）与主应力差（R_1-R_2）成正比，即

$$I_1-I_2=\alpha(R_1-R_2) \tag{2-48}$$

式中，α 为灵敏系数，受材料种类、组织结构状态等的影响。即使是同一种材料，由于成分波动或状态变化，α 也不相同。因此，灵敏系数必须采用和被测试件完全相同的材料及相同处理后的标样通过实验进行标定。有了灵敏系数 α 才能测出主应力差（R_1-R_2）。知道了主应力方向和主应力的差值后，再借助于其他实验方法与计算方法，便可求出主应力的大小。

主应力方向未知时，可用式(2-49)、式(2-50)确定主应力的方向角和主应力差[38]：

$$\theta=-\frac{1}{2}\arctan\left(\frac{2I_{45}-I_0-I_{90}}{I_{90}-I_0}\right) \tag{2-49}$$

$$R_1-R_2=\frac{I_{90}-I_0}{\alpha\cos 2\theta} \tag{2-50}$$

式中，θ 为最大主应力方向和自行设定的 x 轴的夹角；I_0、I_{45}、I_{90} 分别为与 x 轴成 0°、45°、90°三个方向的电流输出值。

当得到某点 p 的主应力差和主方向角时，该点的应力分量可用切应力差法求得：

$$(R_x)_p=(R_x)_0-\int_0^p \frac{\partial \tau_{xy}}{\partial y}\mathrm{d}x \tag{2-51}$$

$$(R_y)_p=(R_x)_p-(R_1-R_2)_p\cos 2\theta_p \tag{2-52}$$

$$(\tau_{xy})_p=\frac{(R_1-R_2)_p}{2}\sin 2\theta_p \tag{2-53}$$

式中，$(R_x)_p$ 为边界的已知应力值，对于自由边界，$(R_x)_0=0$；τ_{xy} 为切应力；θ_p 为任意点 p 的主方向角。

计算时用增量代替微分，则任意点 p 的主应力为

$$(R_1)_p=\frac{(R_x)_p+(R_y)_p}{2}+\sqrt{\left[\frac{(R_x)_p-(R_y)_p}{2}\right]^2+(\tau_{xy})_p^2} \tag{2-54}$$

$$(R_2)_p=\frac{(R_x)_p+(R_y)_p}{2}-\sqrt{\left[\frac{(R_x)_p-(R_y)_p}{2}\right]^2+(\tau_{xy})_p^2} \tag{2-55}$$

在用磁应变法测量残余应力时应注意：应力与磁导率在应力小于 300 MPa 时才近似于线性，即式(2-46)；当应力增大时，则呈非线性。因此，磁性应变法不适用于测量存在过高残余应力的构件。

2.3.4 磁声发射技术

磁声发射法(magnetic acoustic emission，MAE)是一种磁性无损检测技术。铁磁性材料在交变磁场作用下，由于磁畴的磁致伸缩效应，在变化了的体积内产生应变，从而产生一种弹性波。这种弹性波实际上就是能量的释放；经过声发射仪的传感器，把机械能变成电能称为发射的信号。由于这种信号是由磁场激发的，因此称为磁声发射。

与传统的无损检测技术相比，磁声发射检测技术具有如下优势[39]：① 可实现动态无损检测；② 检测深度大；③ 检测灵敏度高。

2.3.4.1 磁声发射法的发展现状

A. Elord 于 1975 年用镍杆在交变磁场中发现了 MAE 现象；1979 年 Kusanagi 等首先发现磁声发射与材料所受应力有密切关系，在应力较大的情况下，不管材料受拉应力还是压应力作用，磁声发射信号强度都比无应力时显著降低；此后，Ono 和 Shibata 等又对镍铁合金和几种钢的磁声发射进行了较详细的研究，发现材料的化学成分、显微组织、应力和预冷加工等强烈影响材料的磁声发射行为，并认为磁声发射技术有可能成为无损检测构件残余应力和材料性质的一种新方法。在 Kusanagi 工作的基础上，Ono 和 Shibata 通过分析大量的实验结果后认为，磁声发射主要起源于 90°磁畴壁移动引起的

位移变化，其次来源于磁化矢量的转动，并给出 MAE 脉冲信号的电压峰值 $V_p = C\Delta\varepsilon \cdot \Delta V/\tau$。按照此公式，鉴于 180°畴壁移动不产生应变，故认为 180°畴壁运动不产生磁声发射[43]。

徐约黄等以多晶和单晶硅钢材料对磁声发射的机制进行了详细研究，其大量实验结果表明，对于无取向的多晶体，90°畴壁密度大，由公式 $V_p = C\Delta\varepsilon \cdot \Delta V/\tau$ 引起的磁声发射可能是主要的；对于取向很好的单晶体，180°畴壁运动是主要的磁声发射源。其在世界上首次提出，180°磁畴壁的运动也可以产生很大的磁声发射信号，其提出的磁畴壁内磁化矢量逐渐旋转会产生弹性波的模型，被认为是对一般公认的磁声发射产生机制的完善和补充[41]。

利用 MAE 对应力的依赖关系，可对不少钢、铁零件和构件进行残余应力的无损检测。在国外，MAE 技术已应用于炮壳、枪筒、炮车内应力的无损检测，焊接及热处理后的应力检测以及构件使用过程中应力变化的监测；美国加利福尼亚州有用此法检测钢轨因热胀冷缩引起的内应力。在国内，武汉大学于 1984 年首先开展铁磁性材料磁声发射的研究工作。随后北京科技大学和华中科技大学等也相继开展了磁声发射的研究工作。通过大量的实验，科研人员分析讨论了 MAE 的材质效应、应力效应、频谱特征等，并进一步研究了用 MAE 法对钢铁件微观损伤和疲劳寿命的测量[42-44]。

2.3.4.2 磁声发射法的应力检测机理

1) *磁声发射的产生与接收*

如前所述，在铁磁材料磁化中，磁畴的不可逆运动，除了产生巴氏跳跃外，同时还激发一系列弹性波脉冲，该弹性波脉冲类似于机械声发射，被称为磁声发射。磁声发射可由图 2-10 所示的基本系统加以检测。将压电晶体传感器(PZT)置于交变磁化的材料表面，MAE 弹性波将在传感器内激励一系列电压脉冲信号，经放大，滤波等即可实现接收到 MAE(如有效电压 RMS)。在与系统相连的示波器上可观察到和 MBN 相似的 MAE 脉冲。

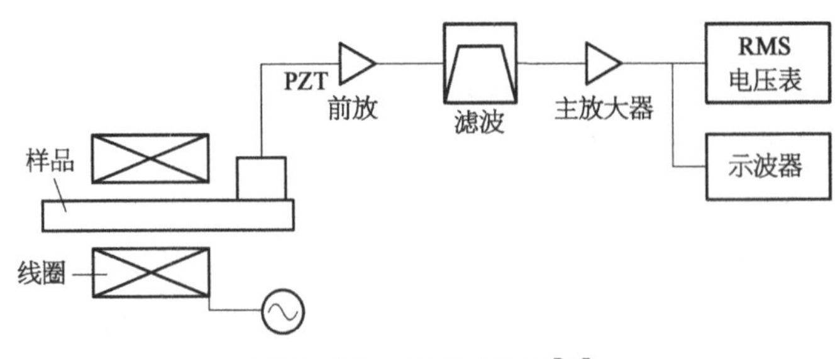

图 2-10　MAE 的接收[41]

2) *MAE 和磁致伸缩*

产生磁声发射须具备两个条件：一是磁化时磁畴的巴氏跳跃；二是伴随巴氏跳跃磁畴有体积应变，其来自磁致伸缩效应。

铁磁材料被磁化时具有伸长或缩短的效应，被称为磁致伸缩。通常用磁化方向上材料单位长度的伸长量 λ 即磁致伸缩系数来表征磁致伸缩的大小。对钢铁材料，$\lambda > 0$ 称为正磁致伸缩材料；像镍等 $\lambda < 0$，称为负磁致伸缩材料。磁致伸缩系数 λ 随磁场变化，饱和磁致伸缩系数用 λ_s 表示。对晶体来说，各方向磁致伸缩系数不一，易磁化轴方向最大，磁致伸缩是各向异性的。

如图 2-11a、b 所示，以 90°畴壁分割的畴，未磁化前各畴磁化方向皆为易磁化轴方向，该方向磁致伸缩系数为 λ_s。磁化时作巴氏跳跃的畴，其磁化方向从易磁化轴转动了 90°，体积压缩，因此伴随巴氏跳跃产生体积应变，ΔX 将以弹性波的形式释放出形变能，这就是 MAE。另外，磁畴转动时也有体积应变，亦相应激发 MAE，如图 2-11c 所示，以 180°壁隔离的畴，磁致伸缩是等效的。因而巴氏跳跃前后，磁畴的体积无应变，$\Delta X = 0$，故无 MAE 产生。由此看来，MAE 来源于 90°壁的不可逆跳跃和磁畴的不可逆转动，而 180°畴壁的不可逆跳跃不产生 MAE[45-46]。

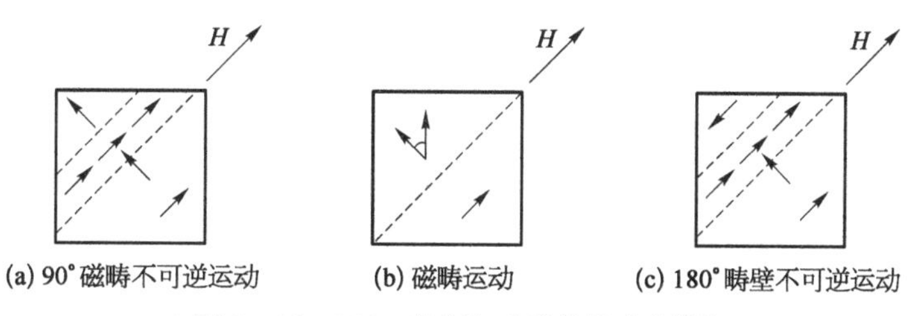

(a) 90°磁畴不可逆运动　(b) 磁畴运动　(c) 180°畴壁不可逆运动

图 2-11　MAE 产生和磁致伸缩应变[45]

3) *MAE 应力检测机理分析*

铁磁材料在外磁场作用下，由于晶格的弹性变形，其长度、体积都出现改变，即产生磁致伸缩效应。当材料磁化后，畴壁出现突然运动，随着磁场的增强，畴壁运动加快，当总能量达到最小时，畴壁停止运动。在运动时，相邻两畴内磁致伸缩不一致而出现位移，便引起 MAE 脉冲信号。这种信号的大小和方向可用一个放大的磁畴区域体积 Δv^* 内的非弹性应变张量 $\Delta \bar{X}$ 表示，当输出峰值电压信号为 V_p 时，有如下关系式：$V_p = C\Delta \bar{X} \cdot \Delta v^* / f$（式中，$C$ 为材料常数；f 为 $\Delta \bar{X}$ 增长变化的时间；Δv^* 为依赖于磁致伸缩的系数）。

研究表明，MAE 信号强度与产生非弹性应变的体积成比例。当材料局部外加磁场强度保持不变时，MAE 信号强度随所受应力的变化而变化，与产生应力的原因是外加载荷引起的还是本身残余应力无关。

2.3.4.3　磁声发射法检测系统

根据不同的检测要求，检测系统有多种形式。与 MBN 检测系统相比，除了传感器，两者检测系统大体一致。基本包括传感器、激励磁化源、前置放大器、主放大器、滤波器、信号处理和显示系统。MAE 检测系统可同时检测 MAE 信号的有效电压(RMS)、平均值和频谱分析，并且在示波器上可观察磁滞回线以及 MAE 信号在磁滞回线上的变化，如材料受外力作用，可显示信号及磁滞回线随应力的变化。

MAE 传感器由铁芯磁化线圈和压电传感器组成。两者可以是分离式，也可以是整体式。MAE 的频率范围在几千周至几兆周，而在几十千周至一百千周区间信号较强。根据检测需要，晶体传感器的频带可选窄频带(共振式)或宽频带。

激励磁化源由信号发生器、功率放大器等构成，其作用是向磁化线圈提供频率和强度适宜的激励电压，以便在材料中激发所需要的磁场。

传感器接收的信号为微伏(μV)级，经前置放大(40～60 dB)，进行滤波和其他处理，以获得所需要的参数。

2.4 超声波技术

超声波可穿透物体，且其声弹效应主要取决于材料内部的应变大小，因此，可利用超声波的声弹常数与应力之间的特定关系来检测残余应力[47]。对应力敏感的超声波波型主要有纵波、横波和表面波。

2.4.1 超声波技术检测残余应力的特点

超声波法是利用材料的声弹效应(即施加在材料上的内应力变化引起超声波传播速度的变化，其大小取决于超声波的波型、传播方向、材料组织和应力状况等)，通过准确测量超声波在构件内传播速度的变化得出应力分布[48]，与其他一些方法相比，其具有下列特点：

(1) 超声波的方向性较好，具有与光波一样良好的方向性，可以实行定向发射。

(2) 对于大多数介质而言，超声波的穿透能力较强。在一些金属材料中，其穿透能力可达数米，故能无损测量实际构件表面和内部(包括载荷作用应力和残余应力)的应力分布。

(3) 采用新型电磁换能器，可以不接触实际构件进行应力测量，不会损伤构件表面，使用安全、无公害。

(4) 超声测量仪器方便携带到室外或现场使用，如果配上相应的换能器，还可用来探伤或测量弹性模量，可一机多用。

(5) 超声法在测量应力时须做标定实验，且受探头与构件之间声耦合层厚度变化、构件材料组织、环境温度等的影响。

2.4.2 超声波技术检测残余应力的发展现状

各工业国都很重视残余应力的研究。欧洲最重要的残余应力会议——The European

Conference on Residual Stress(ECRS)已举行了六届，欧洲各国的残余应力工作者每次均踊跃参加。跨国的研究也不少，例如：英国发生多起火车事故后，UMIST、Salford 和 Manchester 等大学在有关当局的资助下，已合作研究残余应力对钢轨疲劳强度的影响，其部分实验是与法国的一些科研机构共同进行的。在亚洲，日本有不少关于残余应力的研究开展得不错；从我国已发表的文献数量以及科技人员参与国际会议的情况来看，对残余应力的研究仍偏少，但重视程度已日益增加。现有的超声波检测应力技术主要包括以下六种[49]：

1）激光超声检测技术

用强度调制的激光束射入闭合的介质空间时可产生声波，通过对这种波的检测来达到对材料性能的无损评价、对复合材料构件进行评估等的应用技术称为激光超声检测技术[50-52]。利用激光脉冲来激发超声脉冲，不仅是非接触的，而且可以重复产生很窄的超声脉冲，在时间和空间上都具有极高的分辨率。此外，还可以在不同形状的试样中激发超声，可以在高温、高压、有毒、放射性等各种恶劣环境下进行超声检测。近年来，激光超声检测技术在应力测量方面得到了很大的发展，是极具潜力的应力测量技术之一。

2）电磁超声检测技术

常规的超声波压电换能器往往需要耦合剂才能实现与被测部件之间的良好耦合，且对被测件的表面质量要求较高，因而难以适用于高温、高速和粗糙表面的测量环境。

电磁超声换能器（EMAT）是一种在金属表面不需要任何机械（液体）耦合就能产生纵波、横波、瑞利波、Lamb 波和表面波的超声换能器。由于不需要任何液体耦合，EMAT 可以在高温和高速扫描情况下工作。EMAT 的特性很容易在另一个换能器上重复实现，所以可以用于制作标准换能器。另外，它可以很容易产生一般压电换能器很难激发的 SH 波（即质点振动发生在与波的传播面相平行的面内的波），并且横波和纵波的角度可以通过控制频率来实现。EMAT 的缺点是插入损失比普通的压电换能器大得多，所以在激发和接收时必须调整阻抗。因为产生超声波是一个电流控制的操作，所以不同的 EMAT 需要不同的驱动电路，而且也不能用于非金属材料的测量[53]。

3）反射纵波检测技术

反射纵波是在测量试件内部传播的纵波，是一种很好的测量试件内部应力的方法。其原理是：根据被测物体在弹性应力下表现出的弹性各向异性，可求出反射纵波速度与表面测量试件内部体应力的关系[54]。

4）声双折射检测技术

声双折射检测技术的原理是施加在材料上的内应力会引起材料的声学各向异性。平行和垂直于应力方向偏振的横波在材料内沿垂直于周向应力的方向传播，两波的速度差与应力值及由材料性能引起的各向异性成比例[55-56]。如果材料的各向异性已知，则可计算出其应力值。

5) 表面波检测技术

表面波的存在首先由 Lord Rayleigh 在 1885 年发现，因此这种波称为瑞利波(Rayleigh wave)，它是指在厚度远大于其波长的物体表面层上传播。利用表面波测量物体表面的工作应力和残余应力，是通过测量声表面波在被检测试样中的传播速度变化来确定应力值的[57-58]。但其仅适用于评价试件表面和次表面的材料特性。

从声弹性理论出发，Hirao 等给出了表面波速度的相对变化与材料表面二维应力的关系：

$$\left.\begin{aligned}\frac{v_1 - v_0}{v_0} &= k_1 R_1 + k_2 R_2 \\ \frac{v_2 - v_0}{v_0} &= k_1 R_2 + k_2 R_1\end{aligned}\right\} \tag{2-56}$$

式中，v_0 为材料在无应力状态时瑞利波的速度；R_1、R_2 为主应力；v_1、v_2 分别为瑞利波沿主方向 1、2 的传播速度；k_1、k_2 分别为相应方向的声弹性系数，由该材料的一阶和二阶弹性系数决定，可以通过单向加载应力下的两个方向声速标定实验测量得到。因此，在已知材料声弹性系数的基础上，只要测量出具有残余应力材料中的表面波声速变化分布，就可以检测出表面残余应力的分布。

6) 临界折射纵波检测技术

相比其他几种超声波，纵波具有传播速度快、衰减小且对应力敏感的优点。临界折射纵波是一种沿物体表面传播的特殊纵波，具有应力检测灵敏度高的特点。因此，临界折射纵波是测量材料应力最有效的波型之一。它在试件表层一定深度内传播，兼有表面波和体波的特性，在一些特殊应用方面具有比传统的表面波和体波更优异的性能。当利用临界折射纵波测试有限厚度的试样时，临界折射纵波的穿透深度是超声波频率的函数，低频波比高频波渗透更深。

2.4.3 超声波技术检测原理

经研究发现，沿应力反向传播的临界折射纵波 (L_{CR}) 波速与应力之间的关系如下[59-62]：

$$\rho_0 v^2 = \lambda + 2\mu + \frac{\sigma}{3\lambda + 2\mu}\left[\frac{\lambda + \mu}{\mu}(4\lambda + 10\mu + 4m) + \lambda + 2l\right] \tag{2-57}$$

式中，v 为有应力情况下 L_{CR} 波的传播速度；ρ_0 为被测材料的密度；λ 为材料的二阶弹性常数；l 为三阶弹性常数。

对上式两边分别求导，得出声速变化量与应力变化量之间的关系如下：

$$\frac{v}{v_0^2}=\frac{\mathrm{d}v}{\mathrm{d}R}=\frac{K}{2} \tag{2-58}$$

式中，$\mathrm{d}R$ 为应力的改变量；$\mathrm{d}v$ 为 L_{CR} 波传播速度的改变量；v_0 为零应力条件下纵波的传播速度；K 为声弹性常数。

由式(2－58)可得，在固定传播距离内，应力与声速的关系可简化为

$$\mathrm{d}R = K_0\mathrm{d}t \tag{2-59}$$

式中，K_0 为应力常数，$K_0=\dfrac{2}{Kt_0}$；t_0 为零应力条件下 L_{CR} 波传播固定距离所需要的时间。

由式(2－59)可知，通过精确测量 L_{CR} 波传播的声时或声时差，就可以计算得到对应的应力值。

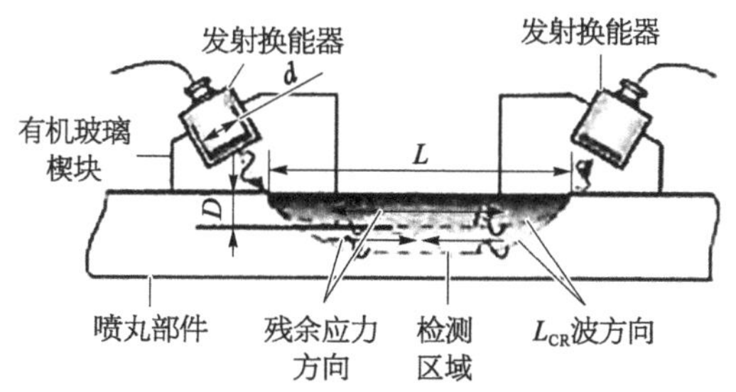

图 2－12　应力梯度检测原理图[64]

测量物体内部残余应力梯度分布时，采用斜入射方式，在被测构件固定距离的一定深度内激发出 L_{CR} 波，如图 2－12 所示。当 L_{CR} 波在有限厚度的部件中传播时，其渗透深度是其频率的函数，但是没有一个确切的理论公式来反映 L_{CR} 波的渗透深度与频率的关系[63-64]。通过实验研究表明，当间隔一定频率改变激励和接收换能器的主频时，检测深度 D 发生定量改变。如图 2－13 所示，深度与频率的关系满足如下经验公式[65]：

$$\delta = Vf^{-0.96} \tag{2-60}$$

式中，δ 为渗透深度(mm)；f 为超声换能器收发频率(MHz)；V 为部件中的声速(km/s)。

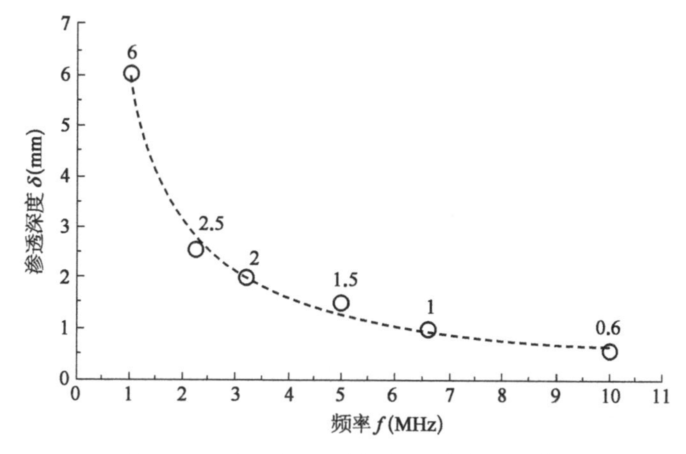

图 2－13　LCR 波渗透深度与频率的关系[64]

进一步建立超声梯度检测模型，为了简化模型，将超声检测区域视作长方体区域，如图 2－14 所示。

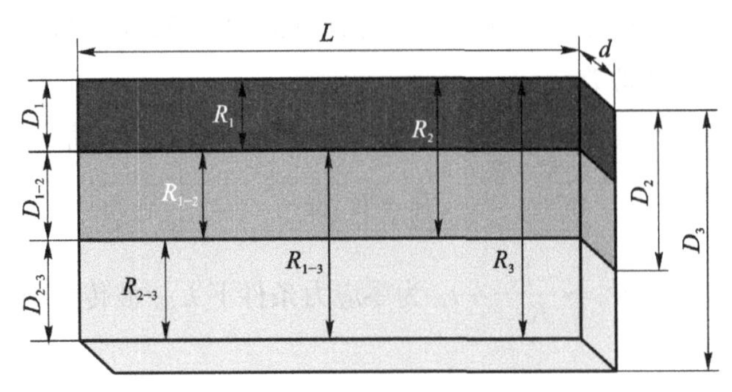

图 2－14　残余应力梯度超声检测模型[64]

超声换能器频率 f_1、f_2、f_3 对应的检测深度分别为 D_1、D_2、D_3，其关系满足式(2－61)。超声换能器频率 f_1、f_2、f_3 对应的超声残余应力检测值分别为 R_1、R_2、R_3。若要求出 D_{1-2} 深度的残余应力 R_{1-2}，可以利用如下关系式：

$$R_{1-2}=\frac{R_2\times(D_2Ld)-R_1(D_1Ld)}{D_2Ld-D_1Ld} \tag{2-61}$$

由于一般情况下，声程 L 和换能器晶片直径 d 不变，因此式(2－61)可简化为

$$R_{1-2}=\frac{R_2\times D_2-R_1D_1}{D_2-D_1} \tag{2-62}$$

以此类推，若有超声换能器的频率从小到大为 f_1、f_2K、f_n，则对应的检测深度分别为 D_1、D_2K、D_n。任意深度 D_{i-j} 处的残余应力 R_{i-j} 的计算公式为

$$R_{i-j}=\frac{R_jD_j-R_iD_i}{D_j-D_i} \tag{2-63}$$

可得残余应力深度梯度与频率的计算公式为

$$R_{i-j}=\frac{R_jf_j^{-0.96}-R_if_i^{-0.96}}{f_j^{-0.96}-f_i^{-0.96}} \tag{2-64}$$

2.4.4　超声波应力检测系统

超声波应力检测系统硬件主要由超声波发射装置、发射和接收探头、数据采集同步触发系统、高速数据采集卡和数据采集计算机等组成。

从超声波发射装置发出的电脉冲分为两路输出：一路经数据采集同步触发系统后触发高速数据采集卡，对两个接收通道进行同步采集；另一路到超声波发射换能器用于激发纵波，产生的纵波随后以第一临界角从有机玻璃楔块中入射被检测试样，在其近表

面产生临界折射纵波。该波先后传播到两接收探头，接收探头将超声信号转化为电信号后传输到高速数据采集卡的两个接收通道，然后将采集到的数据存入计算机，经数据处理后，得出声时差、应力常数以及材料中应力的大小等信息。

2.5 扫描电子声显微镜

扫描电子声显微镜(SEAM)是将扫描电子显微镜和声学技术结合在一起，形成的一种非破坏性的表面和亚表面成像的工具。但它又与通常的扫描电子显微镜不同，通常的扫描电镜只能对试样的表面进行观察成像，而扫描电子声显微镜则能对试样的亚表面进行非破坏性的成像，这是普通扫描电镜和其他成像工具所无法比拟的[66-67]。扫描电子声显微镜具有如下优点：

(1) 电子束斑尺寸一般比聚焦过的光束斑尺寸小两个数量级，故扫描电子声显微镜具有较高的分辨率。

(2) 能够在试样的同一区域获得电子声像和二次电子像，这样可以把基于不同成像机理的两幅图像进行比较，进而获得与试样的电、热、弹性等性能有关的更加完善的信息。

2.5.1 扫描电子声显微镜检测原理

当一束周期性强度调制的电子束经聚焦入射于试样时，试样表面受到局部的周期加热，激发出热波，热传导方程给出热波的热扩散长度 μ_t：

$$\mu_t = \sqrt{2K/(w\rho C)} \tag{2-65}$$

式中，K、ρ、C 分别为材料的热导率、密度和定容比热；w 为调制角频率。同时一部分热波能量转换为声波，这种声波包含了热波与物质相互作用的信息，可由压电换能器接收。由于热波的高衰减性，其通常只能传播一个热波波长 $\lambda_t(\lambda_t = 2\pi\mu_t)$ 的范围，因此可以认为声源分布在表面附近一个热波穿透范围内。某个位于 x' 的点声源对压电换能器输出电压的贡献 $V(x', t)$ 可表示为[68-70]：

$$V(x', t) = V_0 e^{-x'/\mu_t} \cos(wt - x'/\mu_t) \tag{2-66}$$

式中，V_0 反映了 x' 处局部热性质和热弹性质的影响。由于电子声信号一般很微弱，为了提高信噪比，采用锁相接收方式。因此，将压电换能器输出信号与参考信号 V_r 相乘：

$$V_r = 2\cos(wt + \varphi_0) \tag{2-67}$$

其中 φ_0 是参考信号相位，解调后输出的直流信号为

$$V_d(x') = V_0 e^{-x'/\mu_t} \cos\left(\frac{x'}{\mu_t} + \varphi_0\right) \tag{2-68}$$

式(2-68)反映了 x' 处点声源对电子声信号 VR 的贡献，VR 可表示为

$$VR=\int_0^{x_m} V_d(x')\mathrm{d}x' \tag{2-69}$$

式中，x_m 为热波的最大穿透深度。从式(2-68)、式(2-69)可以看出：电子声信号的振幅主要反映了试样表面特征，其相位主要反映了亚表面特征。且由式(2-65)、式(2-69)可知，通过调节频率得到的电子声像可以反映不同热波穿透深度的表面和亚表面特征，这是频率分层成像的理论基础。另一方面调节参考相位为

$$\varphi_0=\frac{3\pi}{4}-x'/\mu_t \tag{2-70}$$

可以使 $V_d(x', t)$ 最大，在增强 x' 处声源贡献的同时又不同程度地抑制了其他深度层的信号，从而突出了这一深度的特征，这就是相位分层成像的理论基础。

2.5.2 扫描电子声系统

SEAM是由扫描电子显微镜改造而成的。如图2-15所示，加速后的电子束受到斩波器的控制，对其调制的是10 kHz～1 MHz的方波，强度受调制的电子束经聚焦周期性地照射在试样表面。试样中产生的电子声信号通过与试样良好耦合的压电换能器接收后送入前置放大器，然后由锁相放大器检测并放大，锁相放大器可同时输出电子声信号的振幅 A、相位 φ 或 X、Y (亦即 $A\cos\varphi$、$A\sin\varphi$) 分量，它们由微机采集存储并成像，最终可得到相应的电子声振幅像、相位像或电子声矢量 (X、Y) 像，同时还可以得到相同条件下的二次电子(SEI)像。SEAM不仅可以实现快速扫描成像，而且能进行线扫描和点扫描，得到定量化的电子声信号，为定量分析提供了依据。整个过程从扫描控制到成像输出都由微机控制。

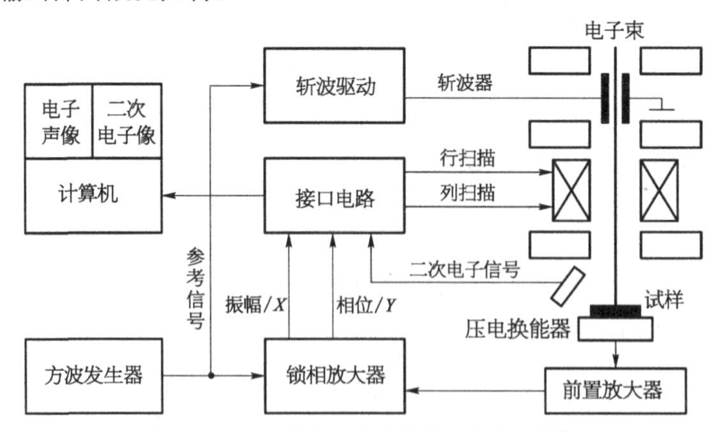

图2-15 扫描电子声显微镜系统框图[67]

材料热学或热弹性质的微小变化是由于试样的局部晶格结构的改变而引起的，因此它能反映出光学和电子显微镜所不能反映的微观热性能或热弹性能的差异，可用于

残余应力的表征。利用扫描电子声显微镜独特的分层成像能力，可揭示残余应力沿深度方向的分布情况，使测量三维残余应力分布成为可能。扫描电子声显微镜的穿透能力很强，适用于对不透明材料中的残余应力进行无损测量。

2.6 X射线衍射技术

X射线衍射法(XRD)是实验应力分析方法的一种。利用X射线穿透金属晶格时发生衍射的原理，测量金属材料或构件的表面层由于晶格间距变化所产生的应变，从而算出应力。其可以无损地直接测量试件表层的应力或残余应力。

2.6.1 布拉格定律

布拉格定律是假设入射波从晶体中的平行原子平面做镜面反射，每个平面反射很少一部分辐射，就像一个轻微镀银的镜子一样。在这种类似镜子的镜面反射中，其反射角等于入射角。当来自平行原子平面的反射发生相长干涉时，就得出衍射束。布拉格定律的成立条件是波长小于等于 $2d$。布拉格定律是晶格周期性排列的直接结果[71-73]。

考虑间距为 d 的平行晶面，入射线位于纸面平面内。相邻平行晶面反射的射线行程差是 $2d\sin\theta$，式中从镜面开始度量。当行程差是波长的整数倍时，来自相继平面的辐射就发生了相长干涉。这就是布拉格定律。

布拉格定律用公式表达为

$$2d\sin\theta = n\lambda \tag{2-71}$$

式中，d 为平行原子平面的间距；λ 为入射波波长；θ 为入射光与晶面的夹角。

布拉格公式的另一种表达式为

$$2d\cos\varphi = n\lambda \tag{2-72}$$

式中，d 为平行原子平面的间距；λ 为入射波波长；φ 为入射光与晶面法线的夹角，即 θ 的余角。以上两个公式实质一样。

2.6.2 X射线衍射检测原理

1) 基于X射线一维线探的残余应力检测原理

用X射线应力分析仪测量残余应力的检测原理基于晶体的X射线衍射理论。当一束具有一定波长 λ 的X射线照射到多晶体上时，如图2-16所示，会在一定角度 2θ 上接收到反射的X射线强度极大值(即衍射峰)，这便是X射线衍射现象。X射线的波长 λ、衍射晶面间距 d 和衍射角 2θ 之间遵从著名的布拉格定律：

$$2d\sin\theta = n\lambda \quad (n = 1, 2, 3, \cdots) \tag{2-73}$$

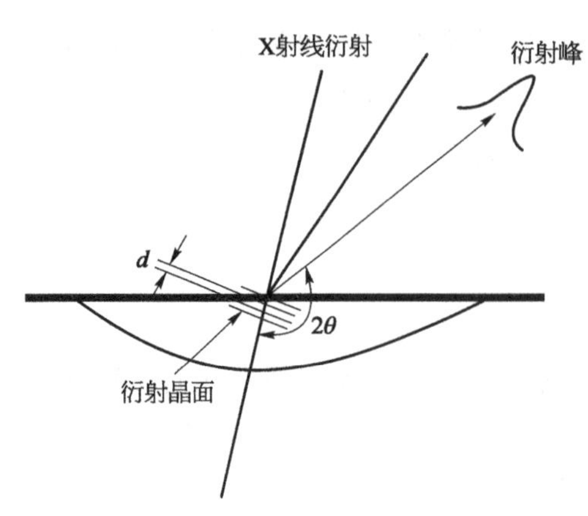

图 2-16　X 射线衍射原理[74]

布拉格方程反映了晶面间距和衍射角的关系，它的微分形式则表明了衍射角变化和材料应变的关系，见下式：

$$e=\frac{\Delta d}{d}=-(\theta-\theta_0)\frac{1}{\tan\theta_0} \tag{2-74}$$

根据经典弹性力学理论，各向同性材料在任意方向上的应变可以由三个方向上的应力表示，其关系式如下式所示（式中，Ψ 为测试角，Φ 为所要测得应力的方向）[75-76]：

$$e_{\Phi\Psi}=\frac{1+\nu}{E}(R_x\cos^2\Phi+\tau_{xy}\sin 2\Phi+R_y\sin^2\Phi-\sigma_z)\sin^2\Psi+\frac{1+\nu}{E}(\tau_{xz}\cos\Phi+\tau_{yz}\sin\Phi)\sin 2\Psi+\frac{1+\nu}{E}R_z-\frac{\nu}{E}(R_x+R_y+R_z) \tag{2-75}$$

因此材料受力状态可以被当作平面应力状态，在平面状态下有

$$R_z=\tau_{xz}=\tau_{yz}=0 \tag{2-76}$$

综合式(2-74)～式(2-76)，简化后可以得到式(2-77)，该式反映了各向同性材料自由表面 Φ 方向上的应力 R_Φ、测试角 Ψ 及衍射角变化 $(\theta-\theta_0)$ 三者之间的关系。将等式(2-75)的每一项都对 $\sin^2\Psi$ 做偏导，就可以得到式(2-77)。式(2-77)就是传统一维线探方法采用的残余应力测试分析方法，通过改变测试角 Ψ，测得不同测试角下衍射角的变化，最终通过对测试数据的拟合可以得到 Φ 方向上的残余应力 R_Φ：

$$e_{\Phi\Psi}=\frac{1+\nu}{E}R_\Phi\sin^2\Psi-\frac{\nu}{E}(R_x+R)=-(\theta-\theta_0)\frac{1}{\tan\theta_0} \tag{2-77}$$

$$R_\Phi=-\frac{E}{(1+\nu)\tan\theta_0}\frac{\partial(\theta-\vartheta_0)}{\partial\sin^2\Psi} \tag{2-78}$$

2）基于 X 射线二维面探的残余应力测试原理

X 射线二维面探残余应力测试方法在机理上和传统线探方法一致，都是通过衍射角和应变之间的布拉格方程关系来计算残余应力。两者的区别在于一维线探需要改变测试角来进行多次测量；二维面探只需要在测试角 Ψ_0 下单次曝光，测试一个二维面上的衍射角变化，就能计算出测试方向 Φ_0 上的残余应力。图 2-17a 显示了二维探测面下的完整德拜环，其光路图如图 2-17b 所示，其中 η 表示衍射角的补角，$\vec{n}$ 表示产生衍射的衍射面的法线方向。

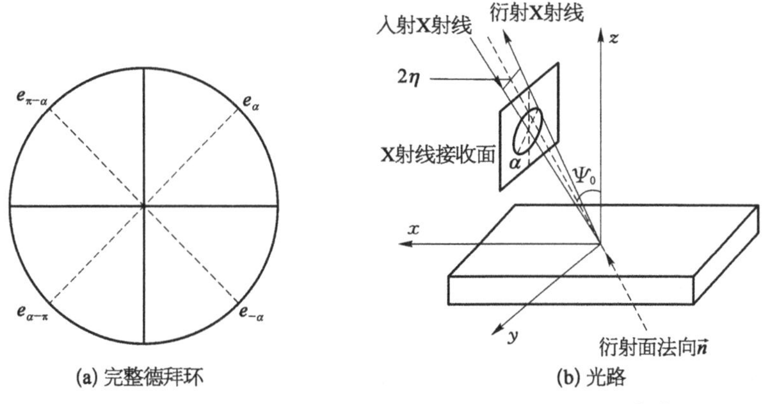

(a) 完整德拜环　　(b) 光路

图 2－17　二维面探 X 射线衍射残余应力测试光路图[77]

布拉格方程反映晶面间距和衍射角的关系，它的微分形式则表明了衍射角变化和材料应变的关系，如式(2－79)所示：

$$e=\frac{\Delta d}{d}=-(\theta-\theta_0)\frac{1}{\tan\theta_0} \tag{2-79}$$

在确定了测试角 ψ_0 后，就可以通过向量加法得到在测试面 Ψ_0 上所有发生衍射的衍射面方向 $\vec{n}(n_1, n_2, n_3)$[78-79]，其中

$$\left.\begin{aligned} n_1 &= \cos\eta\sin\Psi_0-\sin\eta\cos\Psi_0\cos\alpha \\ n_2 &= \sin\eta\sin\alpha \\ n_3 &= \cos\eta\cos\Psi_0+\sin\eta\sin\Psi_0\cos\alpha \end{aligned}\right\} \tag{2-80}$$

对于测试面上不同的 α 方向，都有其对应的衍射面，各个衍射面上的衍射角变化，对应于这些面上的应变。由弹性力学应变张量计算法则，不同方向上的应变可以由三个方向上的应变表示[80-81]：

$$e_\alpha=n_1^2\varepsilon_x+n_2^2\varepsilon_y+n_3^2\varepsilon_z+2n_1n_2\gamma_{xy}+2n_2n_3\gamma_{yz}+2n_1n_2\gamma_{xz} \tag{2-81}$$

平面应力下有 $\gamma_{yz}=\gamma_{xz}=0$，将式(2－80)代入式(2－81)后得

$$\begin{aligned} e_\alpha=&\Big[\Big(\frac{1}{E}\sin^2\eta\cos^2\Psi_0-\frac{\nu}{E}\sin^2\eta\sin\Psi_0\Big)\cos^2\alpha+\Big(-\frac{1+\nu}{E}\sin 2\eta\sin 2\Psi_0\Big)\cos\alpha+ \\ &\frac{1}{E}\cos^2\eta\sin^2\Psi_0-\frac{\nu}{E}\cos^2\eta\cos^2\Psi_0-\frac{\nu}{E}\sin^2\eta\sin^2\alpha\Big]\sigma_x+ \\ &\Big[\frac{1}{E}\sin^2\eta\sin^2\alpha-\frac{\nu}{E}(\cos^2\eta+\sin^2\eta\cos^2\alpha)\Big]\sigma_y+ \\ &\frac{1+\nu}{E}\Big(\frac{1}{2}\sin 2\eta\sin\Psi_0\sin\alpha-\sin^2\eta\cos\Psi_0\sin\alpha\cos\alpha\Big)\tau_{xy} \end{aligned} \tag{2-82}$$

定义 α_1 和 α_2 如式(2-82)所示，将式(2-81)代入式(2-82)后，就可以得到 X 射线二维面探采用的残余应力分析方法，如式(2-83)所示：

$$\left.\begin{aligned}\alpha_1 &= \frac{1}{2}[(\varepsilon_{\alpha}-\varepsilon_{\pi+\alpha})+(\varepsilon_{-\alpha}-\varepsilon_{\pi-\alpha})] \\ \alpha_2 &= \frac{1}{2}[(\varepsilon_{\alpha}-\varepsilon_{\pi+\alpha})-(\varepsilon_{-\alpha}-\varepsilon_{\pi-\alpha})]\end{aligned}\right\} \tag{2-83}$$

二维面探仪有 500 个探测头，均匀分布在一个 360°面上，通过每一个探测器测得的衍射角变化，就能得到 500 个方向上的应变值，代入式(2-82)后，就可以计算出 125 个 a_1，将 a_1 对 $\cos\alpha$ 做偏导，就可以计算出材料的残余应力：

$$\left.\begin{aligned}R_x &= -\frac{E}{1+\nu}\frac{1}{\sin 2\eta}\frac{1}{\sin 2\Psi_0}\frac{\partial\alpha_1(0)}{\partial\cos\alpha} \\ \tau_{xy} &= -\frac{E}{2(1+\nu)}\frac{1}{\sin 2\eta}\frac{1}{\sin 2\Psi_0}\frac{\partial\alpha_2(0)}{\partial\sin\alpha}\end{aligned}\right\} \tag{2-84}$$

2.6.3 X 射线衍射技术检测残余应力的特点

1) X 射线检测残余应力的优点

(1) 理论成熟，测量精度高，测量结果准确、可靠。与其他方法相比，XRD 在应力测量的定性定量方面有令人满意的可信度。

(2) 可以直接测量实际工件而无须制备样品。

(3) X 射线法检测表面残余应力为非破坏性实验方法。

(4) X 射线法检测的是纯弹性应变。

(5) X 射线束的直径可以控制在 2～3 mm 以内，可以测量一个很小范围内的应变。

(6) X 射线法检测的是表面或近表面的二维应力。应用这一特点，采用剥层的方法，可以测量应力沿层深的分布。

(7) X 射线法可以检测材料中的第二类和第三类应力。

2) X 射线检测残余应力的缺点

(1) X 射线设备费用昂贵。

(2) X 射线对金属的穿透深度有限。只能无破坏地测量表面应力，若测深层应力及其分布，也须破坏构件，这不仅损害了 X 射线法的无损性本质，还将导致部分应力松弛和产生附加应力场，严重影响测量精度。

(3) 当被测工件不能给出明锐的衍射峰时，测量精度亦将受到影响。

(4) 被测工件表面状态对测量结果影响较大。

(5) 采用 $\sin^2\varphi$ 法进行扫描定峰计算时，有时会出现“突变”现象，同时这种衍射强度“突变”现象多发生在 φ 为 35°、40°、45°处，且易在焊缝或离焊缝中心较近的近焊缝区产生。

2.7　中子衍射技术

中子衍射法是通过测量中子束的衰减而进行的无损检测技术，可以用来测量材料内部的三维残余应力分布，是一种重要的无损检测分析手段。其测量残余应力的原理与X射线衍射基本相同，但由于中子在材料中的穿透深度较大，中子衍射作为有效的探测和研究手段，具有较为独特的优势，可探测大块材料内部(厘米量级)的三维残余应力分布；而X射线衍射则主要用于薄膜或材料表面(界面)残余应力的测量。

2.7.1　中子衍射技术残余应力分析发展现状

利用中子衍射测量残余应力的工作始于20世纪80年代，但相比中子散射技术在其他方面的应用，一直发展得较为缓慢。这一方面是因为专门应力分析装置的缺乏，另一方面中子散射技术研究人员缺乏对工程研究的了解，而工程研究人员不能够直接从事中子散射实验和数据分析工作，中子散射研究机构也没有针对工程的特殊需求开展相应的工作。最早关注中子衍射残余应力分析技术的会议是在1981年召开的第28届美国军方首脑会。在1991年英国牛津召开的中子衍射测量残余和加载应力会议之后，国际上逐渐形成了残余应力分析的系列会议[82]。

近年来，随着工程和材料科学应用需求的增加以及人们认识的深入，越来越多的中子散射实验室开始建立专门的中子衍射残余应力分析装置。还有一些实验室将现有装置进一步改造为专门的应力装置。由此可见，目前中子衍射残余应力分析工作正进入一个蓬勃发展的时期。

2.7.2　中子衍射技术检测原理

中子衍射法检测残余应力是一种比较新的方法。由于中子在材料中的穿透深度较大，可作为非常有效的体探针和研究手段，来探测材料内部的残余应力分布，与传统的X射线法相比可以探测的厚度更大，因此有文章选取中子衍射法测量摩擦搅拌焊接头内部残余应力的分布[83]。

当试件内存在应力时，其内部晶格间距必然会发生改变。试件内弹性残余应变可由晶格间距的变化来确定。根据布拉格衍射定律

$$2d_{hkl}\sin\theta_{hkl}=\lambda \tag{2-85}$$

式中，λ 为中子束波长；d_{hkl}、θ_{hkl} 分别为产生布拉格峰的 hkl 晶格间距和布拉格角。衍射束观察位置与入射束 $2\theta_{hkl}$ 如图2-18所示。

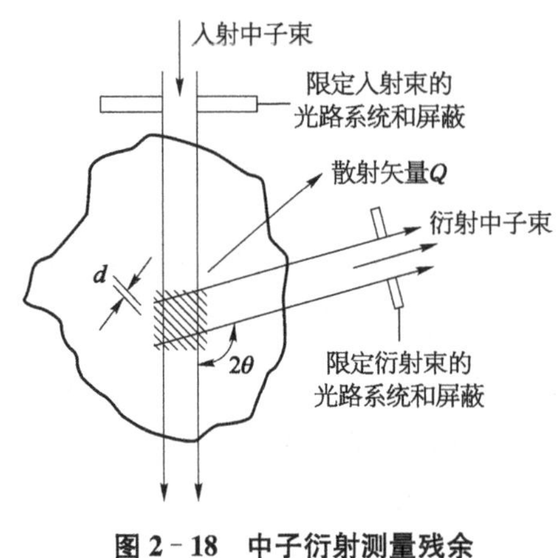

图 2-18 中子衍射测量残余应变原理示意图[83]

所利用的中子束是晶体单色器从反应堆发射出的白光中子束中选出的单一连续波长的中子。当样品受到已知波长的单色平行中子束照射时，它的晶格间距可根据布拉格定律得到。样品无应变时，晶格间距对应于材料的无应变值，定义为 $d_{0,hkl}$；有应力的样品中，晶格间距改变并且每一个布拉格峰都将偏移，弹性应变可表示为

$$e_{hkl}=\frac{d_{hkl}-d_{0,hkl}}{d_{0,hkl}}=\frac{\Delta d_{hkl}}{d_{0,hkl}}=\frac{\sin\theta_{0,hkl}}{\sin\theta_{hkl}}-1 \tag{2-86}$$

完全确定应变张量需要测量至少 6 个方向的弹性应变。如果主应变方向已知，沿 3 个方向测量就足够了，在平面应力或平面应变情况下，则可能进一步减少为 2 个方向，对于单轴加载的情况，仅需要测量一个方向。焊接件接头测量了 3 个方向的应变。当应变测量完后，根据广义胡克定律，残余应力 R_1、R_2、R_3 可以通过下式得到：

$$R_i=\frac{E_{hkl}}{1+\nu_{hkl}}\varepsilon_i+\frac{\nu_{hkl}E_{hkl}}{(1+\nu_{hkl})(1-2\nu_{hkl})}(e_1+e_2+e_3) \tag{2-87}$$

式中，E_{hkl} 、ν_{hkl} 分别为衍射弹性模量和衍射泊松比，与特定的 hkl 衍射晶面有关。

2.7.3 中子衍射技术检测残余应力的特点

与常规 X 射线衍射相比较，中子衍射残余应力分析的独特优势是中子具有很强的穿透能力(特别是一些重元素)，使其在测量具有较大体积固体材料的内部残余应力方面成为一种独特的技术。在复合材料研究中，为了得到基体的应变值，其他组分区域相对于穿透深度必须足够小。如果材料组分为纤维状或晶粒有几微米厚甚至更大，X 射线衍射结果将会强烈地受到表面效应的影响，而中子衍射不会存在这个问题[84]。此外，中子衍射可以允许测量至 $\sin^2\psi=1$，虽然新近发展的 X 射线衍射装置也可以做到 $\sin^2\psi=0.9$，但当强烈的织构存在时，$0.9<\sin^2\psi\leqslant 1$ 区域也是非常重要的。例如，在冷压钢中大部分晶粒在冷压方向的(110)轴与表面平行，因此，只有中子衍射可以测量这些晶粒在冷压方向的晶格应变。另外，中子衍射可通过测量样品的整个截面区分宏观应力和微观应力，整个截面范围内的宏观应力值为零，由衍射峰的展宽则可直接获得微观应变值。

中子衍射测量残余应力的缺点是中子源的流强较弱，需要的测量时间比较长，而且中子源建造和运行费用昂贵，在一定程度上也限制了中子衍射残余应力分析的商业应

用。中子衍射测量需要样品的标准体积较大，空间分辨较差，通常为 10 mm^3，而 X 射线衍射则为 10^{-1} mm^3。因此，中子衍射无法有效测量材料的表层残余应力，只有在距表面 100 μm 及以上区域测量时，中子衍射方法才会具有优势。中子衍射残余应力测量受中子源的限制，不能像常规 X 射线衍射装置一样具有便携性，无法在工作现场进行实时测量。

2.8 曲率法检测技术

2.8.1 曲率法检测薄膜应力

金属氮化物硬质薄膜因其优异的力学性能在工模具和精密零部件表面强化等领域得到了广泛运用。通常物理气相沉积技术制备的硬质薄膜内残余应力高达数吉帕甚至数十吉帕[85-87]。过高的残余应力容易导致薄膜失效，主要的失效形式有裂纹、翘曲、鼓泡以及剥落等[88]。因此，气相沉积硬质薄膜的厚度通常局限在几个微米的范围内，极大地限制了其在航空、核电、深海等极端和苛刻环境下的应用。如何准确测量薄膜内部的残余应力，有效评价残余应力与薄膜结合强度之间的关系，对于制备厚膜具有非常重要的意义。因受薄膜择优取向、织构以及穿透深度等条件的限制，采用 XRD 测试硬质薄膜的残余应力存在较大困难。相比而言，曲率法更加简单、实用[89]。

1) 曲率法基本原理

基片曲率法的原理是通过测量基片镀膜前后的曲率变化来计算薄膜应力。该法要求基片为圆片状或长方条形。当薄膜沉积到基片上时，薄膜与基片之间产生二维界面应力，使基片发生微小的弯曲，当薄膜样品为平面各向同性时，圆片和长方条分别近似弯曲成球面和圆柱面。从几何学和力学原理能够简单推导出基片曲率变化与薄膜应力的对应关系，可用 Stoney 公式表达[90]：

$$R_f = \frac{M_s t_s^2}{6 t_f}(k - k_0) \quad (t_s \gg t_f) \tag{2-88}$$

式中，R_f 为薄膜应力；t_s、t_f 分别为基片和薄膜的厚度；k_0、k 分别为基片镀膜前后的曲率半径；$M_s = E_s/(1-\nu_s)$ 为基片的二维杨氏模量，其中 E_s、ν_s 分别为基片材料的杨氏模量和泊松比。

2) 曲率法的种类

(1) 轮廓法[91]。直接采用轮廓仪或专门的仪器(如 Dektak 3030ST)在样品表面划一道痕迹，记录其表面的形状，通过弧形轨迹直接测量出基片表面的曲率，从而测算出薄膜应力。该法简单方便，但在曲率变化不大或样品表面较平的情况下精度不高。

(2) 干涉法[92-93]。文献报道的有牛顿环法和激光干涉法，均采用平行单色光使晶体平面与镀膜样品表面发生干涉，通过观察干涉条纹变化来计算待测样品表面各点的相对高度，推出基片表面的形状来计算薄膜应力。该法局限在于要求基片镀膜后平整，均匀性好，否则干涉条纹不规则，产生较大误差。

(3) 光杠杆法[94]。其原理是当一束光照射到样品表面时，样品本身的微小弯曲会使光束的反射方向改变，在较远处测量反射光斑的位置偏移可以通过换算得到基片的曲率变化。该法相对于前两种方法更灵敏、精度更高，并且由于与样品无接触且可以放置在离样品较远的位置，它常用作实时观测镀膜过程或薄膜样品退火过程中的应力变化。下面将采用这种方法设计一种测量薄膜应力的装置。

采用基片曲率法测量薄膜应力，要求薄膜平整，干涉法和光杠杆法还要求样品有很好的反光性。

3) 曲率法测量装置

基片曲率法测量应力装置见图 2-19。该装置由激光器、标准具、偏振器、线阵 CCD 和计算机组成。激光器采用氦氖激光器，它单色性好，发散角小，准直距离长。标准具将入射光分为 6～10 束平行光束投射到圆形样品上，反射光阵列由线阵 CCD 接收，再由计算机显示光斑的光强图像，确定每个光斑的位置。当薄膜样品在应力作用下呈现微凹或微凸形状时，图像显示光斑位置相互靠近或分开。偏振器用来调节光的强度，防止 CCD 器件光电过饱和。

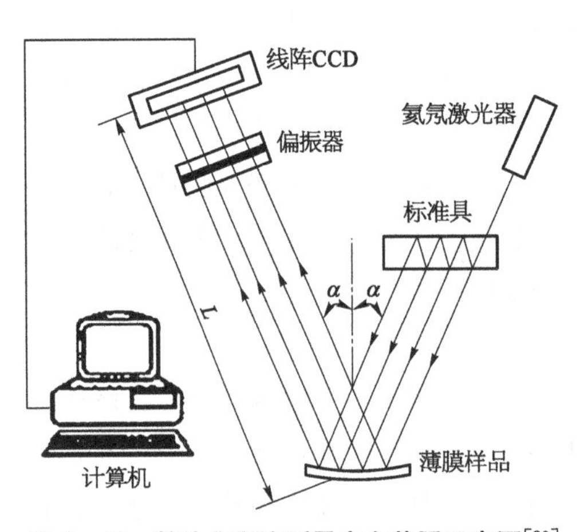

图 2-19　基片曲率法测量应力装置示意图[89]

当样品弯曲变形极小，且入射角 α 很小的情况下，基片的曲率 k 由下式确定：

$$k = \frac{1}{R} \approx \frac{D_0 - D}{2LD_0 \cos\alpha} \tag{2-89}$$

式中，L 为样品中心到 CCD 面的距离；D_0 为相邻的入射光束中心的距离；D 为对应的相邻反射光束中心的距离。

2.8.2　曲率法检测涂层残余应力

曲率法[94]是学术界和工程界普遍认为最可取的测量涂层残余应力的方法之一。当在较薄的金属基体上制备涂层时，由于涂层残余应力的存在，基体会发生弯曲变形，通过各种接触或非接触的方法测试涂层材料的整体曲率 k，从而计算出试样的残余应力。这种方法的主要特点是不破坏原有涂层，但只能测量涂层厚度方向上的平均残余应力。

曲率法主要基于涂层与基体之间力和力矩的平衡原理。如图2-20所示，在涂层快速冷却过程中，由于其自由收缩受到了基体的阻碍，在涂层中将会产生失配应变$\Delta\varepsilon$。涂层与基体将同时受到大小相等、方向相反的力F的作用，在涂层和基体之间将产生弯矩M，进而导致复合体的弯曲变形。

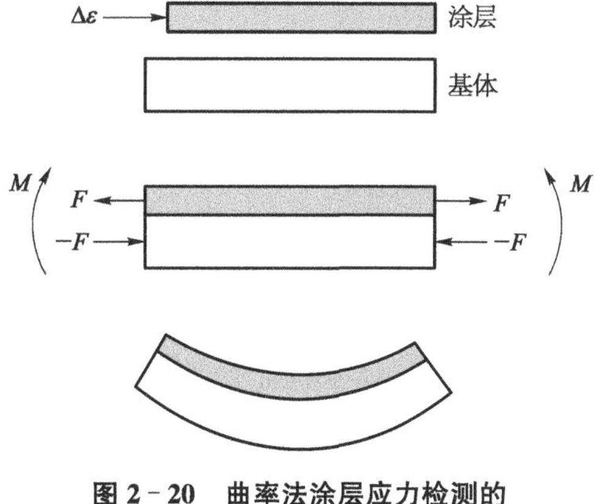

图2-20 曲率法涂层应力检测的基本原理[92]

对于带有单层涂层的狭长基体($b/L<0.2$，其中L和b分别为基体的长和宽)，这种结构的复合体，其曲率与失配应变的关系如下[95-96]：

$$k=\frac{6E_cE_s(h+H)hH\Delta\varepsilon}{E_c^2h^4+4E_cE_sh^3H+6E_cE_sh^2H^2+4E_cE_shH^3+E_s^2H^4} \tag{2-90}$$

式中，E_c、E_s分别为涂层和基体的杨氏模量；H、h分别为基体和涂层的厚度。由式(2-90)可以看出：在h/H数值一定的情况下，曲率k与基体厚度H成反比。因此，在测量残余应力的实验中基体应尽可能薄一些，这样可使被测的复合梁具有较大的曲率，从而提高测量精度。

当涂层较薄时($h\ll H$)，基体变形的影响可以忽略，并可将由失配应变产生的应力视为涂层中的残余应力，即$R_c=E_c\Delta\varepsilon$。此时，式(2-90)可简化为著名的Stoney公式：

$$R_c=\frac{kE_sH^2}{6(1-\nu_s)h} \tag{2-91}$$

当涂层较厚时，公式中须引入修正量Φ。此时，涂层残余应力与曲率之间的关系可以表示为

$$R_c=\Phi\frac{kE_sH^2}{6(1-\nu_s)h} \tag{2-92}$$

式中，$\Phi=\frac{1+\Psi(h/H)^3}{1+h/H}$；$\Psi=\frac{E_c(1-\nu_s)}{E_s(1-\nu_c)}$；$\nu_c$、$\nu_s$分别为涂层和基体的泊松比。

参考文献

[1] 高阳.先进材料测试仪器基础教程[M].北京：清华大学出版社，2008.

[2] 章莎.用纳米压痕技术表征电沉积镍镀层薄膜的残余应力[D].湘潭：湘潭大学，2006.

[3] 董美伶，金国，王海斗，等.纳米压痕技术测量残余应力的研究现状[J].材料导报，2014，28(3)：

107 - 113.

[4] Fadil H, Jelagin D, Larsson P L. On the measurement of two independent viscoelastic functions with instrumented indentation tests[J]. Experimental Mechanics, 2018, 58(1): 1 - 14.

[5] 马碧涛.残余应力对压痕实验中压力-压痕深度曲线的影响[D].哈尔滨：哈尔滨工业大学,2007.

[6] Xu Z H, Li X D. Residual stress determination using nanoindentation technique[M]//Micro and Nano Mechanical Testing of Materials and Devices. [s.l.]: Springer, 2008: 136 - 150.

[7] 郭永泽.微纳米压痕有限元仿真及压痕硬度计算方法研究[D].哈尔滨：哈尔滨工业大学，2011.

[8] Zhu L N, Xu B S, Wang H D, et al. Determination of hardness of plasma-sprayed FeCrBSi coating on steel substrate by nanoindentation[J]. Materials Science & Engineering A, 2010, 528(1): 425 - 428.

[9] Fischer-Cripps A C. Nanoindentation testing[J]. Materials Today, 2003, 6(7): 21 - 37.

[10] Chowdhury S, Laugier M T. Non-contact AFM with a nanoindentation technique for measuring the mechanical properties of thin films[J]. Nanotechnology, 2004, 15(8): 1017.

[11] Bolshakov A, Oliver W C, Pharr G M. Influences of stress on the measurement of mechanical properties using nanoindentation: Part Ⅱ. Finite element simulations[J]. Journal of Materials Research, 1996, 11(3): 760 - 768.

[12] Suresh S, Giannakopoulos A E. A new method for estimating residual stresses by instrumented sharp indentation[J]. Acta Materialia, 1998, 46(16): 5755 - 5767.

[13] Lee Yun-Hee, Kwon, et al. Residual stresses in DLC/Si and Au/Si systems: Application of a stress-relaxation model to the nanoindentation technique[J]. Journal of Materials Research, 2002, 17(4): 901 - 906.

[14] Lee Yun-Hee, Kwon D. Measurement of residual-stress effect by nanoindentation on elastically strained (100 ja: math) W[J]. Scripta Materialia, 2003, 49(5): 459 - 465.

[15] Lee Yun-Hee, Kwon D. Estimation of biaxial surface stress by instrumented indentation with sharp indenters[J]. Acta Materialia, 2004, 52(6): 1555 - 1563.

[16] Jiang W, Chen H, Gong J M, et al. Numerical modelling and nanoindentation experiment to study the brazed residual stresses in an X - type lattice truss sandwich structure[J]. Materials Science & Engineering A, 2011, 528(13): 4715 - 4722.

[17] Aljat B, Pharr G M. Measurement of residual stresses by load and depth sensing spherical indentation[J]. Mrs Proceedings, 1999, 594(7): 2091 - 2102.

[18] Dean J, Aldrich-Smith G, Clyne T W. Use of nanoindentation to measure residual stresses in surface layers[J]. Acta Materialia, 2011, 59(7): 2749 - 2761.

[19] 张延会,吴良平,孙真荣.拉曼光谱技术应用进展[J].化学教学,2006(4): 32 - 35.

[20] 田国辉,陈亚杰,冯清茂.拉曼光谱的发展及应用[J].化学工程师,2008,22(1): 34 - 36.

[21] 何林.BET 铁电薄膜的 MOD 法制备及其残余应力的拉曼光谱表征[D].湘潭：湘潭大学，2006.
[22] 姜保军.磁测应力技术的现状及发展[J].无损检测，2006，28(7)：362 - 366.
[23] Doubove A, Kolokolnikov S. The metal magnetic memory method application for online monitoring of damage development in steel pipes and welded joints specimens[J]. Welding in the World, 2013, 57(1): 123 - 136.
[24] 徐坤山，姜辉，仇性启，等.金属磁记忆检测中测量方向和提离值的选取[J].磁性材料及器件，2016，47(4)：41 - 45.
[25] 辛伟，丁克勤.基于材料磁特性的结构疲劳损伤磁测方法研究[J].仪器仪表学报，2017，38(6)：1474 - 1481.
[26] O'Sullivan D, Cotterell M, Cassidy S, et al. Magneto-acoustic emission for the characterisation of ferritic stainless steel microstructural state[J]. Journal of Magnetism & Magnetic Materials, 2004, 271(2): 381 - 389.
[27] Piotrowski L, Augustyniak B, Chmielewski M, et al. The influence of plastic deformation on the magnetoelastic properties of the CSN12021 grade steel[J]. Journal of Magnetism & Magnetic Materials, 2009, 321(15): 2331 - 2335.
[28] Dubov A A. Problems in estimating the remaining life of aging equipment[J]. Thermal Engineering, 2003, 50(11): 935 - 938.
[29] 钱正春，黄海鸿，姜石林，等.铁磁性材料拉/压疲劳磁记忆信号研究[J].电子测量与仪器学报，2016，30(4)：506 - 517.
[30] 宋志平，李红梅.金属磁记忆检测技术的原理、应用、现状及发展调查[J].现代制造技术与装备，2011(1)：40 - 41.
[31] 徐金龙，华斌，冯浚汉，等.金属磁记忆检测的研究现状与进展[J].检验检疫学刊，2009，19(4)：64 - 66.
[32] 沈功田，郑阳，蒋政培，等.磁巴克豪森噪声技术的发展现状[J].无损检测，2016，38(7)：66 - 74.
[33] Jiles D C. Dynamics of domain magnetization and the Barkhausen effect[J]. Czechoslovak Journal of Physics, 2000, 50(8): 893 - 924.
[34] 尹何迟，颜焕元，陈立功，等.磁巴克豪森效应在残余应力无损检测中的研究现状及发展方向[J].无损检测，2008，30(1)：37 - 39，44.
[35] 卢诚磊，倪纯珍，陈立功.巴克豪森效应在铁磁材料残余应力测量中的应用[J].无损检测，2005，27(4)：176 - 178.
[36] Vashista M, Paul S. Correlation between surface integrity of ground medium carbon steel with Barkhausen Noise parameters and magnetic hysteresis loop characteristics[J]. Materials & Design, 2009, 30(5): 1595 - 1603.
[37] Vashista M, Paul S. Study of surface integrity of ground bearing steel using Barkhausen noise technique[J]. International Journal of Advanced Manufacturing Technology, 2012, 63(5 - 8): 771 - 783.
[38] 蒋刚，谭明华，王伟明，等.残余应力测量方法的研究现状[J].机床与液压，2007，35(6)：213 -

216.
[39] 王金凤,樊建春,仝钢,等.磁声发射无损检测方法研究进展[J].石油矿场机械,2008,37(5): 72-75.
[40] Xu Y, Shen G, Guo Y, et al. An investigation on magnetoacoustic emission of ferromagnetic materials with 180° magnetic domain walls[J]. Journal of Magnetism & Magnetic Materials, 1993, 127(1-2): 169-180.
[41] 王威,苏三庆,王社良.用磁声法 MAE 检测钢结构构件应力的机理和应用[J].西安建筑科技大学学报(自然科学版),2005,37(3): 322-325.
[42] 侯炳麟,周建平.用磁声发射原理测量钢轨残余应力[J].北京交通大学学报,1996(5): 591-595.
[43] Ono K, Shibata M. Magnetomechanical acoustic emission of iron and steels[J]. Materials Evaluation, 1979, 38(1): 55-61.
[44] O'Sullivan D, Cotterell M, Cassidy S, et al. Magneto-acoustic emission for the characterisation of ferritic stainless steel microstructural state[J]. Journal of Magnetism & Magnetic Materials, 2004, 271(2): 381-389.
[45] 侯炳麟,周建平,彭湘,等.磁声发射在钢轨性能无损检测中的应用研究[J].实验力学,1998(1): 98-104.
[46] 郭盈,徐约黄.磁声发射源及其机制的研究[J].武汉大学学报(理学版),1990(4): 39-45.
[47] 矫宝法,王祯,高晓蓉,等.德国车轮轮辋超声应力检测技术[J].铁道技术监督,2011,39(1): 31-35.
[48] 西拉德 E J.超声检测新技术[M].北京: 科学出版社,1991.
[49] 虞付进,赵燕伟,张克华.超声检测表面残余应力的研究与发展[J].表面技术,2007,36(4): 72-75.
[50] 潘永东,钱梦騄,徐卫疆,等.激光超声检测铝合金材料的残余应力分布[J].声学学报,2004(3): 254-257.
[51] 钱梦騄.激光超声学的若干进展[J].声学技术,2002,21(2): 19-24.
[52] 钱梦騄.激光超声检测技术及其应用[J].上海计量测试,2003,30(1): 4-7.
[53] 罗瑞灵,陈立功.电磁超声换能器在残余应力超声测量中的应用[J].无损检测,1998(11): 316-319.
[54] 虞付进,赵燕伟,张克华.超声检测表面残余应力的研究与发展[J].表面技术,2007,36(4): 72-75.
[55] Crecraft D I. The measurement of applied and residual stresses in metals using ultrasonic waves [J]. Journal of Sound & Vibration, 1967, 5(1): 173-192.
[56] Bach F, Askegaard V. General stress-velocity expressions in acoustoelasticity[J]. Experimental Mechanics, 1979, 19(2): 69-75.
[57] 沈中华,石一飞,严刚,等.激光声表面波的若干应用研究进展[J].红外与激光工程,2007, 36(s1): 507-512.

[58] Husson D. A perturbation theory for the acoustoelastic effect of surface waves[J]. Journal of Applied Physics, 1985, 57(5): 1562 - 1568.

[59] 朱伟,彭大暑,杨立斌,等.超声波法测量残余应力的原理及其应用[J].计量与测试技术,2001,28(6): 25 - 26.

[60] Pan Q, Li Y, Bai X, et al. Inspecting integrity and residual stress of plate by ultrasonic wave [C]. International Conference on Mechatronics and Automation. IEEE, 2011: 1137 - 1141.

[61] Javadi Y, Plevris V, Najafabadi M A. Using LCR ultrasonic method to evaluate residual stress in dissimilar welded pipes[J]. International Journal of Innovation & Technology Management, 2013, 4(1): 170 - 174.

[62] Rose J L. Ultrasonic waves in solid media[M]. Cambridge: Cambridge University Press, 1999.

[63] Javadi Y, Akhlaghi M, Najafabadi M A. Using finite element and ultrasonic method to evaluate welding longitudinal residual stress through the thickness in austenitic stainless steel plates[J]. Materials & Design, 2013, 45(45): 628 - 642.

[64] 宋文涛,徐春广.超声法的残余应力场无损检测与表征[J].机械设计与制造,2015(10): 9 - 12.

[65] Song W T, Pan Q X, Xu C G, et al. Residual stress nondestructive testing for pipe component based on ultrasonic method[C]. Nondestructive Evaluation/testing. IEEE, 2014: 163 - 167.

[66] 张冰阳,江福明,惠森兴,等.扫描电子声显微镜在半导体材料分析中的应用[J].半导体学报,1996(9): 659 - 663.

[67] 洪毅,张仲宁,张淑仪,等.利用扫描电子声显微镜研究残余应力分布[J].南京大学学报(自然科学),2001,37(4): 508 - 514.

[68] Chen L, Zhang S. Layered imaging of photoacoustic microscopy by phase selecting[J]. Chinese Physics Letters, 1987, 4(4): 149 - 152.

[69] Zhang S Y, Yu C, Miao Y Z, et al. Scanning photoacoustic microscopy and detection of subsurface structure[M]//Acoustical Imaging. [s.l.]: Springer US, 1982: 61 - 65.

[70] Shen Y C, Zhang S Y. Piezoelectric photoacoustic evaluation of Si wafers with buried structures [J]. IEEE Transactions on Ultrasonics Ferroelectrics & Frequency Control, 1992, 39(2): 227 - 231.

[71] 高玉魁.表面完整性理论与应用[M].北京: 化学工业出版社,2014.

[72] 宋俊凯,黄小波,高玉魁.残余应力测试分析技术[J].表面技术,2016,45(4): 75 - 82.

[73] 高玉魁,张志刚.残余应力的测量与模拟分析方法[J].失效分析与预防,2009,4(4): 251 - 254.

[74] GB 7704—2008 无损检测 X 射线应力测量方法[S].北京: 中国标准出版社,2008.

[75] Gao Y K, Li X B, Yang Q X, et al. Influence of surface integrity on fatigue strength of 40CrNi2Si2MoVA steel[J]. Materials Letters, 2007, 61(2): 466 - 469.

[76] Suh N P, Saka N. Surface engineering[J]. CIRP Annals Manufacturing Technology, 1987, 36(1): 403 - 408.

[77] 叶璋,王婧辰,陈禹锡,等.基于二维面探的高温合金 GH4169 残余应力分析[J].表面技术,2016,45(4): 1 - 4.

[78] Sasaki T, Hirose Y. X - ray triaxial stress analysis using whole diffraction ring detected with imaging plate[J]. Transactions of the Japan Society of Mechanical Engineers, 1995, 61(590): 2288 - 2295.

[79] Tanaka K, Matsui M, Tanaka H. X - Ray stress measurement of WC - Co alloys[J]. Journal of the Society of Materials Science Japan, 1993, 42(472): 96 - 102.

[80] Bragg W L. The diffraction of short electromagnetic waves by a crystal[J]. X - ray and Neutron Diffraction, 1914(17): 109 - 118.

[81] Sasaki T, Hirose Y. X - ray triaxial stress analysis using whole diffraction ring detected with imaging plate[J]. Transactions of the Japan Society of Mechanical Engineers A, 1995, 61(590): 2288 - 2295.

[82] 孙光爱,陈波.中子衍射残余应力分析技术及其应用[J].核技术,2007,30(4): 286 - 289.

[83] 王磊,回丽.摩擦搅拌焊接过程残余应力的中子衍射法测量分析[J].无损检测,2012,34(6): 33 - 36.

[84] Legros M, Gianola D S, Hemker K J. In situ TEM observations of fast grain-boundary motion in stressed nanocrystalline aluminum films[J]. Acta Materialia, 2008, 56(14): 3380 - 3393.

[85] Huang J H, Ouyang F Y, Yu G P. Effect of film thickness and Ti interlayer on the structure and properties of nanocrystalline TiN thin films on AISI D2 steel[J]. Surface & Coatings Technology, 2007, 201(16): 7043 - 7053.

[86] Zhao S S, Yang Y, Li J B, et al. Effect of deposition processes on residual stress profiles along the thickness in (Ti, Al)N films[J]. Surface & Coatings Technology, 2008, 202(21): 5185 - 5189.

[87] Chou W J, Yu G P, Huang J H. Mechanical properties of TiN thin film coatings on 304 stainless steel substrates[J]. Surface & Coatings Technology, 2002, 149(1): 7 - 13.

[88] Teixeira V. Mechanical integrity in PVD coatings due to the presence of residual stresses[J]. Thin Solid Films, 2001, 392(2): 276 - 281.

[89] 靳巧玲,王海斗,李国禄,等.微纳尺度 TiN 多层薄膜/涂层力学性能研究进展[J].真空科学与技术学报,2016,36(10): 1085 - 1091.

[90] Flinn P A, Gardner D S, Nix W D. Measurement and interpretation of stress in aluminum-based metallization as a function of thermal history[J]. IEEE Trans. Electron Dev., 1987, 34(3): 689 - 699.

[91] Zhang T J. Characterization of magnetron sputtering TiB_2 and Ti - B - N thin films[J]. Trans. Nonferrous Met. Soc. China, 2000, 10(5): 619 - 624.

[92] Rossnagel S M, Gilstrap P, Rujkorakarn R. Stress measurement in thin films by geometrical optics[J]. Journal of Vacuum Science & Technology, 1982, 21(4): 1045 - 1046.

[93] 胡一贯,乐德芬.用激光干涉法分析薄膜应力[J].中国科学技术大学学报,1992(2): 204 - 208.

[94] Yang Y C, Chan E, Hwang B H, et al. Biaxial residual stress states of plasma-sprayed hydroxyapatite coatings on titanium alloy substrate[J]. Biomaterials, 2000, 21(13): 1327 -

1337.
[95] 郭天旭.等离子喷涂 HA 涂层残余应力的研究[D].北京：北京工业大学，2010.
[96] 王亮，王铀，田伟，等.等离子喷涂纳米结构与传统结构热障涂层的残余应力对比研究[J].材料保护，2009，42(3)：58－62.

第 3 章

残余应力有损检测技术

残余应力有损检测技术主要指机械式残余应力测试方法。机械式残余应力测试方法主要采用电阻应变测量技术，通过分段切割、套孔或钻小孔等方法，将残余应力全部或部分释放，获得零部件内的残余应力分布情况。这类方法相对较为成熟，对工件的破坏性较小，所需设备及操作比较简单，设备可携带于现场使用，具有较好的测试精度。此外，利用云纹干涉法测量释放的应变也是目前有损残余应力检测的一种趋势。

3.1 机械法

采用机械方法对构件进行加工或剥离测量残余应力的方法称为机械法。机械法能够使被测构件上的残余应力部分或完全释放，并通过电阻应变计测量应变，经换算得到其残余应力[1]。机械法通常属于有损的测量方法，且有完全破坏和部分破坏两种形式。部分破坏包括小孔释放法、深孔法和环芯法，而完全破坏方法有剥层法、切槽法等，下面分别对这几种方法进行介绍。

3.1.1 小孔释放技术

小孔释放法最早由 Mathar 于 1934 年提出[2]，并在 Soete 和 Vancrombrugge 等[3]的研究下得以发展，其他学者也对小孔法做了大量的研究，包括实际操作中的各种工艺因素、误差来源等方面，使其日趋完善。小孔释放法是目前工程上最常用的残余应力测量方法。美国材料与试验(ASTM)协会已将其纳入标准 E837 - 81[4]。1992 年，我国由中国船舶总公司制定了《残余应力测试方法　钻孔应变释放法》(CB 3395—1992)[5]。此外，在 2014 年，我国颁布了《金属材料　残余应力测定　钻孔应变法》(GB/T 31310—2014)的国家标准[6]，进一步对残余应力测试方法进行了规范。

根据钻孔是否钻通，小孔释放法又可分为通孔法和盲孔法，将所钻穿透试件的通孔改为不穿透的盲孔，可以达到降低受损程度的目的[7]。两者测试原理相同，但是小孔是否穿透，导致应变释放系数 A、B 的确定方法不同，通孔法应变释放系数可由 Kirsch 理论解直接计算出，盲孔法应变释放系数则须用实验标定。

小孔释放法测试的基本过程是在试样待测表面按圆周方向三等分位置放置三条应变片，钻一孔测量应变变化，通过其松弛应力计算其残余应力[8]。由于对试件损伤小，常用于测量焊接残余应力。图 3-1 所示为型号 RS-200 的盲孔残余应力测试仪，除了钻孔装置和喷砂打孔装置外，还引进了高速透平铣孔装置，使其兼具喷砂打孔和在高硬度材料上铣孔的优点，加工应力小、测量精度高、使用方便，可移动测试场所。

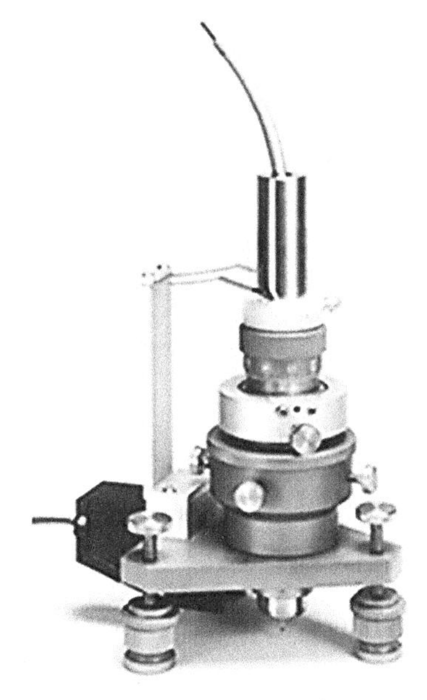
图 3-1　RS-200 盲孔残余应力测试仪

小孔释放法的钻孔过程中，测量精度受多方面因素影响。钻头使孔壁经历了弹性变形、塑性变形和切断过程，因而在孔壁周围由于局部塑性变形而产生附加应力场，使粘贴在该区域内的应变片感受到附加应变，其大小受孔径、孔深、钻进速度、钻头类型、钻刃锋利程度、应变片尺寸及其到盲孔中心的距离等因素的影响。因此在使用小孔释放法测量残余应力时，应保证测量方法和技术操作的准确性。下面分别介绍通孔法和盲孔法。

3.1.1.1　通孔法

通孔法的检测原理[1]是假设在一块各向同性的材料上钻一小孔，孔边的径向应力会下降为零，孔边附近的应力则重新分布，用应变计测量此释放应力。在图 3-2 中，阴影部分为钻孔后应力的变化，该应力变化称为释放应力。

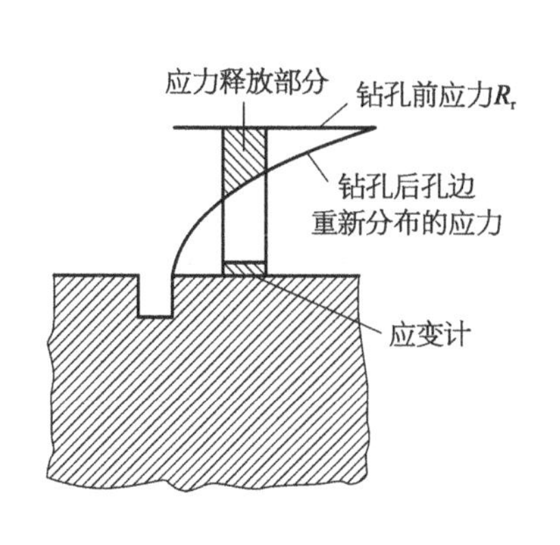

图 3-2　通孔法应力释放原理图[1]

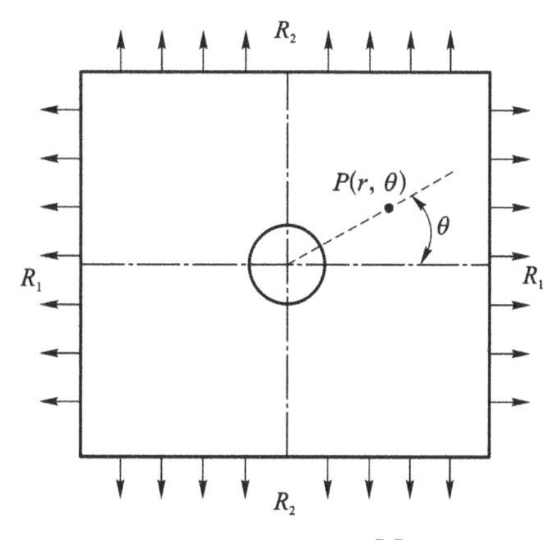

图 3-3　通孔法[1]

采用极坐标 r、θ，如图 3-3 所示，构件上 $P(r,\ \theta)$ 点的应力状态为

$$
\left.\begin{aligned}
R_{r0} &= \frac{1}{2}(R_1 + R_2) + \frac{1}{2}(R_1 - R_2)\cos 2\theta \\
R_{\theta 0} &= \frac{1}{2}(R_1 + R_2) + \frac{1}{2}(R_1 - R_2)\cos 2\theta \\
\tau_{r\theta 0} &= \frac{1}{2}(R_1 - R_2)\sin 2\theta
\end{aligned}\right\} \quad (3-1)
$$

式中，R_1，R_2 为工件内的两个主应力；θ 为参考轴与主应力 R_1 方向的夹角；R_{r0} 为径向应力；$R_{\theta 0}$ 为切向应力；$\tau_{r\theta 0}$ 为剪应力。

若钻一半径为 a 的小孔，则钻孔后 P 点应力状态为

$$
\left.\begin{aligned}
R_{r1} &= \frac{R_1 + R_2}{2}\left(1 - \frac{a^2}{r^2}\right) + \frac{R_1 - R_2}{2}\left(1 + \frac{3a^4}{r^4} - \frac{4a^2}{r^2}\right)\cos 2\theta \\
R_{\theta 1} &= \frac{R_1 + R_2}{2}\left(1 + \frac{a^2}{r^2}\right) - \frac{R_1 - R_2}{2}\left(1 + \frac{3a^4}{r^4}\right)\cos 2\theta \\
\tau_{r\theta 1} &= \frac{R_1 - R_2}{2}\left(1 - \frac{3a^4}{r^4} + \frac{2a^2}{r^2}\right)\sin 2\theta
\end{aligned}\right\} \quad (3-2)
$$

钻孔前后应力变化，即释放应力为

$$
\left.\begin{aligned}
R_r &= R_{r1} - R_{r0} = -\frac{R_1 + R_2}{2} \times \frac{a^2}{r^2} + \frac{R_1 - R_2}{2}\left(\frac{3a^4}{r^4} - \frac{4a^2}{r^2}\right)\cos 2\theta \\
R_\theta &= R_{\theta 1} - R_{\theta 0} = \frac{R_1 + R_2}{2} \times \frac{a^2}{r^2} - \frac{R_1 - R_2}{2} \times \frac{3a^4}{r^4}\cos 2\theta \\
\tau_{r\theta} &= \tau_{r\theta 1} - \tau_{r\theta 0} = -\frac{R_1 - R_2}{2} \times \left(-\frac{3a^4}{r^4} + \frac{2a^2}{r^2}\right)\sin 2\theta
\end{aligned}\right\}
$$

(3-3)

根据胡克定律

$$
e_r = \frac{1}{E}(R_r - \nu R_\theta) \quad (3-4)
$$

式中，E 为弹性模量；ν 为泊松比。

求得 P 点径向释放应变为

$$
e_r = \frac{1}{E}\left\{\frac{R_1 + R_2}{2}\left[-(1+\nu) \times \frac{a^2}{r^2}\right] + \frac{R_1 - R_2}{2}\left[3(1+\nu)\frac{a^4}{r^4} - \frac{4a^2}{r^2}\right]\cos 2\theta\right\}
$$

(3-5)

令

$$
\left.\begin{aligned}
A &= -\frac{1+\nu}{2} \times \frac{a^2}{r^2} \\
B &= \frac{1}{2}\left[3(1+\nu) \times \frac{a^4}{r^4} - \frac{4a^2}{r^2}\right]
\end{aligned}\right\} \quad (3-6)
$$

上式即为由弹性力学中的 Kirsch 理论解得到的通孔下的应变释放系数 A、B。因此可得径向应变

$$e_r = \frac{A}{E}(R_1 + R_2) + \frac{B}{E}(R_1 - R_2)\cos 2\theta \tag{3-7}$$

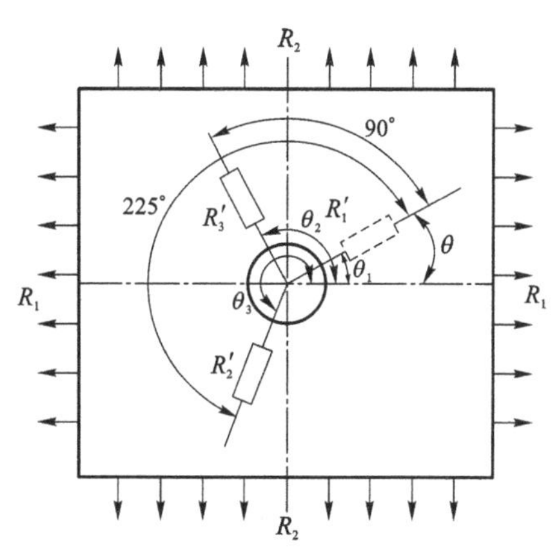

图 3-4　通孔法应变计敏感栅布置图

通常表面残余应力是平面应力状态，两个主应力和主应力方向角共三个未知量，要求用三个应变敏感栅组成的应变计进行测量。一般采用径向排列的三轴应变计，如图 3-4 所示。

有 $\theta_1 = \theta$，$\theta_2 = \theta + 90°$，$\theta_3 = \theta + 225°$。若敏感栅 R_1、R_2 和 R_3 测出的释放应变分别为 e_1、e_2 和 e_3，代入上式得

$$\left.\begin{aligned} e_1 &= \frac{A}{E}(R_1 + R_2) + \frac{B}{E}(R_1 - R_2)\cos 2\theta \\ e_2 &= \frac{A}{E}(R_1 + R_2) - \frac{B}{E}(R_1 - R_2)\sin 2\theta \\ e_3 &= \frac{A}{E}(R_1 + R_2) - \frac{B}{E}(R_1 - R_2)\cos 2\theta \end{aligned}\right\} \tag{3-8}$$

经过数学推导，可得主应力计算公式：

$$\left.\begin{aligned} R_1 &= \frac{E}{4A}(e_1 + e_3) - \frac{E}{4B} \times \sqrt{(e_1 - e_3)^2 + (2e_2 - e_1 - e_3)^2} \\ R_2 &= \frac{E}{4A}(e_1 + e_3) + \frac{E}{4B} \times \sqrt{(e_1 - e_3)^2 + (2e_2 - e_1 - e_3)^2} \\ \tan 2\theta &= \frac{2e_2 - e_1 - e_3}{e_3 - e_1} \end{aligned}\right\} \tag{3-9}$$

式中，θ 为主应力 R_1 与敏感栅 R_1' 轴的夹角；A、B 为释放系数。

以上即为通孔情况下得到的残余应力计算公式。

3.1.1.2　盲孔法

实际上，一般构件的厚度尺寸远大于所钻孔径，因此相对于通孔法而言，盲孔法更为常见，且其工件的受损程度也小得多。通过三维有限元分析计算，盲孔孔边附近应力分布与通孔时的应力分布类似，只是应力集中系数上有差别。因此一般盲孔的检测原理和应力与应变的关系式仍可用 3.1.1.1 节介绍的公式，只是释放系数 A 和 B 不能用 Kirsch 理论解公式(3-6)求得，需要用实验方法标定。

目前对于盲孔释放系数的实验标定方法，国内主要依据的是船舶行业标准 CB 3395—92。在这个标准中采用的是一次钻孔的方式，通过对一已知均匀应力场下的试件进行实验标定，反算出释放系数 A、B 的值。为了简化计算，实验标定通常是在

单向均匀拉伸应力场 $R_1=R$、$R_2=0$ 中测量进行的。这时，释放系数为

$$\left.\begin{aligned} A&=\frac{e_1+e_3}{2R}E \\ B&=\frac{e_1-e_3}{2R}E \end{aligned}\right\} \tag{3-10}$$

为了确保实验标定的准确性，对于实验所采用的标定试件，要求其内部不存在初始应力，同时所施加的单向载荷不能造成孔边产生塑性屈服[9]。

3.1.2 深孔技术

小孔释放法只能测试材料的表面残余应力，除去完全破坏技术，只有无损检测的中子法和半破坏技术中的深孔法可测量厚度方向的残余应力。但是由于中子法测量材料厚度受材料本身限制，例如对于钢来说，一般在 20 mm 左右，无法测试大厚度材料[10]。深孔法可测量材料沿厚度方向的应力分布状态，厚度也不受限制，这是其相比于其他应力测试方法最大的优势。

相对而言，深孔法是一种较新的残余应力测试技术，其由 Zhang K B 等发明提出[11]。在被测构件表面钻一参考孔，通过测量参考孔某一深度在不同角度上的直径变化来获得应变释放大小，通过换算计算出此处残余应力大小。具体操作步骤如下[10]：

(1) 钻孔之前在所要测量的区域粘贴定位块(用于保证孔的圆度、垂直度，避免开口成喇叭状)；

(2) 在试板上所要测量的区域钻通孔；

(3) 在参考孔不同深度和同一深度不同角度分别测量孔径大小；

(4) 在参考孔周围环钻一个与之同心的套孔；

(5) 对第(3)步中的相同位置再次测量；

(6) 根据测试结果计算残余应力。

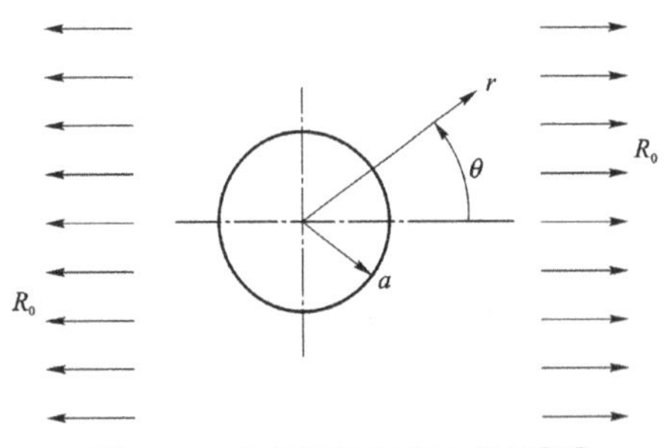

图 3-5　各向同性平板中的孔[13]

深孔法的检测原理是基于 Timoshenko 和 Goodier[12] 提出的在平面应力条件下远场应力给无限大平板中的孔带来的径向和切向位移解[13]，如图 3-5 所示，对于各向同性材料而言可得

$$\left.\begin{aligned} u_r&=\frac{R_0a}{E}\left\{\left[(1+\nu)\frac{a}{2r}\right]+\left[(1-\nu)\frac{r}{2a}\right]+\left[(1+\nu)\frac{r}{2a}\left(1-\frac{a^4}{r^4}\right)+\frac{2a}{r}\right]\cos 2\theta\right\} \\ u_\theta&=-\frac{R_0a}{2E}\left[\left(1+\frac{a^2}{r^2}\right)^2+\nu\left(1-\frac{a^2}{r^2}\right)^2\right]\sin 2\theta \end{aligned}\right\} \tag{3-11}$$

式中，R_0 为远场应力；a 为孔半径；E 为弹性模量；ν 为泊松比。远场应力方向为 $\theta=0$。

对于深孔方法，更关注的是孔边的径向位移，因此上式可简化为

$$u_r\big|_{r=a}=\frac{R_0 a}{E}(1+2\cos 2\theta) \tag{3-12}$$

引入符号 $\bar{u}$ 作为孔边径向变化：

$$\bar{u}=\frac{u_r\big|_{r=a}}{a}=\frac{R_0}{E}(1+2\cos 2\theta) \tag{3-13}$$

当远场应力中有剪应力时，上式可扩展为

$$\bar{u}=\frac{1}{E}[(1+2\cos 2\theta)R_x+(1-2\cos 2\theta)R_y+(4\sin 2\theta)\tau_{xy}] \tag{3-14}$$

式中，R_x、R_y、τ_{xy} 为远场应力；R_x 所在方向 $\theta=0$。

深孔法利用径向变化的测量来推测残余应力的分量，此变化应至少从三个不同的角度进行测量，而在实际实验过程中，通常要测量 9 个不同的角度。

径向变化与残余应力关系式为

$$\bar{\boldsymbol{u}}=-\frac{1}{E}\boldsymbol{M}\cdot\boldsymbol{R} \tag{3-15}$$

这里负号的含义是指径向变化是在残余应力释放以后测量的。定义矩阵

$$\bar{\boldsymbol{u}}=\begin{bmatrix}\bar{u}\big|_{\theta=\theta_1}\\ \vdots\\ \bar{u}\big|_{\theta=\theta_i}\\ \vdots\\ \bar{u}\big|_{\theta=\theta_N}\end{bmatrix},\ \boldsymbol{M}=\begin{bmatrix}f_{\theta_1} & g_{\theta_1} & h_{\theta_1}\\ \vdots & \vdots & \vdots\\ f_{\theta_i} & g_{\theta_i} & h_{\theta_i}\\ \vdots & \vdots & \vdots\\ f_{\theta_N} & g_{\theta_N} & h_{\theta_N}\end{bmatrix},\ \bar{\boldsymbol{u}}=\begin{bmatrix}R_x\\ R_y\\ \tau_{xy}\end{bmatrix} \tag{3-16}$$

式中，N 为孔变形测量个数。且

$$\left.\begin{aligned}f_{\theta_i}&=1+2\cos 2\theta_i\\ g_{\theta_i}&=1-2\cos 2\theta_i\\ h_{\theta_i}&=4\sin 2\theta_i\end{aligned}\right\} \tag{3-17}$$

残余应力即可根据下式计算得到：

$$\boldsymbol{R}=-E\boldsymbol{M}^*\cdot\bar{\boldsymbol{u}} \tag{3-18}$$

式中，$\boldsymbol{M}^*=(\boldsymbol{M}^T\cdot\boldsymbol{M})^{-1}\cdot\boldsymbol{M}^T$。

该方法的一个典型应用是测量孔不同位置的径向变化，然后用式(3-18)计算得到沿厚度方向的残余应力分布，从根本上讲这种方法是将厚度部分近似成彼此之间没有

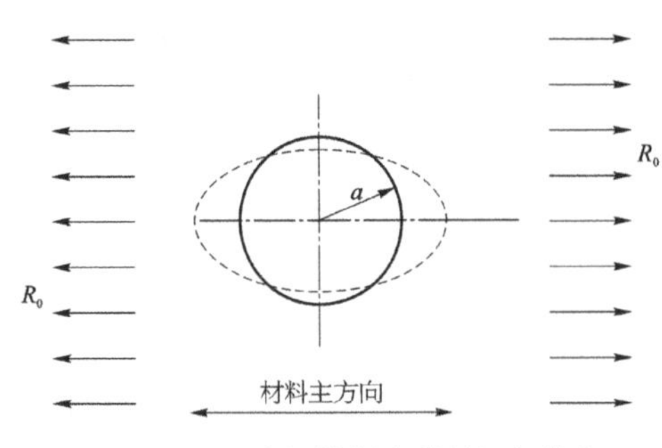

图 3-6　正交异性板在单轴远场施加应力下的孔变形[14]

剪切应力的堆叠板。

深孔法也可拓展应用到各向异性材料的残余应力测试中。根据各向同性材料的精确封闭解，但在各向异性材料中只有近似解，如 Lekhnitskiis 给出的正交各向异性圆孔在主方向远场应力中的圆孔变形近似解[14]。Lekhnitskiis 分析的关键在于孔直径在加载方向上和垂直于加载方向上的变化，如图 3-6 所示。

R_1 为主"1"方向上的远场应力，其加载方向上的径向变形为

$$\bar{u}\mid_{\theta=0}=\frac{R_1}{E_1}(1+n_1) \tag{3-19}$$

$$n_1=\sqrt{2\left(\sqrt{\frac{E_1}{E_2}}-\nu_{12}\right)+\frac{E_1}{G_{12}}} \tag{3-20}$$

式中，E_1、E_2 为材料主方向上弹性模量；ν_{12} 为泊松比；G_{12} 为剪切模量。

与加载方向垂直的径向变形为

$$\bar{u}\mid_{\theta=\pi/2}=-\frac{R_1}{\sqrt{E_1E_2}} \tag{3-21}$$

R_2 为主"2"方向上的远场应力，其在主"1"加载方向(垂直于 R_2 加载方向)上的径向变形为

$$\bar{u}\mid_{\theta=0}=-\frac{R_2}{\sqrt{E_1E_2}} \tag{3-22}$$

主"2"方向在其加载方向上的径向位移为

$$\bar{u}\mid_{\theta=\pi/2}=\frac{R_2}{E_2}(1+n_2) \tag{3-23}$$

$$n_2=\sqrt{2\left(\sqrt{\frac{E_2}{E_1}}-\nu_{21}\right)+\frac{E_2}{G_{12}}} \tag{3-24}$$

利用 Lekhnitskiis 方法进行分析，无法得到远场剪切应力场下系数 $h_{\theta i}$；也可采用有限元方法确定系数 $f_{\theta i}$、$g_{\theta i}$ 和 $h_{\theta i}$，但这种方法的缺陷在于计算每一组新材料时须建立新的有限元分析。

3.1.3　环芯技术

环芯法是一种部分破坏法，其操作是在工件上加工出一个环形槽，将其中的环芯部

分从工件本体分离开来，这个环形槽将工件对环芯周围的约束去掉，应力随之释放出来。在环芯槽中心部位贴上专用应变花，以测量释放出来的应变[15]。

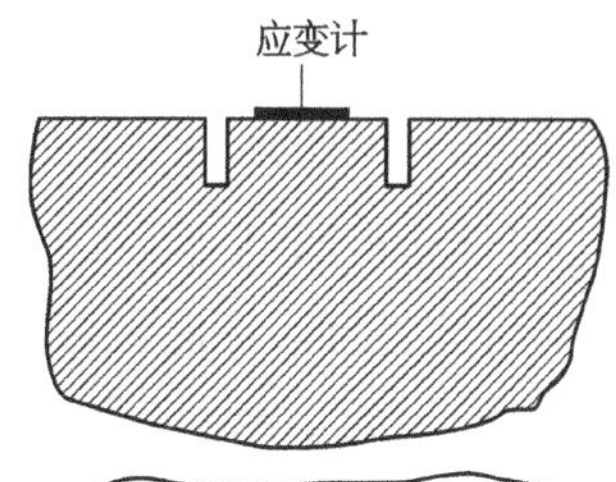

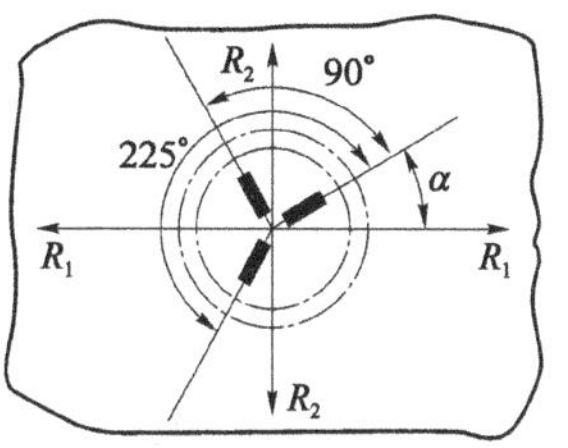

图 3-7　环芯法测残余应力原理图[1]

根据弹性理论，环芯边界残余应力释放时引起的释放应变形式为[1]

$$e_\alpha = \frac{A}{E}(R_1 + R_2) + \frac{B}{E}(R_1 - R_2)\cos 2\alpha \quad (3-25)$$

式中，R_1、R_2 为工件内的两个主应力；α 为应变计参考轴与 R_1 方向的夹角；E 为被测材料的弹性模量；A、B 为应力释放系数。

采用如图 3-7 所示的三轴应变计，有

$$\left.\begin{aligned} e_1 &= e = \frac{A}{E}(R_1 + R_2) + \frac{B}{E}(R_1 - R_2)\cos 2\alpha \\ e_2 &= e_{\alpha+225^\circ} = \frac{A}{E}(R_1 + R_2) - \frac{B}{E}(R_1 - R_2)\cos 2\alpha \\ e_3 &= e_{\alpha+90^\circ} = \frac{A}{E}(R_1 + R_2) - \frac{B}{E}(R_1 - R_2)\cos 2\alpha \end{aligned}\right\} \quad (3-26)$$

解出此方程组，则得残余应力计算公式为

$$\left.\begin{aligned} R_1 &= \frac{E}{4A}(e_1 + e_3) - \frac{E}{4B} \times \sqrt{(e_1 - e_3)^2 + (2e_2 - e_1 - e_3)^2} \\ R_2 &= \frac{E}{4A}(e_1 + e_3) + \frac{E}{4B} \times \sqrt{(e_1 - e_3)^2 + (2e_2 - e_1 - e_3)^2} \\ \tan 2\alpha &= \frac{2e_2 - e_1 - e_3}{e_3 - e_1} \end{aligned}\right\} \quad (3-27)$$

经过多年的工作，我国研究人员对环芯法测残余应力进行了深入的研究，制定了环芯法测残余应力的国家标准。一般规定环芯法铣制环槽内径为 15 mm，外径为 20 mm。采用环芯法测量，可以测量表面以下 0～8 mm 的残余应力沿层深的变化情况。在实际测量时，通过逐层铣去有限深度增量 ΔZ 的方法，并且假定 ΔZ 段上的应力是恒定不变的。相应地，残余应力计算公式由式(3-27)变为

$$\left.\begin{aligned} R_1 &= \frac{E}{4\Delta A}(\Delta e_1 + \Delta e_3) - \frac{E}{4\Delta B} \times \sqrt{(\Delta e_1 - \Delta e_3)^2 + (2\Delta e_2 - \Delta e_1 - \Delta e_3)^2} \\ R_2 &= \frac{E}{4\Delta A}(\Delta e_1 + \Delta e_3) + \frac{E}{4\Delta B} \times \sqrt{(\Delta e_1 - \Delta e_3)^2 + (2\Delta e_2 - \Delta e_1 - \Delta e_3)^2} \\ \tan 2\alpha &= \frac{2\Delta e_2 - \Delta e_1 - \Delta e_3}{\Delta e_3 - \Delta e_1} \end{aligned}\right\} \quad (3-28)$$

式中，ΔA、ΔB 为 ΔZ 段上的释放系数；Δe_1、Δe_2、Δe_3 为 ΔZ 段上应力释放引起的应变计三个敏感栅的应变变化。

释放系数 A 和 B 为无量纲值。它们仅与环芯直径、环槽深度和应变计尺寸有关。与盲孔法类似，环芯法释放系数可用实验法进行标定，在单向均匀拉伸应力场 $R_1=R$、$R_2=0$ 中测量求得释放系数为

$$\left.\begin{aligned} A &= \frac{e_1+e_3}{2R}E \\ B &= \frac{e_1-e_3}{2R}E \end{aligned}\right\} \tag{3-29}$$

在弹性范围内，当环形槽的几何形状确定时，应变释放系数仅与材料的特性有关，与外加应力无关。

测量残余应力的环芯装置基本上由基础部分、驱动部分及借助于合适的辅具固定在任何构件上的夹紧装置组成。测量时将基础部分放在待测工件表面并夹紧，然后划出标记。应变花可以通过测量装置的基础部分很容易贴在待测部位，贴应变花的技术规范与在室温下常规的应变测量技术一样。应变花贴完后将驱动部分放在支架上，用合适的线将应变计接至测量用的应变仪上。特殊设计制造的应变计的引出线焊接在应变计表面上，使引出线向上。引出线可以通过环芯刀（即一种实验仪器）的中间部分从测量装置接至应变仪上。在每次测量以前要将测量装置调整好并夹紧牢固。将应变仪接好线并调整零点后才能开始加工环芯槽，环芯槽的深度可以由测量装置上的表盘读出。应变计在测量时接成惠斯通电桥式测量电路，首先用补偿片组成半桥，然后与应变仪内的半桥组成一个全桥电路。为了避免测量导线温度的影响，建议采用三线制接法。

对那些不能用机械方法加工环芯槽的特硬和特坚韧材料上进行的测量，需要用特殊的装置来进行。可以用喷砂法加工出与用环芯法一样的环芯形状，但不能精确控制精度。在这种材料上测量残余应力的另一种加工环形槽的方法是电火花加工法。用这种方法时，要想得到一个环芯槽必须要有一个铜制的电极，且被测构件是导体。电极与工件之间在电荷的腐蚀作用下将要加工部分的材料熔融并被去除。一般减少两个电极的间隙可增加加工速度，同时需要对电极和工件进行冷却。由于用凡士林油和水冷却，所以测量用的应变计绝缘是一个很大的问题。

在进行高精度测量时应该用小的测量增量，且用计算机仔细计算。用该种方法测量时被破坏部分一般是在其他机械性能试件取样部分，在最后的精加工时将该部分加工掉。这种方法可用于对工件的热处理工艺过程进行优化选择。

3.1.4 剥层技术

剥层法的历史较为久远，是一种应用较早的材料残余应力测试方法，由 W. T. Read

在 1951 年发明并首先测量了锡磷青铜的冷轨弹簧片的残余应力分布[16]。剥层法因能得到构件厚度方向的应力分布而得到广泛应用,目前常用于聚合物注塑件或陶瓷件的残余应力测量中。剥层法是指通过机械切削或电化学腐蚀的方法逐层剥去材料,释放的残余应力产生释放应变,通过测量应变值后用黏弹性模型来计算剥除后测得的应力值及修正量,从而得到未剥除时制品各层的应力值(图 3-8)。在计算过程中,有如下基本假设:

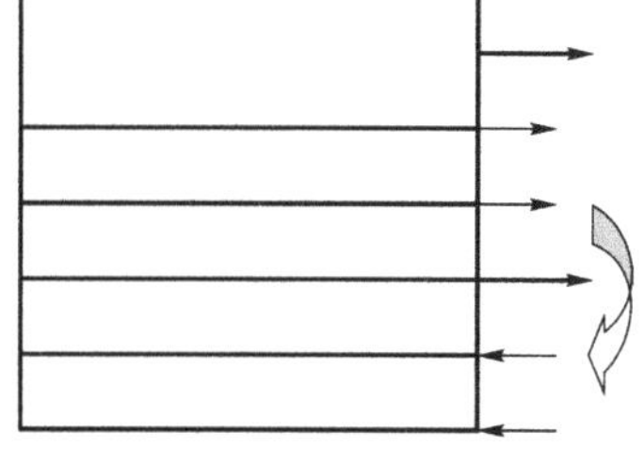

图 3-8 剥层示意图

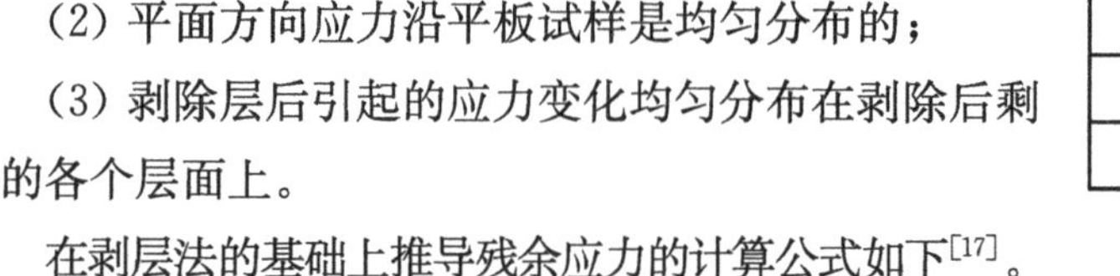

(1) 剥层操作本身不会改变试样内部的应力状态;

(2) 平面方向应力沿平板试样是均匀分布的;

(3) 剥除层后引起的应力变化均匀分布在剥除后剩余的各个层面上。

在剥层法的基础上推导残余应力的计算公式如下[17]。

由于平板的受力状态为对称应力状态,含有残余应力的试样在不受外部约束的自由状态时,每个截面上的内应力都处于自平衡状态。首先将剥层试样看作 n 层,其中每一层中的应力都为常数,各层应力值设为 R_1, R_2, …, R_i。然后,再把试样看作两层:剥去层和剩余试样层。总的厚度为 H,每次剥层的厚度分别为 t_1, t_2, …, t_i。

以计算第一层的残余应力为例,由于出模后的制件处于自平衡状态,其各层的内应力合力为零,即第一层的应力 R_1,与剩余层的应力 $R_{1余}$ 以及弯矩 M_1 等效,由合力为零得

$$R_1 t_1 + R_{1余}(H - t_1) = 0 \tag{3-30}$$

并且,出模后平板内力矩满足

$$R_1 t_1 \frac{H - t_1}{2} + R_{1余}(H - t_1)\frac{t_1}{2} + M'_1 = M \tag{3-31}$$

已知二次元测量仪所测得的挠度值 ω,根据几何关系,得到挠度值 ω 与半径 R 间的等量关系式

$$\omega = 2R\sin^2\left(\frac{45L}{\pi R}\right) \tag{3-32}$$

需要注意的是,在计算曲率半径时所用的挠度需要在此基础上加上剩余层的二分之一厚度:

$$\omega' = \omega + \frac{H - it}{2} \tag{3-33}$$

式中,i 为剥层量,则 $i = 0, 1, 2, \cdots$。

由此可以得到曲率

$$k=\frac{1}{R} \tag{3-34}$$

然后根据曲率计算弯矩，此时的惯性矩 I、曲率 k 指的都是未剥层前的值：

$$M=kEI \tag{3-35}$$

从而有

$$R_1=\frac{2(M-M'_1)}{t_1(H-2t_1)} \tag{3-36}$$

其中

$$M'_1=k_1EI_1 \tag{3-37}$$

$$I=\frac{H^3}{12},\ I_1=\frac{(H-2t_1)^3}{12} \tag{3-38}$$

但是在剥去第一层后，各层的应力会发生变化重新分配。在计算第二次剥层时须加以修正，比如

$$R'_2=R_2+\frac{R_1t_1}{H-2t_1} \tag{3-39}$$

以此类推：

$$R'_3=R_3+\frac{R_1t}{H-t_1}+\frac{R_2t_2}{H-t_1-t_2} \tag{3-40}$$

则第 i 次剥层后：

$$R'_i=R_i+\frac{R_1t}{H-t_1}+\frac{R_2t_2}{H-t_1-t_2}+\cdots+\frac{R_{i-1}t_{i-1}}{H-t_1-t_2-\cdots-t_{i-1}} \tag{3-41}$$

因此在计算出每层应力值后需要减去相应的值，才能得到 R_2，R_3，…，R_i 的值。

根据以上公式可以计算出各层的应力值，在求解过程中一定要注意惯性矩、曲率等的变化。因为所得的计算结果是残余应力的平均值，因此把计算结果看作每次剥层量中心点位置处的应力值，即 $t_1/2$，$(t_1+t_2)/2$，…，$(t_1+t_2+\cdots+t_i)/2$ 处的值，绘制出曲线图。

对于厚板内部的剥层残余应力，采用如下经典公式：

$$R(z)=\frac{E}{2}\left[(h-a)\frac{\mathrm{d}e}{\mathrm{d}a}-4e+6(h-a)\times\int_0^a\frac{e}{(h-z)^2}\mathrm{d}z\right] \tag{3-42}$$

式中，e 为测量应变，是剥层深度 a 的函数。

对于注塑件，剥后发生变形的试样利用二次元测量仪进行测量，得到挠度值。通过测量试样的曲率，计算剥层位置截面上的残余应力分布情况，各向同性材料残余应力计

算公式如下：

$$R_x(y_1)=\frac{-E}{6(1-\gamma^2)}\left\{(b+y_1)^2\left[\frac{\mathrm{d}\rho_x(y_1)}{\mathrm{d}y_1}+\frac{\gamma\mathrm{d}\rho_z(y_1)}{\mathrm{d}y_1}\right]+4(b+y_1)[\rho_x(y_1)+\gamma\mathrm{d}\rho_x(y_1)]-2\int_{y1}^{b}[\rho_x(y_1)+\gamma\mathrm{d}\rho_x(y_1)]\mathrm{d}y\right\} \tag{3-43}$$

式中，R_x 为 x 轴坐标方向的应力；$y=\pm b$ 分别表示试样没有剥层时的上、下表面位置；$y=y_1$ 为每次剥层后新表面的位置；ρ_x、ρ_z 分别为试样在不同坐标方向测量得到的曲率。

广义的剥层法可用于测量各向异性材料的残余应力，对于各向异性材料，残余应力引起的剥层在两个方向的曲率是不相等的，分别测得在两个方向的曲率，然后综合计算在各方向各位置的应力值。

3.1.5 切槽法

切槽法是另外一种半破坏应力释放法。该方法是指在构件上进行切槽，由于切槽而形成残余应力的释放区，测量此部分的应变求出构件中的残余应力。与环芯法不同点在于环芯法由于切割环孔操作的特殊性，导致应变数据采集困难；而切槽法相对操作简单，数据测量方便，对结构破坏最小，在实际工程中较易推广。

1）切槽法测量残余应力步骤

（1）根据构件的受力状况选定测点（区）。在沿着现存应力的方向粘贴应变片，如须测量构件的主应力，则需要贴应变片花。

（2）粘贴完成后，切割细槽至一定深度让测区混凝土应力完全被释放，记录此时的应变值。

（3）计算得出构件的残余应力值。

2）切槽法测量残余应力原理[18]

（1）单向受力状态下。在单向受力状态下，切槽法仅须在测点周围切割出两条直线形细槽就可以测出该点的应力，并且能减少在切割时扰动对应变测量的误差。应变片粘贴位置如图 3-9 所示。由于构件仅受一个方向的力，因此可由单轴应力状态下的胡克定律计算得

$$R=Ee \tag{3-44}$$

具体计算过程为：设细槽的宽度为 a，细槽底部距须测构件表面的深度为 z，则在力的作用下沿受力方向的应力 $R(z)$ 为深度 z 的函数。在弹性模量一定的情况下，在应力释放区的端面贴上应变片测量得到的应变 e_z 也为切槽深度 z 的函数。当细槽深度再加深 dz 时，可以认为在应力释放区（即两根细槽之间的区域）的底部施加等效的

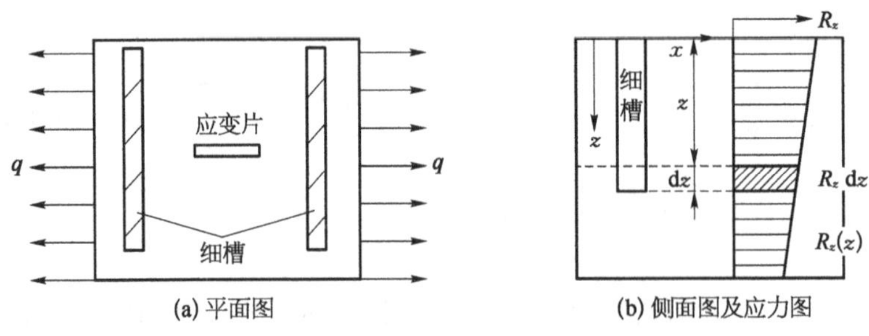

(a) 平面图　　(b) 侧面图及应力图

图 3-9　单向受力状态下切槽法测量残余应力[18]

$-R(z)\mathrm{d}z$ 大小的力。这个力将引起端部表面应变的变化,设此时的应变为 $\mathrm{d}e(z)$,则

$$\mathrm{d}e(z)=K_z\cdot\frac{1}{E}R(z)\mathrm{d}z \tag{3-45}$$

转化后可得

$$R=\frac{E}{K_z}\cdot\frac{\mathrm{d}e_z}{\mathrm{d}z} \tag{3-46}$$

式中,$\frac{\mathrm{d}e_z}{\mathrm{d}z}$ 可由测量的切槽深度 z 及对应的应变值 e_z 作曲线后求得。K_z 为常数,与开槽的深度、宽度、应力释放区域的宽度有关,但与材料无关;该值可由校正实验确定。

(2) 双向受力状态下。在双向受力状态下,应变片的粘贴方式如图 3-10 所示,此时和环芯法原理一样,测点处贴有应变花取代了单向应力状态下的应变片。

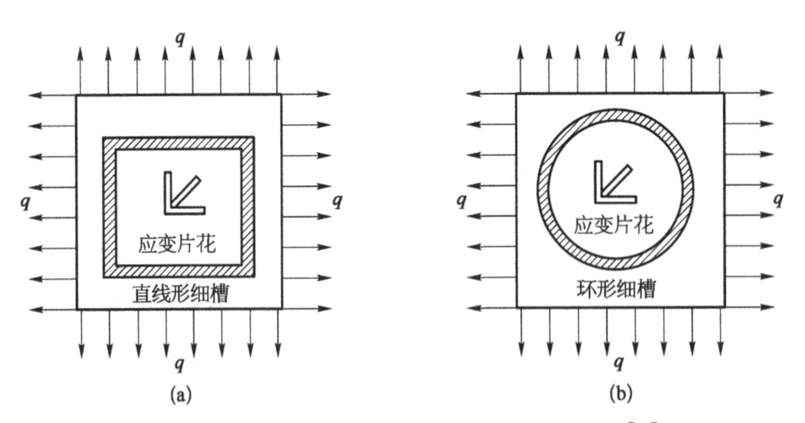

(a)　　(b)

图 3-10　双向应力状态下切槽法测量残余应力[18]

在该应力状态下,考虑在弹性范围内,设在直角坐标系中,构件测点处的主应力为 R_1、R_2,测点处由于开槽应力完全释放时测点应变片测点的应变值为 e_1、e_2、e_3,开槽后应变 $e(\varphi)$ 是与主应力 R_1 方向夹角为 φ 处的应变值,则

$$e(\varphi)=k(\varphi)R_1+k(90^\circ-\varphi)R_2 \tag{3-47}$$

式中，$e(\varphi)$、$k(90^\circ-\varphi)$ 为与 φ 有关的周期性变化的参数，可由以下三角级数表示：

$$k(\varphi)=\sum_{n=0}^{\infty}A_n\cos 2n\varphi \tag{3-48}$$

在本次计算中，展开并取前两项做近似计算，则

$$k(\varphi)=A+B\cos 2\varphi \tag{3-49}$$

代入可得任意方向 $e(\varphi)$ 与主应力 R_1、R_2 的关系式

$$e(\varphi)=(A+B\cos 2\varphi)R_1+(A+B\cos 2\varphi)R_2 \tag{3-50}$$

若采用45°应变花(即 φ 分别为0°、45°、90°)，则三个应变释放量为

$$\left.\begin{aligned}e_1&=(A+B\cos 2\varphi)R_1+(A+B\cos 2\varphi)R_2\\e_2&=(A+B\cos 2\varphi)R_1+(A+B\cos 2\varphi)R_2\\e_3&=(A+B\cos 2\varphi)R_1+(A+B\cos 2\varphi)R_2\end{aligned}\right\} \tag{3-51}$$

求解得到

$$\left.\begin{aligned}R_1&=-\frac{E}{2}\left[\frac{e_1+e_2}{1-\mu}-\frac{1}{1+\mu}\sqrt{(e_1-e_2)^2+(2e_2-e_1-e_3)^2}\right]\\R_2&=-\frac{E}{2}\left[\frac{e_1+e_2}{1-\mu}-\frac{1}{1+\mu}\sqrt{(e_1-e_3)^2+(2e_2-e_1-e_3)^2}\right]\\\tan 2\theta&=\frac{2e_1-e_2-e_3}{e_1+e_2}\end{aligned}\right\} \tag{3-52}$$

当所开槽的深度达到一定量后，测点的应力将完全释放，此时系数 A、B 分别为

$$\left.\begin{aligned}A&=-\frac{1}{2E}(1-\mu)\\B&=-\frac{1}{2E}(1-\mu)\end{aligned}\right\} \tag{3-53}$$

有限元软件也可以模拟得到在受均布力作用下的构件残余应力释放，采用方形环孔进行应力释放可以得到与圆形环孔同样的效果，采用只切割两条横槽的效果与切割四边形环孔的效果也相差不大。因此，可如图3-10b所示采用切槽法进行双向应力状态下的应力测量。

3.2 云纹干涉技术

云纹干涉法是20世纪80年代发展起来的一种相干光学测量方法，它具有灵敏度高、条纹质量好、量程大、可实时观测、全场分析等优点，适用于微小变形的检测，已经在

应变分析、复合材料、断裂力学、残余应力测量等方面获得了成功的应用，是一种具有发展和应用前景的新的实验力学方法[19]。

3.2.1 云纹干涉的光栅技术

1) 衍射光栅

当波长为 λ 的平行光以 α_0 为入射角照射栅距为 p 的光栅时，会发生衍射，如图 3-11 所示。各级衍射的衍射角可以由二维光栅方程确定，其第 n 级光栅及其对应的衍射角 θ 的光栅方程为

$$p(\sin\theta + \sin\alpha_0) = n\lambda \tag{3-54}$$

式中，p 为栅距；λ 为波长。反射式光栅衍射角 θ 为正，透射式光栅 θ 为负，除一些透明材料可以采用透射式光栅外，云纹干涉一般都是采用反射式光栅。

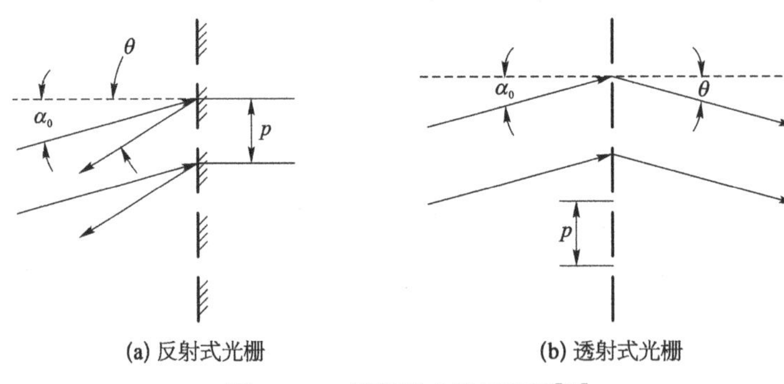

(a) 反射式光栅　　(b) 透射式光栅

图 3-11　振幅型光栅示意图[19]

2) 全息光栅

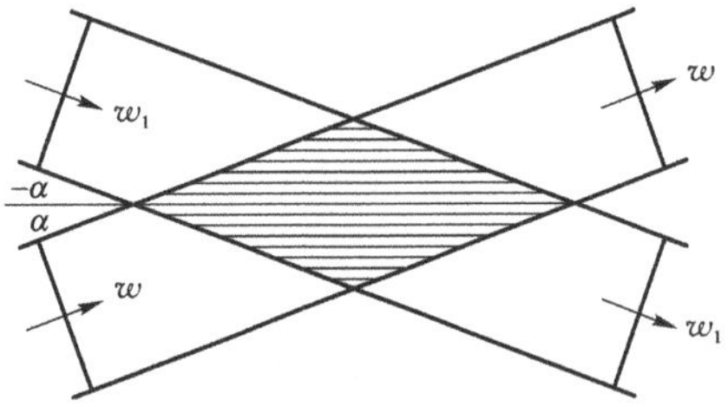

如图 3-12 所示，两束准直的激光以一定角度在空间相交时，在其相交的重叠区域将产生一个稳定的具有一定空间频率的空间虚栅，虚栅的节距 p 与激光波长 λ 以及两束激光之间夹角 2α 有关，其间关系如下式：

$$p = \frac{\lambda}{2\sin\alpha}$$

图 3-12　全息光栅示意图[19]

3) 光栅的制备

光栅是云纹干涉方法的基本元件，从其栅线组成来分有单线栅、正交栅（两组栅线成 90°角）、三线栅（由相间 45°或相间 120°角的三组栅线组成）、圆形栅（由一组节距相等或不等的同心圆组成）以及辐射栅（由一组圆心角相同的射线组成）等。从制造方法可以分为机械可划栅、光刻胶栅、腐蚀栅、金属模栅、感光软片栅以及位相栅等。云纹干涉法测试中需要两块栅板，一块是随着试件表面一起变形的试件栅，另一块是不随变形

可以同试件栅叠放的基准栅。实际上,当前的云纹干涉技术,基准栅多是利用高度准直的激光在空间相交的全息光栅作为基准栅,这种基准栅被称作参考栅。一般的试件栅的制备方法有两种:直接制栅和光栅复制法。直接制栅是指利用光刻机在试件表面直接刻出栅线。光栅复制法须首先制造一块高质量的母版,由它拷贝出试件栅。母版通常是在高度平行的光学玻璃上利用光刻机刻出栅线。而母版制成后,为了延长寿命,一般不用它直接拷贝,而是利用它在其他材料上拷贝的模板来制造试件栅。也可以利用旋转点光源制栅系统在玻璃平片表面做光刻胶全息光栅,然后在光刻胶光栅表面蒸镀一层铝膜作为反射膜以提高衍射效率。

3.2.2 云纹干涉技术的检测原理

云纹干涉法在其发展历史上先后出现了两种解释,即空间虚栅理论与波前干涉理论。前者借助了几何云纹法的基本思想,给云纹干涉法以简单描述,后者则从光的波前干涉理论出发对云纹干涉法进行了严格的理论推导和解释。以下分别对两种基本原理进行介绍[20]:

1) 基于空间虚栅的解释(图 3-13)

最常见的云纹干涉法光路是由云纹干涉法的创始人 PostD 倡导的双光束对称入射试件栅光路。PostD 最早对云纹干涉法的解释为:对称于试件栅法向入射的两束相干准直光在试件表面的交汇区域内形成频率为试件栅 2 倍 ($f=2f_s$) 的空间虚栅,当试件受载变形时,刻制或复制在试件表面的试件栅也随之变形,变形后的试件栅与作为基准的空间虚栅相互作用形成云纹图,该云纹图即为沿虚栅主方向的面内位移等值线,并提出了类似于几何云纹的面内位移计算公式:

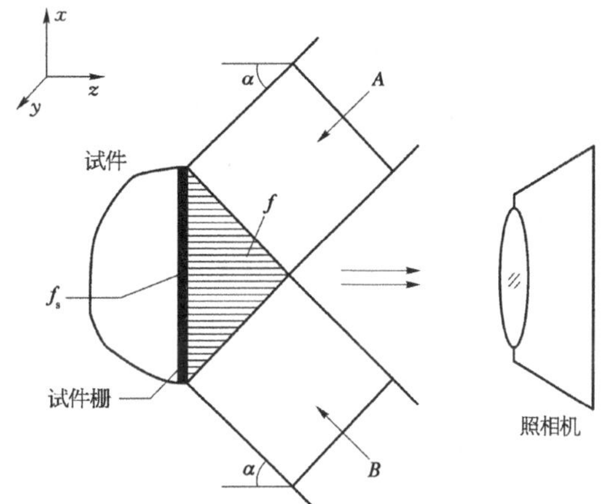

图 3-13 云纹干涉法的空间虚栅揭示示意图[20]

$$\mu=\frac{N_x}{f}=\frac{N_x}{2f_s} \tag{3-55}$$

$$\nu=\frac{N_y}{f}=\frac{N_y}{2f_s} \tag{3-56}$$

这一解释是以传统的几何云纹概念为基础的,能够满足一般实验现象及实验结果处理的要求。但并没有揭示云纹干涉法的物理本质,不仅不能正确解释实验中的某些重要现象,而且约束了云纹干涉法的进一步发展。

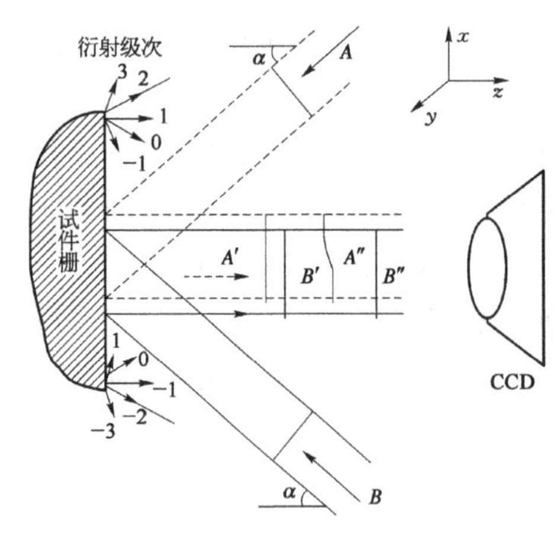

图 3-14　云纹干涉法的波前干涉原理图[20]

2）云纹干涉法的波前干涉理论

20 世纪 80 年代，戴福隆教授和 PostD 等对云纹干涉法进行了严格的理论推导和解释，建立了云纹干涉法的波前干涉理论。

如图 3-14 所示，当两束相干准直光 A、B 以入射角 $\alpha=\arcsin(\lambda f)$（$\lambda$ 为光波波长，f 为试件栅频率）对称入射到试件栅上，在试件表面法线方向上得到一级衍射光波，而且当试件栅平整而且未发生变形时，衍射级次为正负一级的这两束衍射光波为平面波（A' 和 B'），如图 3-14 所示，其波形方程可表示为

$$\left.\begin{aligned} A&=A'=a\exp[i\phi_a] \\ B&=B'=a\exp[i\phi_b] \end{aligned}\right\} \tag{3-57}$$

式中，ϕ_a 和 ϕ_b 为常数；a 为光波振幅。

当试件受力变形后，试件栅随试件变形，因此衍射光波从平面波（A' 和 B'）状态变成与试件表面位移有关的翘曲波前（A'' 和 B''），其位相也发生相应变化，A'' 和 B'' 可表示为

$$\left.\begin{aligned} A''&=a\exp\{i[\phi_a+\varphi_a(x,\ y)]\} \\ B''&=a\exp\{i[\phi_b+\varphi_b(x,\ y)]\} \end{aligned}\right\} \tag{3-58}$$

式中，$\varphi_a(x,\ y)$ 和 $\varphi_b(x,\ y)$ 是由于变形而引起的位相变化。当试件表面具有三维位移时，位相变化 $\varphi_a(x,\ y)$ 和 $\varphi_b(x,\ y)$ 与 x、z 方向的位移 u、w 有如下关系：

$$\left.\begin{aligned} \varphi_a(x,\ y)&=\frac{2\pi}{\lambda}[w(1+\cos\alpha)-u\sin\alpha] \\ \varphi_b(x,\ y)&=\frac{2\pi}{\lambda}[w(1+\cos\alpha)-u\sin\alpha] \end{aligned}\right\} \tag{3-59}$$

两束衍射波前经过干涉最后在 CCD 上成像，CCD 上光强的分布是

$$I=(A''+B'')\overline{(A''+B'')}=2a^2\{1+\cos[\phi_0+\delta(x,\ y)]\} \tag{3-60}$$

其中

$$\left.\begin{aligned} &\phi_0=\phi_a-\phi_b \\ &\delta(x,\ y)=\varphi_a(x,\ y)-\varphi_b(x,\ y)=\frac{4\pi}{\lambda}u\sin\alpha \end{aligned}\right\} \tag{3-61}$$

可以看出，z 方向位移 w 对光强的影响可以消除，而 ϕ_0 为常数，可以等效于试件刚

体平移产生的均匀位相差。如果用波长数 n 表示相对光程 $\Delta(x, y)$ 的变化，并考虑到光程与位相的关系：

$$\Delta(x, y)=n\lambda=\frac{\lambda}{2\pi}\delta(x, y) \tag{3-62}$$

可得 x 方向位移表达式为

$$u=\frac{N_x}{2f} \tag{3-63}$$

式中，N_x 为 u 场的等位移条纹级数。

同理，采用 y 方向对称入射的双光束光路，则可以得到 y 方向面内位移 ν 的表达式为

$$\nu=\frac{N_y}{2f} \tag{3-64}$$

式中，N_y 为 ν 场的等位移条纹级数。

由此，可以得到云纹干涉法面内位移与条纹级数之间关系的表达式，并根据弹性力学的几何方程，可以计算出应变场 $(e_x e_y \gamma_{xy})$：

$$\left.\begin{aligned}
e_x&=\frac{\partial u}{\partial x}=\frac{1}{2f}\ \frac{\partial N_x}{\partial x}\approx\frac{1}{2f}\ \frac{\Delta N_x}{\Delta x}\\
e_y&=\frac{\partial v}{\partial y}=\frac{1}{2f}\ \frac{\partial N_y}{\partial y}\approx\frac{1}{2f}\ \frac{\Delta N_y}{\Delta y}\\
\gamma_{xy}&=\frac{1}{2}\left(\frac{\partial v}{\partial x}+\frac{\partial u}{\partial y}\right)=\frac{1}{4f}\left(\frac{\partial N_y}{\partial x}+\frac{\partial N_x}{\partial y}\right)\approx\frac{1}{4f}\left(\frac{\Delta N_y}{\Delta x}+\frac{\Delta N_x}{\Delta y}\right)
\end{aligned}\right\} \tag{3-65}$$

最后根据广义胡克定律可计算出残余应力。

3.2.3 云纹干涉技术的实验方法

涂层-基体在厚度方向的残余应力分布对涂层的使用性能具有重要作用，故采用实验手段对沿厚度方向的应力分布进行检测[21]。主要的实验步骤如下：

1) 试件栅的转移

利用光栅复制法制作试件栅的流程如图 3-15 所示，首先将固化胶和固化剂按比例搅拌使其均匀混合，并利用离心机将胶内气泡排除，将胶浇铸在光刻胶光栅上(图 3-15a)。然后将试件与光栅压合在一起，并施加一定的力将多余的胶挤出，这样的胶层薄而且均匀。固化胶与光刻胶光栅表面的反射膜的结合力大于光刻胶和反射膜的结合力，因此反射膜在胶固化后被转移到试件上形成试件栅。多余的胶固化后会将试件与光刻胶光栅继续粘结在一起，如果处理不当(如强迫转移)很容易造成光

栅转移失败，因此必须清除多余的固化胶以保证固化胶固化后光栅转移顺利进行。另外，在固化的过程中，还会有多余的胶被挤出，如果固化时间以 12 h 计，可在半固化的胶粘态阶段将其去除(图 3-15b，试样左半部已经去除多余胶)。固化胶完全固化后就可以转移光栅。

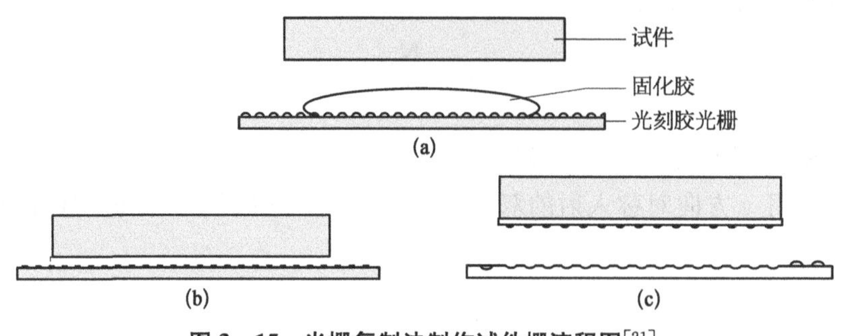

图 3-15　光栅复制法制作试件栅流程图[21]

2) 光栅保护

光栅比较精密，而对试件的切割加工很容易造成光栅的破坏，因此必须在线切割操作之前对试件栅进行有效的保护，并且要求在加工后能比较方便地去除保护层，又不会造成光栅的破坏。由于要完成释放应力的线切割操作，希望保护层能够导电，在不导电的情况下要求能尽量薄从而不会对切割操作造成影响。相关资料表明，应用于模具制造的脱模剂有可能实现这些要求。因此经过对几种脱模剂的对比实验，确定了采用虫胶进行保护，虫胶的主要成分是光桐酸(9，10，16-三羟基软脂酸)的酯类，溶于乙醇。具体方法是将溶解于乙醇的虫胶溶液均匀涂覆在光栅表面，虫胶凝固即可与光栅牢固结合，加工后用乙醇将其溶解洗净。实验表明，尽管虫胶不导电，但是由于保护层比较薄，而且常温下脆性较大，可以在加工过程中顺利完成切割操作，并且去除操作容易进行，对光栅的破坏程度较轻。

3) 释放残余应力

云纹干涉法测试试件的变形从而计算其应力分布，而残余应力是存在于工件内部的内应力，需要对其进行释放，通过释放残余应力导致的变形进而反映残余应力。因此，选择切割方法释放残余应力后对涂层进行残余应力检测。切割法测试残余应力的前提是尽量避免由于切割制造新的变形，而且，涂层的硬度一般比较高(>HRC 40)，传统刀具切割难于实现，并且切割面平整度也难于保证，更重要的是切割会带来切割变形。因此，需要根据云纹干涉测试的特点选择一种影响尽可能小的机加工方法，故选择了线切割进行加工。线切割加工是通过电极丝和工件之间进行脉冲放电，产生高温(约 1 000℃)，使工件金属融化同时和介质产生爆炸，取出材料的一种加工方法。线切割过程对工件主要是热影响，试样和光栅一样受到变化的加工温度影响，当加工结束、恢复室温后，加工产生的热应力随之消失，基本不会对工件的应力分布造成影响。虽然线切割加工时也会对表面造成某些负面影响，在线切割的瞬时高温和工作液的快速冷却作用下，试样表面经线切割后会形成变质层，并产生显微裂纹等，但是有研究表明，表面层的厚度在大电流条件下最后也为 20 μm，其对涂层应力分布的影响可忽略。云纹干涉试样和表面的光栅随着线切割加工过程切割面温度升高而发生变形，但是随着温度下降到室温，变形消失，因此选用线切割进行切割释放残余应力不会带来切割变形。释放应力示意图如图 3-16 所示。

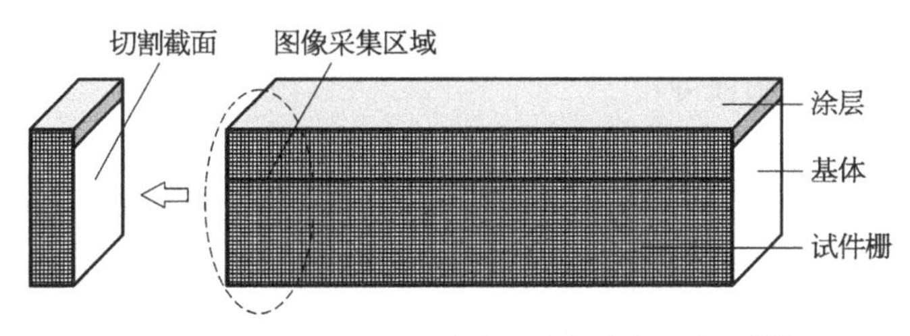

图 3-16　线切割法释放涂层残余应力示意图[21]

4) 光路系统调试以及图像的采集

线切割法释放掉残余应力后的试样装载在载物台上进行观察。装载试件既要避免试件受载带来的额外变形，也要防止试件装夹不牢；额外变形会造成实验数据失真，而装夹不牢会对光路调试造成干扰。根据试样铁磁性材料的特点采用高强度永磁铁对试件进行固定后，进行光路调试。将光纤接到分光盒的光纤耦合器上，调节光纤耦合器使光纤出光最强后打开激光器。

(1) 调整准直光。根据不同位置光斑的直径大小是否变化可检查每束激光是否准直，如果不准直，可调节光纤出头的固定位置以改变出光光点和准直镜的距离，以实现光束准直。光束的准直性是保证条纹质量的重要条件。

(2) 调零场。在所有的测试工作之前，需要对整个光路调零场，即对参考栅进行调节，方式是利用无变形的试件栅进行云纹干涉测试。如果试件栅没有变形，那么就不会产生干涉条纹，据此，可以通过光路上的调节螺丝来调整光路系统，消除载波，保证整个系统各个方向位移场都处于零场状态。调整准直光在仪器装配以及系统被强烈的振动后进行，如果试件栅与调零场用的光栅属于同一批次光栅，调零场不需要重复进行；如果试件栅的光栅与调零场的光栅不属于同一批次，条件允许情况下须重新进行调零场。

(3) 成像调节。以 u 场为例，试件装载后，调节载物台使试样对准测试系统的轴线，并调节试样使其到光路系统箱体距离为规定的 53 mm。将十字屏装在 CCD 前的箱体上，调整载物台的面内转动调节旋钮使两个光点重合，并通过离面转动调节旋钮将光点调整到十字线中央。取下十字屏，打开计算机的图像采集窗口，可以获得 u 场的条纹图，小心调节面内调节旋钮，消除转角云纹，使条纹图像清晰。

(4) 图像采集。图像经 CCD 采集再通过图像采集卡(A/D 转换卡)可以获取到计算机上，并利用采集卡相关软件进行采集操作。CCD 前调焦镜头的作用是使经过透镜的干涉条纹清晰，而放大和缩小图像则需要调整 CCD 和镜头之间的级圈。

5) 图像处理

通过 CCD 采集得到的云纹干涉图像，会因为试件表面的不平整以及光栅在转移、试件加工过程发生的破损和数据采集过程中系统受到干扰造成图像抖动等原因，产生诸如点噪声、污点以及图像模糊，因此有必要对图像进行预处理，主要工作有降噪处理、清除污点和提高图像清晰度等。

3.2.4 云纹干涉法的发展

近年来，由于工业发展的要求，光测力学发展迅速，云纹干涉法测量残余应力技术也取得了很大进步。借助于机械或热释放的手段，用云纹干涉法可以测量释放出的残余变形，从而计算出内部的残余应力。云纹干涉法在实际运用中经常与钻孔法及切槽法结合起来测量残余应力。

Nicoletto 在 1988 年首先利用钻孔法和云纹干涉的方法获得了梯度残余应力场[22]。钻孔的云纹干涉方法和钻孔应变片分析法都是利用钻孔方法释放残余应力，用高灵敏度的衍射光栅代替应变花可以获得平面内位移场分布。基础原理图如图 3-17 所示，其光学系统有两个准直相干光束照射一个线性反射型衍射光栅，光线交叉处获得了干涉产生的虚拟光栅。

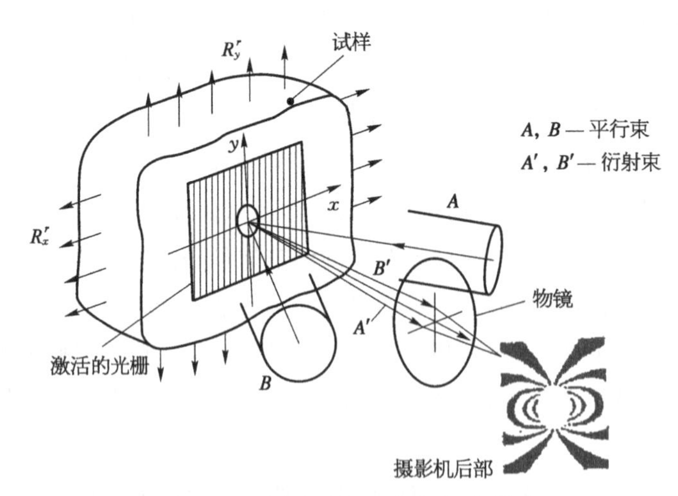

图 3-17 钻孔云纹干涉法原理图[22]

其参考频率 f 由下式得到：

$$f = 2\sin\alpha/\lambda \tag{3-66}$$

式中，λ 为光的波长；α 为入射光与表面法线的夹角。

试样的光栅频率根据钻孔局部残余应力松弛带来的材料的几何变化而改变，从而变形试样光栅和叠加的虚拟光栅发生干涉，在垂直于光栅线的方向上产生相对平面位移分量条纹。条纹图案用下式分析：

$$U_i = N_i / f \tag{3-67}$$

式中，U_i 和 N_i 为位移分量，条纹沿 i 方向排列；f 为取决于 α 的参考光栅频率从而产生亚微米的灵敏度（$f = 2\,400$ l/mm 代表灵敏度为 0.417 μm）。线性的、交叉的或玫瑰形的衍射光栅可以在多个方向上获得位移分量。在应变测量方法中，可以依据从三点应变数据得到 z 方向残余应力，而在云纹干涉法中，因为平面内位移场可以直接得到，所以根据位移公式可以直接得到残余应力。

常规情况的残余应力测试系统如图 3－18 所示，可以通过对基本应力系统的叠加计算，得到与自由位移有关的残余应力的方程如下：

$$\left.\begin{aligned} R_x^r &= R_m^r + R_e^r + \tan(\beta_x^r)y \\ R_y^r &= R_e^r + \tan(\beta_y^r)x \end{aligned}\right\} \tag{3-68}$$

式中，R_m^r 为 x 方向单轴恒定残余应力；R_e^r 为双轴残余应力状态；$\tan(\beta_x^r)$、$\tan(\beta_y^r)$ 分别为 x、y 方向上的线性残余应力分布斜率。

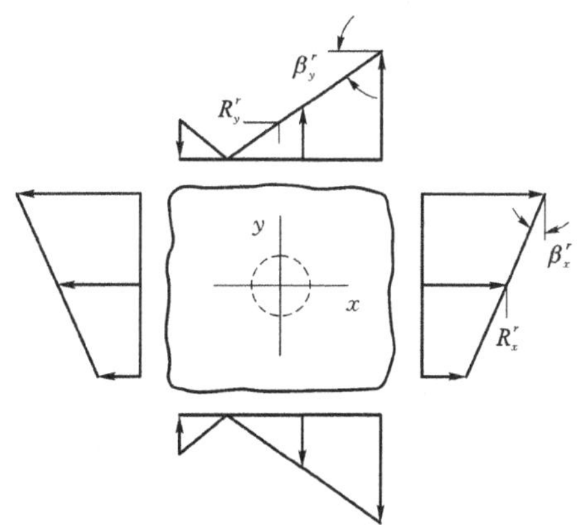

图 3－18　一般情况平面双轴残余应力系统[22]

利用弹性叠加的方法可以分析钻孔带来的单轴、双轴、沿 x 和 y 方向线性分布等情况的残余应力松弛，通过从有孔薄板减去相同载荷下的无孔薄板的残余应力场，可得到平面内位移和残余应力。

对于常规平面应力状态有 $R_x^r = R_m^r + R_e^r$ 以及 $R_y^r = R_e^r$，以下方程给出平面应力状态下极坐标残余应力与自由位移 u_r 和 u_t 的关系：

$$\left.\begin{aligned} u_r &= \frac{\sigma_m^r}{2E}\left\{(1+\nu)\frac{R^2}{r} + \left[4\frac{R^2}{r} - (1+\nu)\frac{R^4}{r^3}\right]\cos 2\theta\right\} + \frac{\sigma_e^r}{2E}(1+\nu)\frac{R^2}{r} \\ u_t &= -\frac{\sigma_m^r}{2E}\left[2(1-\nu)\frac{R^2}{r} + (1+\nu)\frac{R^4}{r^3}\sin 2\theta\right] \end{aligned}\right\} \tag{3-69}$$

式中，R 为孔半径；E 为杨氏模量；ν 为泊松比。

沿 x 方向线性加载的穿孔薄板（图 3－18 中 $b_x = \tan\beta_x$），最终应力位移公式如下：

$$
\left.\begin{aligned}
u_r &= \frac{b_x}{8E}\left\{\left[(-1+3\nu)r^2-(1+\nu)\frac{R^4}{r^2}\right]\sin\theta+\right.\\
&\quad\left.\left[-(5+\nu)\frac{R^4}{r^2}-(1+\nu)r^2+2(1+\nu)\frac{R^6}{r^4}\right]\sin 3\theta\right\}\\
u_t &= \frac{b_x}{8E}\left\{\left[(5+\nu)r^2+(1+\nu)\frac{R^4}{r^2}\right]\cos\theta+\right.\\
&\quad\left.\left[(-1+3\nu)\frac{R^4}{r^2}-(1+\nu)r^2-2(1+\nu)\frac{R^6}{r^4}\right]\cos 3\theta\right\}
\end{aligned}\right\} \tag{3-70}
$$

线性残余应力材料钻孔释放位移(如 $b_x^r=\tan\beta_x^r$)可由上二式减掉相同远场应力下薄板的位移场得到,即

$$
\begin{aligned}
u_r &= \frac{b_x^r R^2}{8E}\left\{-(1+\nu)\frac{R^2}{r^2}\sin\theta+\left[-(5+\nu)\frac{R^2}{r^2}+2(1+\nu)\frac{R^4}{r^4}\right]\sin 3\theta\right\}\\
u_t &= \frac{b_x^r R^2}{8E}\left\{(1+\nu)\frac{R^2}{r^2}\cos\theta+\left[(-1+3\nu)\frac{R^2}{r^2}-2(1+\nu)\frac{R^4}{r^4}\right]\cos 3\theta\right\}
\end{aligned} \tag{3-71}
$$

对于 y 方向的线性残余应力分布分析,可用 $\theta+90°$ 替换上式中的 θ,以及 $b_y=\tan\beta_y^r$ 替换上式中的 $b_x=\tan\beta_x^r$。这种方法假设盲孔的位移释放与通孔的相同,但用应变计钻孔方法得到的结果是孔深大于直径 2 倍时这种假设才有效。为得到更准确的结果,就需要学者们后期进行大量的修正工作。

参考文献

[1] 印兵胜,赵怀普,王晓洪.残余应力测量的基本知识——第七讲机械法测残余应力[J].理化检验(物理分册),2007,43(12):50-54.

[2] Mathar J. Determination of initial stresses by measuring the deformations around drilled holes[J]. Transactions of the ASME, 1934, 56(4): 249-254.

[3] Soete W, Vancrombrugge R. An industrial method for the determination of residual stresses[J]. Proceedings of SESA, 1950, 8(1): 17-18.

[4] 王庆明,孙渊.残余应力测试技术的进展与动向[J].机电工程,2011,28(1):11-15.

[5] CB 3395—92 残余应力测试方法钻孔应变释放法[S].北京:中国标准出版社,1992.

[6] GB/T 31310—2014 金属材料残余应力测量钻孔应变法[S].北京:中国标准出版社,1992.

[7] 陈岚树,董军,彭洋,等.用于残余应力现场检测的 DIC-盲孔法研究进展[J].建筑钢结构进展,2014,16(3):37-44.

[8] 高玉魁.表面完整性理论与应用[M].北京:化学工业出版社,2014.

[9] 李华.盲孔法测量非均匀残余应力时释放系数的研究[D].合肥:合肥工业大学,2012.

[10] 张炯,徐济进,吴静远,等.深孔法残余应力测量技术研究[J].热加工工艺,2015(2):109-111.

[11] Zhang K B, Fu Z Y, Zhang J Y, et al. Microstructure and mechanical properties of CoCrFeNiTiAl x, high-entropy alloys[J]. Materials Science & Engineering A, 2009, 508(1): 214-219.

[12] Timoshenko S. History of strength of materials: with a brief account of the history of theory of elasticity and theory of structures[M]. [s.l.]: Courier Corporation, 1983.

[13] Bateman M G, Miller O H, Palmer T J, et al. Measurement of residual stress in thick section composite laminates using the deep-hole method[J]. International Journal of Mechanical Sciences, 2005, 47(11): 1718-1739.

[14] Lekhnitskiis G. Anisotropic plates[R]. Foreign Technology Div Wright-Patterson Afb Oh, 1968.

[15] 张景忠,吕洪岱,郁红,等.环芯法测量残余应力的基本原理及其应用[J].一重技术,1997(3): 56-59.

[16] Read W T. Formulas for the determination of residual stress in wires by the layer removal method[J]. Journal of Applied Physics, 1951, 22(4): 415-416.

[17] 焦光裴.剥层法测量注塑制品残余应力的实验研究[D].郑州:郑州大学,2013.

[18] 米谷茂.残余应力的产生和对策[M].北京:机械工业出版社,1983.

[19] 戴福隆.现代光测力学[M].北京:科学出版社,1990.

[20] 王召煜,李国禄,王海斗,等.云纹干涉法测量残余应力的研究进展[C].全国青年摩擦学与表面工程学术会议,2011.

[21] 王召煜.热喷涂层残余应力的定量测量实验研究[D].天津:河北工业大学,2011.

[22] Nicoletto G. Moiré interferometry determination of residual stresses in the presence of gradients [J]. Experimental Mechanics, 1991, 31(3): 252-256.

第 4 章

残余应力检测技术的应用

在本书第 1 章 1.4 节中曾提到残余应力的测试方法分为无损和有损两大类，而在第 2 章和第 3 章中分别介绍了常见的残余应力无损检测技术和残余应力有损检测技术，本章则会分别举例分析上述检测技术的具体应用实例。

4.1 无损检测技术的应用

4.1.1 纳米压痕技术的应用

标准纳米压痕技术用于提取 Si(100)基底上单一均质薄膜的弹性模量[1]。该技术还提供了 Au/TiW 双层膜的负载深度曲线，它可以用于扣除在两端固支梁挠曲时发生的尖端穿透效应。

压痕实验使用的仪器为一个装有金刚石玻氏压头(三棱锥金刚石压头)的 iNano 纳米压痕仪(Nanomechanics Inc 公司生产)。在测试之前，使用熔融石英标准样块校准压头面积函数和机架柔度。纳米压痕测量采用动态刚度测量(DSM)法，在室温、负载控制模式下进行[2]。允许的热漂移速率被限制在 0.05 nm・s^{-1}，而施加的应变速率被设定为等于 0.2 s^{-1}。对每个试样进行 16 次压痕实验，使最大压痕深度等于膜厚。Au 的弹性模量通过使用 King 的模型[3]拟合原始压痕数据来得到，以避免基底效应。

施加线性加载速率时，最大载荷等于 1 mN。距表面高度(定义为针尖和基底之间的起始距离)固定为 6 000 nm，即在 4 000 nm 左右的衬底下悬挂结构。因此，在压痕实验之前，压头位于表面以上 2 000 nm 处，以避免针尖与测试结构之间的横向接触。在每次测试之前都要进行显微镜到压头的校准，以避免出现伴有扭曲效应的不均匀弯曲。所有悬臂梁均在距自由边 5 μm 处进行压痕实验，在两端固支的梁上则以 20 μm 为间距沿着整个长度方向进行压痕实验。另外还通过观察光学轮廓仪上的压痕位置，通过评估测试本身的质量来进一步验证压头位置。除载荷-位移曲线外，输出结果提供了梁的刚度和与基底的间隙。连续记录的 DS 可作为梁挠度的函数。通过检测指定深度下刚度的突然改变,可以求得这一间隙,即将梁与基底分开的距离。

根据梁理论[4],独立悬臂刚度的测量可用于计算其弹性模量。具体而言,对于矩形截面,在固定端处的载荷 (P) 定义为

$$P=\frac{3IE}{l^3}=\frac{wt^3E}{4l^3}h \tag{4-1}$$

式中,I 为梁截面面积的惯性矩;E 为弹性模量;h 为挠度;l 为挠度所处位置对应的长度;w 、t 分别为宽度和厚度。刚度 (S) 定义为

$$S=\frac{\mathrm{d}P}{\mathrm{d}h}=\frac{3IE}{l^3}=\frac{wt^3E}{4l^3} \tag{4-2}$$

注意:式(4-1)和式(4-2)依旧不考虑梁的双层结构。通过使用变换截面法[4-5],对双层微悬臂梁应用经典梁理论来确定每层的弹性模量。其步骤是将由多种材料组成的横截面转换为仅由一种材料组成的等效横截面。由此定义了一个仅由单个材料组成的新横截面。然后,使用标准梁理论[4]分析具有变换部分的横梁。如图 4-1 所示,相对于顶层的弹性模量,第二层被归一化之后,其宽度 (w_2) 为

$$w_2=\frac{E_2}{E_1}w=nw \tag{4-3}$$

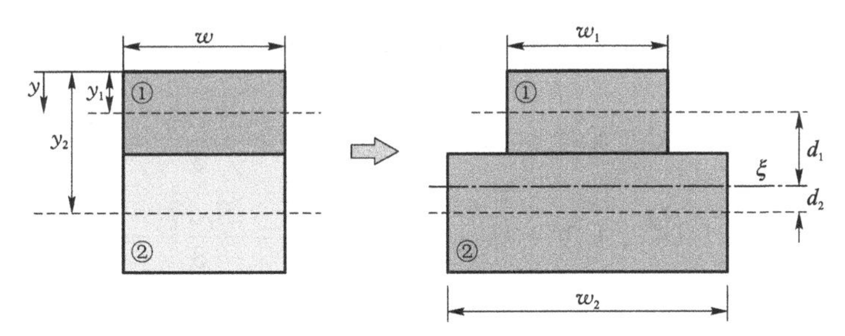

图 4-1　等效截面法(将两种不同材料组成的梁转变为具有同一弹性模量的单一材料部分)

式中,n 为所谓的模量比[4]。新的转换梁相当于初始梁,其中性轴处于同一位置(图 4-1 中的虚线位置)。但整体弯曲刚度 (EI_t) 为

$$EI_t=E_1I_1+E_2I_2 \tag{4-4}$$

式中,I_1 、I_2 分别为第一层和第二层梁横截面面积的惯性矩。

若横截面为矩形,I_1 和 I_2 可写为

$$\left.\begin{aligned}I_1&=\frac{wt_1^3}{12}+A_1d_1^2\\ I_2&=\frac{wt_2^3}{12}+A_2d_2^2\end{aligned}\right\} \tag{4-5}$$

式中，A 为横截面积；d 为复合材料中性轴 (ξ) 与每个单层中性轴之间的距离 ($d=\xi-y$)，如图 4-1 所示。变换截面内中性轴 ξ 的位置由以下公式计算：

$$\xi=\frac{y_1A_1+y_2A_2}{A_1+A_2} \tag{4-6}$$

其中 y 表示每层相对于表面顶部的中性轴的位置(图 4-1)。通过在式(4-5)中插入等式(4-6)并扩大所有条件，I_1 和 I_2 可以表示如下：

$$\left.\begin{aligned} I_1&=\frac{wt_1^3}{12}+wt_1\left(\frac{y_1wt_1+y_2\dfrac{E_2}{E_1}wt_2}{wt_1+\dfrac{E_2}{E_1}wt_2}-y_1\right)^2 \\ I_2&=\frac{wt_2^3}{12}+\frac{E_2}{E_1}wt_1\left(\frac{y_1wt_1+y_2\dfrac{E_2}{E_1}wt_2}{wt_1+\dfrac{E_2}{E_1}wt_2}-y_2\right)^2 \end{aligned}\right\} \tag{4-7}$$

其中梁横截面面积的惯性矩与每层弹性模量的相关性被突出显示。为了限制压痕定位的不准确性，对于一组不同的悬臂长度，式(4-2)被设定为等于 0。这相当于可以求解以 E_1 和 E_2 为未知数的方程组：

$$\left.\begin{aligned} &E_1\cdot I_1(E_1, E_2)+E_2\cdot I_2(E_1, E_2)-\frac{S_Ax_A^3}{3}=0 \\ &E_1\cdot I_1(E_1, E_2)+E_2\cdot I_2(E_1, E_2)-\frac{S_Bx_B^3}{3}=0 \\ &E_1\cdot I_1(E_1, E_2)+E_2\cdot I_2(E_1, E_2)-\frac{S_Cx_C^3}{3}=0 \\ &\cdots\cdots \end{aligned}\right\} \tag{4-8}$$

其中突出显示了梁截面的惯性矩区域与弹性模量的相关性。等式(4-8)被迭代至收敛，于是可直接得出 E_1 和 E_2。要特别指出的是，刚度是由三个不同悬臂长度(20 μm、40 μm 和 60 μm)提供的，并且每一个测试都需要重复进行，以此提供改进后的统计估值。使用 Herbert 等模型对独立式两端固支梁的力学性能进行求解，将负载 (P) 与穿透深度 (h) 相关联，如下式：

$$P=\frac{8wtEh^3}{l^3}-\frac{8wtR_rh^3}{l^3}+\frac{4wtR_rh}{l} \tag{4-9}$$

式中，l 为两端固支梁的长度；E 、R_r 分别为几何约束产生的弹性模量和残余应力。刚度则由下式计算而得：

$$S=\frac{\mathrm{d}P}{\mathrm{d}h}=\frac{24wtEh^2}{l^3}-\frac{24wtR_rh^2}{l^3}+\frac{4wtR_r}{l} \tag{4-10}$$

因此，通过将刚度的趋势拟合为深度的函数，可以求解出单层的弹性模量和残余应力。与具有自由边缘的悬臂梁相反，曾有文献[6-7]报道过在使用类似的测试结构时，两端固支梁的几何约束是能够产生残余应力的。

图 4-2 展示了三个悬臂梁最小尺寸即 20 μm、40 μm 和 60 μm 下的刚度，可以发现其未显示任何偏转。所有的弯曲测试都是在距离自由边 5 μm 处进行的。在图 4-2a～c 中，刚度被绘制为压痕深度的函数。一旦压痕接触悬臂，立即检测出刚度。对于 20 μm 和 60 μm 长的悬臂，该检测值分别为 31 N/m 和降至 1.7 N/m。长于 60 μm 的悬臂梁的刚度不能求解，因为此时的检测值会低于与测量相关的噪波。为了获得更多的统计数据，对于其他悬臂组，将压痕定位在距锚定相同的长度位置处，再进行重复测量。图 4-2d 中展示了 20 μm、40 μm 和 60 μm 长悬臂梁的平均刚度值，该结果是在两个独立的测量点处获得的，表明数据具有良好的再现性。检测刚度后，悬臂向基底弯曲，其接触以刚度的陡增来表示。值得注意的是，刚度不受压头在悬臂中的渗透深度的影响，因为刚度值几乎在零深度处获得，即当压头检测到悬臂表面时测得的值。此外，由于滑动效应的

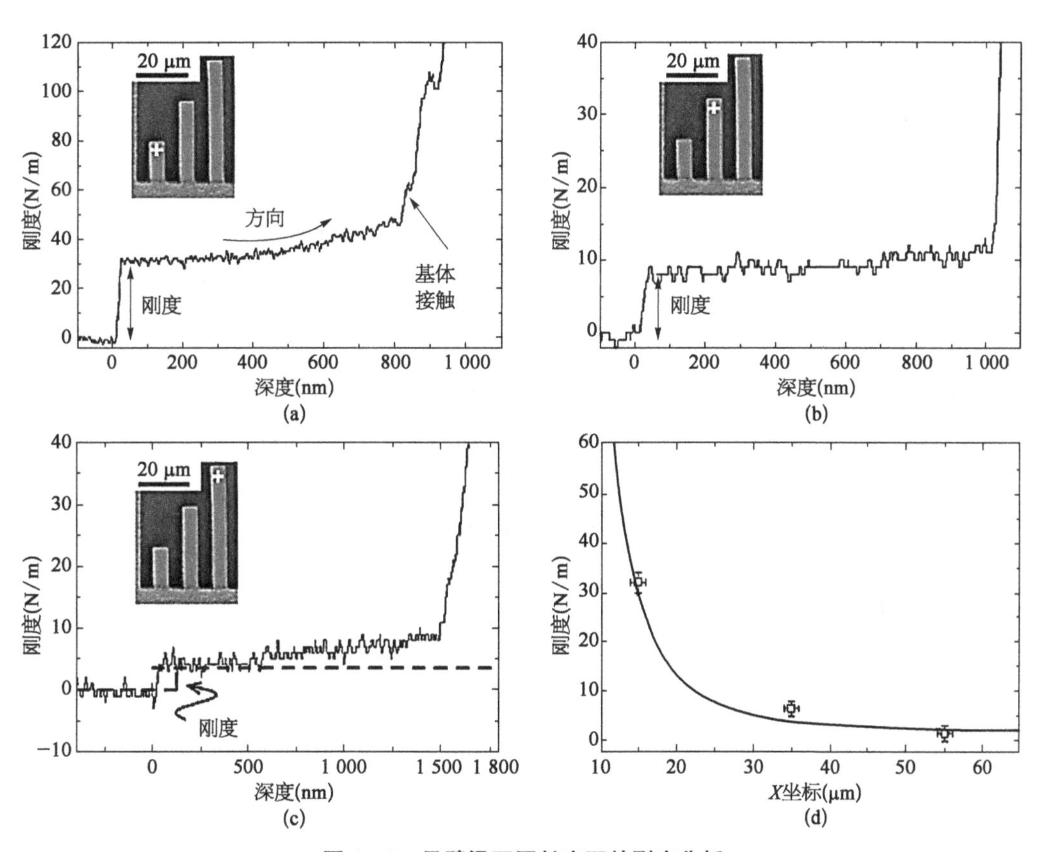

图 4-2　悬臂梁不同长度下的刚度分析

原因,测量悬臂和下方基底之间的间隙值对于短悬臂来说不是很精确。图 4-2d 展示了以压痕即弯曲加压点位置为横坐标,以平均刚度为纵坐标的函数图。数据点已使用式(4-2)计算的刚度数据重叠过,有效弹性模量等于 108 GPa(该值是使用 Herbert 模型计算出的[8]),同时假定两端固支梁为单层。图 4-2d 表明,和使用标准梁理论[3][式(4-2)]时预期的一样,在压痕接近悬臂锚定处时刚度增加。图 4-2d 中曲线与数据点之间的精确重叠能够进一步证明使用两种不同技术和分析模型获得的精确压痕定位值和平均弹性模量值。

对于长度等于 20 μm、40 μm 和 60 μm 的三组不同的悬臂,采用图 4-2d 中的刚度值,并且应用变换截面法,发现式(4-5)向 E_1 和 E_2 的收敛值分别等于(74±8)GPa 和(232±8)GPa。请注意,此过程减少了与计算相关的实验误差,因为该求解值是由 6 个从 20 μm 到 60 μm 不同长度的悬臂梁获得的。所得结果与 Au[9-10] 和 TiW[11] 薄膜的文献值(表 4-1)一致。此外,该结果也与通过使用式(4-8)计算所得的两端固支梁平均弹性模量一致,为 108.5 GPa。

表 4-1　Au 和 TiW 的弹性模量值的归纳　(GPa)

	E_{Au}	E_{TiW}
公式	79 74.110	260
悬臂弯曲	74±8	232±8
纳米压痕	80±5	219±20

图 4-3a 显示了 Si(100)基底上的 Au 和 TiW 薄膜的弹性模量,其为归一化压痕深度函数的变量。对于小压痕,Au 的弹性模量向 Si(100)值(183 GPa)收敛,从(83±20)GPa 增加到(180±3)GPa。通过使用 King 模型拟合压痕深度数据来求解 Au 弹性

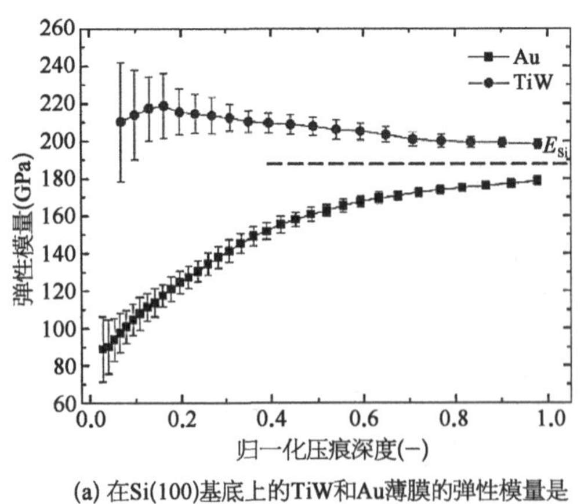

(a) 在Si(100)基底上的TiW和Au薄膜的弹性模量是归一化压痕深度的函数

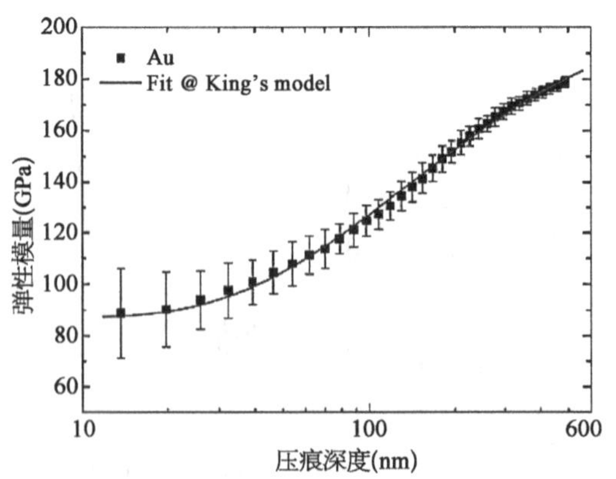

(b) Au的弹性模量是压痕深度的函数。该数据利用King的模型拟合，从而求解出薄膜的弹性模量

图 4-3　Si(100)基底上 Au 和 TiW 薄膜的弹性模量

模量值(图 4-3b),得到结果为 80 GPa,该值与文献值一致[9-10],并且也等于使用变形切片方法测试的结果,该方法一般应用于双层悬臂偏转(表 4-1)。与文献[11]和双层悬臂弯曲结果(表 4-1)一致,在 20 nm 和 50 nm 深度之间计算的 TiW 弹性模量等于(219±20)GPa。正如预期的那样,结果表明机械尺寸对弹性模量没有造成影响,这在其他关于非晶合金[12]和 Au 微柱[9]的文献研究中也有所证明。

4.1.2 拉曼光谱技术的应用

本小节主要内容是关于利用拉曼光谱技术测量熔体渗透 SiC/SiC 陶瓷基复合材料中的残余应力[13]。

在高温应用中,SiC/SiC 陶瓷基复合材料(CMC)很有希望替代 Ni 基超级合金,因为在更高温的情况下(即大于 1 000℃)[14-15],前者能够保持足够的强度和抗蠕变性能,但密度却仅为后者的 1/3。SiC/SiC CMC 加工过程中的变化会显著影响复合材料的机械性能,包括抗拉强度和峰值应变,还会影响复合材料的韧性和抗蠕变性等;上述变化归因于加工期间的孔隙率、残余应力以及二氧化硅玻璃的形成[15-16]。

由于各种组成相的热膨胀系数不匹配以及加工 SiC/SiC CMCs 时所使用的温度较高,从加工温度冷却时,这些类型的复合材料会产生显著的残余应力。在加工时,对研究中的两块板进行熔体渗透,其中熔融硅渗入含有 SiC 颗粒的纤维预制棒中。该过程导致一定量的剩余未反应的硅分散在整个复合结构中。硅晶体具有开放的立方晶格结构,它会自液体凝固后大量增加原子间距离。因此,如果晶体在凝固时不能自由膨胀,就会产生严重的应力[17]。在一些情况下,基体中的残余应力可能是有益的。例如,基体中存在的残余压应力将有助于抑制复合材料中早期裂纹的扩展,类似于金属材料中喷丸强化所引起的残余应力的效果。

在本节中,两种不同的熔体渗透 SiC/SiC CMCs 基体材料中的残余应力通过拉曼光谱表征。从制造的样品中切取 12 mm×2 mm 的小试样,使用金刚石磨盘将试样抛光至 1 μm,并在溶剂中利用超声波清洗以避免污染。利用微拉曼光谱研究局部化学成分和残余应力,它们可能会显著影响 SiC/SiC 复合材料的力学性能。微拉曼光谱技术是一种无损检测方法,常常被用于测量材料中各种基本的振动模式[18]。通过追踪试样中不同材料拉曼光效的“指纹”,便可以从峰积分强度中获得化学成分的精确测量。此外,由于峰的确切位置及其位移取决于局部应力,因此试样中应力张量的迹的平均值,可以用 1 μm 的空间分辨率精确测量[19-20]。从已知的无应力波数的变化,表明材料内部存在残余应力[21]。根据测得的峰值位置 (ω_S) 以及无应力峰值位置 (ω_0),使用一个应力转换因子 (C) 便可计算出残余应力 (R_R),详见等式(4-11):

$$\omega_0 - \omega_S = R_R C \tag{4-11}$$

使用配备有514.5 nm的Ar^+激光发射器、1 800 line/mm光栅以及Renishaw拉曼光谱仪，来进行拉曼光谱的收集。试样上的激光功率保持在2 mW以下，以避免试样发热。采用为工作距离50倍的物镜将激光束聚焦在试样上，并在后向散射装置中收集拉曼散射光。使用步进尺寸为1 μm的载物台收集拉曼图，然后将收集的数据导入MATLAB®程序，该程序可计算局部的化学成分以及分析局部的残余应力图。具体而言，该输出是分别基于Si和SiC的积分强度和波数偏移来计算的。数据来自基体材料内部以及被基体材料所包裹的纤维束中间的纤维周围，如图4-4所示。收集并分析了多个拉曼图，以获得可代表整个试样的数据。

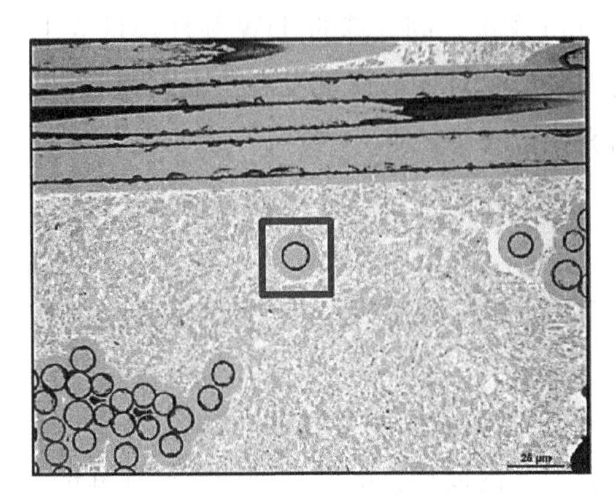

图4-4　所研究的纤维和基质区域的光学显微照片（参见彩图附图1）

每种相组分的体积分数列于表4-2中。板1中硅含量估计为12%，板2中估计为11%。表4-3中列出来自每个板的两个试样的平均力学实验结果。由此可以看出，这些SiC/SiC CMCs的氮化硼纤维涂层之间的差异对复合材料失效时的拉伸强度和应变有着重要影响，但对复合材料的刚度或比例极限的影响十分有限。

表4-2　板1和板2的体积分数

样　品	SiC颗粒	氧化硅	CVI碳化硅	纤　维	孔　隙
板1	0.23	0.12	0.19	0.41	0.05
板2	0.18	0.11	0.22	0.46	0.03

表4-3　室温下板1和板2的宏观力学性能

样　品	拉伸强度(MPa)	失效应变(%)	屈服强度(MPa)	弹性模量(GPa)
板1	271±21	0.29±0.03	157±8	200±9
板2	425±25	0.56±0.02	165±15	199±1

图4-5和图4-6分别展示了板1中Sylramic纤维和板2中Sylramic-iBN纤维周围的SiC和Si分布及其残余应力的拉曼映射结果。分布图来源于拉曼光谱中的峰面积积分。如前所述，当使用拉曼光谱测量应力时，所测残余应力值是应力张量的平均值。

拉曼图显示板2的纤维中具有较高的残余拉应力，并且在SiC中具有比板1更高的残余应力。此外，板1中研究的局部区域具有高得多的未反应硅含量，在硅中具有与板2中相似的残余压应力。如表4-4所示，对于板1，纤维中的残余应力在SiC CVI涂层中达到最大的+1.87 GPa、+2.58 GPa，并且在SiC基体中达到+3.05 GPa。然而，在硅中残余

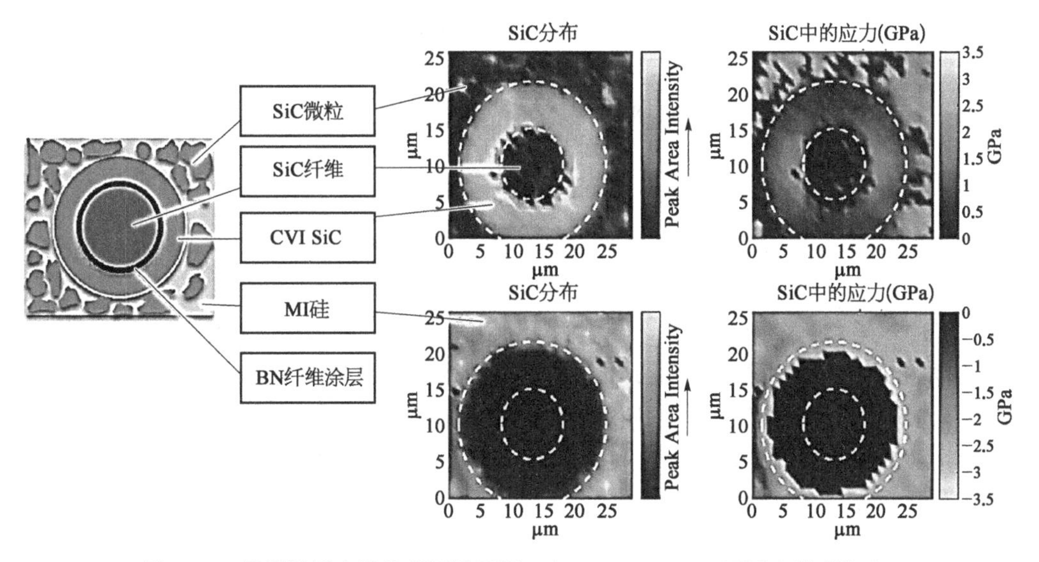

图 4-5　用微拉曼光谱技术测量了板 1 中 30 μm×30 μm 区域内的碳化硅、未反应硅的分布及 Sylramic 纤维周围的残余应力(参见彩图附图 2)

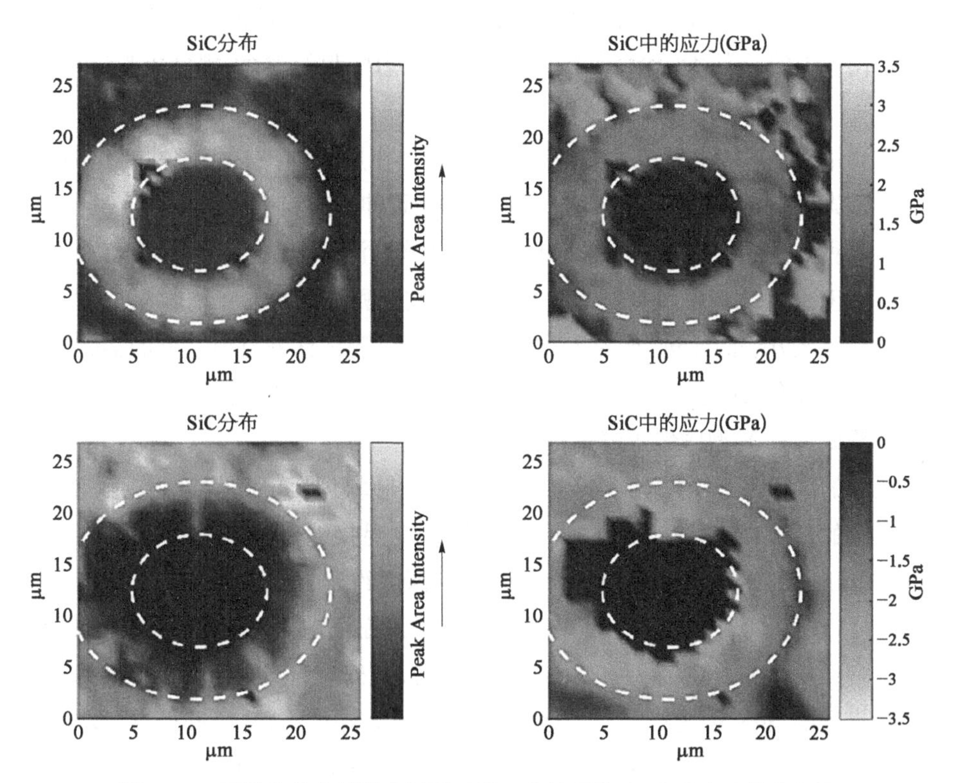

图 4-6　用微拉曼光谱技术测量了板 2 中的碳化硅、未反应硅的分布及 Sylramic-iBN 纤维周围的残余应力(参见彩图附图 3)

应力最大值约为−2.97 GPa。在板 2 中,纤维的最大残余应力为+1.81 GPa,SiC CVI 涂层为+2.72 GPa,SiC 基体为+3.02 GPa。在硅中,残余应力最高可达约−2.99 GPa。

表 4-4　板 1 和板 2 的拉曼应力测量　(GPa)

试样	SiC 纤维平均应力	SiC 纤维最大应力	SiC CVI 涂层平均应力	SiC CVI 最大应力	SiC 基体平均应力	SiC 基体最大应力	自由 Si 平均应力	自由 Si 最大应力
板 1	0.50±0.11	1.87	0.93±0.05	2.58	1.46±0.08	3.05	2.04±0.07	−2.97
板 2	0.69±0.10	1.81	1.24±0.07	2.72	1.45±0.05	3.02	1.96±0.04	−2.99

需要补充说明的是，用于计算硅相中残余应力的应力转换因子对应的是纯硅的。但是，该复合材料中的硅相掺杂有硼。这种掺杂剂可能对应力转换因子有影响。从元素分析来看，此处研究的材料中硅相中硼原子的百分比为 1.40%。对于该案例，假定硼的浓度足够低，以至于对应力转换因子的影响很小，可采用纯硅时的应力转换因子，即 1.88 cm^{-1}/GPa[22]。

4.1.3　磁测技术的应用

构件中较大的应力将会影响力学性能、耐腐蚀性能、疲劳性能和尺寸精度。关于残余应力在构件中的分布、应力的大小以及消除由应力引起的损伤，都已成为近年来研究的重点[23]。

用于测量残余应力的磁测法，是一种基于应力作用下铁磁材料磁性变化的非破坏性方法。首先，强磁场激励铁磁材料，然后根据磁致伸缩效应或磁弹性效应测量残余应力[24-30]。这种方法已被认为是一种简单且非接触式的测量方法。但它也有几个缺点，比如设备笨重、磁化不均匀以及剩磁。最关键的是，它在测试中需要一个非常强大的磁场。

通过对传统方法的改进，研究人员发现可以通过测试铁磁材料上方的漏磁通，来给出残余应力的分布，这就避免了传统磁测法中未采用人造磁场的不足。下面介绍使用改进方法测试具有 Y 型倾斜焊缝试样的应力分布。

所测试的试样是 20 号钢板，其上有一个 Y 型倾斜焊接电弧焊缝。为了消除接缝形状对磁场的影响，接缝的较高部分已经刨平，以满足接缝与母板的高度相同。试样的厚度为 10 mm。接缝的平均宽度约为 8 mm，其深度约为 7 mm。

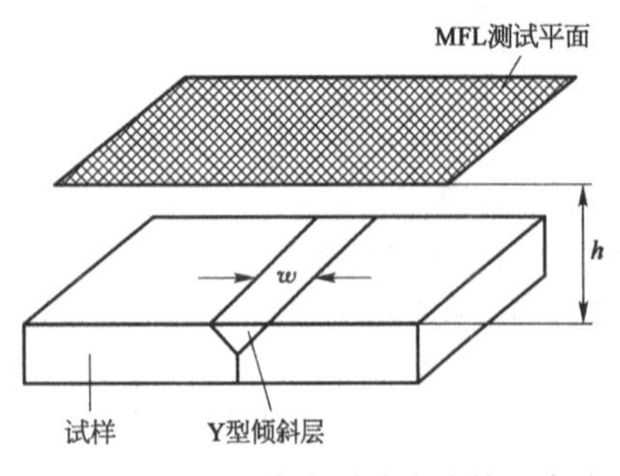

图 4-7　MFL 应力测试方法的示意图

将试件水平放置在地磁场中，然后在距离试样表面 10 mm 高度处检测漏磁通(MFL)的法向分量。将 MFL 信号放大并过滤，然后进行 A/D 转换和采样。最后，与这些采样点相对应的 MFL 数字信号会被传送到计算机以供 RS232 进一步处理。由于检测区域内的地磁场可以视为均匀场，MFL 信号将显示试样中的残余应力。图 4-7 显示了测试方法，测试平面中的交叉点即为 MFL 采样位置。

图 4－8 显示了一个通过 MFL 方法测试残余应力的系统。系统中的磁性探头是磁阻装置(MRD)，磁性测试系统模块执行探头驱动、MFL 信号的放大和滤波、A/D 转换以及 RS232 通信功能。那些高于试样 10 mm 的 MFL 信号是通过扫描三维平台获得的。扫描台采用铝合金制作，避免了对空间地磁场分布的影响，试样的焊缝沿台架南北方向水平放置。

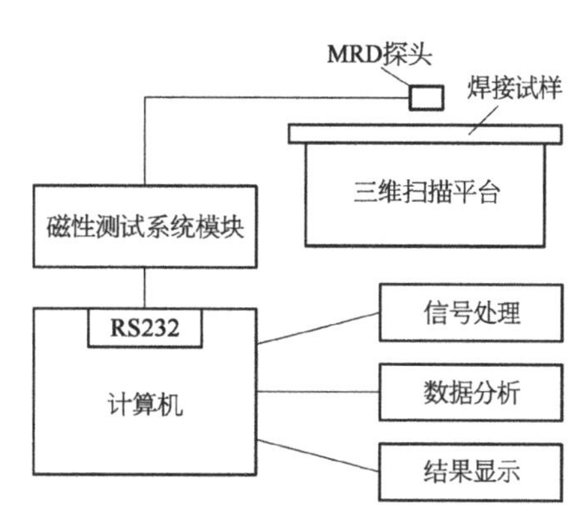

图 4－8　磁测法的应力测试系统

使用上述方法检查磁场的法向分量。图 4－9 显示了 MFL 幅值的分布。X 坐标表示远离焊缝的位置，Y 坐标表示沿焊缝方向的位置，垂直坐标 Z 表示不同位置处 MFL 幅值的法向分量。

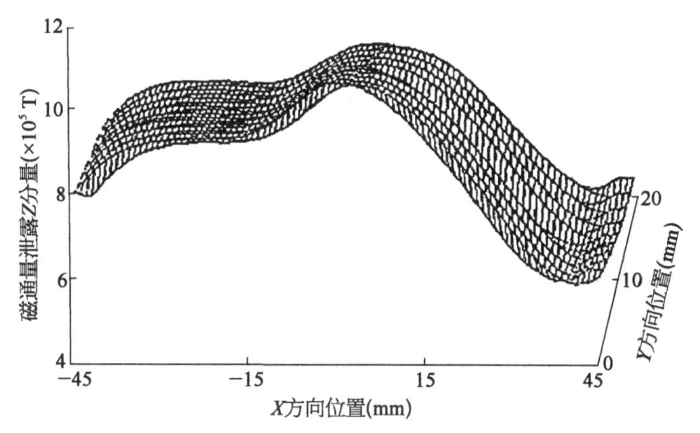

图 4－9　试样上方 10 mm 处 MFL 法向分量的空间分布

从图 4－9 可以看出，MFL 的幅值并不受 Y 坐标的影响，只是根据 X 坐标而变化。为了更清楚地看到 MFL 的法向分量和 X 方向位置之间的关系，从图 4－9 中截取曲线如图 4－10 所示，它的水平坐标是远离焊缝一侧的位置。

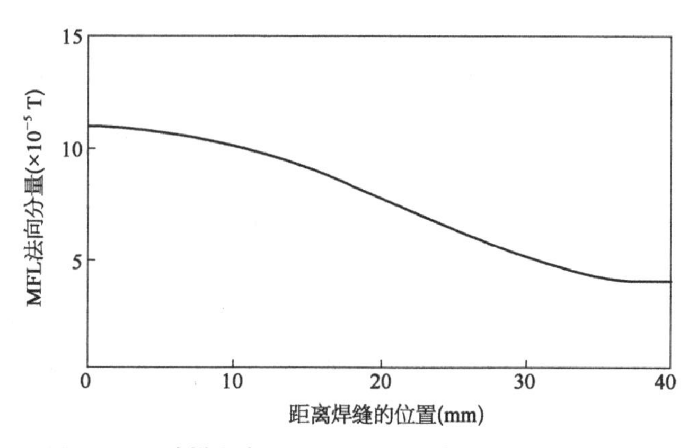

图 4－10　试样上方 10 mm 处 MFL 法向分量的一维分布

图 4-11 给出的是采用小孔法获取的焊缝附近的应力分布结果。L 是从应力测试位置到焊缝的距离，R_y 表示平行于焊缝的主应力。比较图 4-10 和图 4-11，可以看到 MFL 的法向分量与试样中的应力存在着一致的变化趋势。沿焊缝的拉应力增大了 MFL 的法向分量，压应力则反之。

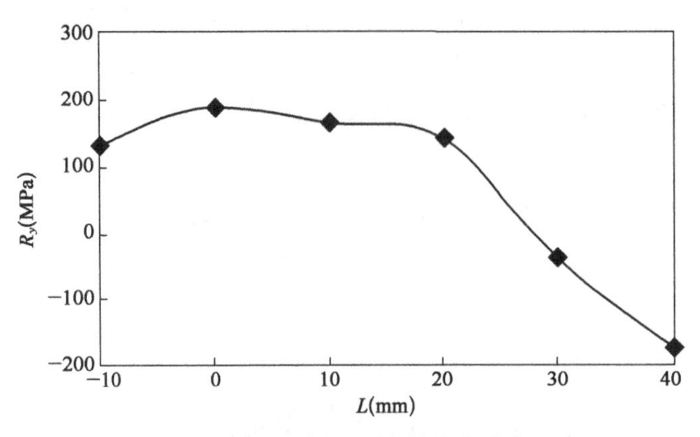

图 4-11　小孔法测得的应力分布

图 4-12 给出了磁场信号和应力的正则化曲线，其中 N-MFL 表示 MFL 法向分量的正则化值，R_{yR} 表示沿焊缝方向的主应力正则化值，以及 L 显示远离焊缝的距离。图 4-12 中的两条曲线显示了非常相似的变化趋势，这对通过 MFL 的分布来确定应力的分布而言，是很重要的。

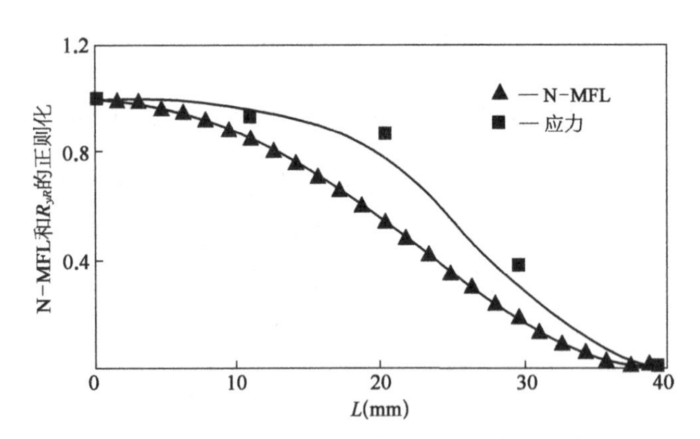

图 4-12　MFL 和应力的法向分量关于远离焊缝距离的正则化曲线

在多晶铁磁材料中，如果没有磁场和内部应力的存在，那么磁畴沿着各个方向的概率将是相同的，所以材料上方没有漏磁通。铁磁材料中的应力会改变磁畴的方向，并表现为局部磁特性异常，这将在铁磁材料之上形成漏磁通。拉应力导致磁畴的易轴趋于平行于应力方向，而压应力易导致磁畴的易轴垂直于应力方向。在上述实验中，沿 Y 轴方向的拉应力导致磁畴的易轴平行于它。沿 Y 轴方向的压应力使磁畴的易轴向垂直于它的方向转动。应力的大小和方向根据应力集中而变化，并导致铁磁材料上方产生的不同漏磁通。因此,这成功解释了试样中 MFL 的法向分量与 Y 轴方向上应力的一致变化趋势,所以,使用磁测法可以有效地进行铁磁材料的残余应力测量。

4.1.4 超声技术的应用

镍基合金的焊接越来越多地应用于船舶制造业中的各种重要结构、化学处理等[31]。本节讲述利用超声法测量 Monel 400 合金的次表面残余应力,该部分残余应力是在压力容器的焊接过程中造成的。在利用超声法测量残余应力时,纵向临界折射(LCR)波在试样内部传播以评估应力对波速的影响,然后通过声弹性关系,波速的任何差异都可以转化为材料应力。

这里需要特别说明次表面残余应力与表面残余应力的差异。次表面残余应力被定义为材料一定深度内的应力。在制造压力容器所需的圆周焊接中,一定深度下的残余应力可能与表面应力有很大的不同。然而,大多数非破坏性应力测量技术如 X 射线衍射和巴克豪森噪声法,只能在几毫米的深度范围内进行表面应力的测量[32]。而超声法则已被证明具有在不锈钢板和管道中进行次表面应力测量的能力[33-34]。通过改变超声波的频率,LCR 波能够穿透不同深度的材料以测量次表面残余应力。

图 4-13 展示了常用的实验配置。LCR 波首先由发射器产生,然后通过材料的一个区域传播,最后由一个或两个接收器检测信号。在这个波路径中,LCR 波的速度受材料应力的影响。次表面的残余应力通常可以被确定,只要层深与超声波波长是相关的,此时的层深往往超过几毫米。在图 4-13 所示的例子中,发射和接收的 LCR 波中的第一临界角都为 31°。

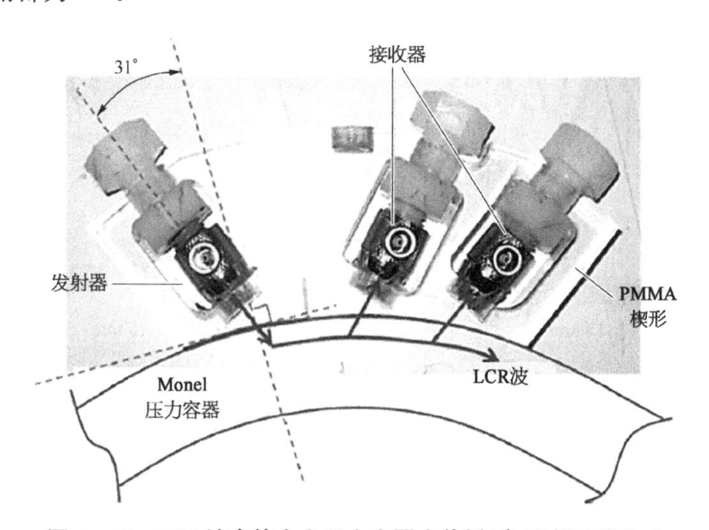

图 4-13 LCR 波在镍合金压力容器中传播(参见彩图附图 4)

Egle 和 Bray[35]推导出的,LCR 波传播时间的变化与相应的单轴应力之间的关系为

$$\Delta R = \frac{E}{Lt_0}(t - t_0 - \Delta t_T) \tag{4-12}$$

式中，ΔR 为应力的变化量；E 为弹性模量；L 为应力方向上传播的与纵波有关的声弹性常数；t 为焊接试样中测得的波传播时间；t_0 为室温下均匀且各向同性的无应力材料中的传播时间；Δt_T 为室温与测量温度之间温度梯度的影响。在了解焊接引起的传播时间的变化以及声弹性常数的情况下，便可知道应力的变化。

图 4-14 所示测量设备包括超声波箱、计算机和飞行时间(TOF)测量单元。超声波箱是一个 100 MHz 超声波实验设备，它在脉冲发生器的信号和控制 A/D 转换器的内部时钟之间进行了同步。这可以非常精确地测量小于 1 ns 的飞行时间。TOF 测量单元包括三个纵波传感器，组装在一个集成楔块上以测量飞行时间。用激光切割聚甲基丙烯酸甲酯(PMMA)材料，以构造楔形物。采用轴向和环向楔块分别测量轴向和环向的 TOF。需要包括一个发送器和两个接收器的三探头安排来消除环境温度对飞行时间的影响。采用四种不同频率的十二个传感器，它们的标称频率为 1 MHz、2 MHz、4 MHz 和 5 MHz。将三个具有相同频率的纵波换能器组装在楔块上，其上压电元件的直径为 6 mm。扫描路径从左端的熔化区域(MZ)开始，通过中心主焊缝，到右端的融化区域(MZ)结束。对于靠近和位于 MZ 的点，移动步距等于 1 mm；而远离焊缝的地方，步距增加到 5 mm。对每个点测量 TOF 三次，记录平均数据。须使用四个不同频率的换能器扫描路径四次。

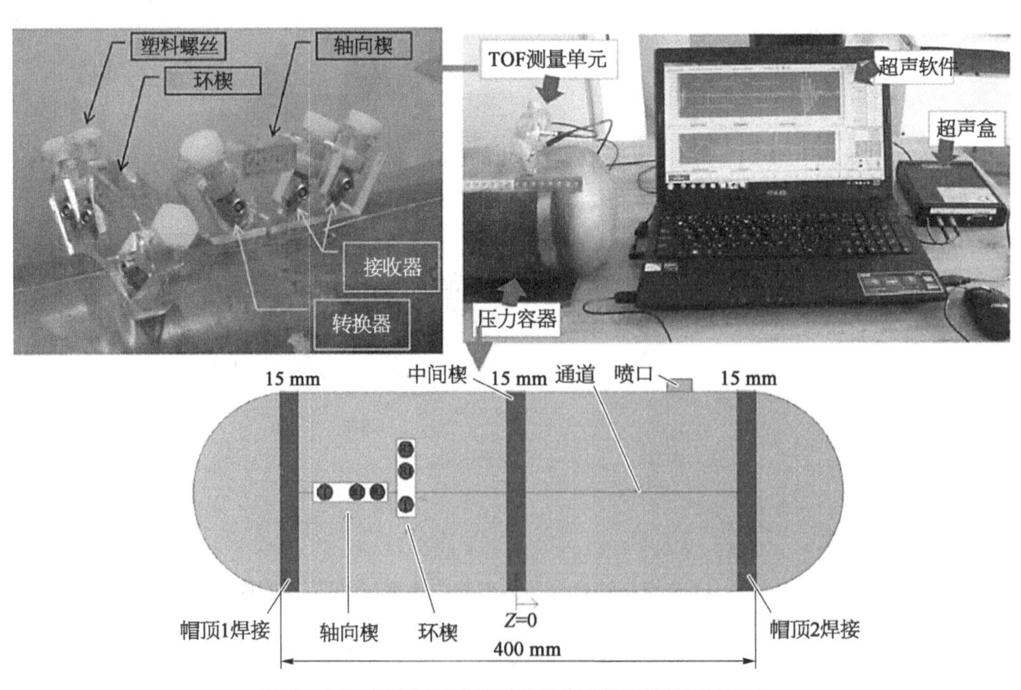

图 4-14　超声波 TOF 测量设备(参见彩图附图 5)

当 LCR 波在壁厚有限的样品中传播时，穿透深度预计为频率的函数。但是，LCR 深度和频率之间没有可用的特定关系。因此，应该通过实验测量 LCR 深度。在管中切割变深凹槽，使用与研究试样相同的材料和厚度，以产生屏障来物理防止 LCR 波到达接收换能器。结果发现 1 mm 深度的凹槽可以完全防止 5 MHz - LCR 波通过，表明这种 LCR 波的穿透深度为 1 mm。类似地，测量 4 MHz、2 MHz 和 1 MHz - LCR 波的穿透深度分别等于 1.5 mm、3.5 mm 和 7 mm。

为了测量声弹性常数 (L)，试样需要加压以在表面上产生应力。将试样中充满水，并通过空气压缩机逐步增加内部压力。根据 ASME - Section Ⅷ计算外表面上的应力。试样保持在一定的压力下，利用超声波 LCR 方法确定受气动应力影响的 TOF。然后根据前述公式计算整个试样的声弹性常数 (L)。

在利用有限元模型来验证超声法的测量结果前，须先验证有限元模型的可靠性。所以使用钻孔法的结果，验证得到一个可靠的有限元模型(VFEM)。然后根据 LCR 波的穿透深度，使用 VFEM 计算试样中各种深度的残余应力，如图 4 - 15 和图 4 - 16 所示(右图均为左图的局部放大图)。

此前已有研究表明，超声法可以测量相当于 LCR 穿透深度处的残余应力平均

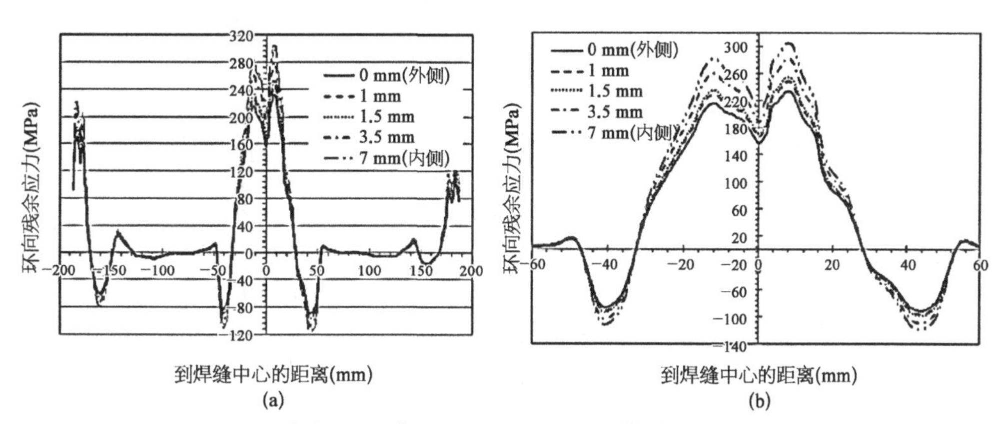

图 4 - 15 根据 LCR 穿透深度，利用 VFEM 获得的环向残余应力

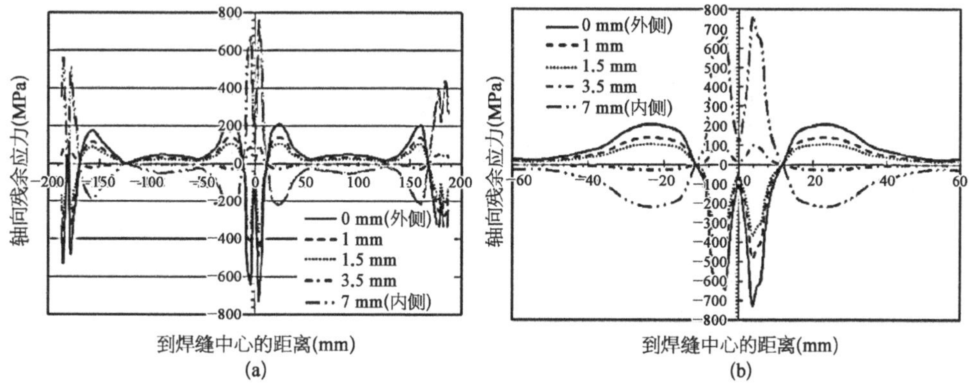

图 4 - 16 根据 LCR 穿透深度，利用 VFEM 获得的轴向残余应力

值[36-40]。因此，图 4－15 和图 4－16 所示的结果需要修改，以满足平均应力测量的标准。修改后如图 4－17 所示，利用 VFEM 计算深度分别为 1 mm、1.5 mm、3.5 mm 和 7 mm 处的残余应力平均值，这被认为与分别利用 5 MHz、4 MHz、2 MHz 和 1 MHz 传感器进行超声法测得的结果完全等价。

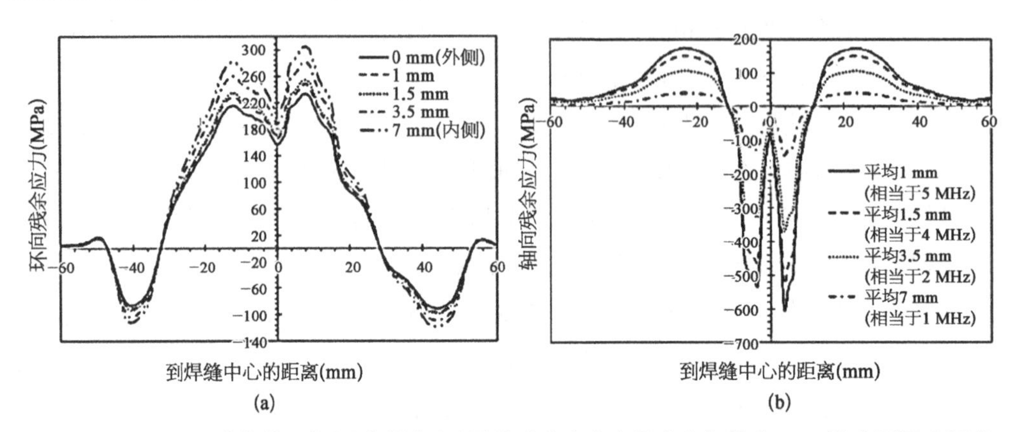

图 4－17　VFEM 计算的环向(a)和轴向(b)平均残余应力在深度上与超声 LCR 波穿透深度相当

残余应力的平均值适用于超声波应力测量结果的验证。图 4－18 和图 4－19 显示了使用不同 LCR 检测频率测量的环向和轴向残余应力。

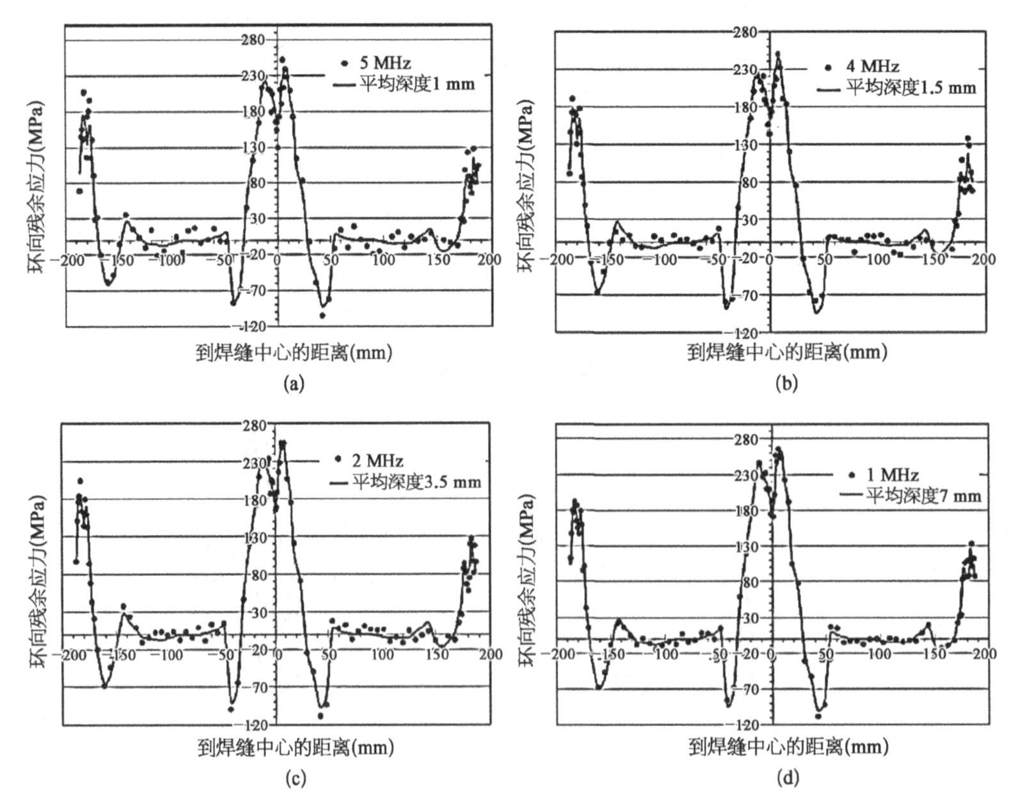

图 4－18　使用不同 LCR 检测频率测得的环向残余应力

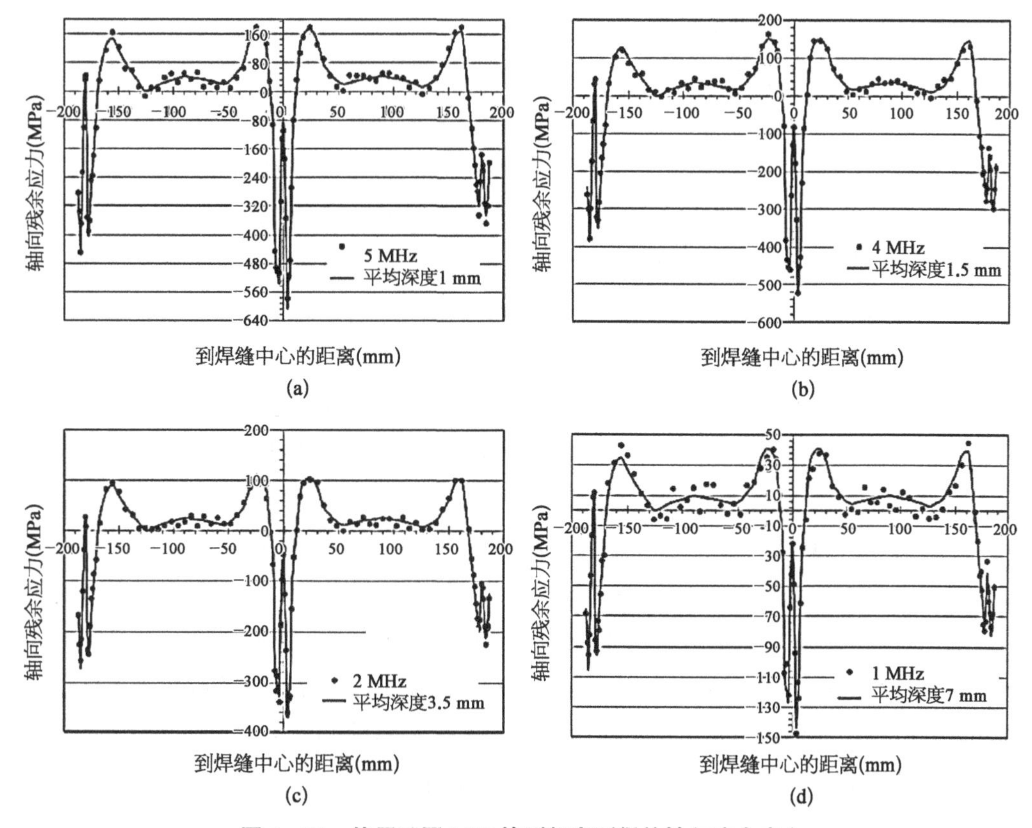

图 4-19　使用不同 LCR 检测频率测得的轴向残余应力

从图 4-18 和图 4-19 可以看出，VFEM 分析的残余应力与超声法得到的残余应力之间存在一个可接受的一致性。此外，当测量时使用较低的测试频率(1 MHz 比 2 MHz 好，而 5 MHz 的情况下一致性最差)，上述一致性就能更好地实现。所以超声法能够以可接受的精度测量 Monel 合金中的次表面残余应力。

4.1.5　X 射线衍射技术的应用

起落架是飞机结构的重要承力部件，因为一个起落接一个起落的重复载荷作用，所以常常会导致起落架及其与机体相连结构发生疲劳破坏，这对飞机的使用安全造成严重威胁。据统计，飞机起落架事故约占全机总事故的 40%左右，因此起落架的安全性、可靠性对于飞机而言是至关重要的。通过检测起落架的残余应力，可以准确评估其疲劳损伤程度并指导相应的修复工作，以确保其正常工作。本节内容将围绕“利用 X 射线衍射法检测起落架支柱的残余应力”展开[41]。

测量残余应力所使用的是便携式 XRD 系统(型号：Rigaku MSF 2M)，该系统具有一个带 Cr 靶的反射测角仪，X 射线管在 30 kV、8 mA 的条件下工作。在不同 Ψ 角内(范围从 0°到 30°，步长为 6°)衍射峰偏移的效果与(211)晶面间距 d 的变化有关，它可用于估算残余应力。采用步长为 0.2°、每步停留 10 s 的方式来进行扫描，以优化测量数据，扫描在 151°～162°的角度范围内进行。

对于起落架每一位置处的 Ψ 角，XRD 光谱都接收两次。观察到的 XRD 光谱进行背底校正，然后应用洛伦兹偏振来校正强度随角度的变化[42]，最后利用衍射峰拟合程序来定位峰的角位置。应力值的估算是根据 $\sin^2\Psi$ 对 d 求偏导的图得到的，而该图是基于每个位置所测得的数据。使用 210 GPa 作为飞机起落架的杨氏模量以估算残余应力。这些 XRD 测量结果提供了大约 20 μm 厚度表面层内的应力分布，此外测量的误差范围在±30 MPa 以内。

如图 4 - 20 所示，在起落架的支柱上进行残余应力测量，通过有限元分析确定了应力临界区域。这些位置已被编号，使得应力强度随着位置编号增加而减小，即位置 1 与位置 10 相比经受更多应力。首先在一个全新的支柱上进行残余应力的测量，以获得初始残余应力，并将其作为参考值。然后测量经历了大约 1 000 次着陆后支柱的残余应力。通过电解抛光去除上表层后，在 100 μm 和 200 μm 的深度处进行残余应力的测量。虽然可以对因材料去除而造成的应力松弛进行修正，但已有研究表明，当受抛光影响的区域较小时，修正的作用不大[43]。这些深度下测得的应力变化已被用于评估疲劳损伤区的范围。此外还测量了另一个经过 1 494 次着陆的起落架支柱的残余应力，以估计在着陆次数增多时，上表层残余应力的重新分布。最后，对剥层和表面改性后的复原支柱进行应力测量，以检验起落架延寿工艺的实际效果。

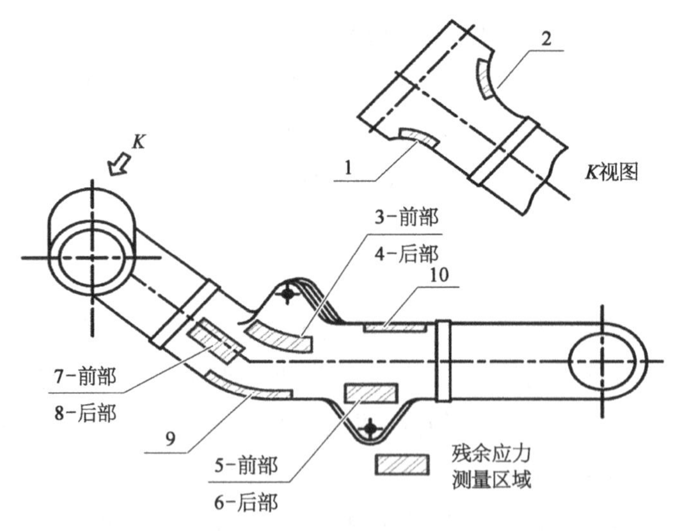

图 4 - 20　起落架支柱上残余应力的测量位置(位置 1 相较于位置 10 是高应力区域)

对全新的起落架支柱进行残余应力的测量，结果显示，不同位置处的压应力大小在 830～875 MPa 之间。通过喷丸强化的方法在全新支柱上引入残余压应力，以此来降低服役期间因疲劳载荷而导致的表面损伤程度。对分别经历了 1 020 次着陆和 1 049 次着陆的两个支柱上的 10 个关键位置进行残余应力的测量。表 4－5 列出经历了 1 049 次着陆的起落架支柱在 10 个不同位置、不同深度下的残余应力值。尽管表 4－5 中的值是某一支柱的，但事实上，4 个不同支柱在同一位置处的应力误差在 25 MPa 以内。100 μm 和 200 μm 深度处的残余应力值对应于表 4－5 的第 3 和第 4 列。结果表明，位置 1 和位置 2 处压应力减小最多，这与有限元分析的结果匹配得很好，因为这些位置被认为是应力临界区域。结果进一步表明，由疲劳引起的损伤深度会随位置而变化，同时，与其他位置相比，位置 1 和位置 2 在 100 μm 深度处的压应力下降更多。当剥层深度达 200 μm 时，应力值接近于全新支柱上表面的应力值。以上结果表明，只有在约 1 000 次着陆后，疲劳损伤才被限制在了 200 μm 深度处。这也证实了修复的建议时间(1 000 次着陆)以及修复时需要被移除的表面层厚度。

表 4－5　经历了 1 049 次着陆的起落架支柱在 10 个不同位置、不同深度下的残余应力值

位　置	残余应力值(MPa)		
	表　面	距离表面深度处	
		100 μm	200 μm
1	423	763	860
2	402	756	812
3	621	850	874
4	592	847	861
5	519	798	821
6	480	779	837
7	657	826	897
8	621	854	852
9	592	846	844
10	501	831	843

为了评估着陆次数与疲劳损伤的关系，在经历了 1 494 次着陆的支柱上，在 1～6 位置处进行残余应力测量。在除去表层之后再次测量这些位置处残余应力随深度的变化，增量为 100 μm，直到 300 μm。1 049 次和 1 494 次着陆后的应力随深度的变化如图 4－21 所示。由于应力强度的对称性，位置 1、3 和 5 处的应力值分别与位置 2、4 和 6 相似，因此该图中的残余应力数据均取自奇数位置。图 4－21 清楚地表明，虽然在上表面处的应力仍然是压应力，但是 1 494 次着陆之后，取决于测量位置的不同，应力降低到 100～270 MPa 之间，而 1 049 次着陆之后的值为 430～620 MPa。从图 4－21 还可以看出，在经历 1 049 次着陆的情况下，200 μm 内的疲劳损伤深度不均匀，100 μm 以上更不均匀，这是因为相比下面的 100 μm 而言，上部 100 μm 内的压应力减少得更多。但是，在 1 494 次着陆的情况下，沿着深度方向进行应力测量，结果表明应力随深度线性变化并且在 300 μm 深度处达到－800 MPa，在 1 049 次着陆的情况下，却在 200 μm 深度处

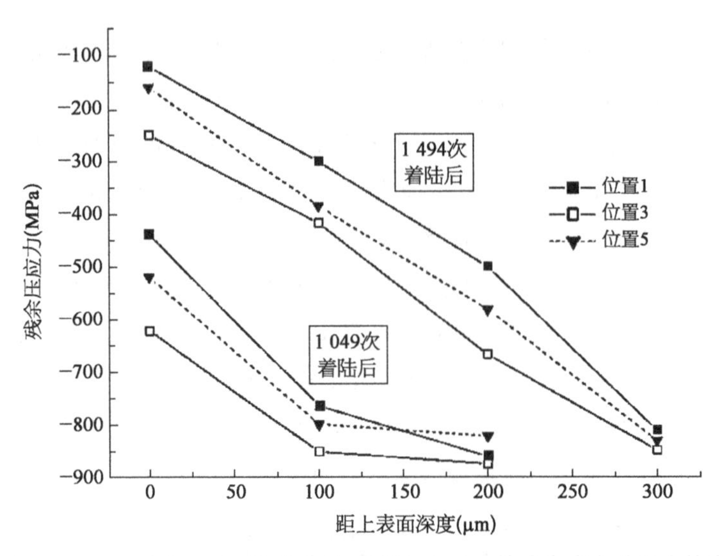

图 4－21　1 049 次和 1 494 次着陆后，位置 1、3、5 处的残余应力随深度的变化

就看到这些初始值。因此，虽然在 1 049 次着陆时疲劳损伤的深度限制在 200 μm，但是在 1 494 次着陆后却延伸至 300 μm。

在 1 494 次着陆后，位置 1 处上表面的低压应力值(大约 100 MPa)表明该位置经历了与局部塑性变形相关的最大疲劳损伤，这引起了残余应力的再分布。残余应力的这种减小，与有限元分析中预测的位置 1 处有更高载荷水平的结果一致。然而，与位置 3 相比，位置 5 在上表面的残余应力经历了更大的变化(尽管位置 5 与位置 3 相比是非应力临界区域)，这与有限元分析不一致。

图 4－22 描绘了在着陆过程中两个不同应力水平下典型位置处，它们的表面应力随着陆次数的增加所发生的变化。随着着陆次数和深度的增加，应力模式的变化与

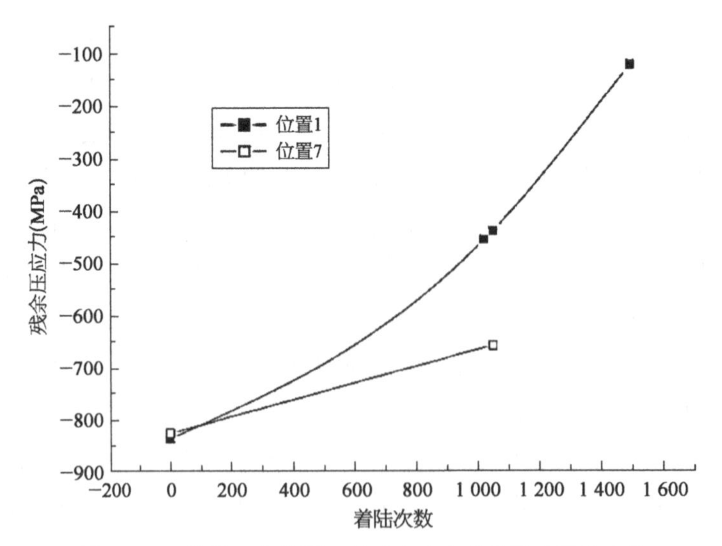

图 4－22　位置 1 和位置 7 处残余应力随着陆次数的变化

Sanjay Rai 等报道的相似。如前所述,位置 1 处的应力水平与位置 7 相比,在 1 000 次着陆时的剧烈变化清楚地表明了局部应力对累积疲劳损伤的影响。

残余应力测量也应用于修复后的起落架支柱,对位置 1～6 进行测量,以优化经历了约 1 000 次着陆的起落架的修复过程。这些测量结果显示了残余压应力在 800～880 MPa 的范围内,这与全新支柱测得的值(830～875 MPa 压应力)相比,效果明显。

上述分析结果表明,基于 XRD 的残余应力测量结果可以十分可靠地作为估算飞机起落架疲劳损伤程度的工具,同时可以用于评估修复过程。

4.1.6 中子衍射技术的应用

本节内容主要是关于使用中子衍射法来测量铝包层 U－10Mo 燃料板的织构[44],该实验利用 SMARTS 衍射仪完成,其几何结构在图 4－23 中给出。SMARTS 会接收距样品大约 31 m 处的 283 K 慢化剂中所释放出的脉冲白光中子束(连续波长谱为 0.05～0.4 nm)。中子从样品被照射的部分(称为"测量体积")散射出来,并被两个固定角度的检波器组所采集。这两个检波器组分别位于入射中子束的±90°(＋Bank1,－Bank2)处,每个检波器组可定义一个唯一的、与入射中子束呈±135°的特定衍射矢量,且它们相互垂直。近年来,SMARTS 衍射仪开始加入第三个探测器组(Bank 3),该探测器组位于入射束下方、148°散射角处,该探测器组为定量衍射线轮廓分析(DLPA)提供了高分辨率选项。

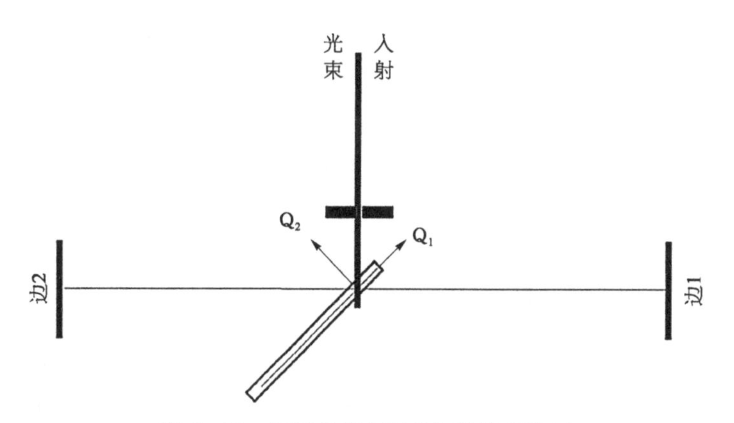

图 4－23 衍射仪的衍射几何结构示意图

入射的中子束是使用计算机控制的可动氮化硼狭缝来确定的。狭缝尺寸根据不同的测试目的进行调整。在空间分辨的应变剖面图中,狭缝在侧面方向上设置为 2 mm,在横截面上设置为 5 mm,以此在空间分辨率和计数时间上实现折中。同样,对于要在极薄 Zr 层上进行数据收集的测试,狭缝打开至 5 mm×5 mm,以优化计数统计,同时牺牲一定的空间分辨率。最后,为了定量确定位错密度和晶粒尺寸,在热轧、20%冷轧和 50%冷轧裸铜箔上完成高阶统计运算,该运算中,假定所述热轧箔具有最多缺陷的微结构。入射光束被放大到 10 mm 高、15 mm 宽,并堆叠三个 0.25 mm 厚的裸箔以增加计数统计。在适用于定量 DLPA 的后向散射检测器库(Bank3)中,大约 4 h 的计数时间会产生高统计质量的数据。

将多个样品同时安装在设计好的夹具上,夹具则被刚性地固定到衍射仪样品转换台上,通过计算机控制的经纬仪,使夹具位于衍射仪中心[45]。样品取向为一个面内方向,纵向 (L)、横向(T) 以及法线(N) 方向与各衍射向量同时对齐,从而提供探测不同样品方向的两个不同的衍射图案。样品相对于光束发生平移,将衍射图案作为每个样品的位置函数记录下来。然后将样品重新取向并收集衍射图案,使得衍射矢量在另一个面内方向探测,并在法线方向上进行重复测量。

使用 GSAS 软件完成衍射图案的全图 Rietveld 精修(Rietveld 精修是目前已经很常用的技术,其主要目的是从粉末衍射数据中得到比较准确的晶体结构参数,如原子坐标、占有率和温度因子等。当然,也可用于物相定量分析等方面)。分析数据以确定晶体结构,用于计算残余应力的晶格参数和与位错密度相关的各阶段的峰值差异。

飞行时间(TOF)中子衍射技术对于确定取向分布函数的特定投影,即反极图(IPF)是一个理想的方法[46]。在不可约图上,IPF 是极点密度图,所谓极点密度是晶体取向 (hkl) 沿特定试样方向上的函数,如 N 方向[47]。这恰好是在具有固定检测器组的 TOF 衍射仪上测量的,即衍射矢量与指定试样方向。极点密度由 GSAS 使用定向分布函数的球谐函数展开来确定[48]。通过拟合,计算出的峰值强度达到观察值,来确定球谐函数的系数。Rietveld 精修中择优取向的乘法修正因子正好是极化密度,以随机分布倍数(MRD)为单位,并在不可约图上绘制 IPF[49]。

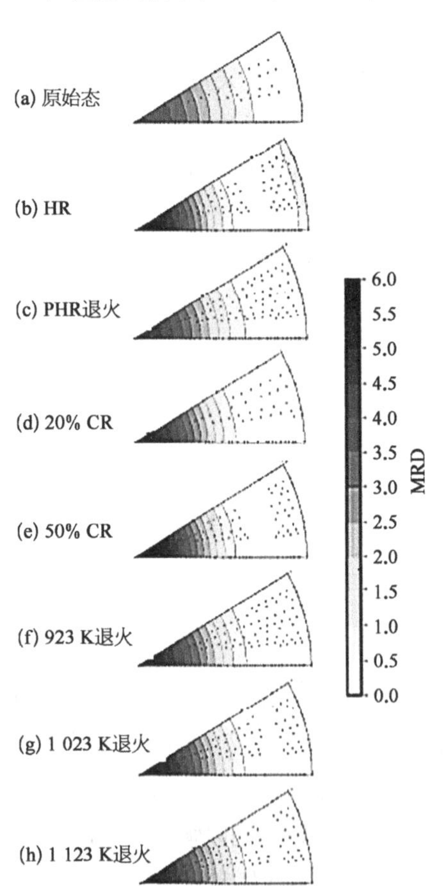

图 4-24 表示 Zr 防扩散层结构的 N 方向 IPF 图(等高线从 0 到 6 MRD)(参见彩图附图 6)

铝包层几乎很少有择优晶体取向,为简洁起见,这里不再讨论其结构。图 4-24a~h 展示了在供货(未与铝包层结合)状态下的 Zr 在 N 方向上的 IPF 图,接下来的处理步骤见表 4-6。在供货状态下,Zr 的织构现象强度中等,峰值约为 4 MRD,基极主要与滚动法线方向对齐。棱极(10.0)和(11.0)各向同性地分布在箔片的平面(IPF 图中未显示)。热轧[图(b)]后,Zr 组织的强度增加到约 6 MRD。在接下来的处理步骤中,锆层织构的变化[图(b)~(h)]相对于测量不确定性而言并不重要。此外,在将燃料箔热等静压地结合到铝包层(未示出)后,未观察到 Zr 防扩散层的织构发生显著变化。

表 4-6 试样的处理状态

试样编号	热轧(%)	PHR 退火	冷轧(%)	PCR 退火
490-1	90.5	NA	NA	NA
492-1	90.5	923 K,45 min	NA	NA
493-1	88	923 K,45 min	20	NA
482-1	81	923 K,45 min	50	NA
485-1	81	923 K,45 min	50	923 K,60 min
485-2	81	923 K,45 min	50	1 023 K,60 min
486-1	81	923 K,45 min	50	1 123 K,60 min

作为处理步骤的函数,图 4-25a～g 展示了代表 U-10Mo 燃料织构的所有三个 IPF 图(N,L 和 T)。与 Zr 层相反,在每个连续的处理步骤中,U-10Mo 箔中有很明显的织构演变。在热轧之后,出现了典型的 bcc 轧制织构,(110)晶面极点与轧制方向一致,(111)晶面极点沿着燃料箔的法向[7]。在 923 K PHR 退火 45 min 后,纹理有所减弱,峰值从 5.2 MRD 降到 4.0 MRD。冷轧至 20%或 50%,再次将织构的强度提高至 4.4 MRD 的峰值。与 PHR 退火相反,在 923 K 下 60 min 的 PCR 退火几乎使织构完全随机化。实际上,在进行较高温度(1 023 K 和 1 123 K)退火之后,(100)晶面极点与轧制方向一致,会形成明显的织构组分。

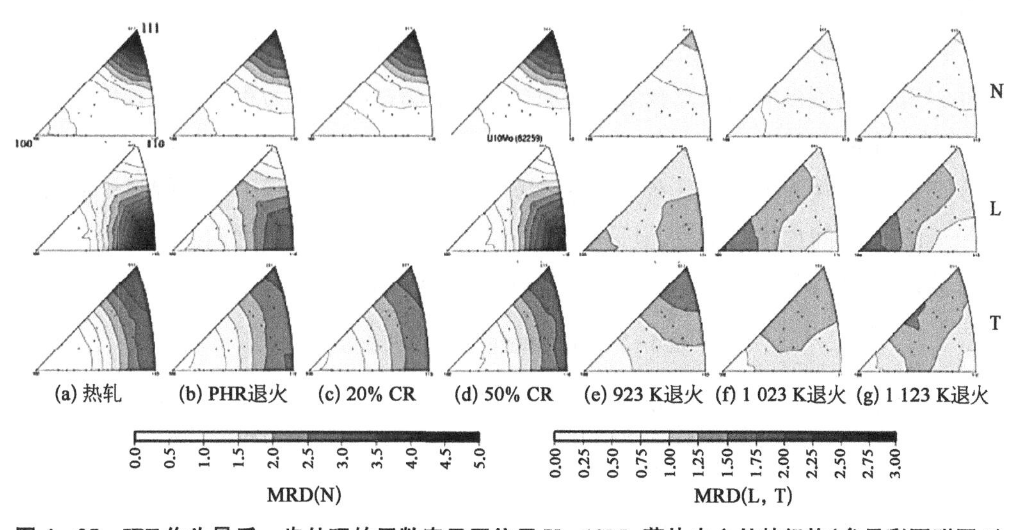

图 4-25 IPF 作为最后一步处理的函数表示了位于 U-10Mo 薄片中心处的织构(参见彩图附图 7)

再次为了简洁起见,图 4-26a～f 仅示出了 U-10Mo 薄片通过热等静压结合到铝包层后 *N* 方向上的 IPF 图。结合后没有观察到织构变化。事实上,鉴于技术和分析的简单性,IPF 的可重复性很高。

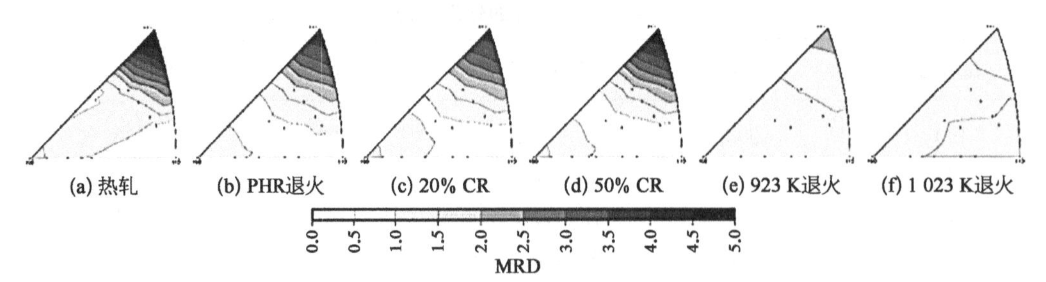

图 4-26　在 HIP 结合之前，N 方向上的 IPF(参见彩图附图 8)

4.2　有损检测技术的应用

4.2.1　盲孔检测技术的应用

异种金属的焊接在工业中有许多应用，尤其是在食品工业和核工业中，它们都需要保持设备的完整性。碳钢和不锈钢之间或不锈钢和铜之间的接头是最常见的接头类型之一。在使用具有异质材料接头的设备时，由于不知道它们的制造和热处理工艺，所以热量和尺寸的变化常常难以预测。在本节中，主要讲述使用盲孔法来测量 MIG/MAG 焊接工艺下不同焊缝中的残余应力，以便评估其各项使用性能。

本节中所测量的焊缝为 ASTM A36 碳钢与 AISI 304 不锈钢的异质焊接，AISI 316L 不锈钢被用作填充金属。添加材料的熔滴过渡形式为粗滴过渡。使用的气体是氩气，流量为 23 L/min。线速度为 6 m/min，干伸长度为 25 mm。所用喷嘴的外径为 25 mm，内径为 15 mm。焊道的长度为 230 mm。一共执行了 8 条焊道。有必要在 80～100℃之间加热碳钢板，但是不能让温度超过 200℃。焊道之间的最高温度大约为 100℃。每条焊缝所用的电流、电压以及焊接时间详见表 4-7。

表 4-7　每条焊缝的所用工艺参数

焊　缝	电流(A)	电压(V)	时长(s)
1	156	21	82
2	148	21	55
3	152	21	52
4	152	21	54
5	144	23	62
6	144	21	50
7	140	21	52
8	156	21	49

在焊接试样的24个点上进行应变的测量并计算它们的残余应力。其中6个点位于焊缝根部，另外18个点在焊缝顶部，分别是不锈钢板上6个点、焊道上6个点、碳钢上6个点，如图4-27所示。字母 P 表示位置，字母 R 表示应变花。

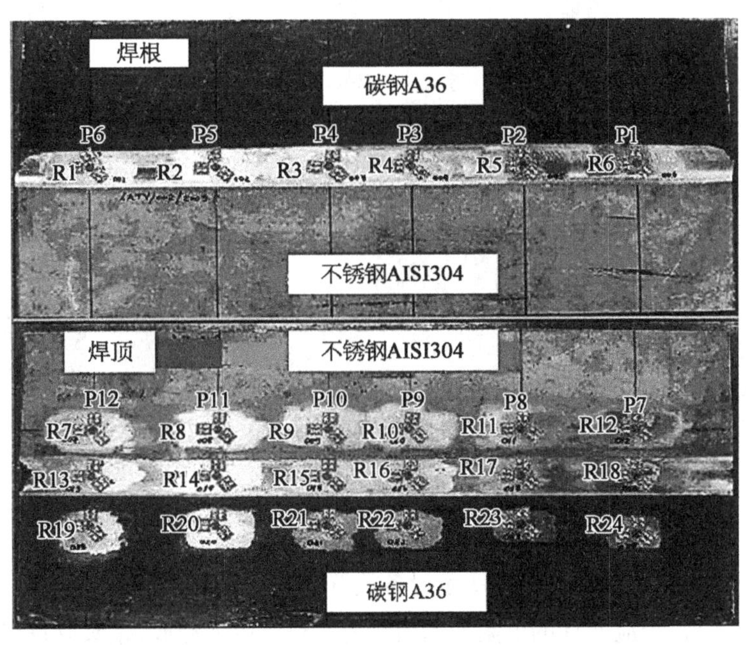

图4-27 焊接试样中残余应变测量点示意图(参见彩图附图9)

利用“盲孔法”测量残余应变，这是一种半破坏性的方法，但在某些情况下可以认为是非破坏性的。该方法首先要在待测试样表面安装应变计(R 应变花)，如图4-28所示，然后在这些应变花的中心加工一个小而浅的孔，并测量其邻近处的应变变化，最后从这些数据中计算出残余应变。

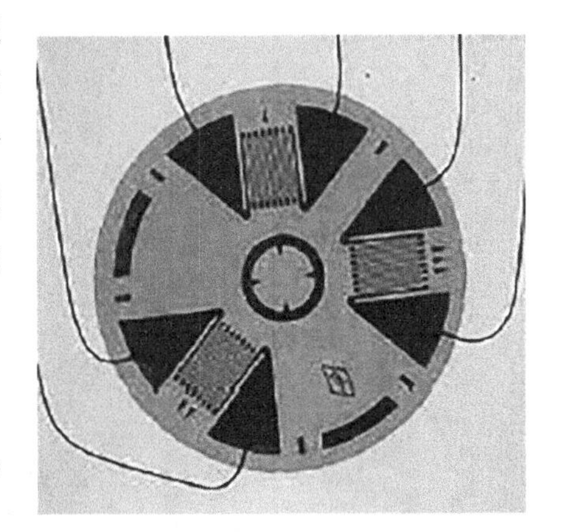

图4-28 残余应力测量中常用的应变花[50](参见彩图附图10)

应变松弛的计算是利用下式[3]：

$$e=\frac{\Delta R/R}{K} \tag{4-13}$$

式中，$\Delta R=R_f-R_i(\Omega)$，对应于每次钻孔增量；R_i 为首次钻孔增量前的电阻应变计读数，R_f 是每次钻孔增量后的电阻应变计读数。

在计算完应变松弛之后，必须验证残余应变场是否均匀。基于此，并遵照ASTM E 837-01和Technical Note Tech Note TN 503-6[50]的建议来计算应力：如果应力场均匀，计算主应力的大小及方向；如果应力场不均匀，则计算等效均匀的主残余应力及它们的方向。图4-29展示的是残余应变测量系统。

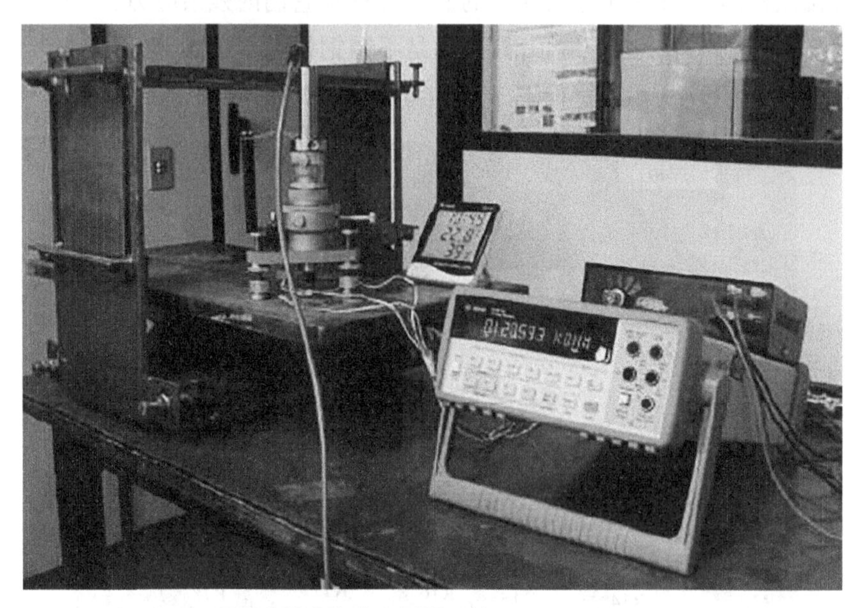

图 4-29 盲孔法的残余应变测量系统——Vishay Model RS-200

在应变计黏合后，将图 4-29 所示设备放置好，使得钻头的中心与应变花的中心重合。测量并记录每个应变计的电阻初始值。为了获得应力释放，钻头以每步 0.209 mm 的深度下钻，直至深度 $Z=1.981$ mm。实验温度为 25℃。图 4-30 展示的是设备及钻头的放置位置。

图 4-30 在应变花中心钻孔

在图 4-27 中给出了焊接板和研究点的位置，同时也标记了应变花，焊接方向是从 P7 到 P12。特雷斯卡屈服准则被引入应力的处理中，目的是分析所获得的残余应力的总体状态。图 4-31～图 4-35 给出异质焊接 A36 碳钢和 304 不锈钢的残余应力结果。

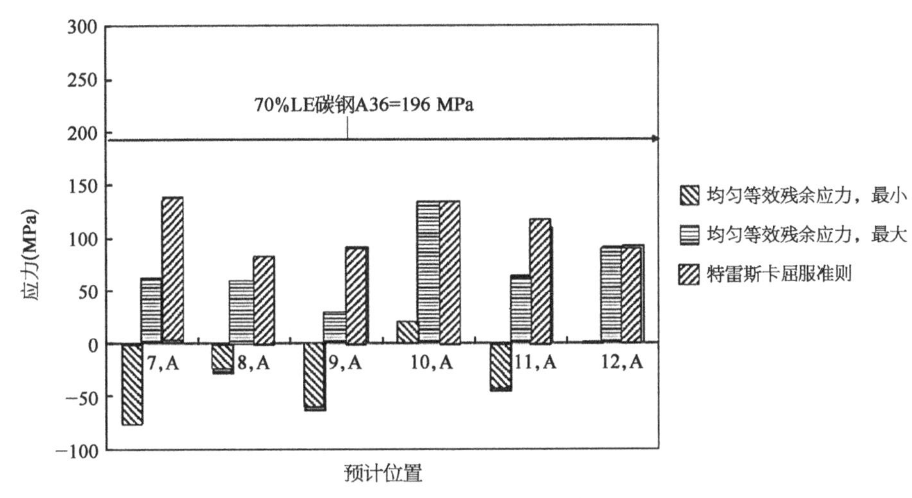

图 4－31　A36 碳钢板顶部的均匀等效残余应力

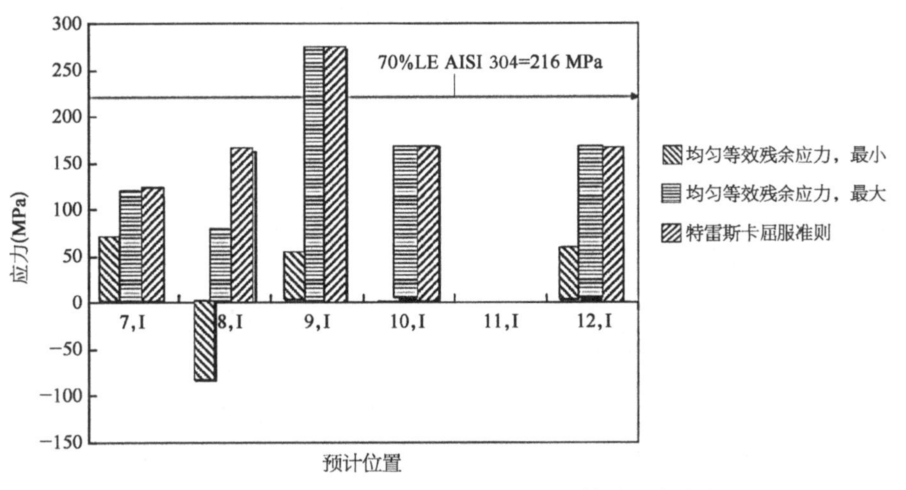

图 4－32　AISI304 不锈钢板顶部的均匀等效残余应力

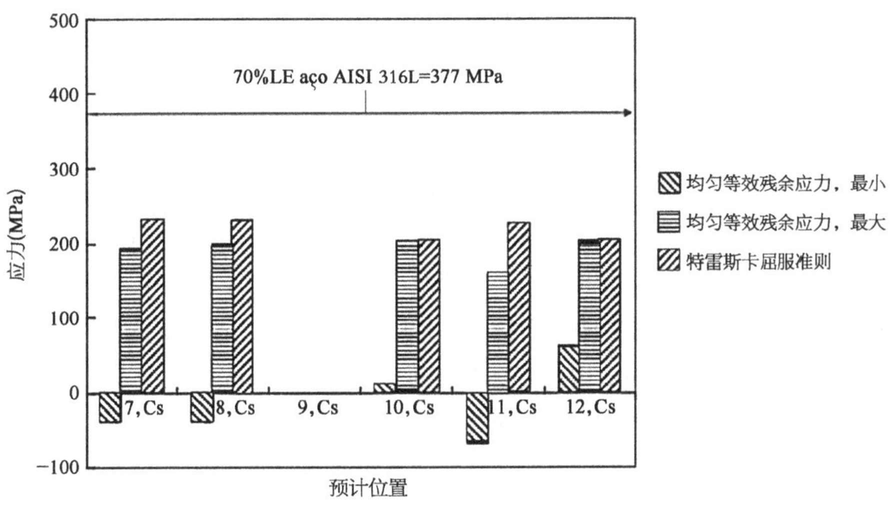

图 4－33　焊缝顶部的均匀等效残余应力

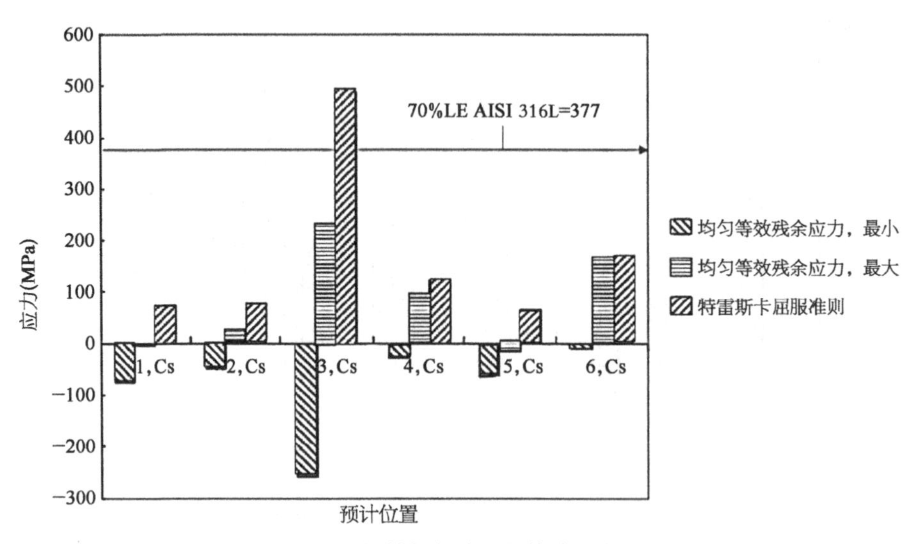

图 4-34　焊缝根部的均匀等效残余应力

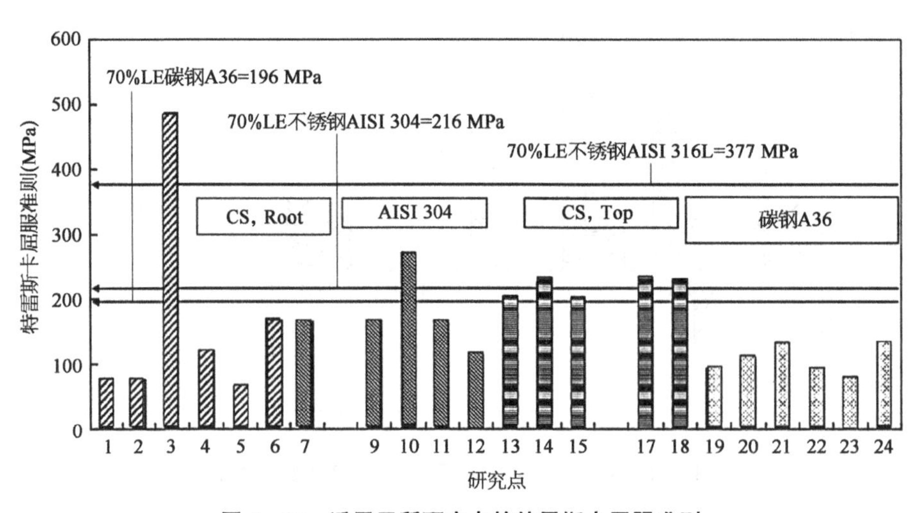

图 4-35　适用于所研究点的特雷斯卡屈服准则

4.2.2　环芯检测技术的应用

结构中残余应力的确定，对于估算结构服役寿命或剩余使用寿命是非常重要的。在某些情况下，残余应力的确定还可用于间接控制制造工艺，比如通过测量表面残余应力来检查因热处理引起的大型锻件的中心残余应力[51]。然而，表面残余应力总是会受到由粗车削引起的外应力的影响，同时很难将钻孔方法应用于非机加工轴的粗糙结构。受车削影响的深度约为 1 mm，因此需要在表面以下至少 2 mm 处测量应力。在许多情况下，残余应力的容许极限约为 60 MPa。

测量残余应力最常用的方法是钻孔法。它必须使用对非线性应力场敏感的程序来进行测量数据的求值，比如需要用到应变松弛导数的幂级数法、积分法。对于常规直径的应变花，这些方法的灵敏度不够，无法在指定的深度下给出符合要求的应力值。这也正是本案例中选择环芯法的原因[52-53]。环芯法的允许测量深度高达 6 mm，它能够测得沿深度方向上的应力分布，并在不产生应力集中的情况下使应力完全松弛。

在环芯法的操作过程中，利用一个齿冠铣刀在结构件表面加工出环形槽[52]。该方法利用环芯的松弛效应来测量宏观固有应力。环芯面的松弛应变通过图 4 - 36 所示的三轴直角应变花来测量。借助于松弛系数 K_1、K_2，并通过应变关于深度 z 的导数来计算残余应力。这些松弛系数来源于实验下的单轴应力 $R_{1,\mathrm{cal}}$ 或者是有限元法[式(4 - 14)]。计算残余应力的过程如下：首先根据式(4 - 15)～式(4 - 17)求得 a、b、c 方向上的残余应力，主应力及其方向则根据式(4 - 18)得到。这个计算方法与盲孔法中用到的类似。该方法的缺点是必须要有相对较高精度的导数计算。具体计算公式如下：

图 4 - 36　真实的应变花 TML FR - 5 - 11 - 3LT(参见彩图附图 11)

$$K_1=\frac{E}{R_{1,\mathrm{cal}}}\frac{\mathrm{d}e_{1,\mathrm{cal}}}{\mathrm{d}z},\ K_2=\frac{E}{\nu R_{1,\mathrm{cal}}}\frac{\mathrm{d}e_{2,\mathrm{cal}}}{\mathrm{d}z} \tag{4-14}$$

$$R_a=\frac{E}{K_1^2-\nu^2K_2^2}\left(K_1\frac{\mathrm{d}e_a}{\mathrm{d}z}-\nu K_2\frac{\mathrm{d}e_c}{\mathrm{d}z}\right) \tag{4-15}$$

$$R_b=\frac{E}{K_1^2-\nu^2K_2^2}\left[K_1\frac{\mathrm{d}e_b}{\mathrm{d}z}-\nu K_2\left(\frac{\mathrm{d}e_a}{\mathrm{d}z}-\frac{\mathrm{d}e_b}{\mathrm{d}z}+\frac{\mathrm{d}e_c}{\mathrm{d}z}\right)\right] \tag{4-16}$$

$$R_c=\frac{E}{K_1^2-\nu^2K_2^2}\left(K_1\frac{\mathrm{d}e_c}{\mathrm{d}z}-\nu K_2\frac{\mathrm{d}e_a}{\mathrm{d}z}\right) \tag{4-17}$$

$$R_{1,2}=\frac{R_a+R_c}{2}\pm\frac{1}{\sqrt{2}}\sqrt{(R_b-R_a)^2-(R_b-R_c)^2},\ \varphi=\frac{1}{2}\arctan\frac{2R_b-R_a-R_c}{R_a-R_c} \tag{4-18}$$

以大轴为例，在主轴方向已知的情况下进行产品测试，简化微分法是合适的选择。该方法的基础是，环芯槽内的残余应力可以假定为恒定的。计算槽深为 $z\sim 2z$，在直角应变花 a、c 两个垂直方向上的主应力为 R_1 和 R_2，计算过程中用到的是依据每次挖槽增量下 a、c 方向上的应变变化 Δe_a、Δe_b。根据关系式(4 - 22)，依照式(4 - 21)中深度差得到的松弛系数 A 和 B 被用于应力计算。具体计算公式如下：

$$\Delta e_{a,\mathrm{cal}}=e_{a,2z}-e_{a,z},\ \Delta e_{b,\mathrm{cal}}=e_{b,2z}-e_{b,z} \tag{4-19}$$

$$\Delta e_{a,\ \mathrm{cal}}^{*}=\frac{\Delta e_{a,\ \mathrm{cal}}}{e_{1,\ \mathrm{cal}}},\ \Delta e_{b,\ \mathrm{cal}}^{*}=\frac{\Delta e_{b,\ \mathrm{cal}}}{\nu e_{1,\ \mathrm{cal}}} \tag{4-20}$$

$$A=\frac{E\cdot\Delta e_{a,\ \mathrm{cal}}^{*}}{(\Delta e_{a,\ \mathrm{cal}}^{*})^{2}-(\nu\cdot\Delta e_{b,\ \mathrm{cal}}^{*})^{2}},\ B=\frac{E\cdot\Delta e_{b,\ \mathrm{cal}}^{*}}{(\Delta e_{a,\ \mathrm{cal}}^{*})^{2}-(\nu\cdot\Delta e_{b,\ \mathrm{cal}}^{*})^{2}} \tag{4-21}$$

$$R_1=A\cdot\Delta e_a-B\cdot\Delta e_b,\ R_2=A\cdot\Delta e_b-B\cdot\Delta e_a \tag{4-22}$$

本案例中所使用的环芯法铣削装置如图 4－37a 所示。带有集成导线的、以三线式接线法连接的特殊应变花 FR－5－11 TML 被安装在标记圆的中心。使用静态测量放大器 TC－31K TML 来接收并记录测得的应变。$\phi 14/\phi 18$ mm 的环形凹槽采用特殊的管状铣刀，以 0.5 mm 的步长进行加工，深度则通过千分表来控制。

(a)

(b)

图 4－37　环芯法所使用的铣削装置以及测试的大型转子锻件

这里展示的应用是，通过测量表面残余应力来检查因热处理引起的大型转子锻件中的中心残余应力。其主要目的是分离因粗车削所带来的表面应力。图 4－38 显示的例子是热处理后锻造转子件（材料为 25Cr2Ni4MoV）中所测得的应变松弛，该转子件的

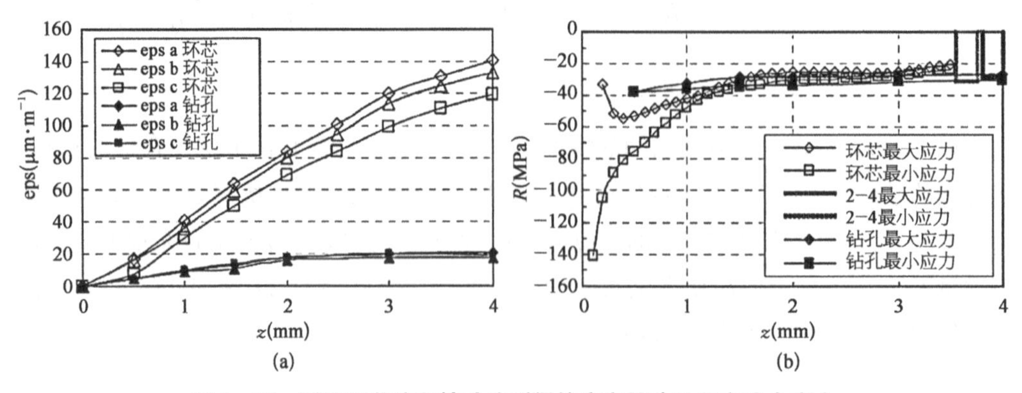

图 4－38　利用环芯法和钻孔法测得的应变松弛以及主残余应力

平均直径为 1 100 mm(图 4－37b)。利用应变松弛的导数的多项式近似,来计算沿深度方向上的主应力。深度为 2～4 mm 的平均应力如图 4－38 所示。同时,与简化方法进行了比较。通过对环芯法和钻孔法获得的数据进行比较,证明了环芯法对实际试件具有更高的灵敏度。

4.2.3　云纹干涉技术的应用

云纹干涉法相比传统的带有应变计的钻孔法而言,更适合测量深度方向上不均匀的残余应力场。这种高分辨率的场技术,可以在不接触的情况下进行平面内位移的测量。同时,得益于光栅复制技术的发展,使得记录试样表面上方高质量的衍射光栅成为可能。此外,激光干涉测量系统的建立,可以实现标准光栅(虚拟)的生成。图像处理技术也被用于评估平面内的全场应变。

本节内容主要是关于利用云纹干涉法来测量喷丸表面在深度方向上残余应力的变化,此外在本方法中还结合了钻孔法。为了测量钻孔后释放的残余应力,通常会使用能够测量平面内变形的装置,因为最重要的应力松弛发生在平面内。传统的应变计可用于测量应变松弛,但是,光学技术既可以测量面内的位移也可以测量面外的位移。云纹干涉法正是最常使用的平面内残余应力测量的光学技术。在数据后处理中使用了包括滤波、相位计算、解缠和空间分化的图像处理算法,从而将表面位移转换为残余应力场。图 4－39 中展示了云纹干涉法所使用的光学装置的示意图。其中 LA 是激光源,Ms 是掩模,C 是准直器,WM 是制程窗口,CB 是准直光束,M1、M2、M3 和 M4 是平面镜,PP 是平行平板玻璃,L 是透镜,TS 是测试样本,DG 是衍射光栅,I 是干涉仪。

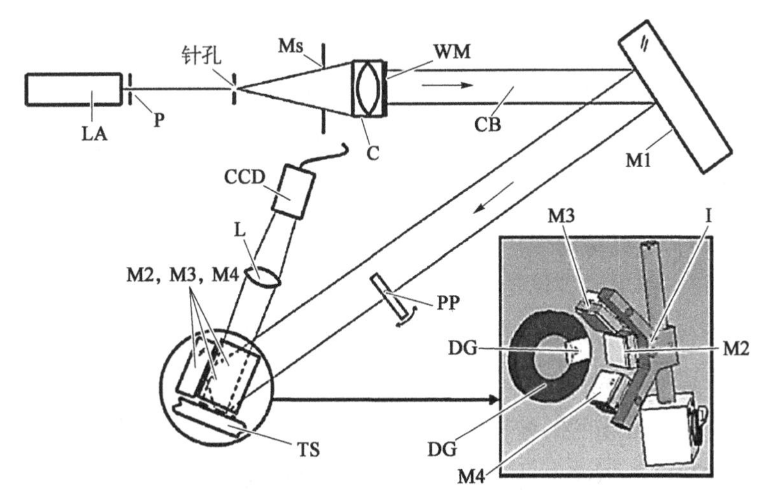

图 4－39　云纹干涉光学装置的示意图

本实验中所用的试样为 AISI 4337 钢的喷丸试样,结合云纹干涉法及钻孔法来测量其深度方向上不均匀的残余应力。该试样的力学性能和化学组分见表 4－8。

表 4-8　AISI 4337 钢的力学性能和化学组分

材料 AISI	R_{yiled}(0.2%) (MPa)	R_{max} (MPa)	硬度 (HV)	化学组分(%)						
				C	Si	Mn	Cr	Mo	Ni	V
4337	920	1 000	340	0.34	<0.4	0.65	1.5	0.22	1.5	/

钻孔装置和云纹干涉装置如图 4-40 所示。该装置由云纹干涉仪、表面预先粘有光栅的试样以及钻孔系统(空气涡轮机组件、直径 1.8 mm 的硬质合金刀具——可控制进给速度的高分辨率电子测微计)组成。

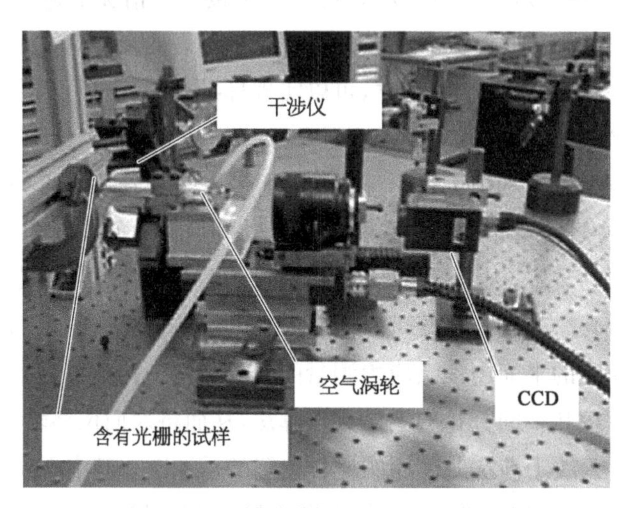

图 4-40　钻孔装置和云纹干涉装置

钻孔过程是在光栅区域内逐渐完成的。在每次增量间记录由残余应力松弛产生的四个云纹图像。总共执行七次增量,前四次使用 0.1 mm,后三次使用 0.2 mm,直到深度达 1 mm。用显微镜确认孔的最终形状,并确认其直径在 2～2.1 mm 之间。

对于云纹干涉仪,每幅图像间的 90°相位偏移都是通过旋转一个平行玻璃板实现的,该板位于部分照明光束的路径上。值得注意的是,如果光栅没有正确黏合或者质量差,那么可能获得不良数据。对比度低或反射率差是光栅复制过程中需要考虑的最重要的因素,同时胶水的厚度应该是均匀的。为了获得相位图,应该使用包括滤波和平滑化的算法来处理有干扰的数据。图 4-41a～d 给出了孔周围的相位图以及图像处理(解缠)后计算位移场的示例。

可利用对应于位移场的解缠相位图来计算残余应力。这些残余应力是使用距孔中心相同径向距离的三个不同点处获得的数据计算出来的,如图 4-42 所示。其中 r_0 为孔的半径,θ_k 为测量点的角位置。

把利用本方法所获得的测量结果与 X 射线衍射法、带有应变计的增量法以及数值模拟所分别得到的结果进行对比。X 射线衍射法是利用 $\sin^2\Psi$ 的方法来分析喷丸试样

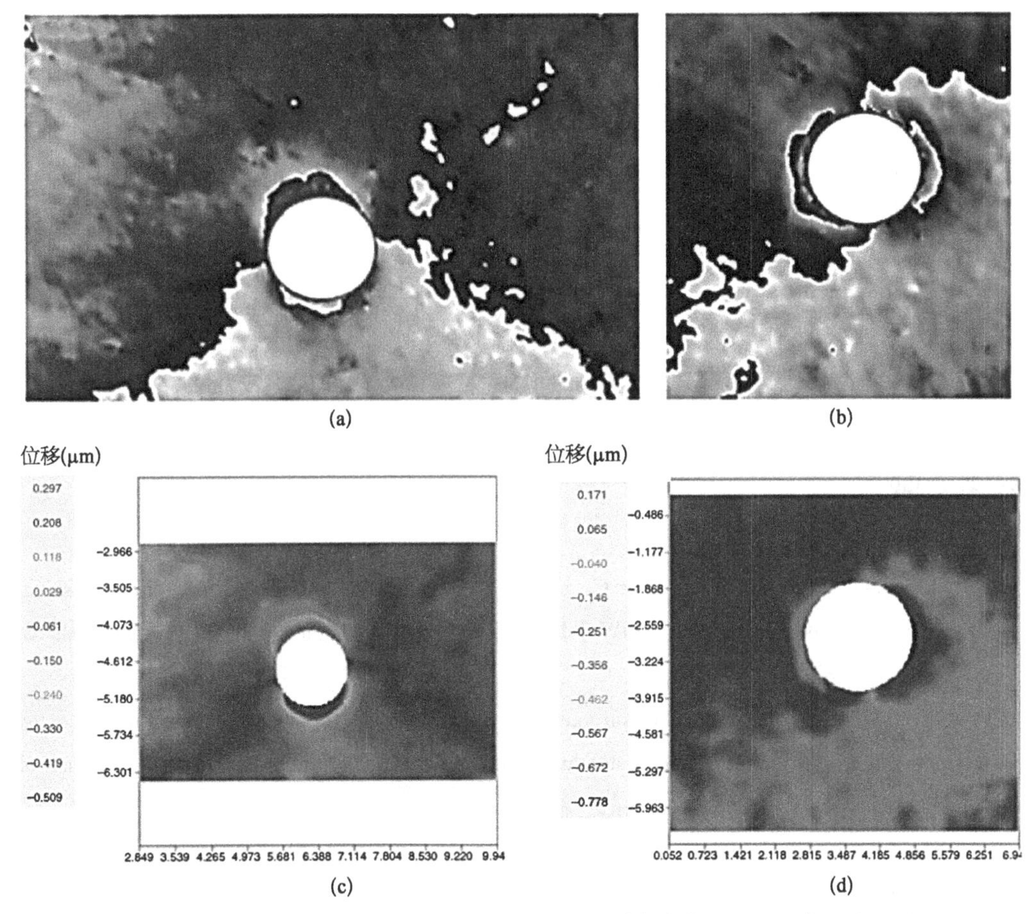

图 4-41　u、v 方向的相图(a、b)和位移场在 u、v 方向的解缠相图(c、d)(参见彩图附图 12)

的残余应力状态，喷丸表面被一步步地电解抛光，以确定残余应力随深度的变化情况。带有应变计的增量法即为本书第 4 章 4.2.1 节中的盲孔法，利用应变花(EA-06-062RE-120)并结合积分法来测量深度方向上的残余应力。利用精密铣削导轨(RS-200)钻得一个直径为 1.6 mm 的小孔，在每一个增量下测得应变松弛量。通过数值计算求得积分法中每个增量下的修正系数。图 4-43 表示了三种不同实验技术测量的残余应力值：利用应变计的增量式钻孔法(IM)，X 射线衍射法(XRD)以及与钻孔结合的云纹干涉法。在同一幅图中，还给出了用有限元法进行数值模拟所得到的结果。

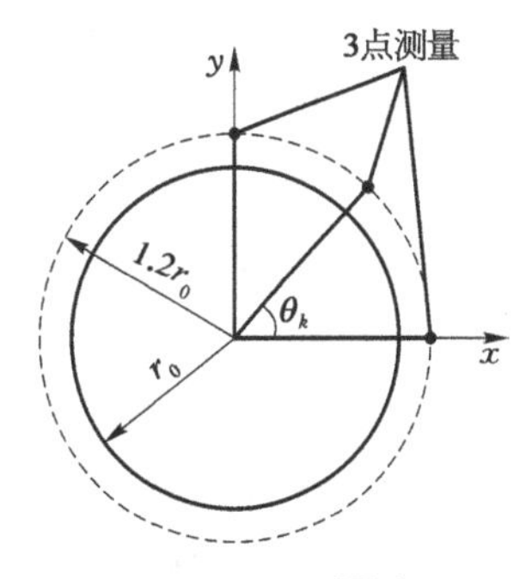

图 4-42　测量点

分析图 4-43 可以发现，通过云纹干涉法获得的结果与利用应变计的增量式钻孔法以及 X 射线衍射法获得的结果十分接近。云纹干涉法和其他技术之间良好的一致性表明，这种光学技术在测量随深度变化的残余应力方面很有潜力。同样，数值模拟的结果与实验结果之间也有较好的一致性。

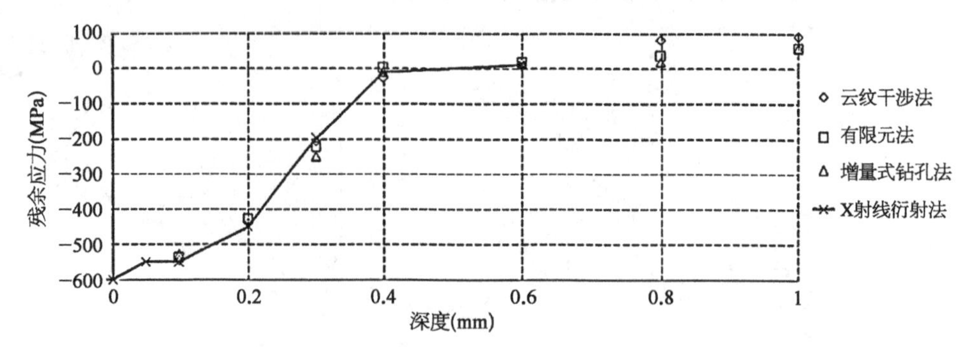

图 4-43　利用不同方法测得的 AISI4337 钢喷丸试样的残余应力变化

参考文献

[1] Ghidelli M, Sebastiani M, Collet C, et al. Determination of the elastic moduli and residual stresses of freestanding Au - TiW bilayer thin films by nanoindentation[J]. Materials & Design, 2016(106): 436 - 445.

[2] Oliver W C, Pharr G M. Measurement of hardness and elastic modulus by instrumented indentation: Advances in understanding and refinements to methodology[J]. Journal of Materials Research, 2004, 19(1): 3 - 20.

[3] Saha R, Nix W D. Effects of the substrate on the determination of thin film mechanical properties by nanoindentation[J]. Acta Materialia, 2002, 50(1): 23 - 38.

[4] Timoshenko P S P. LXVI. On the correction for shear of the differential equation for transverse vibrations of prismatic bars[J]. Philosophical Magazine, 1921, 41(245): 744 - 746.

[5] Boyd E, Nock V, Weiland D, et al. Direct comparison of stylus and resonant methods for determining Young's modulus of single and multilayer MEMS cantilevers[J]. Sensors & Actuators A Physical, 2011, 172(2): 440 - 446.

[6] Guckel H, Randazzo T, Burns D W. A simple technique for the determination of mechanical strain in thin films with applications to polysilicon[J]. Journal of Applied Physics, 1985, 57(5): 1671 - 1675.

[7] Guckel H, Burns D, Rutigliano C, et al. Diagnostic microstructures for the measurement of intrinsic strain in thin films[J]. Journal of Micromechanics & Microengineering, 1992, 2(2): 86.

[8] Herbert E G, Oliver W C, Boer M P D, et al. Measuring the elastic modulus and residual stress of freestanding thin films using nanoindentation techniques[J]. Journal of Materials Research, 2009, 24(9): 2974 - 2985.

[9] Volkert C A, Lilleodden E T. Size effects in the deformation of sub-micron Au columns[J]. Philosophical Magazine, 2006, 86(33 - 35): 5567 - 5579.

[10] Cao Y, Allameh S, Nankivil D, et al. Nanoindentation measurements of the mechanical properties of polycrystalline Au and Ag thin films on silicon substrates: Effects of grain size and film thickness[J]. Materials Science & Engineering A, 2006, 427(1): 232 - 240.

[11] Arunasalam P, Zhou F, Ackler H D, et al. Thermo-mechanical analysis of thru-silicon-via based high density compliant interconnect [C]. Electronic Components and Technology Conference, 2007. Ectc '07. Proceedings. IEEE Xplore, 2007: 1179 - 1185.

[12] Ghidelli M, Gravier S, Blandin J J, et al. Size-dependent failure mechanisms in ZrNi thin metallic glass films[J]. Scripta Materialia, 2014, 89(3): 9 - 12.

[13] Kollins K, Przybyla C, Amer M S. Residual stress measurements in melt infiltrated SiC/SiC ceramic matrix composites using Raman spectroscopy[J]. Journal of the European Ceramic Society, 2018, 38(7): 2784 - 2791.

[14] Bansal N P, Lamon J. Ceramic matrix composites: materials, modeling and technology[M]. [s.l.]: John Wiley & Sons, 2014.

[15] Dicarlo J A, Yun H M, Morscher G N, et al. SiC/SiC composites for 1200℃ and above[M]// Handbook of Ceramic Composites. [s.l.]: Springer US, 2005: 77 - 98.

[16] Li J C M. Microstructure and properties of materials. vol.2[M]. [s.l.]: World Book Publishing Company, 2003.

[17] Billig E. Some defects in crystals grown from the melt. I. defects caused by thermal stresses[J]. Proceedings of the Royal Society A Mathematical Physical & Engineering Sciences, 1956, 235 (1200): 37 - 55.

[18] Vandenabeele P. Practical Raman spectroscopy: an introduction[M]. [s.l.]: John Wiley & Sons, 2013.

[19] Amer M S. Raman spectroscopy, fullerenes and nanotechnology[M]. [s.l.]: Royal Society of Chemistry, 2010.

[20] Raman spectroscopy for soft matter applications[M]. [s.l.]: John Wiley & Sons, 2009.

[21] Gouadec G, Karlin S, Wu J, et al. Physical chemistry and mechanical imaging of ceramic-fibre-reinforced ceramic-or metal-matrix composites[J]. Composites Science & Technology, 2001, 61(3): 383 - 388.

[22] Anastassakis E, Cantarero A, Cardona M. Piezo-Raman measurements and anharmonic parameters in silicon and diamond [J]. Physical Review B Condensed Matter, 1990, 41(11): 7529.

[23] 李路明,黄松岭,汪来富,等.有关残余应力分布的磁测法研究[J].中国有色金属学报,2002, 12(3): 388 - 391.

[24] Mandal K, Dufour D, Atherton D L. Use of magnetic Barkhausen noise and magnetic flux leakage signals for analysis of defects in pipeline steel[J]. IEEE Transactions on Magnetics, 2002, 35(3): 2007 - 2017.

[25] Makar J M, Tanner B K. The effect of stresses approaching and exceeding the yield point on

the magnetic properties of high strength pearlitic steels[J]. Ndt & E International, 1998, 31(2): 117 - 127.

[26] Ivanov P A, Zhang V, Yeoh C H, et al. Magnetic flux leakage modeling for mechanical damage in transmission pipelines[J]. IEEE Transactions on Magnetics, 2002, 34(5): 3020 - 3023.

[27] Kuroda M, Yamanaka S, Yamada K, et al. Evaluation of residual stresses and plastic deformations for iron-based materials by leakage magnetic flux sensors[J]. Journal of Alloys & Compounds, 2001, 314(1): 232 - 239.

[28] Leonard S, Atherton D L. Calculations of the effects of anisotropy on magnetic flux leakage detector signals[J]. Magnetics IEEE Transactions on, 1997, 32(3): 1905 - 1909.

[29] Clapham L, Krause T W, Olsen H, et al. Characterization of texture and residual stress in a section of 610 mm pipeline steel[J]. Ndt & E International, 1995, 28(2): 73 - 82.

[30] Anglada-Rivera J, Padovese L R, Capó-Sánchez J. Magnetic Barkhausen noise and hysteresis loop in commercial carbon steel: influence of applied tensile stress and grain size[J]. Journal of Magnetism & Magnetic Materials, 2001, 231(2): 299 - 306.

[31] Javadi Y, Hatef Mosteshary S. Evaluation of sub-surface residual stress by ultrasonic method and finite-element analysis of welding process in a monel pressure vessel[J]. Journal of Testing and Evaluation, 2017, 45(2): 441 - 451.

[32] Rossini N S, Dassisti M, Benyounis K Y, et al. Methods of measuring residual stresses in components[J]. Materials & Design, 2012, 35(119): 572 - 588.

[33] Javadi Y, Akhlaghi M, Najafabadi M A. Using finite element and ultrasonic method to evaluate welding longitudinal residual stress through the thickness in austenitic stainless steel plates[J]. Materials & Design, 2013, 45(45): 628 - 642.

[34] Javadi Y, Pirzaman H S, Raeisi M H, et al. Ultrasonic inspection of a welded stainless steel pipe to evaluate residual stresses through thickness[J]. Materials & Design, 2013(49): 591 - 601.

[35] Egle D M, Bray D E. Measurement of acoustoelastic and third-order elastic constants for rail steel[J]. Journal of the Acoustical Society of America, 1976, 59(3): 741 - 744.

[36] Javadi Y, Najafabadi M A. Comparison between contact and immersion ultrasonic method to evaluate welding residual stresses of dissimilar joints[J]. Materials & Design, 2013, 47(9): 473 - 482.

[37] Javadi Y, Pirzaman H S, Raeisi M H, et al. Ultrasonic evaluation of welding residual stresses in stainless steel pressure vessel[J]. Journal of Pressure Vessel Technology, 2013, 135(4): 041502.

[38] Javadi Y, Najafabadi M A, Akhlaghi M. Comparison between contact and immersion method in ultrasonic stress measurement of welded stainless steel plates[J]. Journal of Testing & Evaluation, 2013, 41(5): 20120267.

[39] Javadi Y. Nondestructive evaluation of welding residual stresses in dissimilar welded pipes[J].

Journal of Nondestructive Evaluation, 2013, 32(2): 177 - 187.

[40] Javadi Y, Sadeghi S, Najafabadi M A. Taguchi optimization and ultrasonic measurement of residual stresses in the friction stir welding[J]. Materials & Design, 2014, 55(55): 27 - 34.

[41] Raj B, Jayakumar T, Mahadevan S, et al. X - ray diffraction based residual stress measurements for assessment of fatigue damage and rejuvenation process for undercarriages of aircrafts[J]. Journal of Nondestructive Evaluation, 2009, 28(3 - 4): 157 - 162.

[42] Cullity B D, Smoluchowski R. Elements of X - ray diffraction[J]. Contemporary Physics, 1957, 20(1): 87 - 88.

[43] Ordás N, Penalva M L, Fernández J, et al. Residual stresses in tool steel due to hard-turning [J]. Journal of Applied Crystallography, 2010, 36(5): 1135 - 1143.

[44] Brown D W, Okuniewski M A, Sisneros T A, et al. Neutron diffraction measurement of residual stresses, dislocation density and texture in Zr-bonded U - 10Mo "mini" fuel foils and plates[J]. Journal of Nuclear Materials, 2016(482): 63 - 74.

[45] Bourke M A M, Dunand D C, Ustundag E. SMARTS — a spectrometer for strain measurement in engineering materials[J]. Applied Physics A, 2002, 74(1): s1707 - s1709.

[46] Tupper C N, Brown D W, Field R D, et al. Large strain deformation in uranium 6 wt pct niobium[J]. Metallurgical and Materials Transactions A, 2012, 43(2): 520 - 530.

[47] Dahotre R B. A Review of"Texture and Anisotropy Preferred Orientation in Polycrystals and their Effect on Materials ProPerties by U.F. Knocks, Tomé, and H.R. Wenk"[J]. Advanced Manufacturing Processes, 2012, 14(6): 903 - 905.

[48] Von Dreele R B. Quantitative texture analysis by rietveld refinement[J]. Journal of Applied Crystallography, 1997, 30(4): 517 - 525.

[49] Li S, Bourke M A M, Beyerlein I J, et al. Finite element analysis of the plastic deformation zone and working load in equal channel angular extrusion[J]. Materials Science & Engineering A, 2004, 382(1): 217 - 236.

[50] Václavík J, Weinberg O, Bohdan P, et al. Evaluation of residual stresses using ring core method[C]//EPJ Web of Conferences. EDP Sciences, 2010(6): 44004.

[51] Schwarz T, Kockelmann H. Die Bohrlochmethode — ein für viele Anwendungsbereiche optimales Verfahren zur experimentellen Ermittlung von Eigenspannungen[J]. Messtechnische Briefe, 1993, 29(2): 33 - 38.

[52] Ribeiro J, Monteiro J, Lopes H, et al. Moire interferometry assessement of residual stress variation in depth on a shot peened surface[J]. Strain, 2011(47): 542 - 550.

[53] Nobre J P, Kornmeier M, Dias A M, et al. Use of the hole-drilling method for measuring residual stresses in highly stressed shot-peened surfaces[J]. Experimental Mechanics, 2000, 40(3): 289 - 297.

第 5 章

残余应力的调控与消除

残余应力通常会对零件的尺寸精度、机械性能以及疲劳性能造成不良影响，因而针对残余应力消除方法的研究是工程应用中十分重要的问题。残余应力的消除方法主要包括时效法、机械法、爆炸法和超声冲击法等。同时本书第 1 章已经提到过，表面残余压应力有利于提高零件疲劳性能，因此工程应用中也会引入表面残余压应力，而残余应力的调控方法则主要有喷丸强化法、激光冲击法、孔挤压强化法等表面强化方法[1]。

5.1 时效法

热处理工艺过程一般包括固溶、淬火和时效，其中时效又包括自然时效和人工时效。在经过固溶、淬火处理之后，过饱和的固溶体在室温或者加热至某一温度下进行保温，会发生合金元素脱溶使得合金在强度和硬度上得到提升，而塑性和韧性降低，这个过程被称为时效。时效处理的目的有消除工件的内应力、稳定组织和尺寸、改善机械性能等；时效处理的方法包括自然时效法、热处理时效法和振动时效法。

5.1.1 自然时效

固溶、淬火处理后的合金于室温下露天停放，发生过饱和溶质原子脱溶，利用环境温度的不断变化和时间效应使残余应力释放的过程被称为自然时效。根据原子学说理论，当温度处于绝对零度之上时，金属原子始终处于振动状态[2]。自然时效即为利用原子的这种特性，溶质原子因为温度降低而析出，倾向于结合空位从而形成团簇或溶质原子偏聚区，然后合金的微观结构和性质可能会因沉淀而发生显著变化，从而使构件内残余应力重新分布。但是，在没有外加能量的情况下，原子振动的能量值和幅度是十分微小的，所以应力下降的过程也十分缓慢，故而自然时效是所有时效法中耗时最长的，一般以年为计数单位。

从合金强化相上来分析，含有 S、Cu 和 Al 等相的合金，对于高温敏感，一般采用自然时效。同时，对于大型铸造工件或大型焊接部件，其余残余应力的消除方式均受到了尺寸的限制，大多采用如图 5-1 所示的自然时效消除残余应力的方式。在工程应用中，所有的加工方式都不可避免地存在自然时效，因为工件在实际应用前通常其材料都会经历多个热处理步骤，固溶处理后在室温下暴露一定时间是不可避免的[3]。

图 5-1　自然时效处理的大型铸件

自然时效消除残余应力的效果主要取决于升温速率、退火温度、放置时长和环境温度等。自然时效降低的残余应力不大，但对于工件尺寸的稳定性很好，原因是工件经过长时间的放置，其尖端及其他线缺陷尖端附近产生应力集中，发生了塑性变形，松弛了应力，同时也强化了这部分基体，增加了这部分材质的抗变形能力。图 5-2 展示了某起重机自然时效下残余应力的变化[4]。其中 A1-1、A1-2 为起重机上的不同结构部分，可以看出，在自然时效作用下，应力集中区域逐步降低，没有明显的转折点，整体处于平缓的下降趋势，在 5～9 h 的自然时效后，应力集中区占比降低 30%～40%。

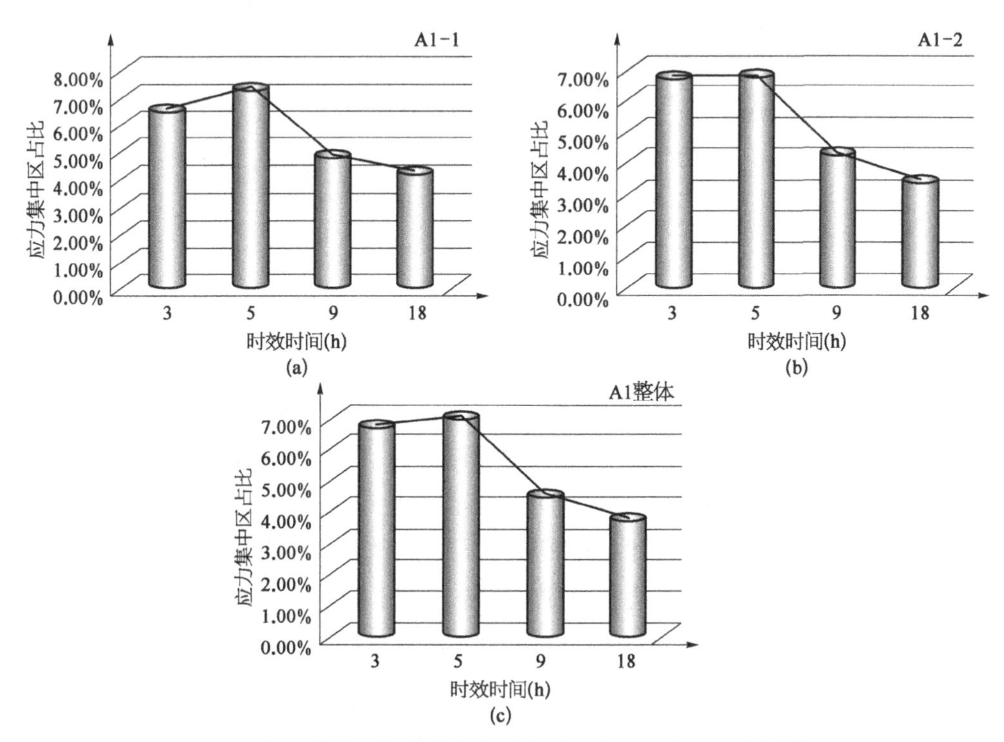

图 5-2　某起重机部件焊接后自然时效下残余应力变化[4]

自然时效降低了少量残余应力，却提高了构件的松弛刚度，对构件的尺寸稳定性较好，方法简单易行，但生产周期长，占用场地大，不易管理，同时不能及时发现构件内的缺陷，在高精度的加工生产中已逐渐被其他新型的方式取代。

5.1.2 热处理时效

热处理法(heat treatment)是指把结构整体或焊缝区局部，按照一定的升温速度加热到构件金属相变点以下的适当温度(通常称为退火温度)，进行一段时间的保温，再于可调控的速率下降温。用热处理的热作用消除残余应力与蠕变和应力松弛现象有密切的关系。一般材料的屈服应力是随着加热温度的增加而下降的，而材料的弹性模量随之亦然。加热时，该温度下的残余应力超过了材料本身的屈服应力，就会发生塑性变形，从而过高的残余应力会被缓和，但是这种消除是有限度的。同时，热处理时效过程还伴随着蠕变，这种机制会引起应力松弛。在理论上，只要给予充分的时间长度，残余应力可以全部去除。该工艺的保温过程和降温过程通常发生在图 5-3 所示的热处理炉中，通常有色金属构件的热处理多使用真空的热处理炉。

图 5-3 热处理炉

在实际加工过程中，工件在受到焊后热处理加热时，材料在拉应力区受拉伸而发生了屈服，发生了伸长型的形变，相应的压应力区则被压缩。在随后的保温过程中，由于蠕变的进行，开始出现了应力松弛，随着保温时间延长，伴有轻微的变形和应力重新分布。屈服现象对于热处理时效法消除应力来说非常重要，由于当加热温度接近再结晶温度时，弹性模量下降的程度相比材料屈服极限要小，故热应变不会直接导致弹性应力的消除，因此这一纯热弹性过程会在冷却时逆转。根据上述原因，残余应力不仅在保温期间会下降，如果冷却速度是均匀的，在冷却过后也会保持在较低的水平[5]。

热处理法去除残余应力的效果主要由温度曲线和工艺措施决定。具体的工艺参数包括升温速度、退火温度、保温时间、降温速度和分段热处理搭接长度等。对于焊缝局部热处理的工程应用，加热宽度和保温宽度是十分重要的。必须保证足够的加热宽度和保温宽度才能够确保加热区域与非加热区域的温度平缓过渡，免除因为陡峭温度梯度而产生的次生残余应力。同时，为了避免在构件表面与内部之间有过大的温度差产生，加热与冷却的速率均须控制在一个较小的范围内，否则由此过剩温差产生的热应力可能会导致裂纹的出现，残余应力的预期降幅也会因为新残余应力的产生以及变形而受到影响。因此，在必要情况下，适当延长退火及保温时间，以便让应力松弛过程能够均匀而充分地进行。消除应力退火不仅能降低此处的宏观残余应力，同时还能够减低微观的残余应力。下面将分别列举热处理时效调控残余应力在轨交、航空及船舶三个领域的具体应用实例。

火车车轮在轮辋踏面下需要存在一定深度范围内分布的轴线残余压应力，用于抵消或部分抵消车轮运行过程中产生的拉应力，所以热处理时效也是火车车轮制造的一个重要工序。车轮材料使用 CL60 钢，以 HDSA 车轮为例进行热处理，其工艺参数如下[6]：淬火温度 840℃，淬火时间 280 s，回火温度为 500℃，保温时间 4 h，之后进行空气冷却。在淬火开始阶段，车轮踏面附近分布的应力为周向拉应力，轮内深处受到残余压应力，经过热处理时效后，最终检测得到车轮踏面上的周向残余压应力可达 140 MPa，踏面下的压应力区域深度可达 38.2 mm。

高温涡轮叶片是航空发动机的核心零件，也是服役过程中所承受温度和载荷条件最为恶劣的零件之一，发动机的使用达到一个服役周期后须对涡轮叶片进行全面检测和修复，其过程中有一项是判断其表面热障涂层是否发生脱落。目前在发动机维修工厂中，最常用的一种方法是将叶片加热到 550～600℃，经过一定时间的保温之后空冷至室温，观察叶片表面颜色。所以有学者研究了热处理过程对涡轮叶片榫头表面残余应力的调控。将一个如图 5－4 所示经过一定服役周期的某型号发动机高温涡轮叶片进行热处理时效[7]。叶片榫头部位的材料是 DZ125 定向凝固镍基高温合金，合金熔点

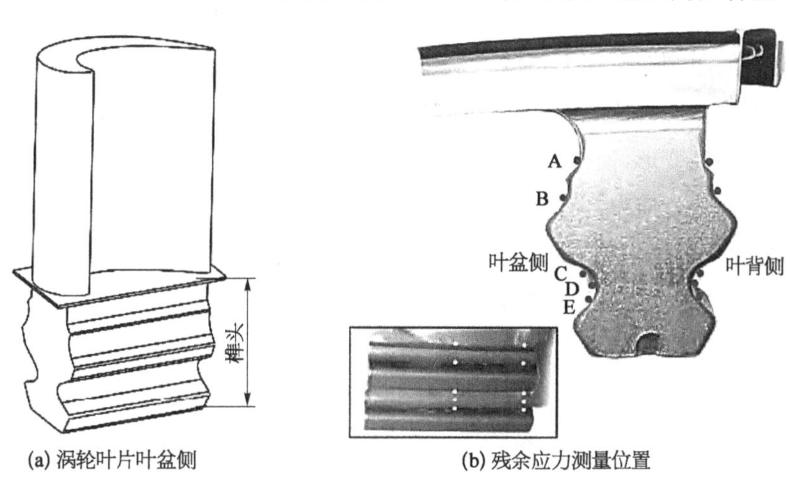

(a) 涡轮叶片叶盆侧　　(b) 残余应力测量位置

图 5－4　高温涡轮叶片[7]

为 1 350℃，相变温度大于 800℃。其热处理的过程为将部件随炉加热至 580℃，并在同等温度下保温 2 h，之后空气冷却至室温。检测结果显示叶片榫头残余应力整体呈现一定的松弛趋势，下降 20～100 MPa，而喉部赤底圆角即图 5-4b 中 D 位置的应力状态则从拉应力转变为压应力，这一转变可以提高叶片重新服役的安全性。

船舶作为大型焊接件，大多数装焊阶段所产生的残余应力调控都是使用热处理方式。大型防护门的门轴柱、斜接柱结构复杂，板厚变化较多，焊接接头度、焊缝均较长。通过焊后热处理，此结构的焊接残余应力能够得到充分释放，获得良好的消除效果。此结构的焊后热处理工艺过程可以归纳如下[5]：

(1) 加热、保温温度。采用防止变形的下限温度，一般在 550℃左右。

(2) 加热速度 v_1 (℃/h)。$v_1 \leqslant 200 \times 25/\delta_{max}$，其中 δ_{max} 是最大板厚(mm)。

(3) 保温时间。以构件板厚(或者焊缝处)最大的厚度计算，按照 2～2.5 min/mm 计算保温时间。

(4) 进炉温度。为了减少在加热过程中炉温和构件之间存在过大温度差的可能性，应该降低进炉温度，故而设定为≤300℃。

(5) 冷却速度 v_2。v_2≤260℃/h，到了 300℃以下，出炉空气冷却。

5.1.3 振动时效

在传统的加工生产中，焊后热处理是消除焊接后残余应力的最有效方式。但是这个方式也存在许多的缺陷，比如加热过程造成构件表面氧化，影响材料整体的性能。近年来，振动时效(vibratory stress relief)作为一个可替代的消除焊接残余应力的方式被提出，但是它的适用性被各方学者争论了几十年。尽管振动时效过程不可否认地提升了部件的尺寸稳定性，但是它对于残余应力的调控与消除效果依旧饱受争议。目前，振动时效技术用于消除小件残余应力的效果是明显的，但是在实际应用中时效效果表现出不稳定性，其根本原因就是对振动时效的机理没有形成一个科学的、完善的理论体系[8]。

振动时效的原理在宏观上是以机械振动的形式对工件施加应力，当附加的应力与残余应力叠加的总应力达到或者超过材料的屈服极限，位错将发生运动，构件的应力集中区域产生了塑性变形，使得残余应力得以释放；在微观上，在外加载荷的作用下，当剪切动应力与剪切残余应力之和大于等于材料的剪切屈服极限时，位错发生运动，产生位错增值、塞积和缠结等现象，使得高残余应力区域的位错塞积群开始运动，使晶体产生微观塑性变形，高的残余应力得以释放。

5.1.3.1 振动时效参数

振动时效最重要的工艺参数是动应力和激振时间。激振频率的选择对动应力有着放大效应，也是一个重要的工艺参数。另外，工件的支撑方式、激振点、拾振点等对振动时效的效果也有影响。各个工艺参数的确定机制如下[8-9]：

1) 动应力

振动时效通过激振器向工件提供激振力，从而在内部产生动应力。对于机械式的激振器，激振力的大小可以通过公式 $F = me\omega^2\sin(\omega t)$ 计算(式中，m 为偏心轮的质量，e 为偏心距，ω 为电机转动角速度)。在生产过程中，如果动应力过大，可能会降低工件的疲劳寿命；而如果动应力过小，则需要更长的振动处理时间或者无法达到生产要求的残余应力调控消除效果。动应力与残余应力之和大于材料的疲劳极限，以及动应力小于材料的疲劳极限，是目前确定振动时效动应力的最基本的依据。

目前，振动时效的工艺中，其动应力大多数情况下均是根据经验值来选取的：$R_d = (1/3 \sim 2/3)R_w$，其中 R_w 是工作应力，是在设计过程中已经确定的。

2) 激振频率

振动时效处理时通过调节激振器电机的转速来得到不同的激振频率。振动时效从本质上就是通过机械振动给工件提供能量，使得晶格中畸变原子回复，从而降低工件中的残余应力。激振频率达到固有频率时使得工件产生共振，在共振时最小的振动能量输入激振力，就能够在工件上产生最大的振动量，包括动应力和振幅，使工件内部残余应力消减最多。振动时效的激振频率选择原则是以较小的能耗产生较大的振幅，即共振情况要好。影响工件固有频率的主要因素有工件的材质、形状、尺寸、重量、刚度、阻尼和支撑状态等。一般情况下，工件具有多个固有频率，要使其发生共振有多个固有频率可供选择。共振状态下振动是不稳定的，对激振器和工件可能造成破坏，一般选用接近工件固有频率的激振频率进行时效处理。由于工件在振动时效的过程中残余应力的水平会不断下降，工件结构的阻尼随之减小，导致共振频率会有所降低，所以振动时效应选择在亚共振区进行，一般选择主振峰值的 1/3～2/3 为激振频率。这样既可以发挥放大激振力的作用，振动也会比较稳定。

3) 激振时间

振动消除残余应力时，位错发生移动是需要时间的。由于不同工件的材料、刚度、结构、质量、残余应力大小和分布不同，所以振动时间也应有所不同。振动时效的选择可以根据工件的质量或工件动态参数特性曲线的变化来选取。

金属工件重量小于 1 t，处理时间为 10～20 min；重量 1～4.5 t，处理时间 20～30 min；重量大于 4.5 t，处理时间 30～35 min。在实际生产中，大多依据工件的重量确定振动时效的激振时间长短。

根据工件动态参数特性曲线选取法，则是凭借时效过程中工件动态参数变化来控制时效时间。工件在时效一段时间后，残余应力得到松弛，金属内部位错滑移变形，振幅曲线在时效开始的初期会有较快增长，这种增长趋势在达到最高值之后会逐渐下降并趋于平坦，说明工件的应力已经下降并且分布趋于平衡，材料的抗变形能力被强化，尺寸稳定。

4）其他时效参数

除了激振力、激振频率、激振时间外，工件的支撑点、激振点、拾振点也对振动时效效果有一定的影响。

工件支撑点的设置对工件的固有频率和振型有一定的影响，因此应根据工件的振型选择合适的支撑点。当工件的支撑点改变时，工件的扫频曲线和固有振型也会发生变化，激振点选取位置的不同将对振动响应产生影响。支撑点应选在工件固有振型的节点处，在节点处工件的振动幅值为零，能避免支撑物和零件在振动过程中相互碰撞消耗振动能量和产生噪声污染。

激振点一般选择在工件刚性较好的部位和固有振型振幅较大处，可用最小能量激发产生较大的振动。同时激振点的选择要注意避开工件的薄弱环节。合理的激振位置和支撑位置，能使工件在振动过程中保持平衡，振动幅值大，时效效果好。拾振点一般选择在远离激振点的另一端振幅较大处。合理的拾振器（或其他传感器）和拾振点能有效地了解和判断振动效果。

振动调整残余应力的处理操作程序比较简单。首先，用激振器扫频确定构件的固率，根据构件的情况选择激振力；然后，用激振器在共振频率或亚共振频率上施加振钟，用快速监测法确定振动时效的结果是否有效。振动时效技术可用于降低焊接残余应力和提高构件尺寸与形状的稳定性。振动时效设备图如图 5－5 所示。

(a) 控制装置

(b) 偏心电机

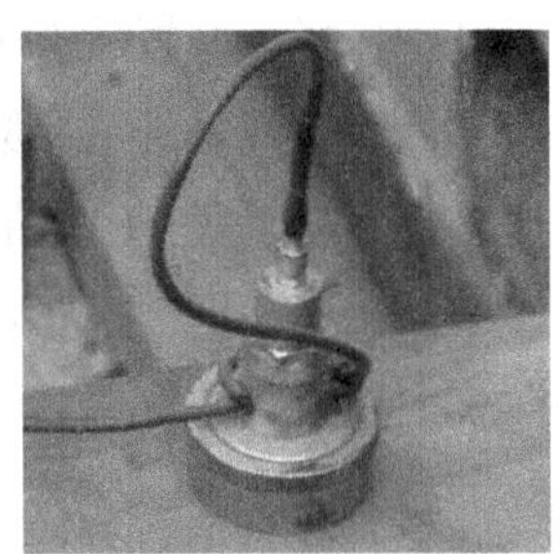

(c) 拾振器

图 5－5　振动时效设备图[5]

5.1.3.2　振动时效效果评定

经过振动时效工艺处理后，工件内部处理效果是否明显、残余应力是否消除等是判断时效工艺是否达到时效目的的判据。参照振动时效标准，振动时效消除残余应力评价方法主要有实测法和参数曲线观测法，前者是定量评价方法，后者是定性评价方法。

1）实测法

实测法包括构件尺寸精度稳定性检验和检测时效前后残余应力的变化两种[9]。

（1）尺寸精度稳定性测量法。工件尺寸精度的稳定性是依靠测量工件尺寸精度实现的。观察工件在动态载荷加载、静态稳定放置下尺寸精度的变化。经过振动时效处理的工件，观察记录静态放置的状态下宏观尺寸的变化，通过静态变形测量得到工件尺寸精度的保持情况。静态放置虽然耗时较长，对放置场地要求高，但是效果比较可靠。

(2) 残余应力实测法。通过测量工件在振动时效前后残余应力的变化是评价时效工艺效果的重要方法，通过比较测量时效前和时效后残余应力的平均值来计算应力降低率。目前主要采用盲孔法、X 射线衍射法和磁测法等残余应力的测量方法。

① 盲孔法(标准推荐)。用机械加工或其他方法除去一部分材料，使工件的残余应力松弛，引起工件的弹性变形，根据应变片变形量的大小计算残余应力。残余应力测量点数均应大于 5 个点。另外还有一种切割法，即通过机械加工方法去除一部分材料将残余应力释放，用应变片测量计算得到残余应力的大小。该方法适用于实验研究，不适用于生产现场。

② X 射线衍射法(标准推荐)。根据金属材料中存在残余应力时出现的衍射线位移，推出相应晶面之间的应变量，根据应力、应变的关系，计算应力值。另外，还有一种中子衍射法，与 X 射线衍射法原理相同，可测量深层即厘米级别的残余应力。

③ 磁测法。根据金属材料内部残余应力对磁性、声波的传播速度和硬度等比较敏感的特性，测量磁性、声波等的变化量，推算工件残余应力的数值。

2) 参数曲线观测法

实测法的两种测量评价方法虽然效果较好，但在实际生产中尤其是当被测工件生产成本较高或工期较短时不宜采用上述方法。振动时效过程中，通过设置拾振点安装加速度传感器，将振动过程的振动加速度信号传递到测量系统，获得振动参数曲线。主要有振动加速度(或振幅)与振动频率曲线(幅-频曲线或 $a-n$ 曲线)和振动加速度与振动时间曲线(幅-时曲线或 $a-t$ 曲线)，其中利用幅-频曲线进行振动时效效果的评价比较常见。

构件在强迫振动的状态下，当振动频率接近其固有频率时，振动加速度(或振幅)会急剧升高，超过这一响应频率后又逐渐减小，在振动加速度(或振幅)曲线上形成一个峰值，称为共振峰。经过一次振动频率的扫频，记录下工件的振幅频率曲线，测出各阶共振频率值、波峰位置。时效过程中，随着时间的变化，振动消除构件残余应力的进行，材料得到强化，构件振动阻尼减小、金属内部位错移动减少，工件的共振峰峰值和形状都会发生变化，因此，比较振动时效前后的扫频曲线(幅频曲线)可以定性评价振动时效的效果(图 5-6)。

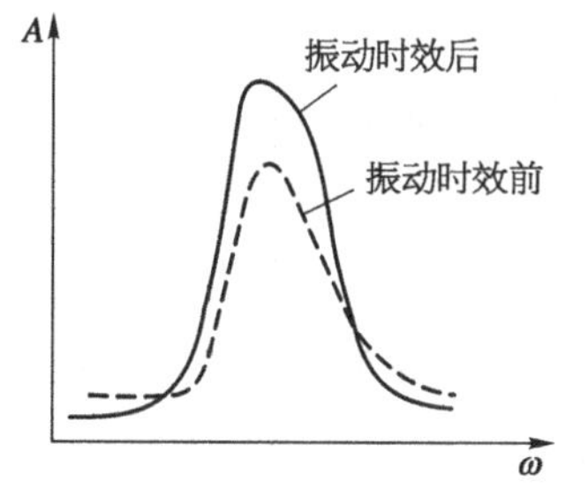

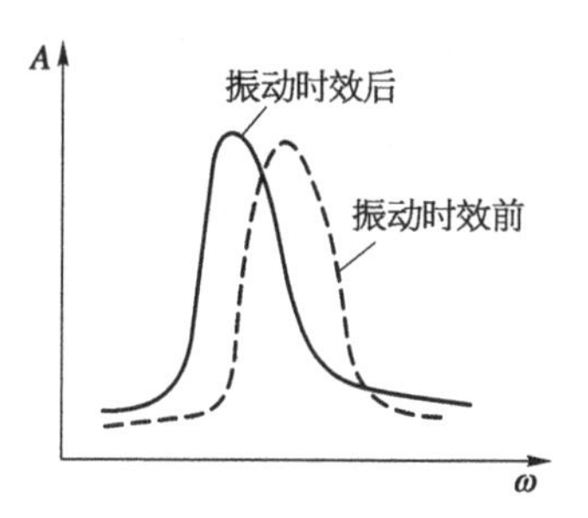

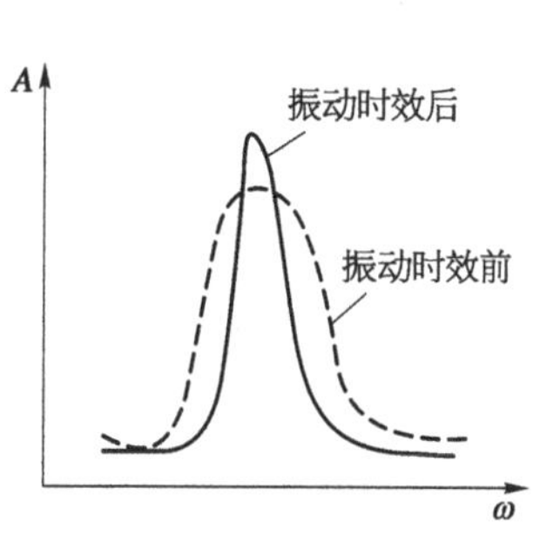

图 5-6 时效前后动态特性曲线变化[9]

5.2 机械法

5.2.1 锤击

锤击处理是指使用锤头轻击焊缝及周围区域，用高速的粒子直接冲击工件表面的工艺处理方式(亦称为喷丸处理)。锤击可以降低残余拉应力，也可以在锤击表面诱导出残余压应力，这是该处理方法主要有益的特点[10]。此方法有 70 多年的历史，但至今由于它的操作规程主要是建立在经验和约定的基础上，缺乏科学依据，而且具有较低的质量控制程度，因而影响了锤击的推广作用。

5.2.1.1 锤击作用原理

根据金属学理论，焊缝的一次结晶组织具有明显的方向性，形成的柱状晶呈束状排列，降低了焊缝的抗裂能力。焊接之后，锤击处理焊缝：一方面，受到锤击作用，处于高温结晶的晶粒互相挤压，促使焊缝在凝固过程中产生的新缺陷如缩松、微气孔等被压实，提高了焊缝的致密性，从而降低了应力集中程度；另一方面，锤击作用促进了晶界的滑移，位错密度不断增大、拉长并发生缠结，增强了位错运动的阻力。与此同时，焊缝中位错聚集，有局部区域甚至形成了亚晶界，提升了焊缝的变形能力。此外，在锤击应力的作用下，焊缝内部晶粒的结晶方向被打乱，形成了性能更优的等轴晶，增加了焊缝的抗变形能力，从而达到了防止焊缝内裂纹产生的目的[11]。

从力学角度出发，锤击作用造成焊缝内部的局部区域产生了一定量级的塑性伸长，释放了焊接过程中产生的残余拉伸弹性应变，从而减小了焊缝的变形量，焊接残余应力由此被释放。从理论上来说，当锤击力产生的塑性变形的应变量等于焊接过程中工件内部产生的残余拉伸弹性应变的时候，能够完全消除残余应力。假设锤击作用产生的塑性变形应变量大于原工件内部由焊接造成的残余拉伸弹性应变，在焊接残余应力被完全消除的同时，局部区域在锤击作用下还会产生一定量的残余压应力，这对工程应用是有利的。

5.2.1.2 锤击方式

目前，用于实现残余应力调控与消除的锤击方式主要有以下几种：

(1) 手动方式。结构简单，操作方便，但劳动强度大、锤击效率低，同时还要受到工作人员的知识和技术限制，且可重复操作性较差，在生产应用中受到很大限制。

(2) 气动方式。设备简单，结构紧凑，产生的锤击力较大，依靠压缩气体作为动力，实现锤击。此法增加了锤击设备的制造和运行成本，且锤击力和频率的调节不易控制。

(3) 机械方式。该方式的锤击设备结构简单，但是体积较大，安装在焊枪后部需要较大的空间，不利于紧凑安装设备，操作不便。

(4) 电动方式。电动锤击工具的频率可调性好，但锤击力和锤击频率没有实现单独调节，锤击频率过高，容易造成硬脆金属材料在锤击过程中出现疲劳破坏；同时设备较庞大，价格较贵。

(5) 电磁方式。新型的锤击消除应力的处理工具，可以实现锤击力和锤击频率的独立调节，适用于多种金属材料的消除应力处理。

5.2.1.3 锤击作用的影响

图 5－7 所示内容为有锤击作用(锤击力 $F=500$ N，锤击作用温度区间为 360～840℃，锤击频率为 2 Hz)和无锤击作用焊接接头的工件表面残余应力分布梯形图。从图中可以看出，锤击作用的效果是非常明显的。图 5－7 中曲线 1 是未进行锤击处理的曲线，可以看出焊接后热影响区域的应力呈现出较大的残余拉应力，并且在距离焊缝中心约 20 mm 的位置，拉伸残余应力达到峰值，最大值超出了母材的抗拉强度 600 MPa，因而不可避免地会有焊接裂纹的产生。但是经过锤击处理后，见图 5－7 中的曲线 2，焊接残余应力在焊缝处呈现出较大的残余压应力，热影响区中靠近熔合区域的一侧也表现为压应力，虽然在母材侧仍表现为残余拉应力，但是其值已远远不足以导致材料开裂。

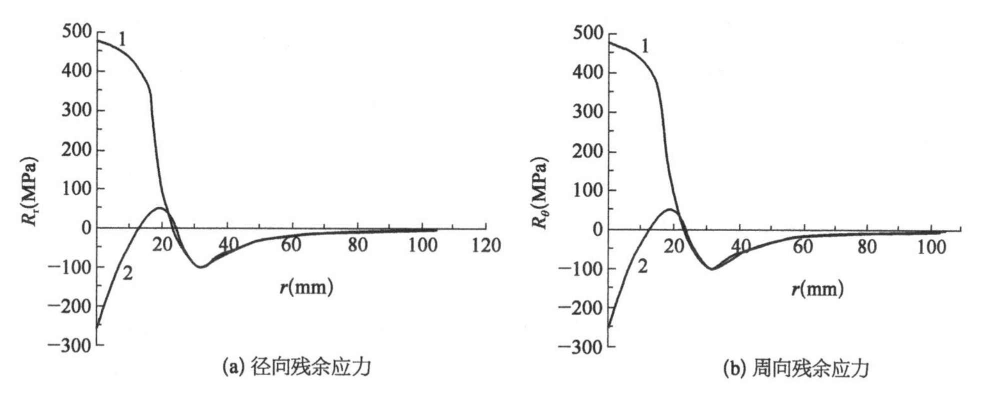

图 5－7 有锤击作用与无锤击作用焊接接头的表面残余应力分布[11]

1—无锤击作用；2—有锤击作用

同时锤击作用力的大小和时机也会对消除焊接残余应力造成影响。图 5－8 所示是在不同锤击力 F 作用下工件表面残余应力分布图。对于相同的锤击温度区间，随着锤击力的增加，焊缝区域的残余应力也会得到进一步释放，但是熔合线以及焊缝热影响区域中应力的释放先归于焊缝中心，效果并不显著。换而言之，锤击消除焊接应力，并非是锤击的程度越大效果越好，锤击对于将来热影响区的残余应力是有限的。在工程实践中，焊缝过分延展而超过了其塑性允许限度，反而会产生因锤击而造成的裂纹。

此外，锤击的时机对于调控和消除焊接残余应力的效果影响也很大。在不同的温度区间进行锤击处理时，锤击作用的效果不同，如图 5－9 所示。在高温区间和低温区间分别进行锤击，残余应力调控的效果并不是最理想，而在相对中间的中温区间进行锤

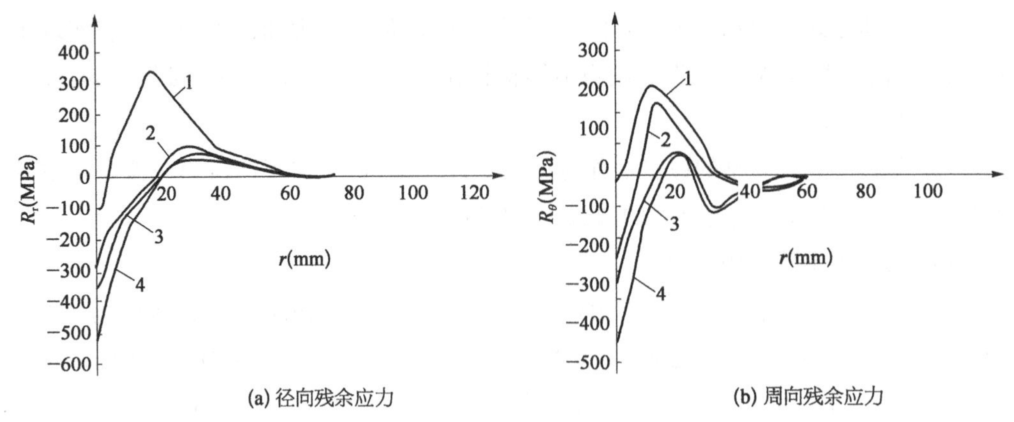

图 5-8　不同锤击力 F 作用下表面残余应力分布[11]

1—F = 400.0 N；2—F = 500.0 N；3—F = 700.0 N；4—F = 900.0 N

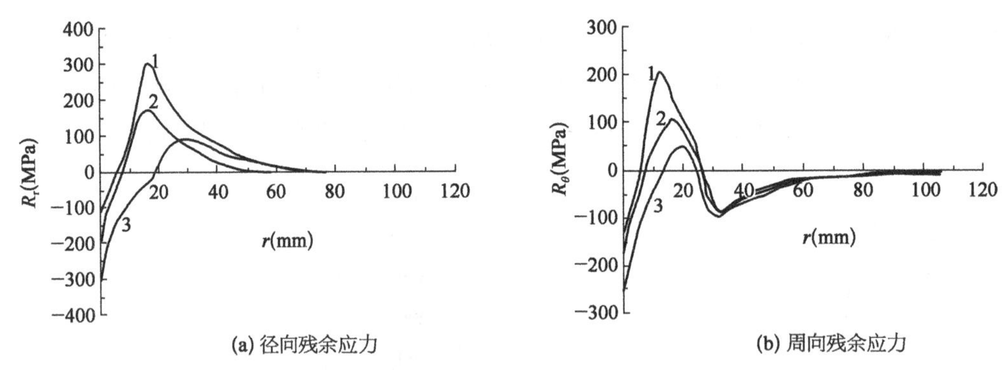

图 5-9　不同锤击温度区间锤击时上表面残余应力分布图[11]

1—600～1 000℃；2—300～650℃；3—360～840℃

击时，如图中曲线 3 所示，残余拉应力被有效释放。这个情况说明了锤击必须在焊缝恢复至弹性的温度下进行，此时焊缝处的塑性高，锤击得到的效果好。若是在低温区间进行锤击，大部分的传递能量不能被很好地吸收，不仅不能达到预期的锤击效果，同时可能会在焊缝处产生机械破坏的负面作用；若是在高温区间进行锤击，此时的焊缝依旧处于塑性状态，锤击能量的吸收效果依旧不佳，最终达到的锤击作用效果不理想。

5.2.2　过载处理

过载处理属于力学法消除残余应力的处理方式，通过明显改善或者降低材料的力学性能来调控残余应力。过载消除残余应力的效果取决于过载应力的水平，当过载应力达到材料屈服点时，残余应力将被全部消除。过载处理后的剩余残余应力分布相对较为合理。其消除残余应力的机理如图 5-10 所示。图 5-10a 为原始焊接残余应力分布，图 5-10b 为加载时的外载荷与残余应力的叠加结果，图 5-10c 为卸载后的剩余残余应力分布。过载后剩余的残余应力为屈服强度与过载应力之差。

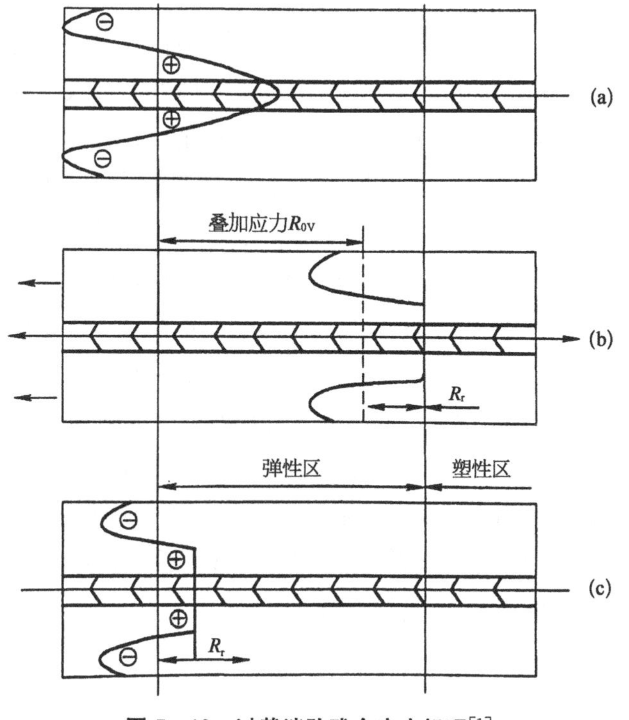

图 5-10　过载消除残余应力机理[1]

在降低残余应力过程中，如果不方便采用热处理方法，过载处理是最便利的方法。对于不锈钢而言，过载处理消除残余应力可以和应变强化同时进行。已经有部分学者对应变强化过程中焊接残余应力的降低做了研究，例如采用二维模型对过载拉伸消除焊接残余应力的过程进行仿真，对平板构件焊接过程中拉伸与焊后拉伸这两种情况应力的变化进行了数值和实验研究；有学者研究了过载拉伸消除铝板冷轧过程中产生的残余应力的影响。

过载处理在压力容器上最容易实行。与整体退火处理相比较，过载处理的方式具有以下几个优势：

(1) 过载处理之后，构件残余应力分布相对较为合理。针对容器的入孔处、接管等高应力区域，残余应力被消除的效果最优，甚至在此类区域可以产生一定量的残余压应力。过载处理之后，剩余残余应力均处于具有较低的工作应力区域之中。过载后的实际工作应力可以表示为下式：

$$R_G = R_{op} + R_r = R_s - K_t R_{op}(n-1) \tag{5-1}$$

式中，K_t 为应力集中系数；R_{op} 为工作应力；n 为过载系数；R_r 为残余应力。

这样就可以保证过载处理后的容器构件在工作压力下，全部的区域均处于弹性状态工作，且能够低于屈服强度。

(2) 过载处理可以在一定程度上降低容器的圆角误差、角变形和错边引起的附加应力,保证容器构件整体的尺寸精度。

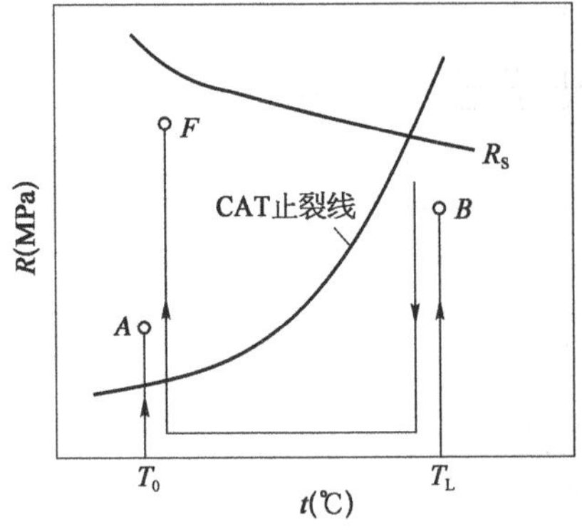

图 5-11 低温下过载处理对构件断裂的影响[1]

(3) 过载处理可以有效提高容器在低温环境下抗脆性断裂的能力。图 5-11 所示为过载处理对于构件低温断裂的影响。如果在 T_0 温度直接进行加载,依据残存缺陷的尺寸大小和考察残余应力的数值,过载应力超过止裂线 CAT 的 A 点位置就会发生断裂。若在 T_L 温度下进行过载处理,加载到 B 点,卸载之后再于 T_0 温度下加载,破坏将会发生在 F 点处,F 点的应力值不低于 B 点的应力值。由此可以说,过载降低了残存缺陷的威胁性。

(4) 过载处理能够提高残存缺陷发生疲劳和应力腐蚀扩展的门槛应力值。

(5) 过载处理不会明显地影响低合金高强度钢以及不锈钢的性能。

(6) 过载处理操作施工简便,价格便宜。

5.3 爆炸法

爆炸处理消除焊接残余应力是近 30 年来出现的一种消除残余应力的新型工艺方式。它是一个操作简便同时效果优越的力学消除残余应力的方法。其通过将特种炸药粘贴于焊缝及其附近区域表面,引爆轰炸造成的冲击波与残余应力发生交互作用,使金属产生适量的塑性变形,从而达到释放残余应力的目的。研究表明,爆炸处理不仅可以完全消除焊接区残余拉应力,如果需要还可以在焊接区造成残余压应力[12]。爆炸处理具有十分有效的消除焊接残余应力的效果,方法简便灵活,国内已在不同规格卧罐、电站压力钢管、石油催化裂化装置的各种反应塔等多件大中型结构上使用,获得了优良的技术经济效果。

5.3.1 爆炸法的原理

爆炸法消除焊接残余应力的基本原理,就是利用爆炸产生的局部塑性变形使结构中的残余应力得以消除和均匀化。爆炸有中性爆炸、硬性爆炸和软性爆炸,下面予以阐述。

1) 中性爆炸

金属在爆炸高压下呈现出类似流体的规律,中性爆炸是金属材料达到流体状态的临界爆炸条件,如图 5-12 所示。在这种条件下,金属会在残余应力场的诱导或者说是叠加作用的结果下发生流变,在压应力区产生压缩塑性变形,反之在拉应力区产生伸长塑性变形。而塑性变形越大,残余应力消除越多,残余应力消失了,塑性流变也随即停止。在理想情况下，如果存在足够大的外加负载，中性爆炸最终形成的塑性应变量 e_{pm}，将正好等于初始存在的弹性应变量 e_{em}。

2）硬性爆炸

硬性爆炸是指比中性爆炸强度更大的爆炸条件，巨大冲击波压力除了使金属具有类似流体的变形之外，还可以使金属产生一定量的平面流变 C。C 是爆炸参数和被爆炸处理材料性能的函数，与初始金属内部存在的残余应力无关，在固定爆炸条件和金属材料的条件下，C 是一个常数，被认定为正值。因此，在硬性爆炸情况下，金属产生的总的塑性变形量 e_{ph} 由两部分组成：第一部分为残余应力诱导的塑性流变，是残余应力引起的弹性应变转变来的，其值为 e_e；第二部分为过强的冲击波压力本身促使金属发生流变形成的塑性应变 C，因而 e_{ph} 应满足

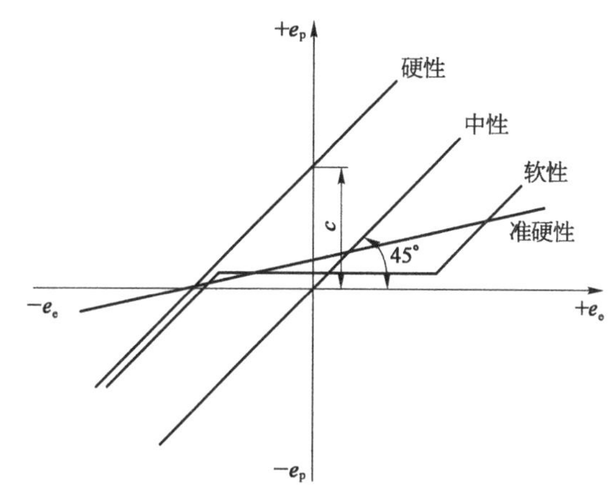

图 5-12　残余应力诱导塑性流变机制[13]

$$e_{ph}=e_e+C \tag{5-2}$$

3）软性爆炸

软性爆炸是比中性爆炸强度小的爆炸条件，由于不足的冲击波压力的作用，金属尚未达到流体形态，形变能力较小，当外载应力数值低于临界值时，塑性流变终止。

5.3.2　爆炸法的工艺设计

影响爆炸法消除焊接残余应力效果的基本因素包括炸药性能、药条形状与尺寸、布药方式、引爆方式和每批次引爆药量控制等[14]。根据国内外实践经验，采用沿焊缝条形布药对纵向、横向残余应力的消除均有较理想的效果，对中厚板均可采用。

1）炸药选择

采用沿焊缝条形布药，存在的问题是药条直径必须大于炸药的临界爆炸直径 d_k（见表 5-1，几种炸药在装药密度为 0.9～1.0 g/cm³、薄玻璃管内爆炸时的临界直径）。基于前人的加工和实验经验，药条直径在 10 mm 左右，直径过大，爆炸处理效果接近于沿焊缝均匀布药，消除残余应力效果不明显；直径过小，爆炸能量不足，不能使焊接构件内部发生足够塑性流变，消除残余应力效果同样不明显。因而，爆炸消除残余应力所使用的炸药应具有良好的传爆能力、中等爆炸强度、合适的爆速范围和良好的安全性及稳定性。经过比较决定采用钝化黑索金——一种由黑索金粉末与钝化剂组成的粒状混合炸药，通常由黑索金和蜡等组成，实验中采用的是 A3 炸药，其化学成分的质量分数为

黑索金 91%、石蜡 9%。黑索金化学分子式为 $C_3H_6N_6O_6$，代号 RDX。黑索金(晶体)和钝化黑索金性能见表 5-2。

表 5-1　几种炸药的临界直径[13]

炸　药	临界直径 d_k (mm)	炸　药	临界直径 d_k (mm)
$C_5H_8N_4O_{12}$	1.0～1.5	TNT	8～10
RDX	1.0～1.5	NH_4NO_3	100
TNT 21%/ NH_4NO_3 79%	10～12	NH_4NO_3 80%/ Al(粉末)20%	10～12

表 5-2　黑索金的基本性能[13]

炸　药	密度 ρ_0 ($g \cdot cm^{-3}$)	爆燃点 T_D(℃)	冲击感度 λ(%)	爆速 D ($m \cdot s^{-1}$)	爆力 ΔV (ml)	猛度 Δh (mm)
RDX(晶体)	1.7	230	70～80	8 400	520	29
钝化 RDX	1.1	—	—	6 390	—	—

注：表中"—"表示无法测量数据。下同。

2) 炸药布置

炸药布置方式主要有平面覆盖布药、蛇形布药和条状布药。不同的布药方式也会对爆炸消除焊接残余应力效果产生影响。

爆炸可使介质产生一定的塑性应变，不同的布药形式可以产生不同规律和量值的塑性应变，从而使焊接区域的残余应力得到不同程度的松弛。实验表明，这些布药形式对消除焊接区域的残余应力均有一定的效果，其中沿焊缝均匀布药不仅耗药量大，而且其消除残余应力的效果不理想；与焊缝平行的多条布药处理是较好的布药方法，采用这种布药方法对纵向、横向残余应力的消除均有较理想的效果，对中厚板均可采用；正弦波(蛇形)布药处理只有显著消除纵向残余应力的效果，适用于薄板及横向残余应力不大的焊接构件；间断布药以及"棋盘式"布药效果较好，但都存在起爆困难的问题。根据工程生产经验，条状布药对消除纵、横向焊接残余应力均有较理想的消除效果。

将钝化黑索金装入内径为 8 mm、外径为 10 mm 的薄壁橡胶管内，再将装好炸药的橡胶管平行布置在焊缝上，药条中心间距 20 mm，如图 5-13 所示。这样装药既有利于炸药稳定传爆，且安装方便、安全，便于在工程实际中应用。

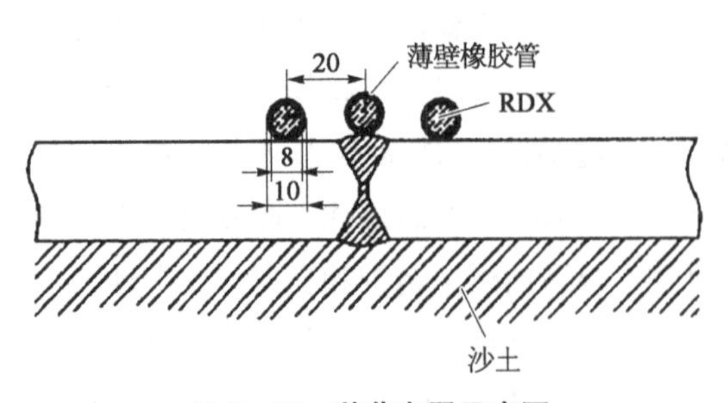

图 5-13　装药布置示意图

必要时，对一些要求高、厚度大的钢板采用双面爆炸的方法，可消除焊接残余应力 80%以上。引爆方式主要存在先炸面与后炸面的区别，以及同时引爆所有药条与逐次分批引爆的区别。实验表明，后炸面稍优于先炸面，由于压力波在先炸面上反射引起拉伸波，使之出现应力回弹现象。

3) 爆炸用药量

通过对大型球罐实验，无论里炸还是外炸，每次爆炸处理 20～30 m 长的焊缝，用药量经工程验证在 2～4 kg 时过程是安全可靠的。国外普遍认为的粗略计算公式如下：

$$r_0 = 20\sqrt[3]{Q} \tag{5-3}$$

式中，r_0 为安全半径；Q 为炸药的用量。

有学者通过研究判断，每次实施爆炸的长度应该以空气冲击波的强度而定，具体可以按照 M. Asadovskyi 的超压公式计算：

$$\Delta p_{\phi} = 0.76\frac{1}{\bar{R}} + 2.55\frac{1}{\bar{R}^2} + 6.51\frac{1}{\bar{R}^3} \quad (1 \leqslant \bar{R} \leqslant 15) \tag{5-4}$$

$$\bar{R} = R/\sqrt[3]{q} \tag{5-5}$$

式中，$\bar{R}$ 为当量距离(m)；R 为爆炸距离(m)；Δp_{ϕ} 为距离爆炸源 R 处的超压(MPa)；q 为炸药的 TNT 当量(kg)。

5.3.3 爆炸法的特点及优势

爆炸法消除残余应力主要有以下几个特点[14]：

(1) 成本低，特别是针对大型或者特大型结构件的应力消除，成本的控制尤为明显。

(2) 速度快，效率高。在构件上布置炸药迅速，爆炸过程瞬间完成，可加快工程上的应用速率。

(3) 效果显著，能够平均消除 50%以上的焊接残余应力。

(4) 应用范围广，不受结构件大小和形状的限制。梁、柱、管线、球罐等均可方便地采用爆炸处理的方式来消除焊接残余应力。目前使用爆炸法所能处理的最大钢板厚度值可达 70 mm。

(5) 不受结构件材质的限制，同时不锈钢采用热处理消除残余应力很难兼顾材料的力学性能、耐晶间腐蚀性能和残余应力消除效果三者之间的平衡关系。而采用爆炸法处理之后，残余应力消除的效果可以达到 80%的程度，耐应力腐蚀寿命可以提高 4 倍以上，与此同时，力学性能相较于原构件还有所改善。

(6) 应用于复合板和异种钢接头有独特的功效，此点为热处理和其他方法所无法比拟，可以避免因为化学成分和物理性能差异引起的成分扩散，以及产生新的残余应力。

(7) 爆炸消除焊接残余应力，可提高焊接接头疲劳强度、抗应力腐蚀能力、弹塑性功、撕裂功和总冲击功，改善结构抗断能力，提高结构的使用寿命，尤其是可以消除再热敏感材料和特种调制钢焊接构件的残余应力。它具有实施快捷方便、低能耗、价廉，而且不受构件尺寸和设备的限制，尤其对于大中型复杂构件或特殊钢种，更能发挥其优越性。

5.3.4 爆炸法对材料性能的影响

由于残余应力的存在，严重影响着材料的各项性能，爆炸冲击波可以有效地消除残余应力，同时也会对材料的性能造成影响[15]。

1) 对焊接接头机械性能的影响

通过对不锈钢实验表明，爆炸处理后不锈钢焊接接头硬度有所提高，爆炸处理后无论是母材金属还是焊缝金属，屈服强度较未经爆炸处理的原始母材和焊缝平均分别提高 17.4%和 10.7%，对塑性和拉断强度均无明显影响，硬度也没有大的变动。

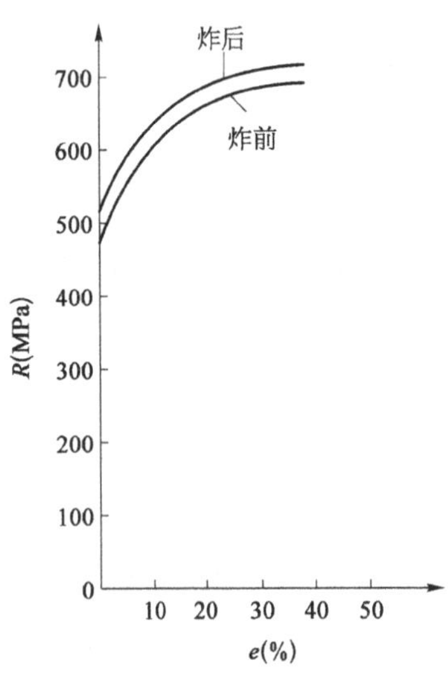

图 5-14 爆炸处理前后材料的应力-应变曲线[15]

图 5-14 是爆炸处理前后材料的应力-应变关系曲线，在其他参数不改变的条件下，屈服强度提高 50 MPa，即整个应力-应变曲线包围的面积增大，静态应变能增加。

通过对 Q345(16Mn)钢实验表明，爆炸处理后抗拉强度 R_m 与焊后抗拉强度 R_m 相差不大，且爆炸处理后试件拉断位置均不在爆炸压痕处；爆炸影响区内，硬度均有所提高，且高爆速炸药作用结果高于低爆速炸药作用结果(爆炸压力硬化作用)；爆炸处理后，弹塑性功、撕裂功和总冲击吸收能量在焊缝中心区变化不大，在融合线处，三者均有较为显著的提高，在热影响区撕裂功几乎无变化，其他两者有所提高。

2) 对焊接接头抗应力腐蚀的影响

金属在拉应力和特定的腐蚀环境作用下发生的脆性断裂称为应力腐蚀裂纹，这种应力和环境共同作用导致材料破坏比单个因素分别作用后叠加效果还要严重得多。应力腐蚀裂纹是一种隐蔽的材料破坏形式，已成为工程中的突出问题。由于焊接接头存在焊接残余应力，很容易产生应力腐蚀裂纹。爆炸处理可以有效地消除焊接结构的焊接残余应力，提高结构抗应力腐蚀能力，延长结构使用寿命，应当成为焊接生产中的重要工艺环节。

3) 对焊接接头疲劳强度的影响

苏联米哈耶夫和英国 Chadwick 对结构钢进行了抗疲劳实验，实验表明，爆炸处理可以提高焊体疲劳极限强度，提升范围在 40%～110%。国内实验也发现，经过了爆炸处理后，材料具有较高的疲劳强度、较高的疲劳裂纹扩展门槛值和较低的疲劳裂纹扩展速率；

不仅在冲击波的塑性作用区，而且在冲击波的弹性作用区，材料的疲劳性能均有明显提高。

爆炸处理后疲劳强度提高的原因是：爆炸冲击引起焊缝铁素体位错缠结或钉扎；减少了焊接影响区的拉伸残余应力，形成了局部压应力；焊接影响区表面经过冲击波处理得到了强化。

4) 对焊接接头再热裂纹的影响

选用再热裂纹敏感性较强的 921 钢进行实验发现，采用爆炸法代替退火处理消除焊接残余应力，不仅能有效地消除残余应力，还能使构件在重复加热过程中避免产生再热裂纹。爆炸处理可以使金属组织的位错呈定向缠结排列和一定程度的增殖，为析出相提供成核场所，增大新相弥散程度，减少晶界富集和邻近晶界区域的合金贫化，因此既提高了晶界强度又提高了整个材料的抗蠕变能力。

5) 对焊接接头中残留裂纹行为的影响

有学者发现，由爆炸表面处理引起的入射压缩波，会使金属表面层发生塑变强化、位错密度和点缺陷密度增高，提高了材料的疲劳抗力；而试件中原已存在的裂纹在反射拉伸波的作用下有可能扩展，扩展的条件是作用于裂纹尖端最大正应力方向的应力强度因子大于等于动态情况下的应力强度因子，并且持续时间要超过临界值。裂纹在反射拉伸波作用下扩展呈解理型。裂纹的扩展不连续，扩展方向与复合型裂纹顶端最大正应力垂直。

经爆炸冲击波处理，带焊接残留裂纹的 Q345R(16MnR)钢焊接接头抗断能力显著提高，其韧脆转变温度降低了 40°以上。说明冲击波不仅不会使残余裂纹的危害增大，反而有治愈裂纹和降低裂纹危害的作用。冲击波能使裂纹尖端的前沿区域经过冲击波的形变热处理后，晶粒细化并发生动态回复再结晶，产生局部材料改性。性能得到改善的裂纹尖端区域材料将裂纹整体包围起来，而在远离裂纹尖端的区域，材料产生硬化，限制了该裂纹的扩展。Q345R(16MnR)钢经过冲击波处理后，静载下其抗裂纹扩展的能力有明显提高，尤其在低于韧脆转变温度时，冲击波处理材料的裂纹试样断裂吸收功有近 10 倍的增长。在冲击载荷下，冲击波处理材料的抗裂纹扩展能力也有明显提高，但其提升程度尚不及静载条件下的大。

5.3.5 爆炸法应用实例

1) 在三峡电站引水压力钢管上的应用[16]

针对三峡电站压力钢管下水段的具体情况(直径大，钢板厚，且为调质处理钢材)，爆炸施工前，首先在焊接试板上进行钢管爆炸消除焊接残余应力工艺评定实验。焊接试板采用与实际钢管相同的材料、坡口形式、焊接工艺和方法进行施焊，通过工艺评定实验确定合理的爆炸处理施工工艺。为确保三峡电站压力钢管的消除应力效果，在正式开始大量爆炸施工前，又在钢管上进行了生产性试爆，对爆炸处理施工工艺进行了验证，才最终确定出钢管实际爆炸处理工艺。

钢管的材料为从日本进口的NK－HITEN 610U2调质高强钢板，是一种含C、S量很低的Cr－Mo－V系合金钢。采用自行研制的条状橡胶炸药，炸药的截面积尺寸为10 mm×12 mm，爆速5 000 m/s，药条与钢板之间带有厚2 mm的防烧蚀缓冲胶垫。布药的模式为钢管环缝内外侧全部采用沿焊缝4条炸药对称布置方式；钢管纵缝内侧（大坡口侧）采用4条炸药对称布置方式，外侧采用3条炸药对称布置方式。药条间距为10～15 mm，以爆炸处理前后实测的残余应力值作为爆炸处理消除残余应力的评价依据，残余应力的测试方法为盲孔释放法。表5－3为试板对接部位焊缝残余应力的实测结果。

表5－3　对接试板焊后和爆炸处理后残余应力检测结果
（周向应力 R_x/轴向应力 R_y）　（MPa）

状态	测点位置	焊　缝	熔合线	热影响区	母材1	母材2
焊后	大坡口	465/592	316/390	39/236	－88/12	－142/－115
	小坡口	310/73	348/70	44/309	－64/72	－158/－71
炸后	大坡口	6/98	139/18	－160/87	－105/－255	－99/－162
	小坡口	－151/－197	153/－50	－326/－46	－137/－210	－164/－196

根据对接试板爆炸处理前后表面焊接残余应力检测数据，绘制出如图5－15所示双向残余应力的分布特征曲线。结果表明，采用合理的布药方式，通过爆炸法可以获得显著的消除焊接残余应力的效果。

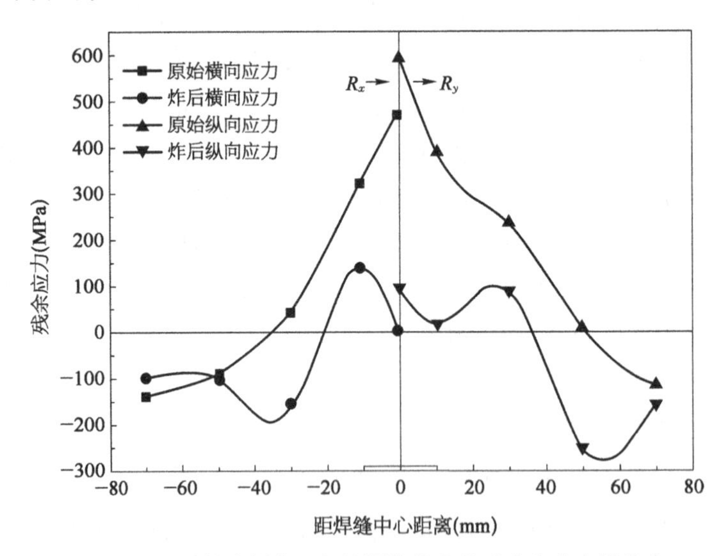

图5－15　对接试板中心部位爆炸处理前后残余应力的分布

2）在400 m^3液化气球罐上的应用[13]

400 m^3液化气罐，球皮厚度为30 mm，材料为16MnR，主焊缝总长约300 m，属3类压力容器，对组装及消除应力处理均有较高要求。爆炸处理采取双面爆炸，即先炸外边，后炸内侧。以爆炸处理前后实测残余应力值为爆炸处理消除残余应力的评价依据，残余应力测试方法为盲孔法。表 5-4 为球罐各典型部位焊缝残余应力实测结果，表 5-5 为按照球罐相应焊接工艺、爆炸规范制作的对接试板爆炸后接头机械性能测试的结果。

表 5-4 球罐各典型部位焊缝残余应力实测结果
（纵向应力 R_x /横向应力 R_y） （MPa）

状态	内赤道带纵缝		下温带纵缝		赤道带/下温带环缝		丁字焊缝		极板环缝内侧
	内侧	外侧	内侧	外侧	内侧	外侧	内侧	外侧	
焊后	360/216	489/438 426/326 392/364	—	255/310	335/217 301/264	267/−219 322/−115	321/347	337/123 529/188	244/71 408/389
焊前	−78/−68 46/105 −176/18 60/131 −173/48	−57/−203 −85/−213 209/115	85/112 65/70 94/125 66/41	−205/ −258	31/−81 0/−41 −158/16 −22/46	31/−157 −84/−234 −105/−189 102/−180	6/−85 122/23 −109/4 −108/88 31/1 −52/46	−2/−93 −59/−106 76/−25	−21/−108 60/60

表 5-5 对接试板爆炸后接头室温机械性能测试结果

焊接位置	拉伸实验		冷弯实验		焊缝冲击实验	
	抗拉强度（MPa）	断裂位置	面弯	背弯	缺口类型	冲击吸收能量(J)
立焊	540	母材	合格	合格	U V	142 142
横焊	540	母材	合格	合格	U V	145 153
仰焊	540	母材	合格	合格	U V	146 141

由表 5-4 可见，球罐焊后的焊缝残余应力普遍较高，达到或超过了 16Mn 钢的屈服强度，而经过爆炸处理后残余应力有明显下降。炸后残余应力在 10 MPa 以下的测量点占总测量点数的 56%；残余应力在 100 MPa 以下的测量点占总测量点数的 83%。如果焊后、炸后焊缝残余应力以平均值统计，则焊后的焊缝残余应力平均值 $R_x = 356$ MPa、$R_y = 203$ MPa，炸后焊缝的残余应力平均值 $R_x = -19$ MPa、$R_y = -27$ MPa。同时，从表 5-5 中可以看出，爆炸处理后焊接接头的机械性能基本不变，完全满足 16MnR 钢制压力容器的设计要求。

5.4 超声冲击技术

超声冲击法是国外比较流行的焊后处理、表面局部强化和消除焊接残余应力的有效方法，可以有效地改善焊缝与母材过渡区的形状，从而降低了应力集中系数，同时提高了金属表面层的强度，调整焊接残余应力场，在应力集中处产生有利的压应力。经过超声冲击处理的焊接构件的疲劳强度可以相当于或高于母材的疲劳强度[17]。然而，目前国内对于超声冲击法的应用研究尚处于起步阶段。

超声冲击技术在国外的发展简介如下[18]：

(1) 1972 年，第一次实际应用到苏联海军核潜艇体结构上。

(2) 1999 年，美国 John W Fisher 教授(ATLSS Engineering Research Center，Lehigh University)联合美国联邦高速路管理局(FHWA)在位于弗吉尼亚州 Dotstaunton 地区的公路桥梁和佐治亚州亚特兰大市的 Allatoona 高速公路进行了 23 次超声冲击处理，结果验证了超声冲击技术提高疲劳强度的有效性。

(3) 2000 年，美国国家焊接学会将超声冲击处理技术列入《焊接行业发展战略技术指南》，以保证未来 20 年内，继续保持美国在焊接行业内的国家技术竞争力。

(4) 2001 年，美国国家标准技术学会中子研究中心对超声冲击处理前后的试件进行了中子源三维应力分布扫描，从本质上揭示了超声冲击技术提高疲劳强度的机理和效果。

超声冲击技术作为一项革命性的新技术，受到了国际焊接学会的高度重视。迄今为止，已由美国、俄罗斯、乌克兰、芬兰、挪威、德国、日本、加拿大、中国等国家对超声冲击技术进行了深入的研究和实际应用的探索。

5.4.1 超声冲击技术的原理

超声冲击处理(UIT)方法可以综合喷丸法、锤击法、点状加热法以及 TIG 熔修法等方法的优点，得到综合的结果，同时能减少焊接变形、释放残余应力、减少焊接结构的应力集中。

其原理是：通过超声波发生器将电网上 50 Hz 工频交流电转变成 20 kHz 超声频交流电，用来激励声学系统的换能器。声学系统将电能转换成相同频率的机械振动，在自重及外界施加的一定压力作用下，将这部分超声频的机械振动传递给工件上的焊缝，使以母材过渡区(以下称焊趾)为中心的一定区域的焊接接头表面产生足够深度的塑性变形层，从而有效地改善焊缝与焊趾的外表形状，使其平滑过渡，降低了焊接接头的应力集中程度，使焊接接头附近一定厚度的金属得以强化，重新调整了焊接残余应力场，并由超声冲击形成较大数值的有利于疲劳强度提高的表面压应力，同时改变了微观组织，改善了接头区域的组织，使冲击处理后的接头疲劳强度得以显著提高。图 5-16 为超声冲击技术原理示意图。

从材料的应力应变特性角度分析，超声波消除残余应力的必要条件是动应力 R_d(激振力)和残余应力 R_r 之和大于材料的屈服极限 R_s，即

$$R_d + R_r \geqslant R_s \tag{5-6}$$

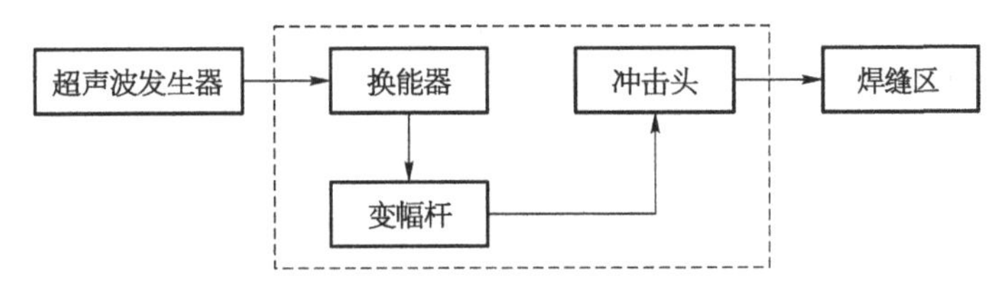

图 5－16　超声冲击技术原理示意图

当式(5－6)成立时，局部屈服将发生在工件内残余应力的高峰值处，微小塑性变形出现，使得工件内部残余应力高峰值降低并使内部残余应力重新均匀化分布，最终金属基体被强化，抗变形能力增强，工件尺寸精度的稳定性提升，达到了优化和调控的目的。

从位错理论的微观角度分析，残余应力的本质是晶格畸变，而晶格畸变在很大程度上是由位错引起的。超声波振动过程中金属材料内部的位错滑移产生微观塑性变形，使残余应力得以释放。超声波消除残余应力的微观必要条件可表示为

$$\tau_d + \tau_r \geqslant \tau_s \tag{5-7}$$

式中，τ_d 为外加动应力；τ_r 为残余应力；τ_s 为流变应力。当式(5－6)成立时，金属晶体将产生位错运动。位错运动一方面会引起位错增殖及亚结构的变化；另一方面使晶体产生微观塑性变形。位错增殖及亚结构的变化将使金属发生强烈的加工硬化，即继续塑性变形的抗力增大，强度大大提高，从而提高工件的抗变形能力和尺寸稳定性。金属晶体的微观塑性变形将使高残余应力得以释放，消除或降低应力集中，达到均匀化应力的目的。

5.4.2　超声冲击的设备及效果

超声冲击设备主要由两部分组成：功率超声波发生器和冲击机构，如图 5－17 所示。

大量实验表明，经过超声冲击处理的试件，其疲劳强度可以相当于或高于母材的疲劳强度。疲劳断裂将不在焊趾处发生，而发生在母材上，甚至有夹杂缺陷时也是如此。超声冲击法由于执行机构轻巧(一般便携机构只有几千克)、效率高(平均每分钟可以处理长度为半米的焊缝)、噪声小、使用灵活、应用时受限制少，因此其不但可以应用于焊接结构的制造过程中，而且可以应用于安装现场；不但可以处理低碳钢接头，也可以处理高强钢接头；不但可以处理平板对接接头，而且可以用于处理十字接头、管接头等。超声冲击处理的作用深度为 10～12 mm，残余应力可从表面的拉应力

图 5－17　超声冲击设备实物图

转化为压应力，0.02～0.1 mm 的白亮层可以增加耐磨性和耐腐蚀性。塑性变形层可提高疲劳性能，增加腐蚀疲劳强度。冲击松弛层可降低焊缝 70%的应力，超声松弛层可降低焊缝 50%的应力。超声冲击处理对焊缝及近缝区的焊接残余应力的降低有很大的好处，可由原始的残余拉应力转变为有利的残余压应力。冲击处理后，冲击表面区域的晶粒明显变小，在表层有一层晶粒压扁层，并且表面硬度增加，表面硬化层的厚度大约为 0.12 mm。进行超声冲击处理，可有效地降低残余应力，这对提高结构的疲劳性能有很大的好处，并防止裂纹的产生。用处理焊趾的单针工具头对焊趾进行处理，可以得到良好的效果。按超声冲击处理过后不同深度层性能不同的特性，可以把材料分为四部分，如图 5-18 所示。

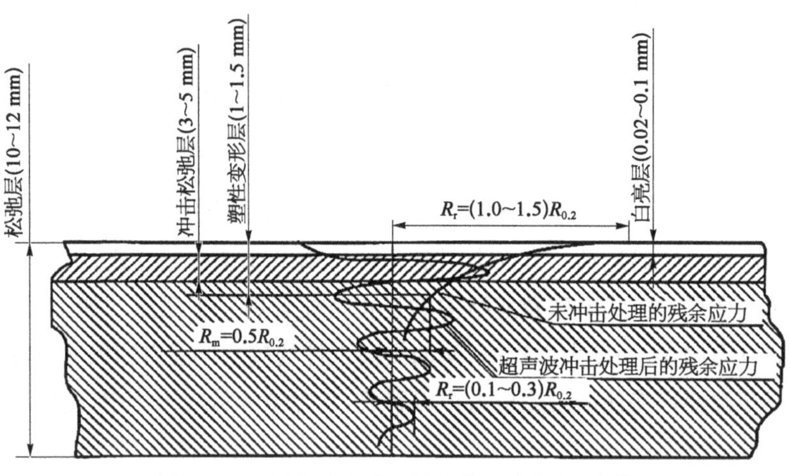

图 5-18　超声冲击后不同性能区域分布图[18]

超声冲击法主要应用于海洋工程、汽车、重型工程机械、机械零部件、飞机、桥梁、机车车辆、石油管线、化工机械设备等诸多领域。

5.4.3　超声冲击技术的工艺

超声波冲击枪对准试件焊趾部位，基本垂直于焊缝。将冲击头的冲击针阵列沿焊缝方向排列，略施加一定量的压力，使得整体的处理过程能够保证在执行机构(冲击枪)自重的条件下进行。为了得到较好的疲劳性能，有时需要进行多次冲击。超声冲击处理时，将冲击枪在垂直于焊缝的方向上做一定角度的摆动，以便使焊趾部位获得更好的光滑过渡的外形。

超声冲击的主要工艺参数将直接决定其消除残余应力的效果[17]，叙述如下：

(1) 冲击频率。决定冲击能力及能量吸收率，影响其浅表层晶粒细化程度及时效层深。

(2) 输出振幅。影响其塑性变形层深及时效层深。

(3) 冲击头型号。根据焊缝熔合区及熔合线长度，选用不同直径的针头进行冲击，注意冲击过程中,冲击头始终垂直于焊缝或者母材表面。

(4) 处理速度。对于 40 mm 以上厚板的焊缝,处理速度不超过 12 m/h。

(5) 压痕深度。冲击后压痕覆盖≥95%。焊缝熔合区及焊趾压痕深度为(0.8±0.2)mm,母材压痕深度为(0.5±0.2)mm。

5.4.4 超声冲击技术的优点

超声冲击提高焊接接头及结构疲劳强度的方法,其机理与锤击和喷丸基本一致。但这种方法执行机构轻巧,可控性好,使用灵活方便,噪声极小,效率高,应用时受限少,成本低而且节能,适用于各种接头,是一种理想的焊后改善焊接接头疲劳性能的方法。超声冲击法在单位时间内输入能量高,实施装置的比能量(输出能量与装置质量之比)大。振动处理频率可高达 18~27 kHz,振动速度可达 2~3 m/s,加速度高达重力加速度的 30 000 多倍,高速瞬时的冲击能量使被处理焊缝区的表面温度以极高的速度上升到 600℃,又以极快的速度冷却。这种高频能量输入焊缝区表面后,使能量作用区表层金属的相位组织发生一定的变化。其特点如下:

(1) 使焊缝区金属表面层内的拉伸残余应力变为压应力,从而能大幅度地提高结构的使用疲劳寿命;

(2) 表面层内的金属晶粒变细,产生塑性变形层,从而使金属表面层的强度和硬度有相应的提高;

(3) 改善焊趾的几何形状,降低应力集中;

(4) 改变焊接应力场,明显减少焊接变形。

5.4.5 超声波消除焊接残余应力的效果

1) 应力分析[19]

实验使用济南佳兴机械有限公司的专业型超声波冲击设备,测试件为长 2 m、宽 1 m、厚 8 mm 的焊接好的铝合金板。实验前先将板材截成长为 1 m 的两块板,将其中一块板进行超声波冲击处理后,采用盲孔应变片法对两块板分别进行应力测量,测量时取 6 个点,钻孔直径 0.8 mm,孔深 1.0 mm。采用中原电测仪器的 BE120 - 2CA - K 三向应变花以及郑州机械研究所研制的 ZDL - 2 型钻孔装置。测得残余应力的变化见表 5 - 6。可以看出,经过超声冲击后,焊接残余应力明显降低,材料内部残余应力趋于平均。

表 5 - 6 超声波消除焊接残余应力变化 (MPa)

测点	焊后	处理后	变化率(%)
1	96.8	65	32.9
2	98	62.4	36.3

（续表）

测　点	焊　后	处理后	变化率(%)
3	97.6	61.3	37.2
4	79	54	31.6
5	94.3	50.2	46.8
6	62	32.6	47.7
应力水平	88	54.3	38.7

2) 位错分析[19]

金相试样分别取自以上两块铝合金板。腐蚀液为混合酸(含氢氟酸 1 ml、硝酸 1.5 ml、盐酸 2.5 ml、水 95 ml)。将试样进行粗磨、细磨两道工序，然后在抛光机上进行粗抛、细抛。待抛好无划痕后，用腐蚀液进行腐蚀，水冲洗，再用酒精清洗，直到能看到晶粒组织，腐蚀完毕。采用显微组织观察设备 Olympus 显微镜得到的应力消除前后位错结构的变化如图 5－19 所示。从实验结果可以看到，利用超声波消除焊接残余应力方法的确可行，且效果比较明显，证实了超声波冲击消除应力的原理从位错方面解释的合理性。此方法不仅能够降低焊接残余应力，而且能够有效地提高焊接接头疲劳强度，延长疲劳寿命，抑制焊接裂纹，减小变形。由此可见超声波消除焊接残余应力的方法还是值得探讨、研究和推广的。

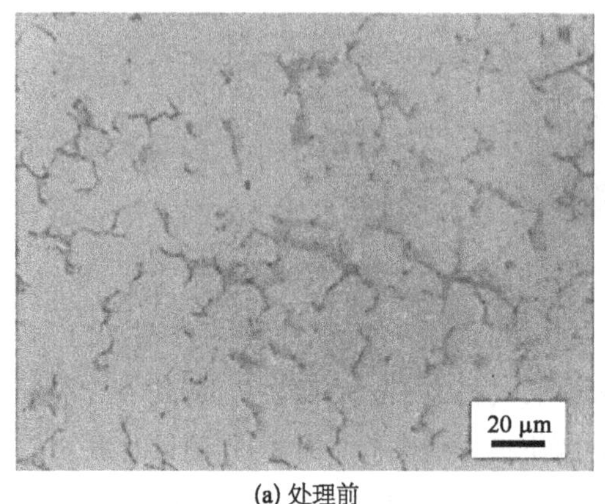

(a) 处理前

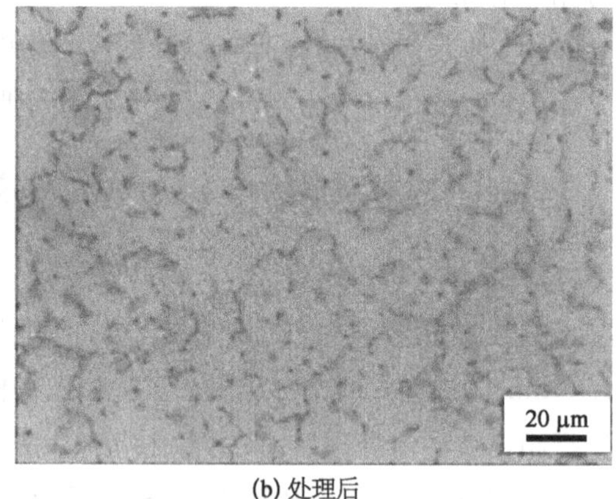

(b) 处理后

图 5－19　超声冲击处理前后的位错结构

5.5　喷丸强化法

5.5.1　喷丸原理

喷丸强化是指在一个完全控制的状态下，将无数小弹丸(包括铸钢丸、不锈钢丸、玻璃丸、陶瓷丸)高速且连续喷射到零件表面,并使零件表层发生循环塑性变形,从而在零件表面产生强化层。喷丸强化原理示意图如图 5-20 所示,经过喷丸强化处理后,受喷体表层的组织结构也会发生一定的变化,如受喷体表层晶粒得以细化,当喷丸强度足够高时,甚至可以在表层产生纳米级别的晶粒[20],位错密度增大[21],晶格畸变增大,同时在零件表面引入宏观残余应力,表面形貌及粗糙度也会发生变化;喷丸也会对零件造成加工硬化,提高零件表面的硬度。

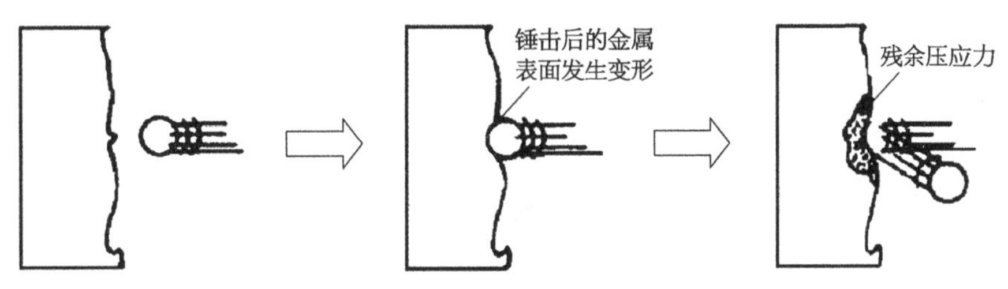

图 5-20　喷丸强化原理示意图

喷丸工艺常作为金属零件表面强化处理方法之一,目前在航空航天、汽车及船舶等工业得到广泛的应用。喷丸强化可以显著提高材料的抗疲劳性能、抗高温氧化性能、抗应力腐蚀开裂性能。决定喷丸强化性能的主要因素有三点,即表面残余压应力、表面加工硬化和表面粗糙度。喷丸处理对材料表面引入的残余压应力可以增强材料抗疲劳性能的作用已经获得认可,但是在表面粗糙度和加工硬化上还没有达成一致。

喷丸强度用标准弧高度试片(即 ALMEN 片)来表征,标准弧高度试片是测量喷丸强度的专用试片。标准试片有 3 种,分别用英文字母 N、A、C 表示,所用材料均为 70 号冷轧带钢,其尺寸参数及技术要求按表 5-7 的规定。例如,0.15 mmN 即为使 N 试片变形后弧高度为 0.15 mm 所对应的喷丸强度;0.15 mmA 即为使 A 试片变形后弧高度为 0.15 mm 所对应的喷丸强度,其中 0.15 mmA 大约为 0.15 mmN 的 3 倍。

表 5-7　喷丸试片参数

项 目 名 称	试 片 代 号		
	N	A	C
厚度(mm)	0.8±0.025	1.3±0.025	2.4±0.025
宽×长(mm)		$19_{-0.1}^{0} \times 75 \pm 0.2$	
平面度公差(mm)		±0.025	
表面粗糙度(μm)		*Ra* 1.6	
表面硬度	HRA 73～76	HRC 44～50	HRC 44～50

注:HRA 是采用 60 kg 载荷和钻石锥压入器求得的硬度,用于硬度极高的材料(如硬质合金等);
HRB 是采用 100 kg 载荷和直径 1.58 mm 淬硬钢球求得的硬度,用于硬度较低的材料(如退火钢、铸铁等);
HRC 是采用 150 kg 载荷和钻石锥压入器求得的硬度,用于硬度很高的材料(如淬火钢等)。

不同的喷丸工艺参数对强化效果的影响也不同，喷丸强化效果的表征主要采用晶粒细化层的深度和残余应力的大小。为了表征弹丸尺寸、弹丸速度、喷射角度及材料硬度、密度等因素的影响，田文春提出以下计算公式[22]：

$$\delta = K\frac{DV\sin\alpha}{\sqrt{H_M}} \tag{5-8}$$

式中，δ 为硬化层有效深度；D 为弹丸直径；V 为弹丸喷射速度；α 为弹丸与受喷体表面的夹角；H_M 为受喷体金属材料的冲击硬度；K 为比例系数。从式(5－8)可以看出，弹丸直径和喷射速度对喷丸效果的影响最大，喷射角度为 90°时强化效果最为明显。

对于残余应力与喷丸之间的关系，李金魁等[23]在研究不同喷丸工艺对钢材表层产生的表面残余应力 R_{surf} 和最大残余应力 R_{max} 的基础上提出，临界喷丸规范下的 R_{surf} 与材料的屈服强度呈线性关系，与材料的抗拉强度呈线性关系，给出如下经验公式：

$$R_{surf} = 114 + 0.563R_s \tag{5-9}$$

$$R_{max} = 147 + 0.567R_b \tag{5-10}$$

式中，R_s 和 R_b 分别为材料的屈服强度和抗拉强度(MPa)。

在高玉魁等[24-25]分析高强度钢在各种喷丸技术下的基础上，提出喷丸强度 f 与受喷体表面的残余应力 R_{surf}、最大残余应力 R_{max}、强化深度 H_0 以及最大残余应力深度 H_{max} 之间的关系。喷丸强度越大，则强化深度和最大残余应力深度数值也越大，表面残余应力反而越小；当喷丸强度相同时，弹丸直径 D 越大，则强化深度和最大残余应力深度数值越小。并给出了强化深度和最大残余应力深度之间的经验公式：

$$H_{max} = 0.24H_0 \tag{5-11}$$

研究表明，喷丸处理后残余压应力场深度与喷丸强度呈线性关系，当喷丸强度增大时，一般压应力场深度也随之增大。

5.5.2 锆合金喷丸实例

高玉魁实验室曾对 Zr－4 锆合金包壳管进行不同工艺的喷丸处理，利用 X 射线衍射仪和电解抛光仪来测量喷丸处理后的应力梯度。在大量的实验数据基础上，分析得到不同喷丸工艺所对应的表面残余压应力数值、最大残余压应力数值及其对应深度、压应力影响层深度等特征值，对比分析这些特征值与喷丸工艺参数之间的关系，为最终确定最佳的喷丸工艺提供实验依据。

为了探索最佳喷丸工艺参数，对锆合金包壳管分别采用 9 种不同的喷丸工艺，如表 5－8 所示，包壳管总长为 270 mm，直径约为 10 mm，喷丸前壁厚约为 0.57 mm。将包壳管分成 9 份，每份长度为 30 mm，将其编号 1～9 号，分别对应的喷丸工艺见表 5 - 8。其中，1 号试样为不喷丸试样；8 号和 9 号的弹丸直径为 0.50～1.00 mm，其他以 0.6 mm 为主。为保证喷丸处理后包壳管的残余应力分布均匀，对 2～9 号喷丸实验均采取 200%覆盖率。

表 5 - 8　不同喷丸处理的工艺参数

编号	丸　料	型　号	弹丸直径(mm)	喷丸强度	覆盖率(%)
1	不喷丸				
2	玻璃丸	AG835	0.30～0.42	0.18 mmN	200
3	不锈钢丸	AGS14	0.36	0.18 mmN	200
4	不锈钢丸	AGS14	0.36	0.30 mmN	200
5	不锈钢丸	AGS14	0.36	0.15 mmA	200
6	不锈钢丸	AGS20	0.51	0.20 mmA	200
7	不锈钢丸	AGS20	0.51	0.15 mmA	200
8	铸钢丸	S230	0.50～1.00(0.6)	0.25 mmA	200
9	铸钢丸	S230	0.50～1.00(0.6)	0.50 mmA	200

由于锆合金耐腐蚀，以 NaCl 饱和溶液作为腐蚀液的腐蚀效果不佳，所以腐蚀过程中采用进口腐蚀液，使腐蚀效率大大提高。腐蚀过程中的难点在于腐蚀时间和腐蚀深度的关系并不是简单的线性关系，主要原因有以下三点：① 由于锆合金包壳管在常温条件下会在表面产生一层薄薄的氧化膜，这种氧化膜会提高锆合金的抗腐蚀性能，所以表层和内部的腐蚀时间会不同；② 由高玉魁等的研究[25]可以知道，喷丸后的晶粒会细化，而晶粒的细化程度随深度不同而不同，细化后的晶粒对抗腐蚀性能也有一定的影响；③ 喷丸后，试样的残余应力随深度不同而不同，而试样中压应力的大小对腐蚀速率也有一定的影响。采用 X 射线衍射仪测量残余应力。

对 9 组不同工艺的锆合金试样进行残余应力的测试，每种工艺大约测试 15 个点，每个点分别测试沿锆合金包壳管轴向和切向两个方向上的应力。1～9 号喷丸工艺所对应的表面残余应力、最大残余应力及其深度和压应力影响层见表 5 - 9。

表 5 - 9　不同喷丸处理的残余应力

编号	表面残余应力(MPa)		最大残余应力及其深度				压应力影响层	
			轴　向		切　向			
	轴向	切向	应力值(MPa)	深度(μm)	应力值(MPa)	深度(μm)	轴向	切向
1	−277	−250	−277	0	−250	0	10	10
2	−341	−256	−381	130	−413	10	350	350
3	−387	−260	−417	60	−476	10	430	430

（续表）

编号	表面残余应力(MPa)		最大残余应力及其深度				压应力影响层	
			轴　向		切　向			
	轴向	切向	应力值(MPa)	深度(μm)	应力值(MPa)	深度(μm)	轴向	切向
4	−339	−235	−364	110	−292	110	420	420
5	−305	−225	−518	190	−414	20	460	460
6	−475	−357	−547	20	−425	80	470	470
7	−320	−201	−531	110	−369	60	460	460
8	−372	−273	−574	160	−376	180	460	460
9	−206	−186	−485	180	−435	300	460	460

从表 5-9 可以看出，1 号工艺对应未喷丸处理，其表面轴向、切向残余应力分别为−277 MPa 和−250 MPa，最大应力在最外表层，其压应力影响层为 10 μm，包壳管最后需要进行外表面抛光、内表面喷砂操作，所以可能存在残余压应力，使材料表面还存在较薄的压应力层。从表 5-9 中还可以看出，未喷丸处理(工艺 1)和其他各种不同喷丸工艺(工艺 2、9)相比，压应力影响层更薄，这在轴向和切向都有此规律。

此外，对比工艺 1～9 号表面残余应力可以发现：在沿锆合金包壳管轴向方向上，2～8 号工艺表面的残余应力都比未喷丸表面的残余应力大，达到了喷丸工艺的效果，只有 9 号工艺对应的表面残余应力比未喷丸的小。从表 5-8 中可以看出，9 号对应的喷丸工艺为铸钢丸(型号 S230)，喷丸强度为 0.40 mmA，比其他的喷丸强度大，但是其表面的残余压应力反而更小。这是由于喷丸强度过大，使试样表面产生了微裂纹，能量被释放掉，所以导致表面的残余压应力比未喷丸的小。在切向方向上这种现象不明显，切向的表面残余应力约为−250 MPa，最大的切向残余应力为 6 号工艺对应的−357 MPa，最小的仍然是 9 号工艺对应的−186 MPa。

对于工艺 2～9 号的最大残余应力，无论轴向还是切向，都比未喷丸(工艺 1 号)的大，而且最大的残余应力不在最外层，而是在一定的深度处，这个深度受喷丸强度和弹丸直径的影响，喷丸处理后的压应力影响层明显变厚。对于较低强度的喷丸工艺 2～4 号，喷丸强度分别为 0.18 mmN、0.18 mmN、0.30 mmN，压应力影响层厚度分别为 350 μm、430 μm、420 μm。对于强度较高的喷丸工艺 5～9 号(喷丸强度达到 0.15 mmA 以上)，压应力影响层厚度达到或超过 460 μm，几乎达到了喷丸后整个包壳管的壁厚(500 μm 左右)，而喷丸之前的壁厚为 570 μm，可见经喷丸处理后的锆合金壁厚减小 70 μm 左右，会给包壳管的装配带来影响，所以喷丸处理前应该预留出此裕量。

在相同喷丸工艺处理下，沿包壳管轴向和切向的残余应力大小有所不同，但数值相差不大且变化趋势大致相同。

对比工艺 2 和工艺 3,在相同喷丸强度(即弹丸直径平均值相同)的条件下,研究弹丸材料对锆合金喷丸工艺的影响。工艺 2 和工艺 3 的表面压应力和最大压应力相近,表面轴向压应力分别为−341 MPa 和−387 MPa,表面切向压应力分别为−256 MPa 和−260 MPa,轴向最大残余应力分别为−381 MPa 和−417 MPa,切向最大残余应力分别为−417 MPa 和−476 MPa。玻璃丸和不锈钢丸对应的压应力影响层分别为 350 μm 和 430 μm,后者比前者厚 80 μm。

对比工艺 5 和工艺 7,在相同喷丸强度和相同弹丸材料条件下,研究弹丸直径对锆合金喷丸工艺的影响。在锆合金包壳管轴向方向上,工艺 5(直径 0.36 mm)和工艺 7(直径 0.51 mm)的表面残余应力分别为−305 MPa 和−320 MPa,最大残余应力分别为−518 MPa 和−531 MPa,可见相同喷丸强度和相同弹丸材料下,改变弹丸直径对锆合金表面轴向残余应力和轴向最大残余应力的大小影响不大。工艺 5 和工艺 7 对应的轴向最大应力的深度分别为 190 μm 和 110 μm,可见直径更小的弹丸对应的轴向最大残余应力位置更深。在包壳管切向方向上,改变弹丸直径对锆合金表面切向残余应力和切向最大残余应力的大小影响不大,与轴向的规律相同,工艺 5 和工艺 7 对应的切向最大应力的深度分别为 20 μm 和 60 μm,可见直径更大的弹丸对应的切向最大残余应力位置更深,这个规律与轴向正好相反。

对比工艺 6 和工艺 7,在相同弹丸直径和相同弹丸材料的条件下,研究喷丸强度对锆合金喷丸工艺的影响。在锆合金包壳管轴向方向上,工艺 6(喷丸强度为 0.20 mmA)和工艺 7(喷丸强度为 0.15 mmA)的表面残余应力分别为−475 MPa 和−320 MPa,最大残余应力分别为−547 MPa 和−531 MPa;在锆合金包壳管切向方向上,工艺 6 和工艺 7 的表面残余应力分别为−357 MPa 和−201 MPa,最大残余应力分别为−425 MPa 和−369 MPa。由此可见,随着锆合金喷丸强度的增加(没有出现过喷),表面两个方向上的残余应力都有增加,两个方向上的最大残余应力也有所增加。

5.6 激光冲击法

5.6.1 激光冲击原理

激光冲击强化技术(laser shock peening/processing,LSP)是激光加工技术的最新应用,是一种高效的表面改性技术,其强化原理如图 5-21 所示。利用峰值功率达到 GW 级别的纳秒强脉冲激光来轰击金属材料表面吸收层;吸收层的材料吸收激光能量并在很短的时间内(ns 量级)气化电离成等离子体状态,等离子体会继续吸收能量并快速膨胀。由于吸收层表面还有一层约束层,因此等离子体膨胀后形成的冲击波只能向着材料方向继续传播。等离子冲击波形成时间短、能量大,因此产生的压力将远大于材

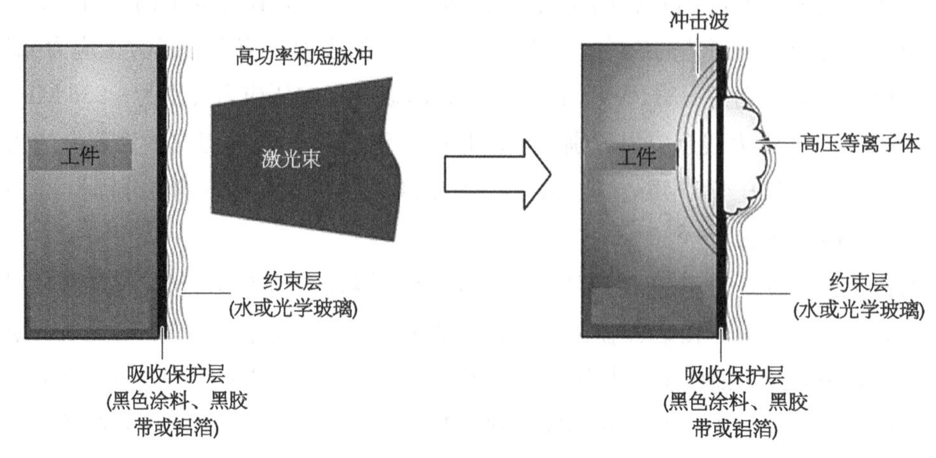

图 5-21 激光冲击原理图

料的屈服强度。材料在冲击波压力下会产生一系列变化,包括在内部形成残余应力场,出现位错、孪晶等晶体结构,改善材料近表面的微观组织并在材料表面形成残余压应力,进而显著提升金属材料的疲劳寿命和耐腐蚀、抗磨损性能[26]。

与传统的表面强化技术相比,激光冲击强化技术有其自身的特点和技术优势,主要体现在以下几点:

(1) 强化效果更佳。由于等离子体冲击波的压力可以达到数 GPa 甚至 TPa 量级[27],在冲击之后金属材料表面会形成比较深的残余压应力层,能达到 1～2 mm,比机械喷丸强化高出 5～10 倍,且表层金属的晶粒会细化甚至出现纳米晶,这些会显著提高金属材料的疲劳寿命,而传统的表面改性技术是无法实现的。

(2) 可操控性强,应用范围广。与传统的机械喷丸、低塑性滚光和滚压等表面强化技术相比,激光冲击强化技术拥有更佳的操控性,其强化设备与工艺不需要针对不同零件进行专门设计。这主要是由于该技术操作过程中激光光斑可控,其大小和位置均可以精确控制,因此能够处理一些狭小或者难处理的零件部位,例如燕尾凹槽、焊缝、深孔等。

(3) 适用性好。激光冲击强化对金属材料表面基本无影响,与喷丸强化对零件表面粗糙度改变较大相比,其在材料表面留下的冲击微凹坑深度只有数微米,同时也没有热影响。

5.6.2 GH742 激光冲击实例

高玉魁[28]对 GH742 高温合金进行了常规喷丸和激光冲击强化,测量了两种表面强化引入的残余应力,分析了 550℃、650℃、750℃和 850℃温度下表面残余应力在疲劳作用下的松弛规律,对比了激光冲击强化试样和喷丸强化试样的残余应力,为推动表面强化技术在 GH742 高温合金上的应用和提高航空发动机的使用寿命提供了研究依据和实验支撑。

5.6.2.1 实验操作

实验用GH742高温合金的主要化学成分为9.5%Co、14.6%Cr、2.5%Al、5.2%Mo、2.5%Nb、2.46%Ti、0.85%Fe、0.04%C和余量Ni。采用VIM+VAR双真空冶炼成圆棒。热处理制度为1 120℃/8 h，AC+850℃/6 h，AC+780℃/16 h，AC。热处理后室温下的拉伸性能为抗拉强度$R_m=1\ 428$ MPa，屈服强度$R_s=958$ MPa，延伸率$\delta=22\%$，断面收缩率$\psi=28\%$。

测试残余应力试样的规格为10 mm×10 mm×10 mm。对机械加工后的试样进行抛光，使粗糙度Ra达到0.6 μm，再对抛光试样表面进行喷丸强化和激光冲击强化。喷丸时，采用陶瓷弹丸Z300，在A类弧高度试片饱和点分别为0.08 mm、0.12 mm、0.15 mm、0.18 mm、0.20 mm和0.25 mm的条件下对旋转试样进行90°喷射4 min。激光冲击强化在固体钕玻璃激光脉冲设备上进行，脉冲频率10 Hz、脉冲宽10ns、波长1.064 μm，脉冲能量分别为4 J、6 J、10 J、15 J、20 J和30 J，用黑漆作为吸收层、流动水作为约束层。激光冲击时疲劳试样水平进给，但激光光斑位置固定不动。

利用加拿大Proto公司生产的X射线应力仪测量残余应力。测量采用Mn靶，衍射晶面为(311)。采用电解抛光方法逐层测量表面强化层内的残余应力。对表面强化试样在550℃、650℃、750℃和850℃不同温度下保温2 h，测量其表面残余应力的稳定性和松弛情况。

5.6.2.2 实验结果

不同强度的喷丸强化和激光冲击强化试样表面强化层内残余应力的分布分别见图5-22a、b。可以看出，激光冲击强化试样的最大残余压应力在表面，而喷丸强化试样的最大残余压应力位置在喷丸强度低时位于表面，而随着喷丸强度的增加，逐渐移向次表面，而且通常在距表面20～40 μm的位置；喷丸强化和激光冲击强化表面残余压应力数值均在800～1 200 MPa；激光冲击强化残余压应力场较深，为1.0～1.4 mm，而喷丸强化残余压应力场深仅为0.2～0.4 mm；激光冲击强化残余应力在近表面区域梯度较小。

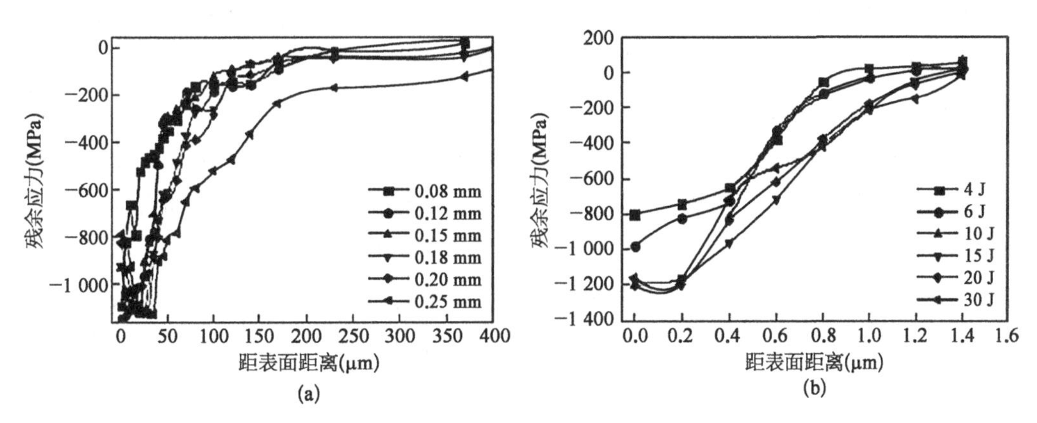

图5-22 GH742试样喷丸强化(a)和激光冲击强化(b)残余应力分布

此外，随着喷丸强度的增加，表面残余压应力数值先增加而后逐渐减小。这是因为低强度喷丸时（如 0.08 mm）试样表面在弹丸的冲击下塑形变形还不够充分，变形量也没有达到饱和；而随着喷丸强度的增加，表面的塑性变形逐渐充分并达到饱和（如 0.12 mm），此时的表面残余压应力约为 1 150 MPa；再增加喷丸强度（如 0.15～0.25 mm），表面的塑性变形将迅速达到饱和、发生损伤、导致残余应力产生松弛，因此残余应力数值将减小。对于激光冲击，随着冲击能量的增加，表面残余压应力数值不断增加，并逐渐达到饱和状态和趋于某一个稳定数值（如 15 J、20 J 和 30 J 时表面残余应力都达到了约 1 200 MPa）。

喷丸强化和激光冲击强化试样在不同温度（550℃、650℃、750℃和 850℃）下的表面残余应力分别见图 5－23a、b。可以看出，激光冲击强化引入的残余应力比较稳定，在不同温度下的松弛幅度都比喷丸强化要低，这将有利于提高 GH742 合金在高温下的疲劳性能。

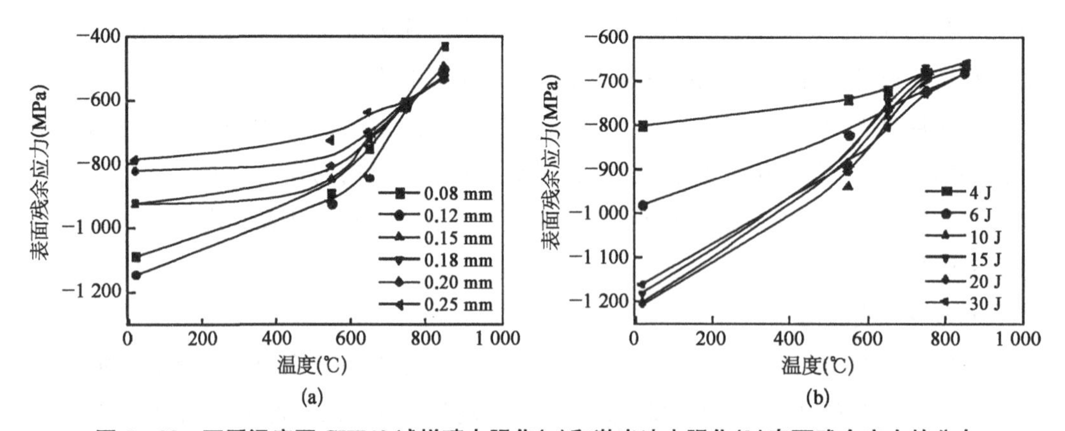

图 5－23　不同温度下 GH742 试样喷丸强化(a)和激光冲击强化(b)表面残余应力的分布

为了分析残余应力在高温下的稳定性，需要了解喷丸和激光冲击强化时表面层的冷作硬化程度或塑性变形情况。文献[29]表明，采用 X 射线衍射峰的半高宽可以表征冷作加工时表面的塑性变形。GH742 高温合金喷丸强化和激光冲击强化后试样在表面强化层的衍射峰半高宽分别见图 5－24a、b。可以看出，激光冲击强化表面强化层内的冷作硬化程度要明显低于喷丸强化所形成的冷作硬化。

5.6.2.3　分析讨论

激光冲击强化作为一种新型的高能束流表面形变改性工艺，在国外已经发展了 40 余年[30]，国内近年来才有系统的研究[31]，尤其是在高性能的脉冲激光器和自动控制系统设备上还需要进一步研究，在强化机理和工程应用方面也需要逐步推进。激光冲击强化作为一种无丸冲击，是利用高压爆破的离子体来高速冲击材料表层，使其发生弹塑性变形的力学效应而非热效应，在表层形成残余压应力，以提高疲劳性能和应力腐蚀开裂抗力。

与传统的喷丸强化相比，激光冲击强化具有脉冲时间短、频率高、单位面积能量密

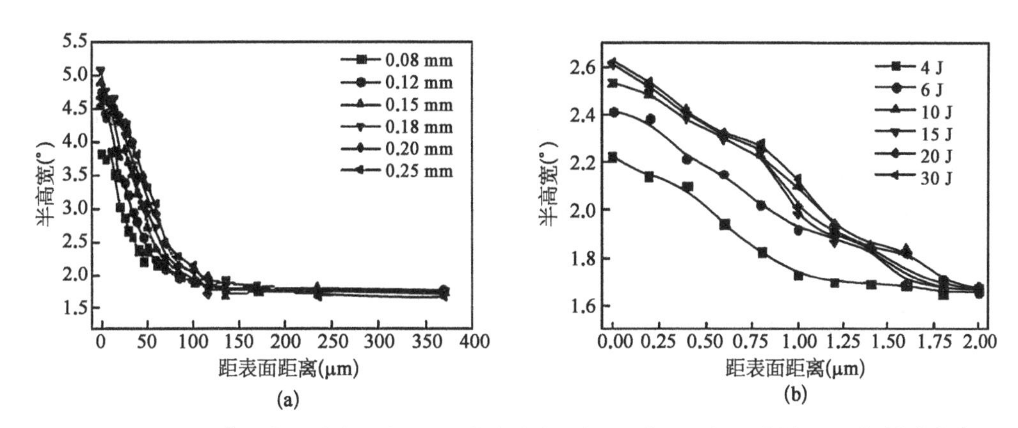

图 5-24　GH742 高温合金喷丸强化(a)和激光冲击强化(b)表面强化层内的(311)衍射峰半高宽

度大和强化部位精准以及覆盖率便于控制等优点，从而率先在美国的航空发动机钛合金压气机叶片上得以应用。从强化机理上来看，激光冲击强化所引入的残余压应力层更深，本实验的 GH742 合金激光冲击强化最大的残余压应力层深度约为喷丸强化残余压应力层深度的 7 倍。较深的残余压应力层对于延长裂纹的扩展寿命有利，将减小裂纹的扩展速率；此外，较高的残余压应力将有效减小表面的载荷作用，对于抵抗裂纹的萌生有利。试样经表面强化形成表层残余应力可使疲劳裂纹难以在表面萌生，这对于提高疲劳性能是非常有利的。但是残余应力要想维持住这种有效作用，需要在一定温度下稳定在一定水平，尤其对于高温合金材料，设计其疲劳寿命时应考虑残余应力在高温下的松弛。

无论是激光冲击强化还是喷丸强化，GH742 试样经过强化处理后表面都是残余压应力，而且随着喷丸强度的增加或冲击能量的增大，表面残余应力有一个饱和数值，也是其最大数值，约为 1 200 MPa，这个数值要大于其屈服强度 958 MPa 而更接近于抗拉强度。通常残余应力要小于屈服强度，但对于面心立方结构的镍基合金而言，其加工硬化效应较强，而且喷丸时的高速弹丸或激光产生的高压气团脉冲式加载到试样表面，如再考虑到材料的包辛格效应，表面残余应力是可大于屈服强度但小于抗拉强度的。

此外，从 GH742 合金喷丸强化和激光冲击强化的冷作硬化程度来看，喷丸强化具有更大的冷作变形量，虽然仅仅局限并集中在近表面的区域，而激光冲击强化的冷作加工量较小且在较深范围存在。这说明激光冲击强化时的应力波弹性应力要大于塑性应力，而喷丸时则恰恰相反。合金表面强化残余应力在高温下会松弛，而表面强化引入的残余压应力因在高温下的松弛对疲劳性能不利，这意味着温度的增加将导致残余压应力减小。残余应力松弛是一个比较复杂的科学问题和工程上较为重要的问题。表面强化残余应力在高温下的松弛不仅与材料在高温下的屈服强度有关，而且与表面强化的冷作程度、高温下的保持时间以及残余应力的大小及其所处的位置均相关。

工程应用中对于残余应力松弛的关注不大。但本实验表明，对于 GH742 合金而言，表面强化所引入的残余压应力高温下松弛较大，尤其是对于喷丸强化试样，850℃表面残余应力松弛后仅为室温下的 1/3。即使对于冷作强化程度低的激光冲击强化试样，850℃表面残余应力松弛后也将为室温下的 1/2。因此残余应力在高温下的松弛作用不可忽视，尤其是对于高温合金表面强化零件的寿命设计，更应该引起重视。

5.7 孔挤压强化法

5.7.1 孔挤压原理

孔挤压技术是延长结构寿命最有效、最简捷的措施。孔挤压强化技术是指采用工作直径大于孔直径的挤压芯棒，经充分润滑后从孔中强行通过，使孔壁表层发生弹塑性变形的一种冷加工工艺。通常采用芯棒直接挤压或开缝衬套挤压孔壁的方式对孔进行强化，孔挤压强化后会在孔壁表层形成残余压应力，从而提高带孔制件的疲劳寿命。目前，国内外已经开展了一系列孔挤压强化残余应力场的研究。国外使用有限元法建立单孔的二维模型[32-33]和三维模型[34-35]，建立邻近两孔的挤压模型[36]，以及分析在有裂纹情况下的残余应力场[37]；国内主要局限在二维模型[38]，对三维模型只进行了初步的探讨[39]。通过比较国内外的研究现状可知，在三维模型孔挤压残余应力沿厚度的变化研究方面尚显不足，很多影响因素如材料强度、构件厚度等都没有进行规律性研究。

5.7.2 300 M 超高强度钢孔挤压实例

高玉魁[40]利用 ANSYS 有限元软件模拟计算了 300 M 超高强度钢构件的孔挤压强化残余应力，建立了材料不同厚度构件的孔挤压残余应力场三维有限元模型，分析研究了构件厚度对残余应力场的影响，确定了最大残余压应力出现的位置，比较了孔挤压入口、中部和出口处残余应力场的变化情况。

5.7.2.1 实验材料及方法

300 M 超高强度钢含合金元素量少，经济性好，具有较高的比强度和良好的韧性。其热处理制度为 925℃，1 h 正火＋700℃，8 h 高温回火＋870℃，1 h 油淬＋300℃，2 h 空冷＋300℃，3 h 空冷。

根据材料的拉伸性能得到单轴应力-应变关系 $e=\frac{R}{E}+\left(\frac{R}{K}\right)^{1/m}$，并分析得到 300 M 超高强度钢的一些应力应变关系，如表 5-10 所示，从而为模拟分析孔挤压强化过程中的弹塑性变形提供了分析数据。

表 5-10　300 M 高强度钢的应力应变关系

e	0.004 95	0.006 32	0.007 97	0.024	0.038
R(MPa)	985.36	1 265.5	1 471.7	1 850	1 940

300 M 超高强度钢的显微组织见图 5-25，经淬火和回火后显微组织为马氏体和局部存在少数的残留奥氏体。利用 X 射线衍射法对挤压试样的入口端和出口端表面沿孔边向外测量了切向残余应力。采用的 X 射线管为 Cr 靶，衍射晶面为(211)，入射 X 射线的光斑直径为 0.2 mm。

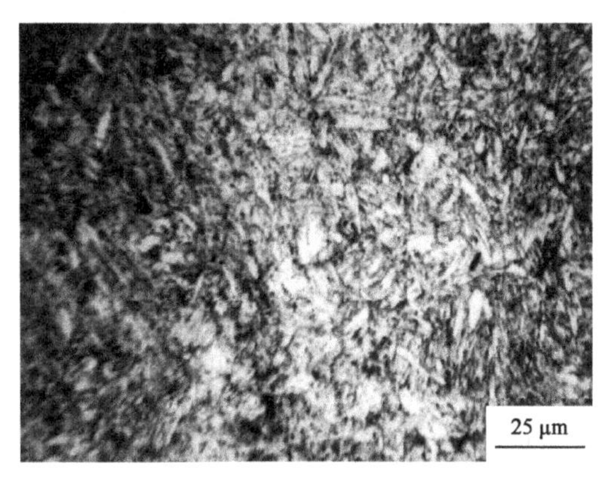

图 5-25　300 M 超高强度钢的显微组织

5.7.2.2　三维有限元模型的建立

对芯棒挤入过程中孔壁附近材料单元受力分析可知，被挤构件不仅在孔壁受到胀孔力的作用，而且在竖直方向受到切向力的作用。那么沿厚度方向构件材料的受力状态和约束程度是不对称的，而且由于挤压时间的不同时性，必然导致沿厚度方向残余应力场分布有明显的变化，因此，为了更加准确地评估疲劳寿命的增益和预测疲劳裂纹的起始和扩展，须建立孔挤压强化的三维模型来模拟孔挤压的工艺过程，如图 5-26 所示。

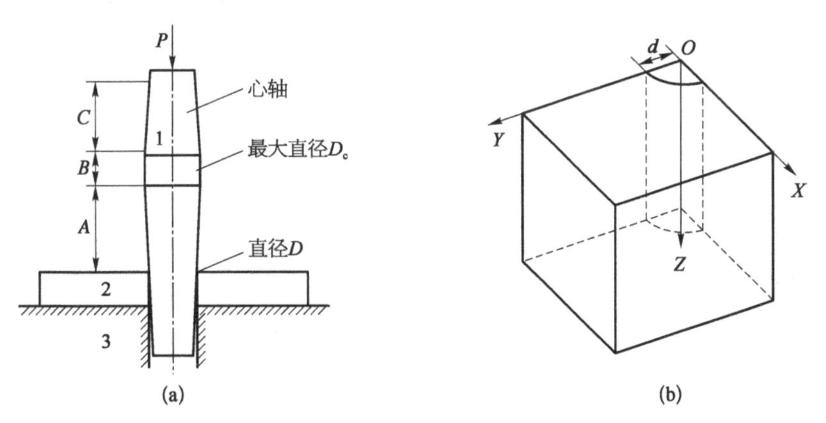

图 5-26　孔挤压强化过程示意图(a)和带孔构件的坐标系(b)

考虑到边界效应的影响，同时为了尽量减少计算量，本实验采用长 $L=72$ mm，宽 $W=40$ mm，厚度分别取值 $t=2$ mm、3 mm、4 mm、6 mm、8 mm、10 mm、20 mm，孔径 $D=8$ mm 的含中心孔的矩形构件。芯棒的过盈量为 4%，即芯棒的最大直径为 8.32 mm，其前锥和后锥长度均为 4 mm，中间部分长 2 mm。由于构件的对称性，取 1/4 对称模型，选用 8 节点四边形单元，且根据厚度的变化合理地划分单元格。通过芯棒和构件、构件和垫片的网格单元，在芯棒表面与孔壁表面、构件下表面和垫片上表面分别生成接

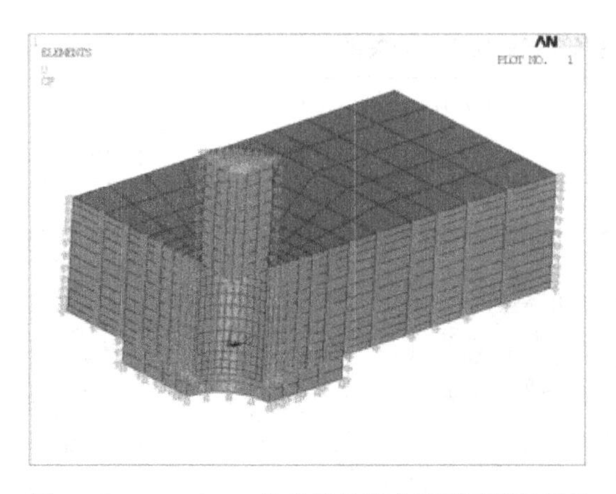

图 5-27　$t=10$ mm 构件孔挤压有限元模型的网格划分及边界条件(参见彩图附图 13)

触单元，建立面面接触对。该接触对类型为滑动接触，使用 Coulomb 摩擦模型。为了减小摩擦，在接触表面施加润滑措施后的摩擦系数取 $\mu=0.1$。根据滑动接触的特点，处理接触界面约束的方法选用拉格朗日乘法，两接触面没有相互穿透。对芯棒上表面节点施加轴向位移来模拟实际的孔挤压过程。其中厚度 $t=10$ mm 的构件，其孔挤压有限元三维实体模型的网格划分及边界条件如图 5-27 所示。

5.7.2.3　不同厚度的三维模型模拟结果分析与测试验证分析

图 5-28 为 300 M 超高强度钢在不同厚度时的构件实体切向残余应力云图。分析表明，残余应力沿厚度方向变化很大，自由表面处的残余应力明显小于中间心部的残余应力；而沿孔径方向上残余压应力区呈基本对称，这是由于残余压应力区域相对较小，为了能够沿对称轴平衡会呈现基本对称的现象。仔细观察发现，残余压应力在沿长度和宽度方向延伸时会出现表面比内部延伸快的弯弧形状。这是由于表面为自由表面，而内部存在一定的变形约束，从而导致了残余压应力在沿长度和宽度扩展时，要与内部存在的拉应力相平衡。

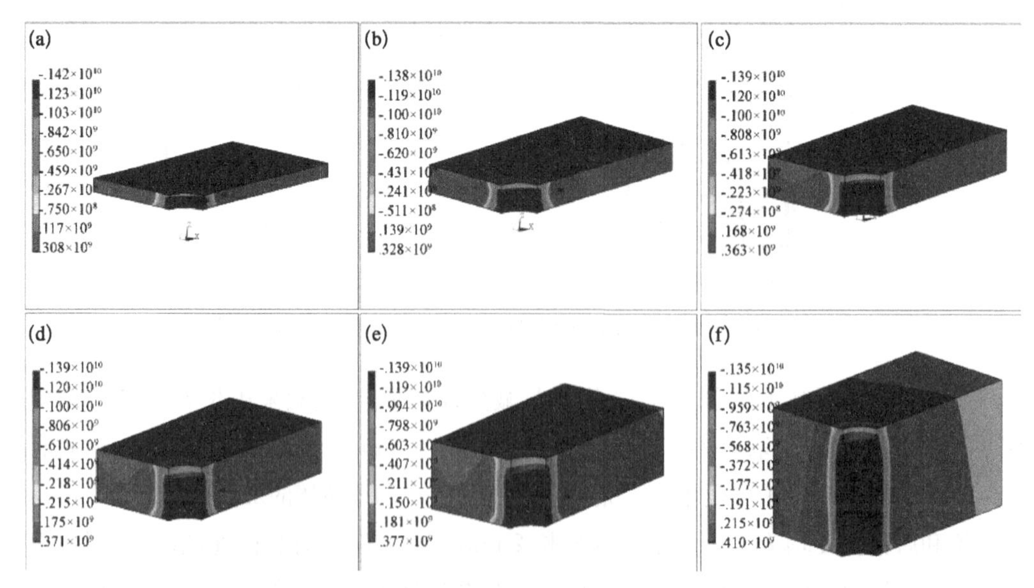

图 5-28　300 M 超高强度钢在厚度 t 为 2 mm(a)、4 mm(b)、6 mm(c)、8 mm(d)、10 mm(e)、20 mm(f)时构件实体残余应力云图(参见彩图附图 14)

对材料沿厚度方向的残余应力云图进一步分析发现，构件残余应力场沿厚度方向的梯度变化程度随材料强度的不同也有所不同。材料的强度增加，残余压应力在表层分布的梯度增加。为了定量分析其残余应力的变化，分别选取 300 M 超高强度钢不同厚度的入口、中部和出口以及 $t=10$ mm 时沿厚度方向的最小界面处残余应力进行分析比较，如图 5－29 所示，其中 x 代表距离孔壁的距离，d 代表孔的半径，h 代表距离入口的距离。

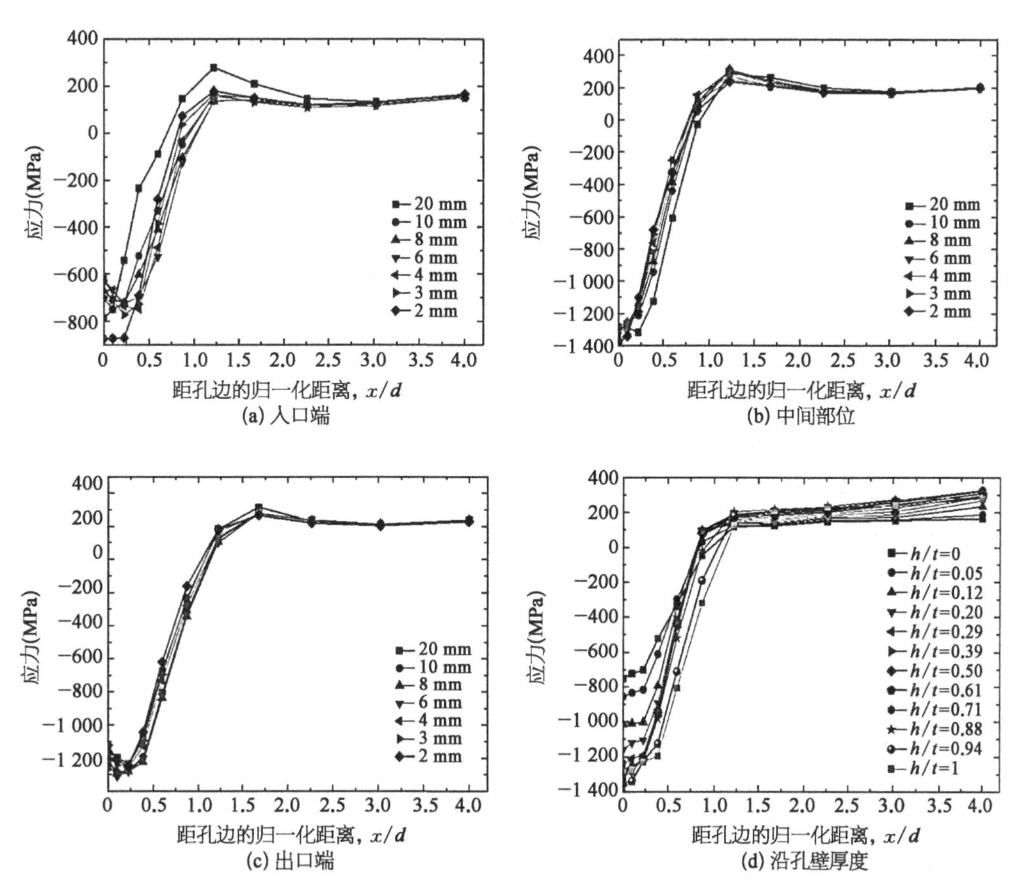

图 5－29　300 M 超高强度钢构件不同厚度最小界面的残余应力

通过对比分析图 5－28 和图 5－29 三维模型的不同入口、出口和中部以及 $t=10$ mm 时沿厚度方向最小截面上的残余压应力发现，残余压应力在孔边周围沿厚度方向的变化很大，入口最小，出口次之，而中间部位逐步变大，入口大约是中间最大值的 50%；对于 300 M 超高强度钢构件，残余压应力在中间部位随着厚度的变化变化不明显，而且在出口处的变化梯度相对于入口处小很多。

为了验证所建立模型的正确性和计算结果的准确性，利用 X 射线衍射技术测量了厚度为 10 mm、过盈量为 4%、挤压试样的入口端和出口端表面沿孔边径向向外的切向残余应力，测试结果与模拟分析结果的对比见图 5－30。可以看出，测试结果与模拟分

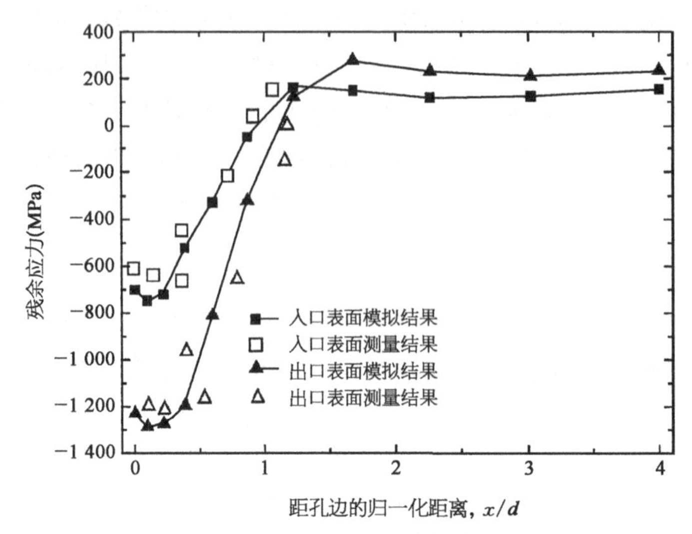

图 5-30 孔挤压强化残余应力测试分析结果与模拟分析结果的对比

析结果比较吻合，只是入口端的孔边和出口端的近孔边相差略大，因为越靠近孔边，测试所收集到的信号对称性越差，而且由于孔边的塑性变形较严重，衍射峰宽化比较明显，因此测量的结果难免会存在一些误差，本次的测试误差孔边较大，最大误差为 68 MPa，远离孔边处较小，最大误差为 35 MPa。对于出口端，由于挤压时一直受变形约束影响，其弹塑性变形和入口端不同，入口端表面变形不受约束，塑性变形导致残余应力松弛较大，残余应力较小。出口端的近孔边越靠近孔边，约束越大，因此其残余应力较高，近孔边的残余应力分布梯度也比入口端的残余应力梯度大。

参考文献

[1] 王海斗，朱丽娜，邢志国.表面残余应力检测技术[M].北京：机械工业出版社，2013.

[2] 陶冠辉.Al-Mg-Si-Cu 合金的自然时效及其对后续人工时效的影响[D].长沙：湖南大学，2016.

[3] 陈殿生，王立威，刘雅梅，等.静态作用应力法消除铸件残余应力的研究[J].机床与液压，2005(5)：30-31.

[4] 张良，韩庆功，孟宪飞.自然时效方法降低起重机结构件焊后残余应力研究[J].工程机械与维修，2015(S1)：312-316.

[5] 宋天民.焊接残余应力的产生与消除[M].北京：中国石化出版社，2005.

[6] 赵锐.焊接残余应力的数值模拟及控制消除研究[D].大连：大连理工大学，2006.

[7] 郭伟，董丽虹，陈海生，等.热处理对涡轮叶片榫头表面残余应力的影响[J].金属热处理，2017，42(1)：175-178.

[8] Dawson R, Moffat D G. Vibratory stress relief: A fundamental study of its effectiveness[J].

Journal of Engineering Materials & Technology, 1980, 102(2): 169 - 176.
[9] 代永峰.振动时效消减焊接残余应力的数值仿真及实验研究[D].哈尔滨：哈尔滨工业大学,2012.
[10] 邹增大,王新洪,曲仕尧,等.锤击处理消除白口铸铁焊接残余应力的数值分析[J].山东工业大学学报,1999(3): 201 - 205.
[11] 文志杰.锤击法消除铸铁焊接应力的研究[D].济南：山东大学,2011.
[12] 侯海量,朱锡,刘润泉.爆炸消除 921A 钢焊接残余应力实验[J].焊接学报,2004,25(1): 119 - 123.
[13] 侯海量,朱锡.爆炸处理消除焊接残余应力[J].船海工程,2002(5): 8 - 14.
[14] 刘国楷.爆炸消除残余应力及对材料力学性能的影响和工业应用[J].机械强度,1990(2): 58 - 64.
[15] Yu T S. Application of removing welding residual stress by explosion in Guizhou aluminum factory[J]. Blasting, 2002, 19(4): 81 - 82.
[16] 陈怀宁,刘贺全,林泉洪,等.爆炸法消除三峡工程高强钢压力钢管焊接残余应力[J].焊接,2000(12): 20 - 22.
[17] 李铁生.超声冲击对焊接残余应力影响的数值模拟[D].哈尔滨：哈尔滨工业大学,2009.
[18] Statnikov E S, Trufiakov V I, Mikheev P P, et al. Specification for weld toe improvement by ultrasonic impact treatment[J]. Welding in the World, 2000, 44(1): 5 - 7.
[19] 崔高健,林玉霞,滕加庄.超声波检测和消除铝合金焊接残余应力的应用现状[J].轻合金加工技术,2008,36(10): 1 - 4.
[20] 张聪慧,刘研蕊,兰新哲.钛合金表面高能喷丸纳米化后的组织与性能[J].热加工工艺,2006,35(1): 5 - 7.
[21] Wang Z, Luan W, Huang J, et al. XRD investigation of microstructure strengthening mechanism of shot peening on laser hardened 17 - 4PH[J]. Materials Science & Engineering A, 2011, 528(21): 6417 - 6425.
[22] 田文春.喷丸对钢板弹簧疲劳寿命的影响[J].汽车工程学报,1998(1): 48 - 50.
[23] 李金魁,姚枚,王仁智,等.喷丸强化的综合效应理论[J].航空学报,1992,13(11): 670 - 677.
[24] 高玉魁.高强度钢喷丸强化残余压应力场特征[J].金属热处理,2003,28(4): 42 - 44.
[25] 高玉魁,李向斌,殷源发.超高强度钢的喷丸强化[J].航空材料学报,2003,23(z1): 132 - 135.
[26] Sealy M P, Guo Y B, Caslaru R C, et al. Fatigue performance of biodegradable magnesium-calcium alloy processed by laser shock peening for orthopedic implants[J]. International Journal of Fatigue, 2016(82): 428 - 436.
[27] Fairand B P, Clauer A H. Laser generation of high-amplitude stress waves in materials[J]. Journal of Applied Physics, 1979, 50(3): 1497 - 1502.
[28] 高玉魁.GH742 高温合金激光冲击强化和喷丸强化残余应力[J].稀有金属材料与工程,2016,45(9): 2347 - 2351.
[29] 高玉魁.表面完整性理论与应用[M].北京：化学工业出版社,2014.

[30] Skeen C H, York C M. Laser - induced "blow - off" phenomena[J]. Applied Physics Letters, 1968, 12(11): 369 - 371.

[31] Zhou J Z, Huang S, Zuo L D, et al. Effects of laser peening on residual stresses and fatigue crack growth properties of Ti - 6Al - 4V titanium alloy[J]. Optics and Lasers in Engineering, 2014(52): 189 - 194.

[32] Papanikos P, Meguid S A. Elasto-plastic finite-element analysis of the cold expansion of adjacent fastener holes[J]. Journal of Materials Processing Technology, 1999(92 - 93): 424 - 428.

[33] Yanishevsky M, LG I, Shi G, et al. Fractographic examination of coupons representing aircraft structural joints with and without hole cold expansion[J]. Engineering Failure Analysis, 2013(30): 74 - 90.

[34] Maximov J T, Duncheva G V. A new 3D finite element model of the spherical mandrelling process[J]. Finite Elements in Analysis and Design, 2008(44): 372 - 282.

[35] Chakherlou T N, Taghizadeh H, Aghdam A B. Experimental and numerical comparison of cold expansion and interference fit methods in improving fatigue life of holed plate in double shear lap joints[J]. Aerospace Science and Technology, 2013(29): 351 - 362.

[36] Papanikos P, Meguid S A. Three-dimension finite element analysis of cold expansion of adjacent holes[J]. International Journal of Mechanical Sciences, 1998(40): 1019 - 1028.

[37] Amrouche A, Mesmacque G, Garcia S, et al. Cold expansion effect on the initiation and the propagation of the fatigue crack[J]. International Journal of Fatigue, 2003(25): 949 - 954.

[38] 高玉魁.孔挤压强化对23Co14Ni12Cr3MoE钢疲劳性能的影响[J].金属热处理,2007,32(11):34 - 36.

[39] 刘晓龙,高玉魁,刘蕴涛,等.孔挤压清华残余应力场的三维有限元模拟和实验研究[J].航空材料学报,2011(31):24 - 27.

[40] 高玉魁,赵艳丽,仲政.300 M超高强度钢孔挤压强化残余应力场的三维模拟分析[J].材料热处理学报,2014,35(10):199 - 203.

第6章 各向异性材料残余应力

单晶体在不同的晶体学方向上，其力学、电磁学、光学、耐腐蚀性甚至核物理等方面的性能会表现出显著差异，这种现象称为各向异性。多晶体是许多单晶体的集合，如果晶粒数目大且各晶粒的排列是完全无规则的统计均匀分布，即在不同方向上取向概率相同，则这种多晶集合体在不同方向上就会宏观地表现出各种性能相同的现象，这叫各向同性。

然而多晶体在其形成过程中，由于受到外界的力、热、电、磁等各种不同条件的影响，或在形成后受到不同的加工工艺的影响，多晶集合体中的晶粒就会沿着某些方向排列，呈现出或多或少的统计不均匀分布，即出现在某些方向上聚集排列，因而在这些方向上取向概率增大的现象，这种现象称作择优取向，即织构。

如本书以上章节所述，测量残余应力的方法有很多，如X射线衍射、中子散射、同步辐射等，但这些方法的分析模型多数是建立在假设多晶体材料各向同性的基础上[1-4]，如常用的X射线应力分析采用的 $\sin^2\psi$ 法即是如此。当采用该方法对单晶各向异性材料进行残余应力测量时，将出现晶格应变对 $\sin^2\psi$ 的震荡或分裂现象[5]，因此，采用常规的方法已无法准确测量各向异性材料的残余应力。本章将从正交各向异性材料、一般织构材料以及单晶材料几个方面来介绍各向异性材料的残余应力。

6.1 正交各向异性材料

Bert 等[6]首先将盲孔法推广应用于正交各向异性材料残余应力测量，Prasad 等[7]对盲孔法进行了理论分析和实验标定，由于他们使用的试件材料接近各向同性性质，得出了似乎可信的结论。Schajer 等在文献[8]中指出，简单地将盲孔法加以推广是不正确的，并用数值计算方法证明了其结论。这是由于受均匀应力作用的带圆孔无限宽正交各向异性板孔周围位移场不同于各向同性材料孔周围位移场。本节将利用无限宽正交各向异性板圆孔应力场解析表达式，直接导出释放应变矩阵。算例表明，该方法计算简捷,结果正确。

6.1.1 M12C 复合材料性能

M12C 是国产 C919 飞机上使用的一种正交碳纤维复合材料,使用盲孔法研究其残余应力,M12C 试样如图 6-1 所示,其性能参数见表 6-1[9]。

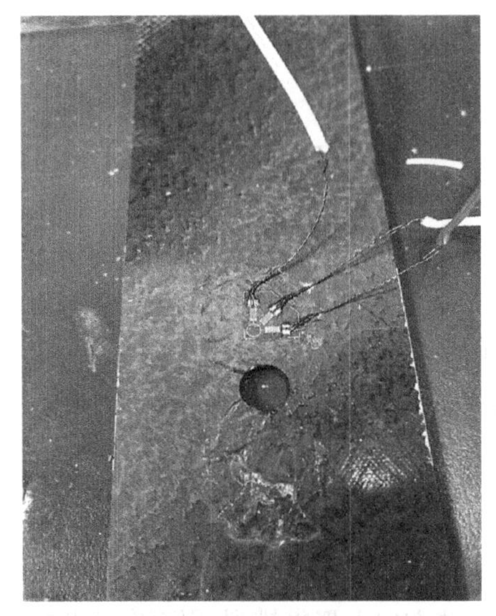

图 6-1 M12C 复合材料(参见彩图附图 15)

图 6-2 RS-200 钻孔应力仪

表 6-1 M12C 材料参数

性 能		实验条件	平均值
0°拉伸强度(MPa)		−55℃ RT	2 865 3 015
0°拉伸模量(GPa)		−55℃ RT	161～178 160～177
0°拉伸应变(%)		−55℃ RT	1.49 1.46
0°压缩强度(MPa)		RT 82℃ 82℃,wet	1 545 1 340 1 225
0°压缩模量(GPa)		RT 82℃,wet	141～156 138～153
层间剪切强度(MPa)		RT 82℃ 82℃,wet	95 70 57
面内剪切强度(MPa)		RT 82℃,wet	137 81
面内剪切模量(GPa)		RT 82℃ 82℃,wet	4.4～4.8 3.9～4.3 3.3～3.7
开孔拉伸强度(MPa)		RT	535
开孔压缩强度(MPa)		RT 82℃,wet	290 230
冲击后压缩强度(MPa)	冲击能量 30 J	RT	285
	冲击能量 60 J	RT	195
层间断裂韧性	Ⅰ型	RT	TBD
	Ⅱ型	RT	TBD

本节的复合材料残余应力使用RS-200钻孔残余应力仪测试，如图6-2所示，使用的应变花性能参数见表6-2。

表6-2 应变花参数

型　号	BHI120-2CA-K(11)-Q30P500
电阻值	121.0±0.5
灵敏系数	2.09±1%
批　号	S2015.12.10-425
级　别	A

6.1.2 M12C复合材料残余应力检测实验

6.1.2.1 钻孔数据分析

图6-1试样距中心孔1 mm、2 mm和3 mm的A、B、C点应变随钻孔深度的变化分别见表6-3～表6-5。

表6-3 A点应变测量数据

钻孔深度(μm)	0°(MPa)	45°(MPa)	90°(MPa)
20	−4	−3	−4
40	−8	−11	−8
60	−18	−25	−21
80	−25	−29	−25
100	−30	−34	−28
120	−35	−39	−30
140	−28	−33	−29
160	−26	−34	−27
180	−37	−37	−35
200	−43	−40	−37
300	−40	−41	−32
400	−52	−61	−47
500	−43	−57	−39
600	−43	−62	−52
700	−58	−54	−48
800	−69	−59	−48
900	−73	−64	−53
1 000	−67	−66	−54

表6-4 B点测量数据

钻孔深度(μm)	0°(MPa)	45°(MPa)	90°(MPa)
20	−7	−3	−5
40	−15	−14	−13

（续表）

钻孔深度(μm)	0°(MPa)	45°(MPa)	90°(MPa)
60	−19	−18	−17
80	−17	−18	−16
100	−27	−26	−23
120	−28	−29	−26
140	−36	−37	−32
160	−40	−42	−36
180	−30	−36	−28
200	−40	−51	−37
300	−29	−47	−25
400	−42	−67	−37
500	−58	−73	−56
600	−58	−67	−52
700	−62	−30	−20
800	−73	−43	−30
900	−76	−57	−52
1 000	−78	−56	−49

表 6-5　C点测量数据

钻孔深度(μm)	0°(MPa)	45°(MPa)	90°(MPa)
20	−11	2	10
40	−18	−5	8
60	−27	−10	3
80	−31	−17	2
100	−28	−15	0
120	−37	−27	−6
140	−30	−19	0
160	−36	−26	−7
180	−37	−33	−10
200	−38	−31	−7
300	−36	−33	−6
400	−43	−42	−10
500	−30	−36	1
600	−35	−37	−6
700	−25	−41	−3
800	−36	−37	−24
900	−29	−19	−1
1 000	−37	−20	−8

测试分析示意图如图 6 - 3 所示，复合材料残余应力的计算如下。

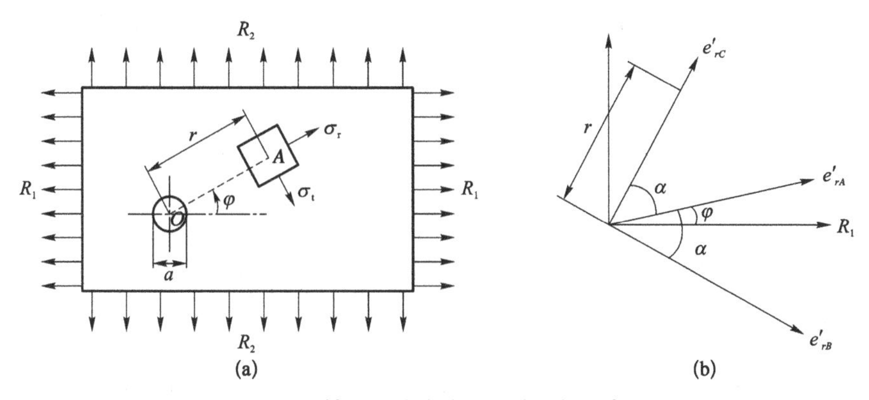

图 6 - 3　钻孔法残余应力测试分析示意图

钻孔法是指在具有残余应力的构件上钻一小孔，使孔的领域内因部分应力的释放而产生相应的位移和应变，测量这些位移或应变，便可计算得到钻孔处原来的应力。

设在无限大的平板上作用着主应力 R_1、R_2($R_2 > R_1$)，则在板上任意点 A 的应力为

$$R_r = \frac{R_1 + R_2}{2} + \frac{R_1 - R_2}{2}\cos 2\varphi \tag{6-1}$$

$$R_t = \frac{R_1 + R_2}{2} - \frac{R_1 - R_2}{2}\cos 2\varphi \tag{6-2}$$

在平板 O 处钻一半径为 a 的通孔后，则在孔邻近 A 点应力分布的 Kirsch 解为

$$R_{ro} = \frac{R_1 + R_2}{2}\left(1 - \frac{a^2}{r^2}\right) + \frac{R_1 - R_2}{2}\left(1 + \frac{3a^4}{r^4} - \frac{4a^2}{r^2}\right)\cos 2\varphi \tag{6-3}$$

$$R_{to} = \frac{R_1 + R_2}{2}\left(1 + \frac{a^2}{r^2}\right) - \frac{R_1 - R_2}{2}\left(1 + \frac{3a^4}{r^4}\right)\cos 2\varphi \tag{6-4}$$

因此，由于钻孔引起的应力改变量为

$$R'_r = R_{ro} - R_r = -\frac{R_1 + R_2}{2}\ \frac{a^2}{r} + \frac{R_1 - R_2}{2}\left(\frac{3a^4}{r^4} - \frac{4a^2}{r^2}\right)\cos 2\varphi \tag{6-5}$$

$$R'_t = R_{to} - R_t = \frac{R_1 + R_2}{2}\ \frac{a^2}{r^2} - \frac{R_1 - R_2}{2}\ \frac{3a^4}{r^4}\cos 2\varphi \tag{6-6}$$

在 A 点产生的径向应变为

$$e'_r = \frac{1}{E}(R'_r - \mu R'_t) \tag{6-7}$$

将式(6 - 5)、式(6 - 6)代入式(6 - 7)，即可建立 A 点的径向应变与主应力和主方向之间的关系：

$$e'_r = e'_r(R_1, R_2, \varphi) \tag{6-8}$$

根据式(6-8),只需要测量 O 点附近与其等距离三点 A、B、C 的径向应变 e'_{rA}、e'_{rB}、e'_{rC} ,即可求得主应力 R_1、R_2 和主方向 φ,具体计算公式如下:

$$e'_r = -\frac{1+\mu}{2E}\left(\frac{a}{r}\right)^2(R_1+R_2)+\frac{1}{E}\left[-2\left(\frac{a}{r}\right)^2+\frac{3(1+\mu)}{2}\left(\frac{a}{r}\right)^4\right](R_1-R_2)\cos 2\varphi \tag{6-9}$$

设在与孔中心 O 等距离为 r,且与主应力 R_1 成 $(\varphi-\alpha)$、φ、$(\varphi+\alpha)$ 角的三个方向上分别测试其径向应变 e'_{rA}、e'_{rB}、e'_{rC}:

$$e'_{rA} = -\frac{1+\mu}{2E}\left(\frac{a}{r}\right)^2(R_1+R_2)+\frac{1}{E}\left[-2\left(\frac{a}{r}\right)^2+\frac{3(1+\mu)}{2}\left(\frac{a}{r}\right)^4\right](R_1-R_2)\cos 2\varphi \tag{6-10}$$

$$e'_{rB} = -\frac{1+\mu}{2E}\left(\frac{a}{r}\right)^2(R_1+R_2)+\frac{1}{E}\left[-2\left(\frac{a}{r}\right)^2+\frac{3(1+\mu)}{2}\left(\frac{a}{r}\right)^4\right](R_1-R_2)\cos 2(\varphi-\alpha) \tag{6-11}$$

$$e'_{rC} = -\frac{1+\mu}{2E}\left(\frac{a}{r}\right)^2(R_1+R_2)+\frac{1}{E}\left[-2\left(\frac{a}{r}\right)^2+\frac{3(1+\mu)}{2}\left(\frac{a}{r}\right)^4\right](R_1-R_2)\cos 2(\varphi+\alpha) \tag{6-12}$$

对于具有特殊正交异性的平面应力问题

$$\begin{Bmatrix} e_x \\ e_y \\ \tau_{xy} \end{Bmatrix} = \begin{bmatrix} \frac{1}{E_x} & \frac{-\upsilon_{yx}}{E_y} & 0 \\ \frac{-\upsilon_{xy}}{E_x} & \frac{1}{E_y} & 0 \\ 0 & 0 & \frac{1}{G_{xy}} \end{bmatrix} \begin{Bmatrix} R_x \\ R_y \\ \tau_{xy} \end{Bmatrix} \tag{6-13}$$

因此在如图 6-3 所示的钻孔法中,在 A 点产生的径向应变为

$$e'_r = \frac{R'_r}{E_r} - \frac{\upsilon_{tr}}{E_t}R'_r \tag{6-14}$$

将式(6-5)、式(6-6)代入式(6-14),即可建立 A 点的径向应变与主应力和主方向之间的关系:

$$e'_r = \frac{1}{E_r}\left[\frac{R_1+R_2}{2}\frac{a^2}{r^2}+\frac{R_1-R_2}{2}\left(\frac{3a^4}{r^4}-\frac{4a^2}{r^2}\right)\cos 2\varphi\right] - \frac{\upsilon_{tr}}{E_t}\left[\frac{R_1+R_2}{2}\frac{a^2}{r^2}-\frac{R_1-R_2}{2}\frac{3a^4}{r^4}\cos 2\varphi\right] \tag{6-15}$$

在图 6-3 径向应变测点布置中，令 $\alpha=45°$，并将 A、B、C 点分别选在 X、Y 轴以及它们的夹角上，因此与主应力 R_1 成 $(\varphi-45°)$、φ、$(\varphi+45°)$ 角的三个方向上分别测试其径向应变 e'_{sA}、e'_{xB}、e'_{yC}，可得

$$e'_{sA}=\left(\frac{1}{E_s}-\frac{\upsilon_{ts}}{E_t}\right)\frac{a^2}{r^2}\ \frac{R_1+R_2}{2}+\left[\frac{1}{E_s}\left(\frac{3a^4}{r^4}-\frac{4a^2}{r^2}\right)+\frac{\upsilon_{ts}}{E_t}\ \frac{3a^4}{r^4}\right]\frac{R_1-R_2}{2}\cos 2\varphi \tag{6-16}$$

$$e'_{xB}=\left(\frac{1}{E_x}-\frac{\upsilon_{yx}}{E_y}\right)\frac{a^2}{r^2}\ \frac{R_1+R_2}{2}+\left[\frac{1}{E_x}\left(\frac{3a^4}{r^4}-\frac{4a^2}{r^2}\right)+\frac{\upsilon_{yx}}{E_y}\ \frac{3a^4}{r^4}\right]\frac{R_1-R_2}{2}\sin 2\varphi \tag{6-17}$$

$$e'_{yC}=\left(\frac{1}{E_y}-\frac{\upsilon_{xy}}{E_x}\right)\frac{a^2}{r^2}\ \frac{R_1+R_2}{2}+\left[\frac{1}{E_y}\left(\frac{3a^4}{r^4}-\frac{4a^2}{r^2}\right)+\frac{\upsilon_{xy}}{E_x}\ \frac{3a^4}{r^4}\right]\frac{R_1-R_2}{2}\cos 2\varphi \tag{6-18}$$

最终求出残余应力 R_1、R_2 及其主方向 φ 与 e'_{sA}、e'_{xB}、e'_{yC} 的关系：

$$R_1=f(e'_{sA},\ e'_{xB},\ e'_{yC}) \tag{6-19}$$

$$R_2=g(e'_{sA},\ e'_{xB},\ e'_{yC}) \tag{6-20}$$

$$\varphi=\varphi(e'_{sA},\ e'_{xB},\ e'_{yC}) \tag{6-21}$$

6.1.2.2 残余应力结果

将测量得到的应变值代入上述公式中，计算求得对应的主方向角和主应力，并将其整理，如图 6-4～图 6-6 所示。

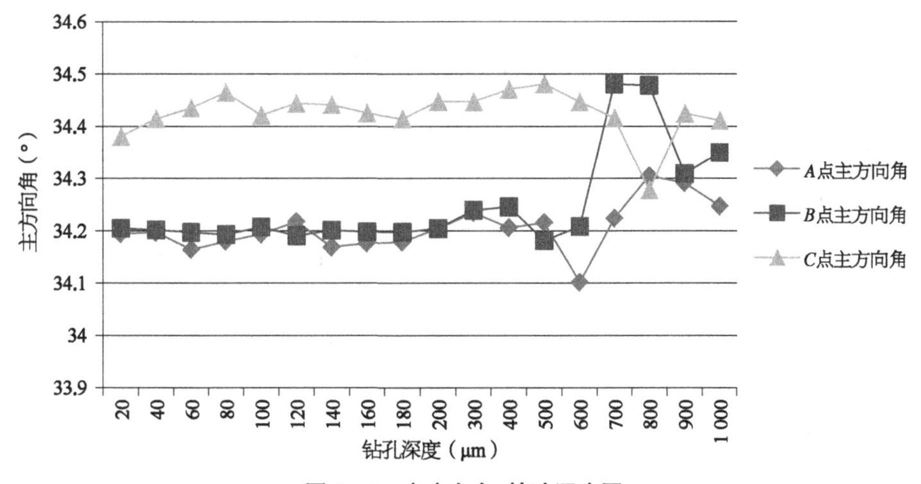

图 6-4 主方向角-钻孔深度图

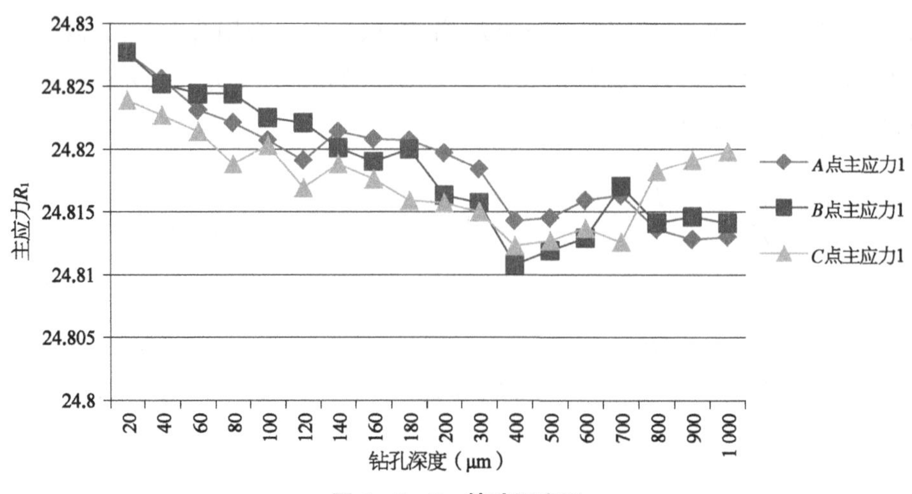

图 6-5　R_1-钻孔深度图

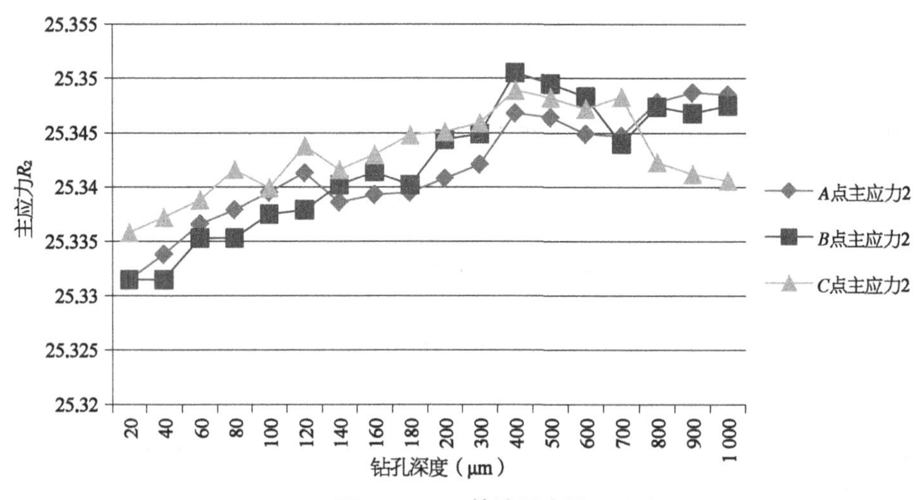

图 6-6　R_2-钻孔深度图

由上述得出结论如下：

(1) 随着测试点到缺陷的距离增大，主应力角也增大；

(2) 随钻孔深度的增大，主应力角并没有明显变化，而在 600 μm 的地方出现了比较大的波动；

(3) 主应力角保持在 34°～34.6°之间，可以看作相对稳定；

(4) 1 方向的主应力随钻孔深度的增大而减小，同样在 600 μm 的地方出现小幅增长趋势；

(5) 1 方向的主应力保持在 24.8～24.83 MPa，可以看作相对稳定；

(6) 2 方向的主应力与之相反，随钻孔深度的增大而增大，同样在 600 μm 的地方出现小幅下降趋势；

(7) 2 方向的主应力保持在 25.32～25.35 MPa，可以看作相对稳定。

6.2 带织构材料

6.2.1 AA2397 铝锂合金性能

AA2397 铝锂合金具有中等强度、较高的疲劳阻力及断裂韧性、良好的抗应力腐蚀能力和较低的淬火敏感性等特点，主要用于对疲劳性能和应力腐蚀性能有较高要求的结构件，如机身、桁条、框梁、舱段隔框等[11]。AA2397 铝锂合金的化学组成为 Al-1.4Li-2.8Cu-0.25Mg-0.11Zr-0.3Mn-0.10Zn，AA2397 铝锂合金存在明显织构，本节测试的 AA2397 铝锂合金如图 6-7 所示，其力学特性见表 6-6。

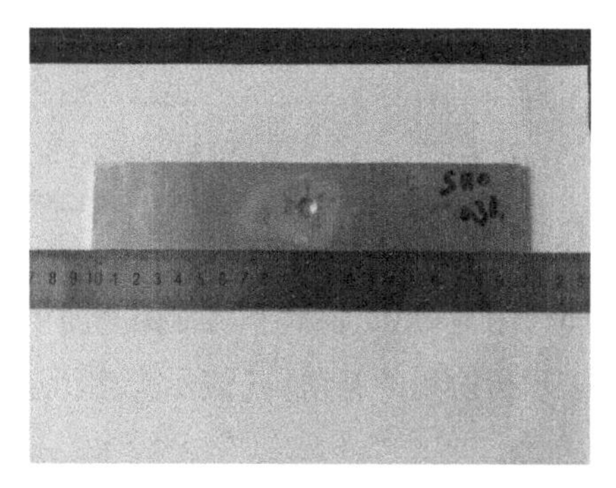

图 6-7　AA2397 铝锂合金(参见彩图附图 16)

表 6-6　AA2397 铝锂合金力学特性

材　料	密度 (g/cm³)	弹性模量 (GPa)	泊松比 ν	屈服强度 (MPa)	拉伸强度 (MPa)	延伸率 (%)
AA 2397	2.65	69.31	0.341	423	473	7.5

由于对含有织构的试样进行一维线探测试残余应力的实验结果误差较大，因此本节通过二维面探的方法对合金试样表面残余应力进行测量，同时根据二维面探测得的德拜环进一步对铝锂合金轧制板中的织构进行定性分析。

X 射线衍射二维面探的基本原理是，将 X 射线探测器置于符合布拉格方程的 2θ 位置上，试样围绕入射点做空间旋转，使各方位的晶粒都陆续进入衍射方位(一般参与衍射的晶粒数达数千个)，连续测量衍射强度。若试样无织构，则各个衍射角的衍射峰强度不变；若试样存在织构，则各个衍射角的衍射峰强度随衍射角度的变化而变化。

6.2.2 AA2397 铝锂合金残余应力检测实验

6.2.2.1 实验条件及方法

同理，本节二维面探实验依旧采用 Cr 靶测试 AA2397 铝锂合金的表面残余应力。X 射线衍射二维面探的靶材及测试条件如下：用 Cr 靶测量试样的(311)晶面，该晶面的衍射角为 139.528°，管电压 30 kV，管电流 25 mA，照射面积直径为 4 mm，X 射线波长 0.229 1 nm。图 6-8 为 X 射线二维面探测

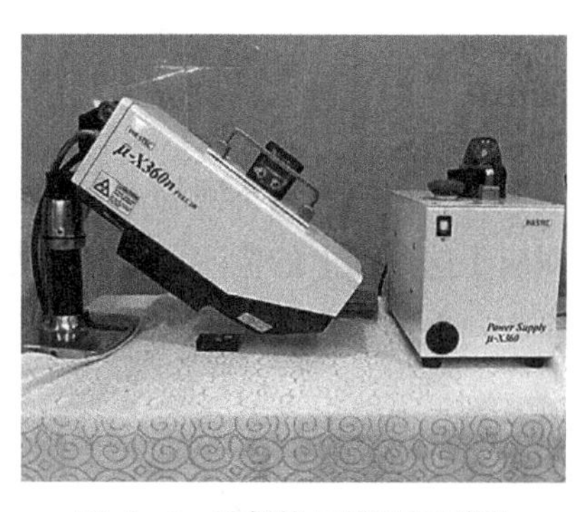

图 6-8　X 射线二维面探测器

器，用于测量试样表面残余应力以及合金织构的定性分析。图 6－9 为 AA2397 铝锂合金二维面探测试点示意图。

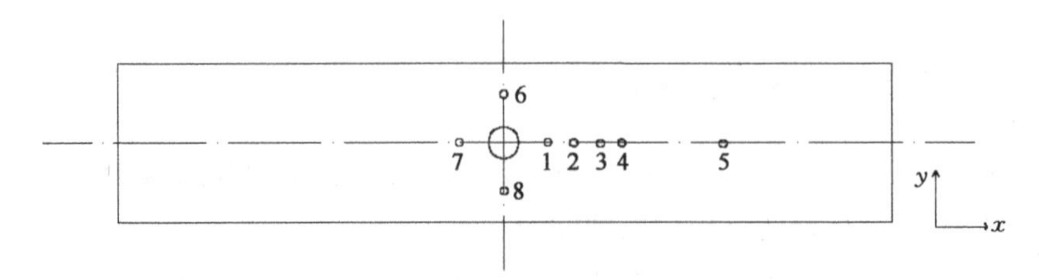

图 6－9　AA2397 铝锂合金二维面探测试点示意图

图 6－10a 显示了二维探测面下的完整德拜环，其光路图如图 6－10b 所示，图中 η 表示衍射角的补角，$\vec{n}$ 表示产生衍射的衍射面的法线方向。

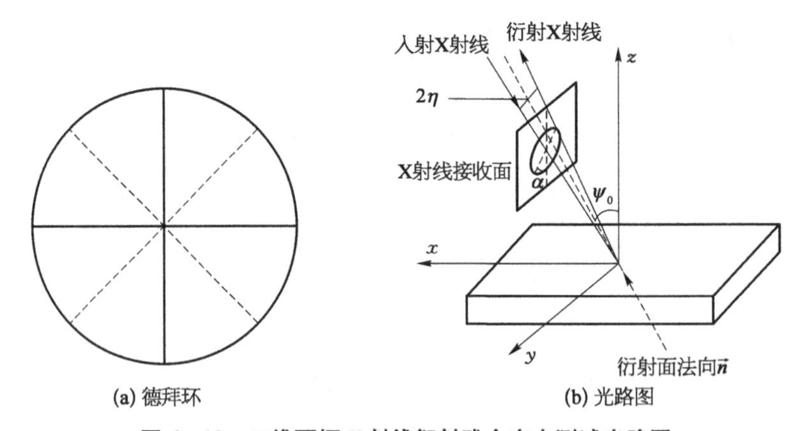

(a) 德拜环　(b) 光路图

图 6－10　二维面探 X 射线衍射残余应力测试光路图

在确定了测试角 Ψ_0 后，就可以通过向量加法得到在测试面 Ψ_0 上所有发生衍射的衍射面方向 $n(n_1, n_2, n_3)$，其中

$$\left.\begin{aligned}n_1 &= \cos\eta\sin\Psi_0 - \sin\eta\cos\Psi_0\cos\alpha\\ n_2 &= \sin\eta\sin\alpha\\ n_3 &= \cos\eta\cos\Psi_0 + \sin\eta\sin\Psi_0\cos\alpha\end{aligned}\right\} \tag{6-22}$$

对于测试面上不同的 α 方向，都有其对应的衍射面，各个衍射面上的衍射角变化，对应于这些面上的应变。由弹性力学应变张量计算法则，不同方向上的应变可以由三个方向上的应变表示[12-15]：

$$e_\alpha = n_1^2 e_x + n_2^2 e_y + n_3^2 e_z + 2n_1 n_2 \gamma_{xy} + 2n_2 n_3 \gamma_{yz} + 2n_1 n_2 \gamma_{xz} \tag{6-23}$$

平面应力下有 $\gamma_{yz} = \gamma_{xz} = 0$，将式(6－22)代入式(6－23)后得

$$e_\alpha=\Big[\Big(\frac{1}{E}\sin^2\eta\cos^2\Psi_0-\frac{v}{E}\sin^2\eta\sin\Psi_0\Big)\cos^2\alpha+\Big(-\frac{1+v}{E}\sin 2\eta\sin 2\Psi_0\Big)\cos\alpha+$$
$$\Big(\frac{1}{E}\cos^2\eta\sin^2\Psi_0-\frac{v}{E}\cos^2\eta\cos^2\Psi_0-\frac{v}{E}\sin^2\eta\sin^2\alpha\Big)R_x+\Big(\frac{1}{E}\sin^2\eta\sin^2\alpha-$$
$$\frac{v}{E}\cos^2\eta-\frac{v}{E}\sin^2\eta\cos^2\alpha\Big)\Big]R_y+\frac{1+v}{E}\Big(\frac{1}{2}\sin 2\eta\sin\Psi_0\sin\alpha-$$
$$\sin^2\eta\cos\Psi_0\sin\alpha\cos\alpha\Big)\tau_{xy} \tag{6-24}$$

将式(6-23)代入式(6-24)后，就可以得到X射线二维面探采用的残余应力分析方法，如式(6-25)所示：

$$\left.\begin{aligned}\alpha_1&=\frac{1}{2}[(e_\alpha-e_{\pi+\alpha})+(e_{-\alpha}-e_{\pi-\alpha})]\\\alpha_2&=\frac{1}{2}[(e_\alpha-e_{\pi+\alpha})-(e_{-\alpha}-e_{\pi-\alpha})]\end{aligned}\right\} \tag{6-25}$$

二维面探仪有500个探测头，均匀分布在一个360°面上，通过每一个探测器测得的衍射角变化，就能得到500个方向上的应变值，代入式(6-25)后，就可以计算出125个α_1，将α_1对$\cos\alpha$做偏导，就可以计算出材料的残余应力：

$$\left.\begin{aligned}R_x&=-\frac{E}{1+v}\frac{1}{\sin 2\eta}\frac{1}{\sin 2\Psi_0}\Big(\frac{\partial\alpha_1(0)}{\partial\cos\alpha}\Big)\\\tau_{xy}&=-\frac{E}{2(1+v)}\frac{1}{\sin 2\eta}\frac{1}{\sin 2\Psi_0}\Big(\frac{\partial\alpha_2(0)}{\partial\sin\alpha}\Big)\end{aligned}\right\} \tag{6-26}$$

6.2.2.2 实验结果与讨论

二维面探各测试探头之间间隔0.72°，一圈360°共有500个测试探头，因而可以一次测量得到500个测试数据。在试样孔边喷丸区域选了1、6、7、8四个测试点，逐渐远离孔边喷丸区域选了1、2、3、4、5五个测试点，其中3、4、5三点位于未喷丸的基材部分。图6-11a～e列出孔边喷丸区域1、6、7、8四点及位于基材部分5点的德拜环及各点衍射峰强度曲线。表6-7列出了1、6、7、8四个测试点(311)晶面衍射峰强度最大值和最小值的比值。

通过比较图6-11的五个德拜环可以看出，1、6、7、8四个位于孔边喷丸区域测试点二维面探得到的德拜环比较完整，没有明显织构斑，衍射峰强度最大值和最小值的比值也都小于3，因而可以认为试样孔边喷丸区域不存在明显织构。而5点位于试样未喷丸的基材部分，从5点的德拜环上可以看出4个明显的织构斑，其衍射峰强度最大值和最小值的比值为5.150，大于3，因而认为试样基材部分存在织构，这一研究结果也验证了之前一维线探的测试结论。

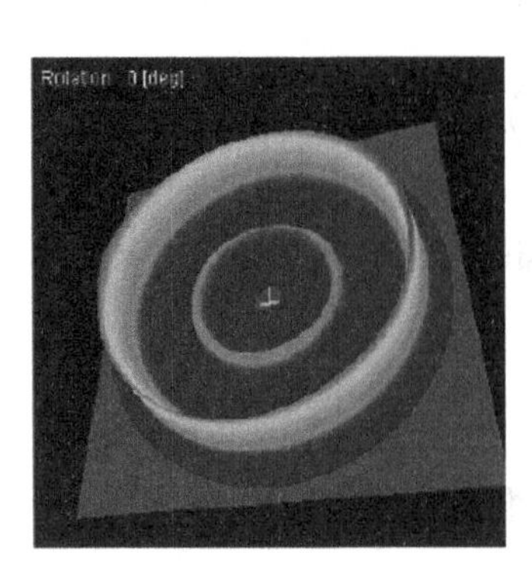

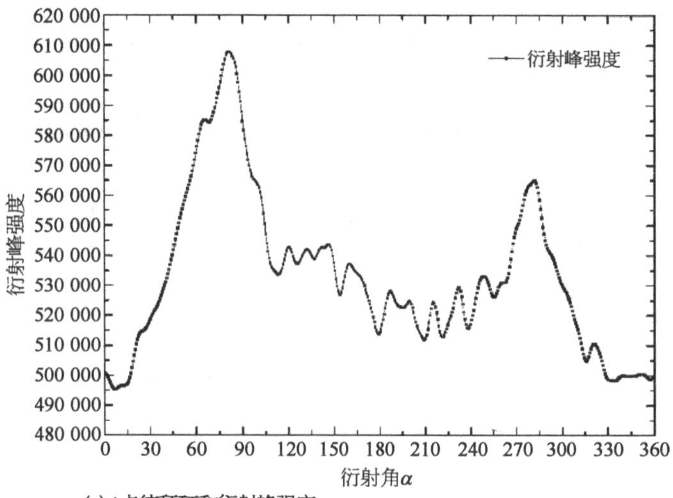

(a) 1点德拜环和衍射峰强度

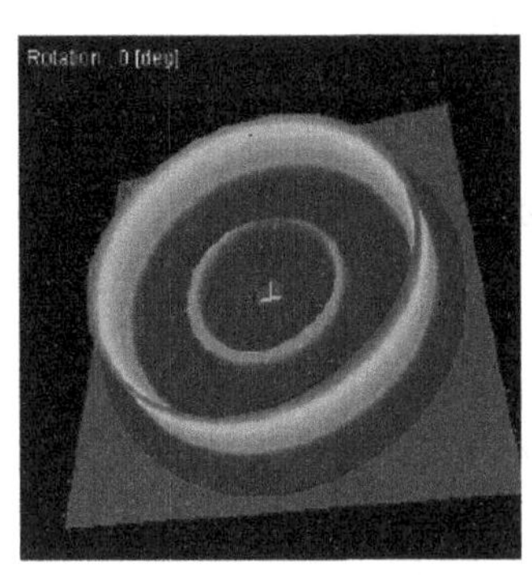

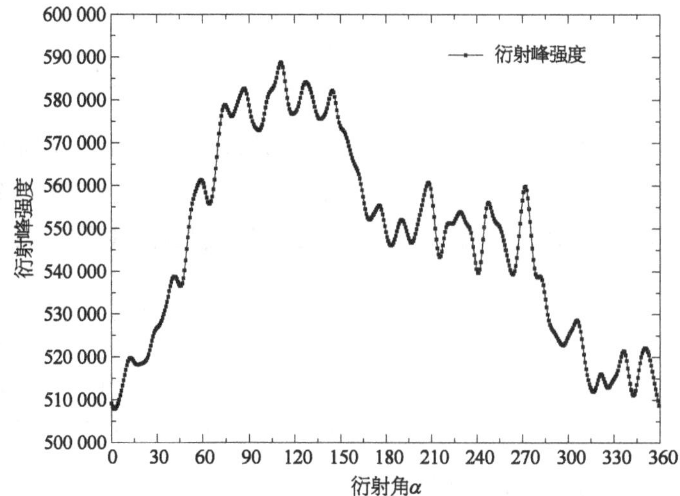

(b) 6点德拜环和衍射峰强度

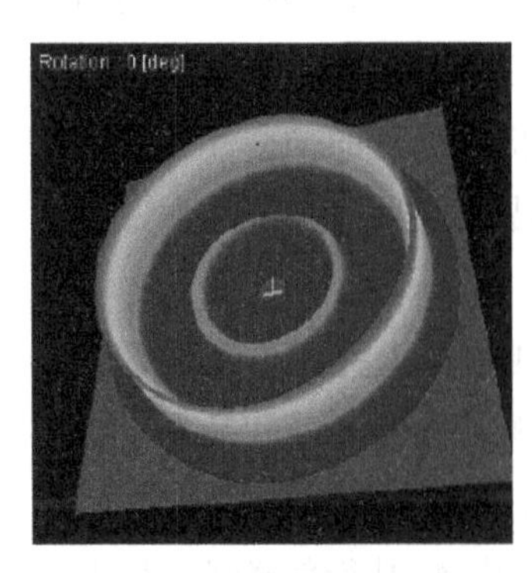

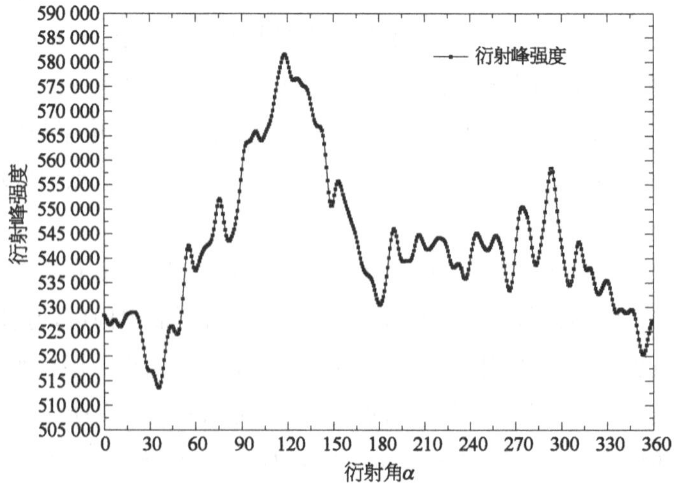

(c) 7点德拜环和衍射峰强度

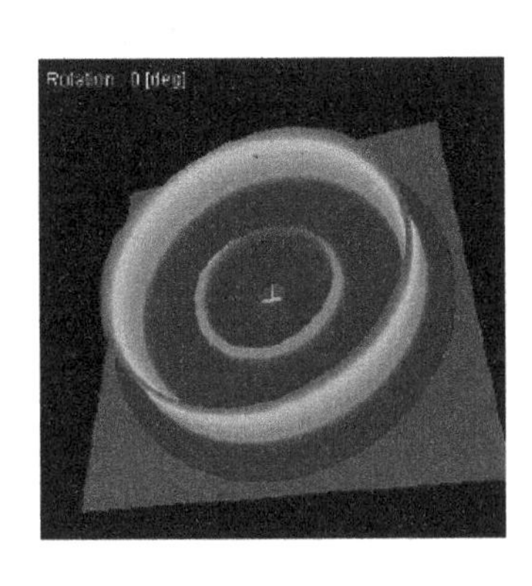

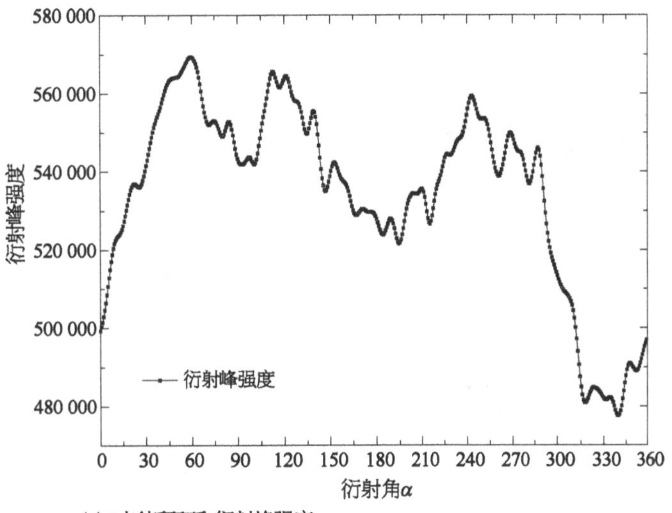

(d) 8点德拜环和衍射峰强度

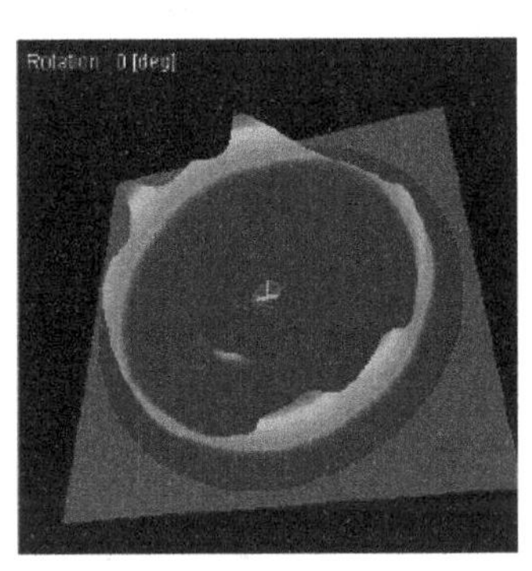

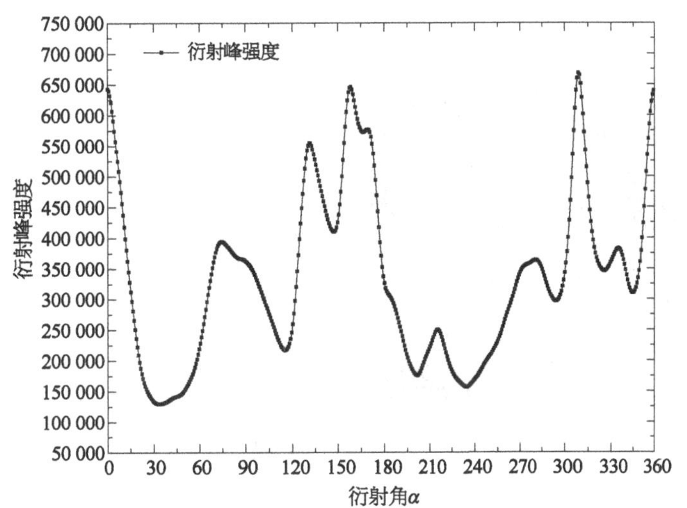

(e) 5点德拜环和衍射峰强度

图 6-11　二维面探测试结果(一)(参见彩图附图 17)

表 6-7　试样表面测试点衍射峰强度比值(一)

晶　面	1点	6点	7点	8点	5点
(311)	1.227	1.159	1.132	1.192	5.150

图 6-12 列出了逐渐远离喷丸区域的 1、2、3、4、5 五个测试点的德拜环及各点衍射峰强度曲线，表 6-8 列出了这五个测试点(311)晶面衍射峰强度最大值和最小值的比值。

通过比较图 6-12 的五个德拜环可以看出，随着测试点逐渐远离喷丸区域，喷丸覆盖率逐渐下降，二维面探测得的德拜环不再完整，合金中的织构变得愈来愈明显，3、4、5 三点的德拜环出现了明显的织构斑，这三点衍射峰强度最大值和最小值的比值也都大

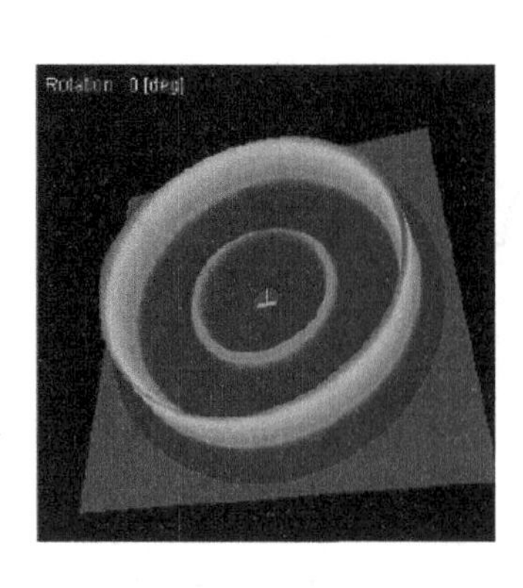

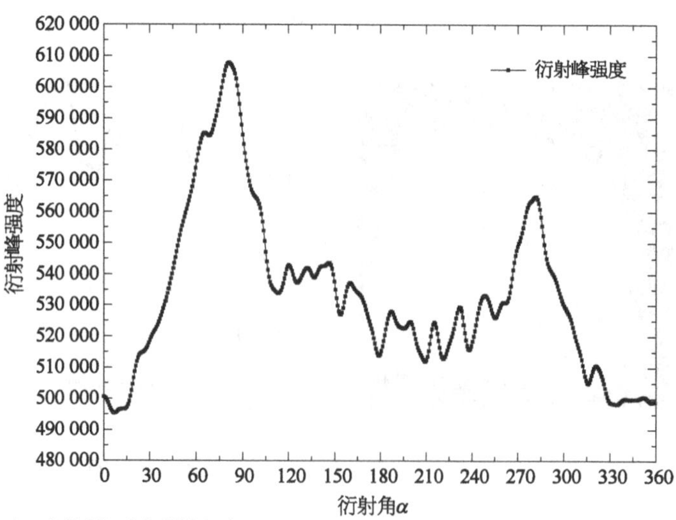

(a) 1点德拜环和衍射峰强度

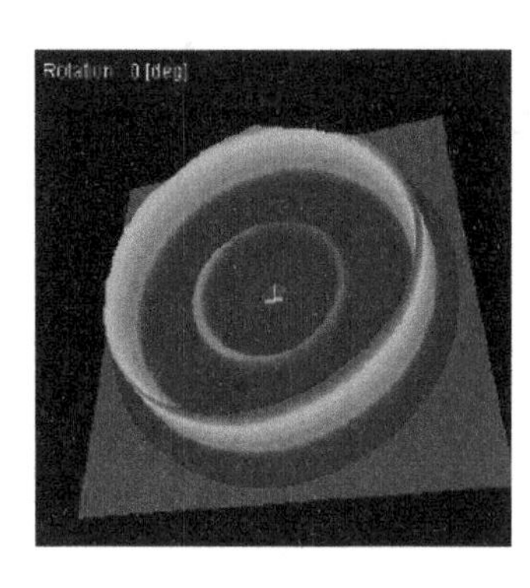

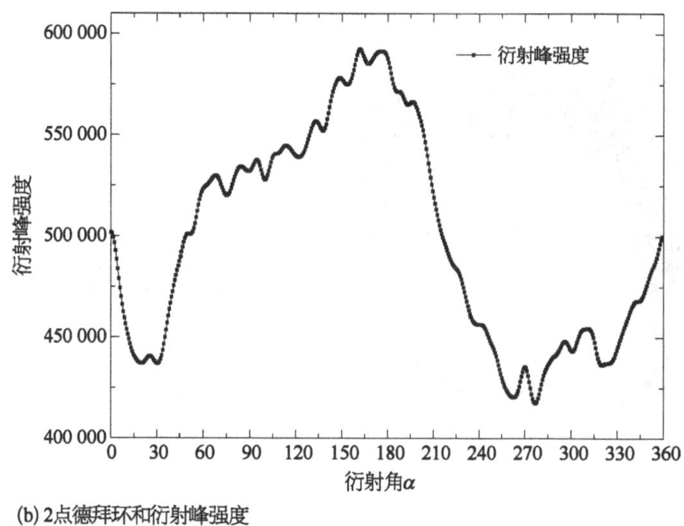

(b) 2点德拜环和衍射峰强度

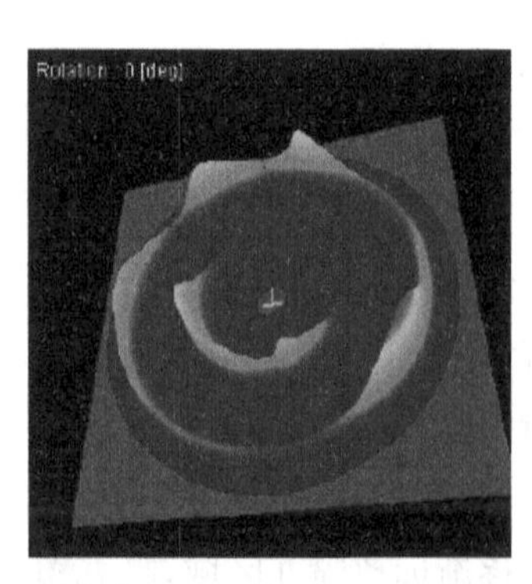

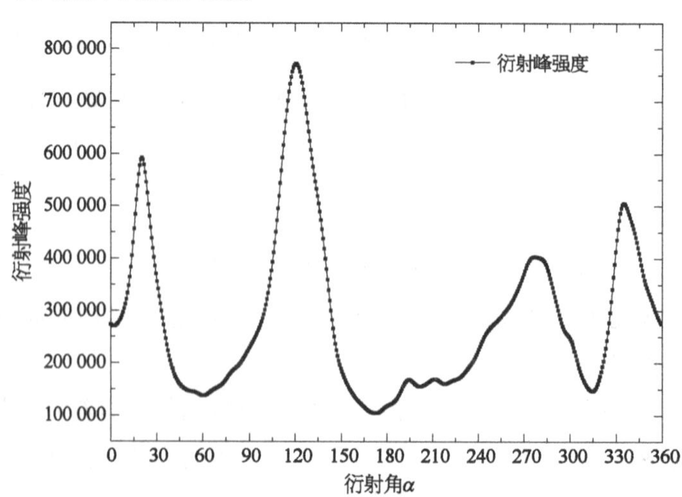

(c) 3点德拜环和衍射峰强度

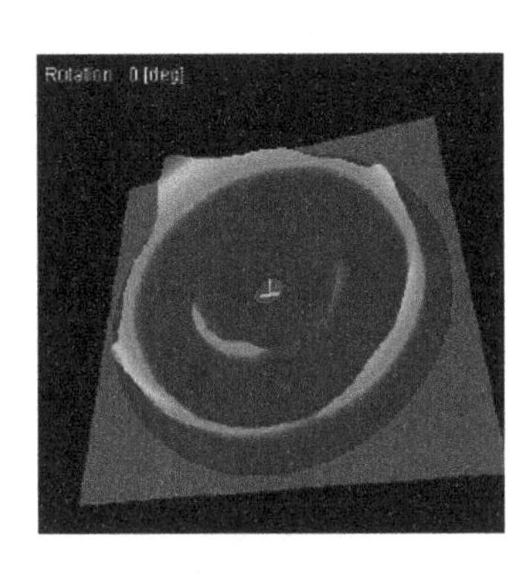

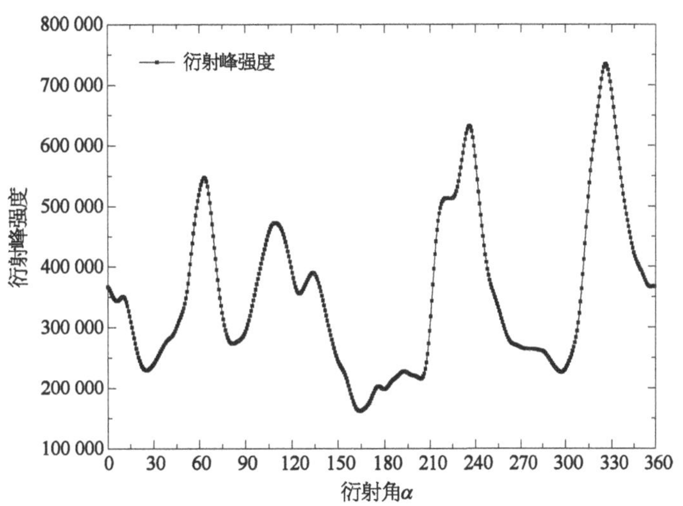

(d) 4点德拜环和衍射峰强度

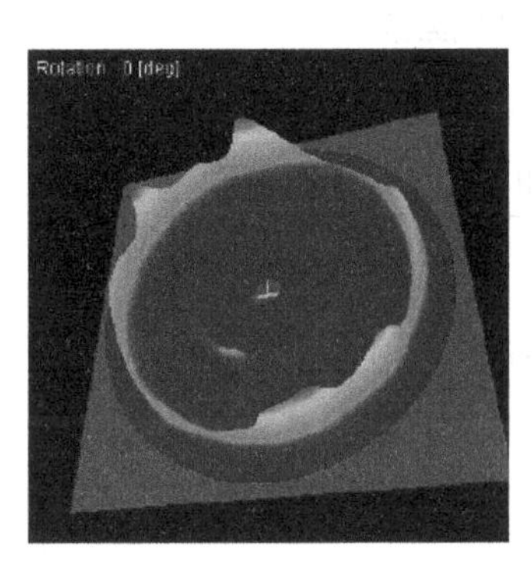

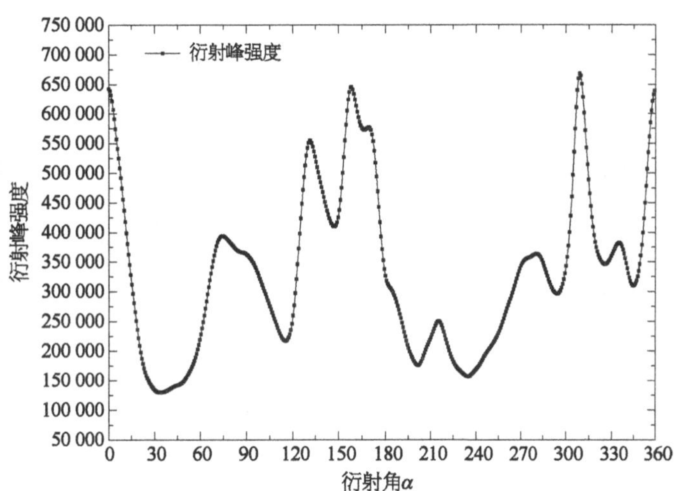

(e) 5点德拜环和衍射峰强度

图 6-12 二维面探测试结果(二)(参见彩图附图 18)

表 6-8 试样表面测试点衍射峰强度比值(二)

晶 面	1点	2点	3点	4点	5点
(311)	1.227	1.419	7.384	4.453	5.15

于3,因而认为试样基材部分存在织构。表6-9列出了3、4、5三个测试点(311)晶面织构斑的位置和该角度上衍射峰绝对强度。

由X射线二维面探得到的各测试点的表面残余应力见表6-10。图6-13a、b给出了各测试点二维面探的表面残余应力测试结果。

表 6-9　3、4、5 测试点织构斑位置及衍射峰绝对强度

测量点序号	织构斑位置	衍射峰绝对强度
3 点	20.16°	592 254.3
	120.24°	771 914.5
	277.2°	493 549.7
	334.08°	505 173.8
4 点	63.36°	547 377.0
	109.44°	472 958.0
	236.16°	631 812.3
	326.16°	734 621.9
5 点	129.60°	542 330.5
	158.40°	645 727.2
	310.32°	650 796.6
	359.28°	639 612.7

表 6-10　X 射线衍射二维面探表面残余应力测试结果

测 试 点	1 点	2 点	3 点	4 点	5 点	6 点	7 点	8 点
表面残余应力(MPa)	−162	−204	−198	−198	−97	−141	−153	−157

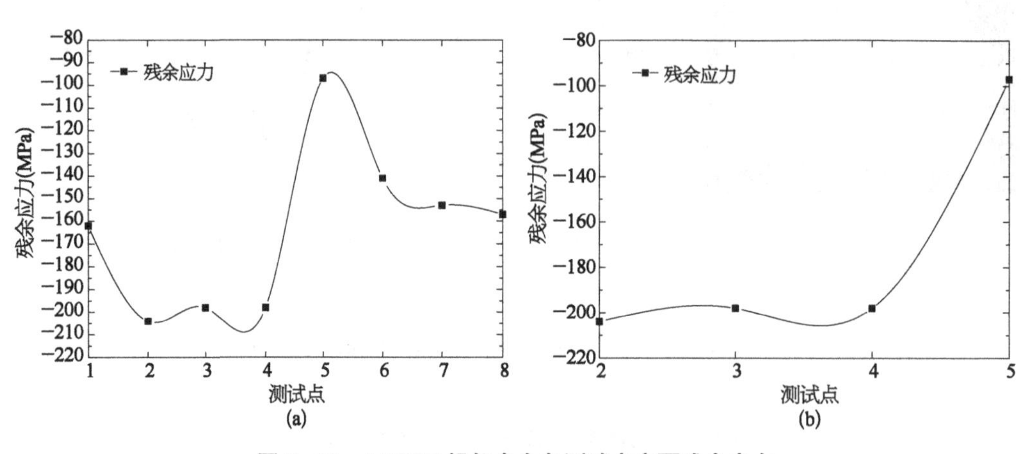

图 6-13　AA2397 铝锂合金各测试点表面残余应力

由图 6-13a 可见，试样孔边喷丸区域各点的表面残余压应力差别不大，而试样基材部分的残余压应力明显小于试样孔边喷丸区域的残余压应力；由图 2.15b 可见，随着测试点 2～5 点逐渐远离喷丸区域，喷丸覆盖率逐渐下降，试样表面残余压应力也随之逐渐减小。

根据本实验，可以得出以下论述：

(1) 通过 X 射线衍射二维面探方法测试材料残余应力，不论从理论上还是从实际操作上都是可行的，且本节已经成功测得 AA2397 铝锂合金的表面残余应力，并得到了

各测试点的德拜环，对试样中的织构也进行了初步定性分析。

(2) 实验结果表明，AA2397 铝锂合金未喷丸基材部分残余应力分布不均匀，衍射峰强度随衍射角的变化而变化，衍射峰强度最大值和最小值的比值均大于 3，所以可以认为试样基材部分存在明显的织构；而孔边喷丸区域测试点的德拜环都较为完整，没有明显织构斑，衍射峰强度最大值和最小值的比值均小于 3，因而认为试样喷丸区域不存在明显的织构。

(3) 二维面探只需要一次曝光即可得到试样完整的德拜环，操作方便，时间短，而且所得到的德拜环可以反映出材料的 X 射线衍射特性，同时也可以反映出织构这一晶体学特征。

6.3 单晶材料

单晶材料由于具有独特的力学、电子学性能，在航空发动机和半导体上得到了广泛的应用。在制造与加工单晶构件时难免引入残余应力，而残余应力对单晶的稳定性和使用性能将产生重要影响，如过大的残余应力可能导致材料再结晶或变形，从而影响其使用，因此，需要适当地控制和调整单晶中的残余应力，就要求准确测量单晶的残余应力。

为了测量单晶各向异性材料残余应力，近年来国内外专家在分析技术方面开展了一些基础研究，但由于技术的准确性和可靠性一直受到怀疑而未能在工业上得到推广应用。目前日本和国内学者多采用三维摆动和线形探测器来捕获单晶材料的衍射峰位[16-17]，由于这种技术工作时间较长、成本过高，在推广应用中遇到很大困难。

本节基于单晶材料的各向异性特性，根据弹性力学的应力与应变关系和立方结构晶面间的刚度与柔度系数之间的关系，建立单晶残余应力的分析计算模型，提出具体实验方法，并以 DD3 单晶叶片为例，进行实验验证，为工业测量单晶残余应力提供实验参考和理论依据。

6.3.1 理论分析与实验方法

对于多晶体各向同性材料，由弹性力学的胡克定律可知，三维的应力与应变之间关系为

$$e_{ij}=\frac{1+\nu}{E}R_{ij}-\delta_{ij}\ \frac{\nu}{E}R_{kk} \tag{6-27}$$

式中，i，j，$k=1$，2，3；e_{ij} 为某点某一方向的应变；R_{ij} 为该方向的应力；δ_{ij} 为该点的主应力；e_{ij} 为修正系数，一般情况下取为 1；ν 和 E 分别为材料的泊松比和弹性模量。

对于单晶各向异性材料，由于弹性行为的各向异性，应力与应变之间关系为

$$R_{ij} = C_{ijkl} e_{kl} \tag{6-28}$$

或

$$e_{ij} = S_{ijkl} R_{kl} \tag{6-29}$$

式中，C_{ijkl} 为弹性刚度系数；S_{ijkl} 为柔度张量。

根据晶体结构的对称性特点，对于正方晶体结构，式(6-29)可简化为

$$R_{ij} = \begin{bmatrix} R_{11} \\ R_{22} \\ R_{33} \\ R_{23} \\ R_{31} \\ R_{12} \end{bmatrix}, C_{ijkl} = \begin{bmatrix} C_{11} & C_{12} & C_{13} & 0 & 0 & 0 \\ C_{21} & C_{22} & C_{23} & 0 & 0 & 0 \\ C_{31} & C_{32} & C_{33} & 0 & 0 & 0 \\ 0 & 0 & 0 & C_{44} & 0 & 0 \\ 0 & 0 & 0 & 0 & C_{55} & 0 \\ 0 & 0 & 0 & 0 & 0 & C_{66} \end{bmatrix}, e_{ij} = \begin{bmatrix} e_{11} \\ e_{22} \\ e_{33} \\ e_{23} \\ e_{31} \\ e_{12} \end{bmatrix} \tag{6-30}$$

对于立方晶体结构，由于其特殊的对称性，式(6-30)可再次化简为

$$R_{ij} = \begin{bmatrix} R_{11} \\ R_{22} \\ R_{33} \\ R_{23} \\ R_{31} \\ R_{12} \end{bmatrix}, C_{ijkl} = \begin{bmatrix} C_{11} & C_{12} & C_{13} & 0 & 0 & 0 \\ C_{21} & C_{22} & C_{23} & 0 & 0 & 0 \\ C_{31} & C_{32} & C_{33} & 0 & 0 & 0 \\ 0 & 0 & 0 & C_{44} & 0 & 0 \\ 0 & 0 & 0 & 0 & C_{44} & 0 \\ 0 & 0 & 0 & 0 & 0 & C_{44} \end{bmatrix}, e_{ij} = \begin{bmatrix} e_{11} \\ e_{22} \\ e_{33} \\ e_{23} \\ e_{31} \\ e_{12} \end{bmatrix} \tag{6-31}$$

为了计算各向异性材料的应力，需要确定其弹性刚度张量 C_{ij}，但在实际实验时很难测量 C_{ij} 而易于测量柔度张量 S_{ij}。柔度张量 S_{ij} 的倒数就是弹性刚度张量 C_{ij}，即

$$C_{ij} = 1/S_{ij} \tag{6-32}$$

S_{11}、S_{12}、S_{44} 为单晶体的三个独立弹性柔度系数，令 $S_0 = S_{11} - S_{12} - 0.5S_{44}$，则对于弹性各向同性材料，其表达式为

$$S_0 = (S_{11} - S_{12}) - 0.5S_{44} = 0 \tag{6-33}$$

对于单晶各向异性材料，$S_0 \neq 0$，且不同衍射晶面 (hkl) 的弹性模量 $E^{[hkl]}$ 存在以下关系：

$$\frac{1}{E^{[hkl]}} = S_{11} - 2\left[(S_{11} - S_{12}) - \frac{1}{2}S_{44}\right]\Gamma^{[hkl]} \tag{6-34}$$

式中，$\Gamma^{[hkl]}$ 为取向系数。

对于立方结构晶体，其表达式为

$$\Gamma^{[hkl]} = \frac{h^2k^2 + k^2l^2 + l^2h^2}{(h^2 + k^2 + l^2)^2} \tag{6-35}$$

上述给出根据衍射峰角度 2θ 变化计算出应变并计算分析应力的理论分析。由布拉格方程 $2d\sin\theta=\lambda$ 可计算出 d 的数值,从而求出应变。

具体的实验方法如下:

(1) 确定晶体的取向。利用极图技术或劳埃方法,准确确定晶体的方向,为预测新极点位置提供依据。关键是选用强度高、无峰位重叠或无极点重叠的低指数晶面 (hkl) 和大功率的 X 射线靶材以及高分辨率的探测器。以喷丸强化的 DD3 单晶为例,采用 Mn 靶来测量其(100)晶面取向。

(2) 利用确定的单晶的方向,预测新极点的位置,计算新极点坐标 (ψ_C, ϕ_C)。通常计算的是较高指数的晶面 (hkl),以获得高角度的衍射峰位 2θ,减小应力测试误差。本节选用 DD3 单晶的(319)晶面取向。

(3) 在理论计算的新极点位置附近,扫描并精确确定该极点的衍射峰位 2θ。

(4) 依据同一晶系不同晶面的衍射峰位 2θ 变化,计算出应变;并用弹性理论,计算分析得出应力张量。

(5) 对测量的应力张量进行分析和重复实验验证,以确定其正确性和准确性。

6.3.2 实验结果与讨论

采用 Mn 靶,利用面探获得的劳埃二维与三维图形见图 6-14。测量的 DD3 单晶(100)晶面取向结果见表 6-11。

(a) 2D

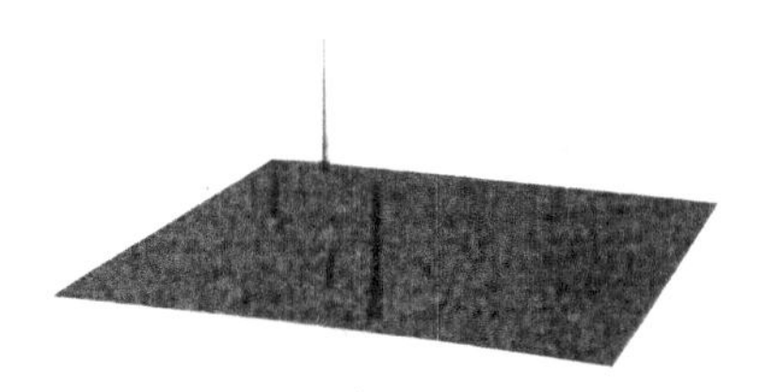

(b) 3D

图 6-14 DD3 单晶的劳厄图[18]

表 6-11 DD3 单晶试样的(100)晶面取向

轴	Ψ (°)	Φ (°)
[100]	30.41	0.89
[010]	88.67	−91.77
[001]	53.99	177.98

选取{319}衍射晶面体系进行分析,依据取向分布计算{319}晶系具体衍射晶面的极点坐标 (ψ_C, ϕ_C),在理论计算(319)晶面对应的极点坐标 (ψ_C, ϕ_C) 附近,测量实际

衍射峰位 2θ，绘制{319}极图(图 6-15)，计算出相应的点阵间距 d (表 6-12)。

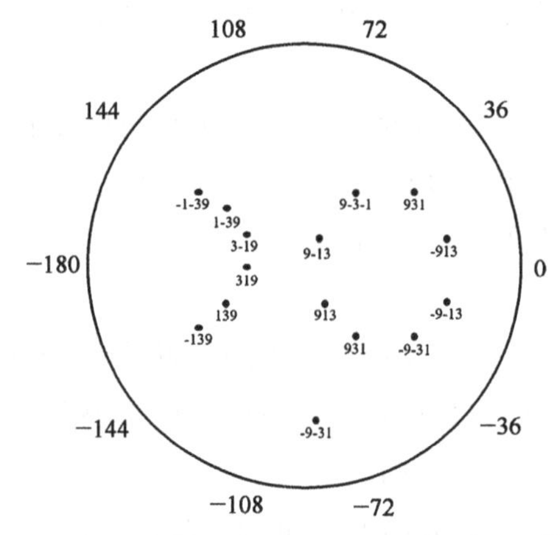

图 6-15　X 射线衍射 DD3 单晶的{319}极图[18]

表 6-12　DD3 单晶试样的{319}晶系的点阵间距 d 值

晶　体	Φ_C(°)	Ψ_C(°)	Φ_m(°)	Ψ_m(°)	d(mm)
$(91\underline{3})$	8.00	49.90	13.00	50.90	0.366
$(91\underline{3})$	28.27	14.42	33.27	15.42	0.368
$(93\underline{1})$	29.16	41.36	32.16	42.36	0.368
$(93\underline{1})$	38.96	30.79	41.96	31.79	0.368
$(13\underline{9})$	153.99	50.70	156.99	49.70	0.367
$(31\underline{9})$	167.43	36.81	170.43	33.81	0.369

依据同一晶系{319}不同晶面的衍射峰位 2θ 变化，计算出应变，并用弹性理论，计算分析得出应力张量

$$R_{ij}=\begin{pmatrix} -399 & -155 & -102 \\ -155 & -92 & -195 \\ -102 & -195 & 0 \end{pmatrix} \tag{6-36}$$

对于 DD3 单晶喷丸强化试样，已知其表面残余应力状态中的主应力为－140 MPa，与本实验测量所得到的主应力－154.9 MPa 相差很小，可满足国内外标准中对误差小于 20 MPa 的测试精度要求，因此，可将其推广应用于工程上实际零件的测试分析中。

根据本案例，以下观点得到了证实：

(1) 单晶材料的弹性模量 $E^{[hkl]}$ 不仅与单晶的三个独立弹性柔度系数相关，而且受取向系数 $\Gamma^{[hkl]}$ 的影响，体现了单晶材料弹性模量的各向异性；

(2) DD3 单晶叶片的表面应力实测结果，证实了所建立的立方单晶材料的残余应力分析模型和提出的采用 X 射线衍射分析技术进行测试的方法，并且测量的残余应力值可靠性较高。

参考文献

[1] 袁发荣,伍尚礼.残余应力测试与计算[M].长沙：湖南大学出版社,1987：1-8.

[2] Hayashi M, Okido S. Application of X-ray and electron diffraction methods to reliability evaluation of structural components and electronic device[J]. Materials Science Forum, 2005(490-491)：19-27.

[3] Kmnpfe B, Luczak F, Urban M. The application of energy dispersive diffraction for nondestructive analysis of large material depths and for residual stress determination[J]. Particle & Partide Systems Characterization, 2009(26)：125-131.

[4] 高玉魁,张志刚.残余应力的测量与模拟分析方法[J].失效分析与预防,2009,4(4)：251-253.

[5] 米谷茂.残余应力的产生和对策[M].北京：机械工业出版社,1983：10-12.

[6] Bert C W, Thompson G L. A method for measuring planar residual stresses in rectangularly orthotropic materials[J]. Composite Materials, 1968, 2(2)：244-253.

[7] Prasad C B, Prabhakaran R, Thompkins S. Determination of calibration constants for the hole-drilling residual stresses measurement technique applied to orthotropic composites[J]. Composite Structure, Part 1：Theoretical Considerations, 1987, 8(2)：105-118; Part 2：Experimental Evaluations, 1987, 8(3)：165-172.

[8] Schajer G S, Yang L. Residual stress measurement in orthotropic materials using the hole-drilling method[J]. Experimental Mechanics, 1994, 34(4)：324-333.

[9] Diamanti K, Soutis C. Structural health monitoring techniques for aircraft composite structures[J]. Progress in Aerospace Sciences, 2010, 46(8)：342-352.

[10] Beaumont P W R, Soutis C, Hodzic A. The structural integrity of carbon fiber composites：Fifty years of progress and achievement of the science, development, and applications[M]. [s.l.]：Springer, 2016.

[11] Jabra J, Romios M, Lai J, et al. The effect of thermal exposure on the mechanical properties of 2099-T6 die forgings, 2099-T83 extrusions, 7075-T7651 plate, 7085-T7452 die forgings, 7085-T7651 plate, and 2397-T87 plate aluminum alloys[J]. Journal of Materials Engineering and Performance, 2006, 15(5)：601-607.

[12] Bragg W L. The diffraction of short electromagnetic waves by a crystal[J]. X-ray and Neutron Diffraction, 1914(17)：109-118.

[13] Sasaki T, Hirose Y. X-ray triaxial stress analysis using whole diffraction ring detected with imaging plate[J]. Transactions of the Japan Society of Mechanical Engineers A, 1995, 61(590)：2288-2295.

[14] 叶璋,王婧辰,陈禹锡,等.基于二维面探的高温合金 GH4169 残余应力分析[J].表面技术,2016,45(4)：1-4.

[15] 王利平.喷丸残余应力场及表面粗糙度数值模拟研究[D].济南：山东大学,2015.

[16] Yoshiike T, Fujji N, Kozaki S. An X - ray stress measurement method for very small areas on single crystals[J]. Journal of Applied Physics, 1997(36): 5764 - 5769.

[17] 纪红,王超群,王思爱,等.X射线法测量锗单晶的应力[J].理化检验(物理分册),2008,44(6): 303 - 305.

[18] 高玉魁.单晶结构残余应力的X射线衍射分析技术[J].失效分析与预防,2010(4): 221 - 224.

第7章

残余应力在工程中的应用

目前残余应力检测技术已在很多领域中得到了广泛应用，例如在航空航天、核电设施、汽车关键零部件等一系列关键领域中发挥着不可替代的作用。有关残余应力在各个领域的检测已在国内外实施了很多年，其测量方法非常之多，本书第4章已经就各残余应力检测技术的应用实例做了简单的介绍，但这只是针对每种方法的应用，多方法多角度的残余应力综合分析应用尚未涉及。因此，本章将从航空、汽车、核电、轨道交通、桥梁、化工等领域介绍残余应力在工程中的具体应用。

7.1 航空领域

7.1.1 航空发动机钛合金叶片

钛合金具有优异的比刚度、比强度、抗高温性能和抗腐蚀性能，对振动载荷及冲击载荷作用下裂纹扩展的敏感性低，因此在现代航空发动机中的用量越来越大[1-2]。钛合金零件在加工成形过程中都将引起残余应力，残余应力的存在对其疲劳强度、抗脆断能力、抗应力腐蚀开裂及形状尺寸的稳定性有着重要影响。历史上许多灾难性破坏事故大多是由零部件结构中的残余应力引起的，据统计，在发动机零部件的失效事件中，叶片的损坏和失效占70%左右，因此研究航空发动机叶片的残余应力非常必要。

文献[3]通过X射线衍射技术对钛合金叶片喷丸后残余应力场以及使用后的残余应力衰减规律进行研究分析，掌握其残余应力分布状况及衰减规律，对于确保钛合金叶片的安全性和可靠性有着非常重要的意义，并最终达到有效预测叶片剩余寿命的目的。

7.1.1.1 实验

实验用叶片为某型发动机风扇叶片和压气机叶片，叶片测试位置为叶身部位。采用XStress-3000应力测量仪测试残余应力，依据GB/T 7704—2008进行检测。其主要参数为：侧倾法，Ti 靶，管电压 20 kV，管电流 7 mA，衍射晶面(110)，无应力衍射角 137.4°，弹性模量 110 GPa，泊松比 0.33，曝光时间 25 s，准直器尺寸 2 mm，在倾角±30°范围内选取 5 个 Ψ 角。

实验分别测试了风扇叶片和压气机叶片喷丸后表面残余应力、喷丸后深度方向残余应力分布、使用 300 h 和 600 h 后的表面残余应力。

7.1.1.2 新叶片喷丸后残余应力场分布

图 7－1 和图 7－2 分别为风扇叶片和压气机叶片喷丸后表面残余应力场的分布。通过电解抛光对喷丸叶片进行剥层处理，测试深度残余应力。图 7－3 为风扇叶片和压气机叶片喷丸后残余应力场沿层深的分布规律。

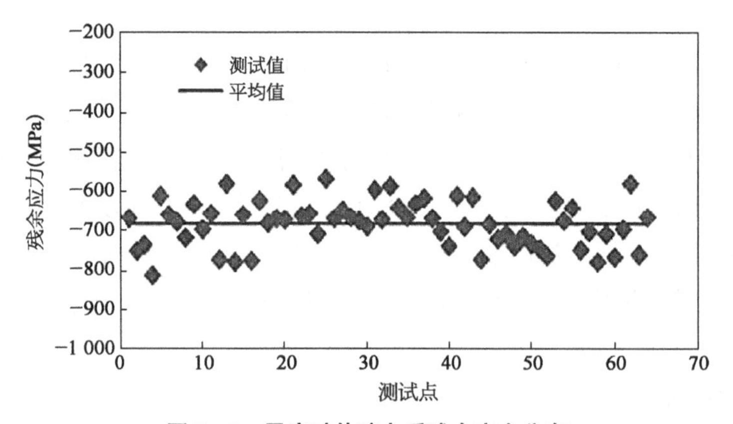

图 7－1　风扇叶片喷丸后残余应力分布

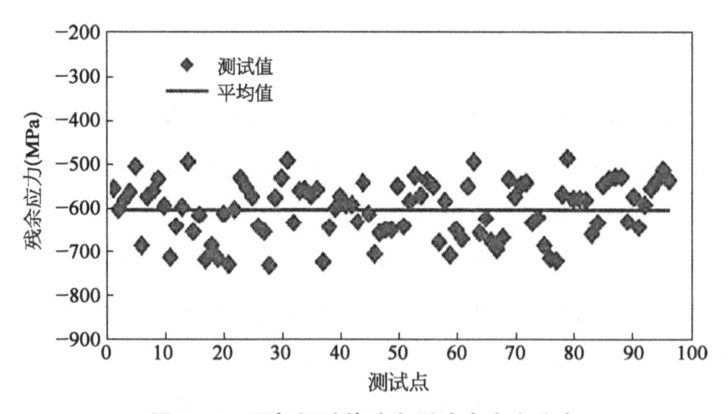

图 7－2　压气机叶片喷丸后残余应力分布

由图 7－1 和图 7－2 可以看出，通过喷丸工艺在叶片表面形成了残余压应力场，可以有效提高叶片的抗疲劳性能。通过统计分析，喷丸后风扇叶片残余应力的 90%左右分布在－600～－800 MPa，残余应力均值约为－682 MPa；喷丸后压气机叶片残余应力的 90%左右分布在－500～－700 MPa，残余应力均值约为－603 MPa。本节引入分布标准偏差，用来衡量数据分布的分散程度，标准偏差可通过下式计算：

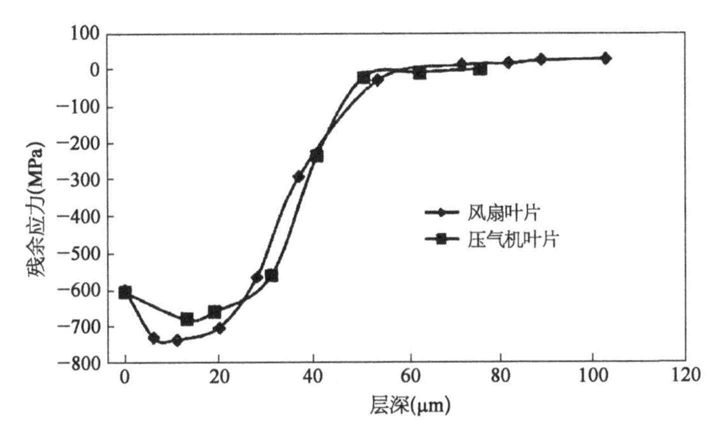

图 7-3　叶片残余应力沿层深分布曲线

$$S=\sqrt{\frac{\sum_{i=1}^{n}(x_i-\bar{x})^2}{n-1}} \tag{7-1}$$

式中，S 为标准偏差；n 为测试点；$i=1\sim n$；x_i 为测试值；$\bar{x}$ 为 n 次测试的平均值。

通过计算可以得到，风扇叶片残余应力测试的标准偏差为 58.2 MPa，相对标准偏差约为 8.5%；压气机叶片残余应力测试的标准偏差为 64.2 MPa，相对标准偏差约为 10.6%。由此表明，喷丸后叶片试样表面残余应力分布较为均匀，风扇叶片较压气机叶片更为均匀，这是因为压气机叶片相比风扇叶片而言形状尺寸较小，而叶型表面曲率较大，影响了喷丸效果。

由图 7-3 可以看出，喷丸后风扇叶片和压气机叶片的表面残余应力约为−610 MPa；在次表面层残余压应力随深度的增加而增大，在距表面一定距离处存在一个最大值，最大残余应力分别为−739 MPa 和−683 MPa，此处的深度分别为 11 μm 和 13 μm；随后残余应力随着深度的增加而逐渐减小，残余应力场深度约为 50 μm。叶片中残余压应力的存在可以阻碍材料疲劳裂纹的萌生和扩展，因此可以有效地提高其疲劳性能。

7.1.1.3　叶片使用后残余应力分析

图 7-4 和图 7-5 分别为风扇叶片和压气机叶片使用 300 h 和 600 h 后的表面残余应力场的分布。可以看出，风扇叶片使用 300 h 后应力分布在−460～−720 MPa，使用 600 h 后应力分布在−430～−700 MPa；压气机叶片使用 300 h 后应力分布在−470～−670 MPa，使用 600 h 后应力分布在−360～−620 MPa。

7.1.1.4　叶片使用前后残余应力的衰减规律

根据测试结果，采用平均压应力、最小压应力、最大压应力来研究分析叶片喷丸后和使用后应力衰减规律，如图 7-6 所示。与喷丸后的残余应力相比，叶片使用 300 h 后和 600 h 后平均压应力、最小压应力、最大压应力都有不同程度的衰减。

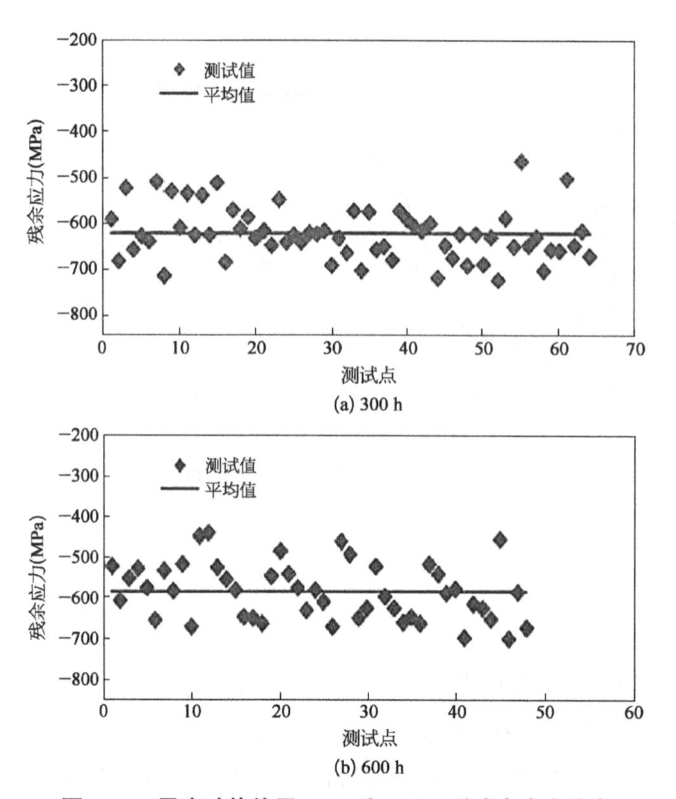

(a) 300 h
(b) 600 h

图 7-4 风扇叶片使用 300 h 和 600 h 后残余应力分布

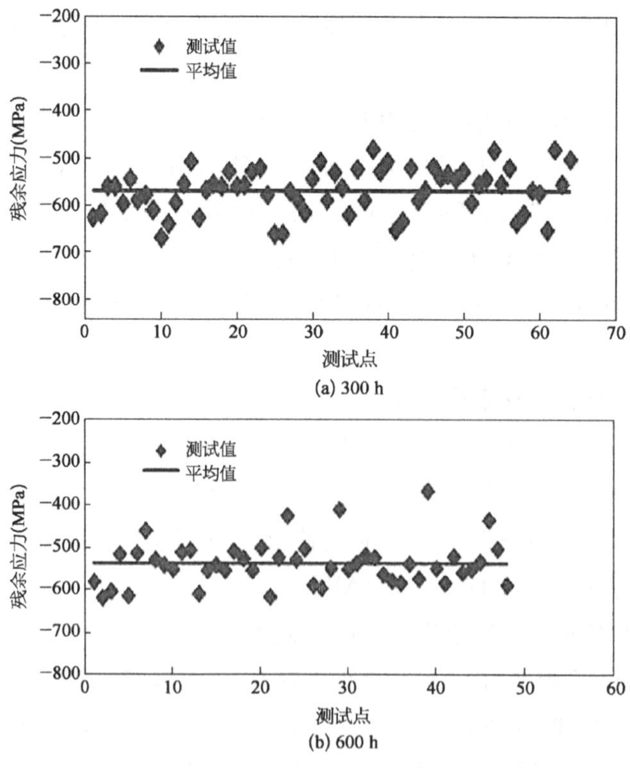

(a) 300 h
(b) 600 h

图 7-5 压气机叶片使用 300 h 和 600 h 后残余应力分布

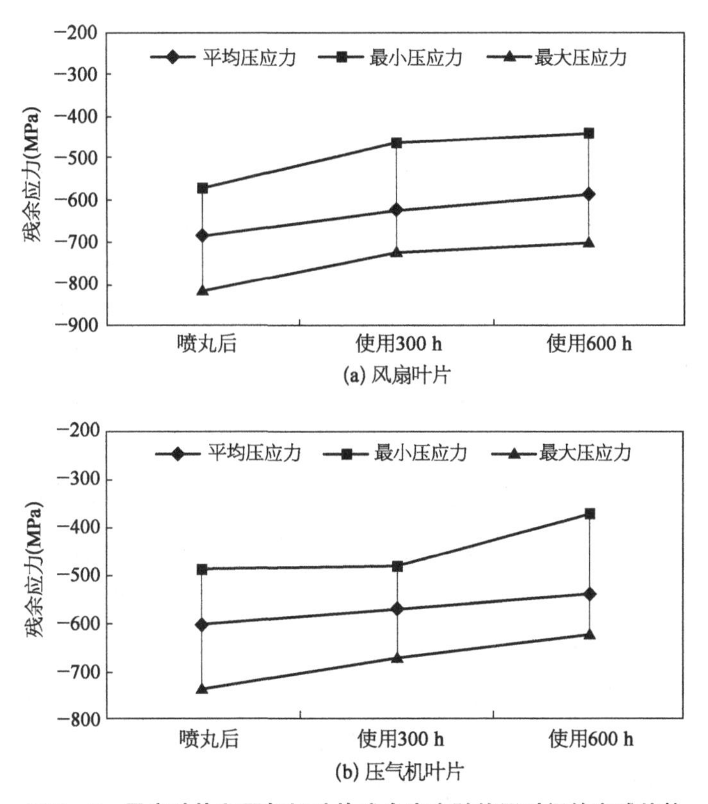

图 7-6 风扇叶片和压气机叶片残余应力随使用时间的衰减趋势

对风扇叶片而言，与喷丸后残余应力相比，使用 300 h 后平均压应力衰减了 60 MPa，最小压应力衰减了 100 MPa，最大压应力衰减了 90 MPa，最大衰减量占喷丸残余应力的 15%左右；使用 600 h 后平均压应力衰减了 100 MPa，最小压应力衰减了 130 MPa，最大压应力衰减了 110 MPa，最大衰减量占喷丸残余应力的 20%左右。

对压气机叶片而言，与喷丸后残余应力相比，使用 300 h 后平均压应力衰减了 40 MPa，最小压应力衰减很少，最大压应力衰减了 70 MPa，最大衰减量占喷丸残余应力的 12%左右；使用 600 h 后平均压应力衰减了 70 MPa，最小压应力衰减了 120 MPa，最大压应力衰减了 115 MPa，最大衰减量占喷丸残余应力的 20%左右。

可以看出，随着发动机叶片使用时间的增加，残余压应力衰减量逐渐增加。

由本案例的分析，可以得出以下结论：

(1) 喷丸后钛合金叶片表面存在较大的残余压应力且分布较为均匀。较大的残余压应力能提高叶片的抗疲劳性能，增加叶片的使用寿命。

(2) 喷丸后钛合金叶片残余压应力随层深的增加先增大后减小，残余应力场深度约为 50 μm。

(3) 与喷丸后的残余应力相比，使用后的钛合金叶片残余应力有衰减趋势，而且随着叶片使用时间的增加，残余压应力衰减量逐渐增加。

7.1.2 主起落架上转轴

30CrMnSiNi2A 钢是我国广泛使用的一种低合金超高强度钢，是一种综合性能优良的航空航天结构材料。该钢具有较高的强度、塑性和韧性，良好的抗疲劳性能和断裂韧度，以及低的疲劳裂纹扩展速率，因而适宜制造高强度连接件、轴类零件以及起落架等重要受力结构件。

主起落架完成 3 倍目标寿命疲劳实验后进行检查时，发现上转轴上的一个孔边缘及孔内壁出现裂纹，长度分别为 3.5 mm 和 5 mm。对该部件继续进行实验，完成 4 倍目标寿命疲劳实验后，再次进行分解检查时，发现该部件的孔边缘及孔内壁的裂纹长度进一步扩展，扩展后的长度分别为 5 mm 和 10 mm。

目前国内外已发表的失效分析案例一般还停留在定性的水平，无法或很难得出各种因素对失效事故的定量影响。疲劳断口定量分析可以在模式判断和定性分析的基础上进一步确认失效的性质，提供导致失效的主要因素及其大小和量级，从而有助于深入分析和找出失效的深层次原因[4-7]。

文献[8]对上转轴的外观进行了检查，对上转轴断口进行了宏微观观察、能谱分析和断口定量分析，并结合残余应力、组织、硬度、成分、力学性能等检测结果，确定了上转轴裂纹的性质，并对其产生原因进行了分析。

7.1.2.1 外观检查

图 7-7 为上转轴的外观形貌，可见裂纹位于孔边缘，较平直。对镀层表面裂纹长度和孔内壁裂纹长度进行测量，长度分别为 10 mm 和 9.5 mm；在镀层部分区域可见周向磨损痕迹；在其他几个孔内壁也可见磨损痕迹，且在轴内表面的孔边可见金属卷边特征（图 7-8）。上转轴其他位置未见明显异常。

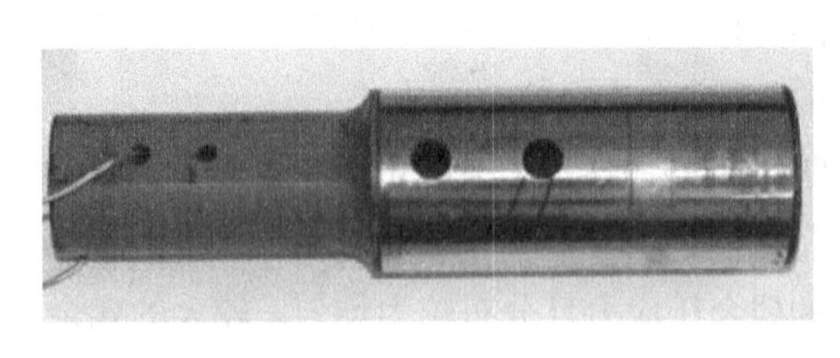

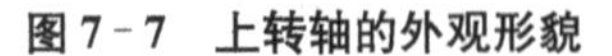
图 7-7 上转轴的外观形貌

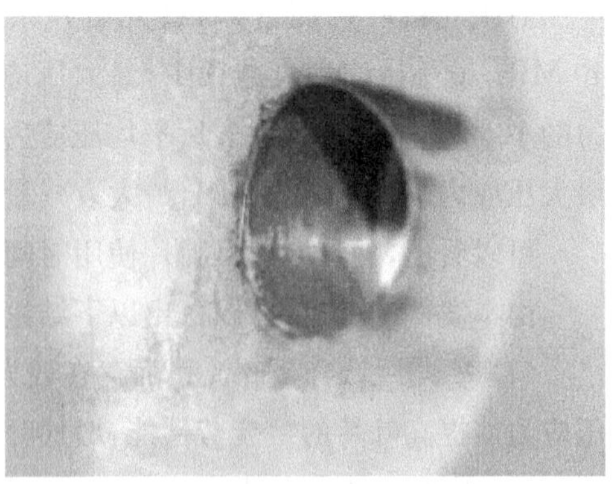

图 7-8 上转轴孔内壁磨损形貌

7.1.2.2 残余应力测试

为了考核上转轴镀铬部位的残余应力状态和水平，在 X-3000 型 X 射线残余应力测试仪上对镀铬部位进行了测试。结果表明：上转轴镀层均存在残余拉应力，未开裂区的残余拉应力为 113.5～444.2 MPa；开裂区附近残余拉应力则相对较低，为 66.1～96.8 MPa，这可能是上转轴的开裂致使残余应力部分释放的结果。

7.1.2.3　断口宏观观察

将上转轴裂纹人为打开，经超声波清洗后采用 JSM5600 型扫描电镜进行观察。图 7－9 为上转轴断口宏观形貌，断面平坦，呈灰色，靠近孔壁内侧较其他区域颜色深，整个断口明显可见大量的疲劳弧线形貌。断口从孔边缘起源，沿上转轴的外表面和孔内壁的两个方向同时扩展，外表面的裂纹扩展长度约为 10 mm，孔内壁的裂纹扩展长度约为 9.5 mm，沿主裂纹扩展方向长度约为 10 mm。

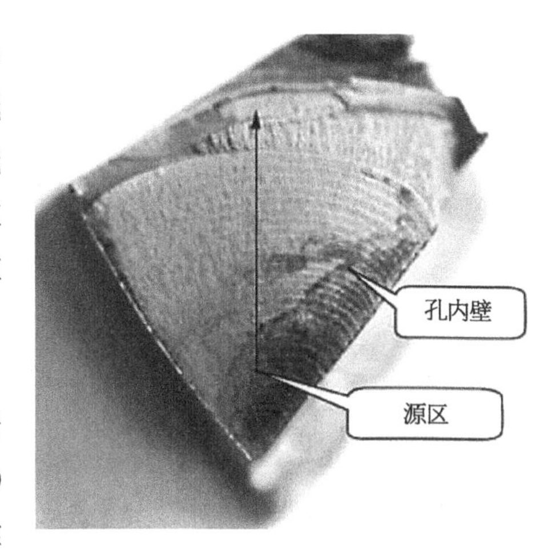

图 7－9　上转轴断口宏观形貌

7.1.2.4　断口微观观察

上转轴断口源区处于孔边缘，未见明显冶金缺陷和加工痕迹，靠近外表面的镀层可见二次裂纹。图 7－10 为源区高倍形貌。断口扩展前期、中期、后期均可见大量的疲劳弧线形貌，并在裂纹扩展前期与扩展中期可见一条较深的疲劳弧线分界形貌(图 7－11)；将两条弧线间形貌放大，可见大量细密的疲劳条带形貌(图 7－12)；人为打开区为韧窝形貌(图 7－13)。

图 7－10　源区高倍形貌

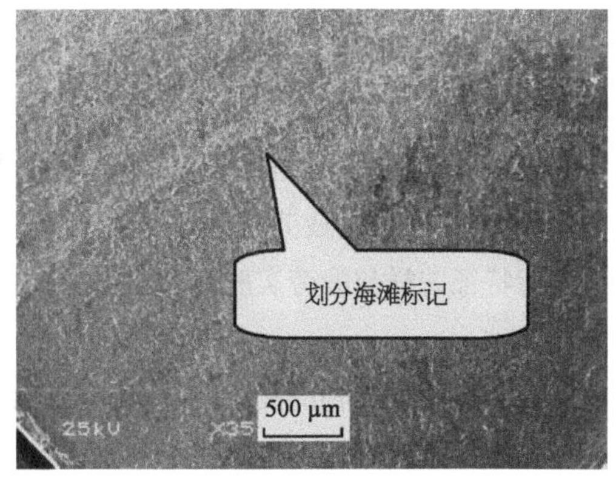

图 7－11　疲劳弧线分界微观形貌

上转轴断口侧面靠近外表面的镀层区可见大量磨损痕迹(图 7－14a)，且孔内壁也可见较严重的磨损痕迹(图 7－14b)。

7.1.2.5　断口定量分析

首先对主起落架的加载方式和载荷谱进行分析。主起落架主要的加载方式为谱块

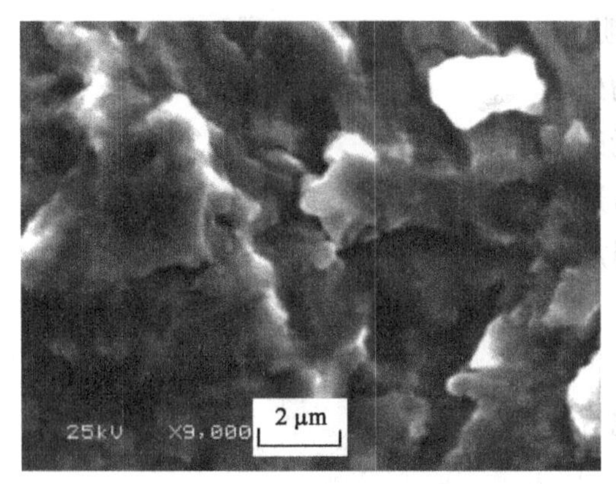

图 7-12 疲劳弧线间的疲劳条带形貌

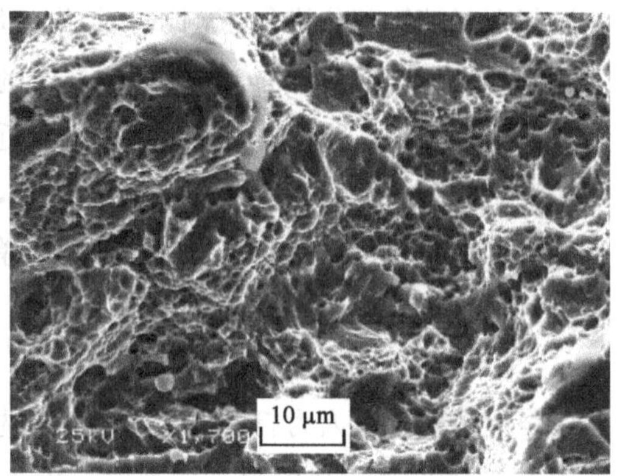

图 7-13 人为打开区域韧窝形貌

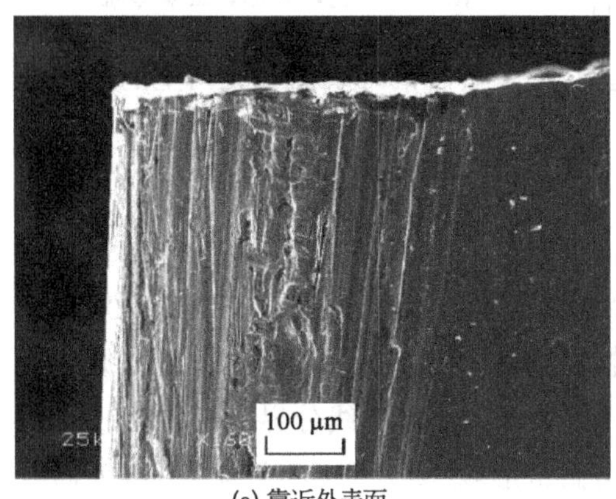

(a) 靠近外表面

(b) 孔内壁

图 7-14 断口侧面磨损形貌

加载，每 1 个谱块的加载完成与 1 条疲劳弧线相对应；本实验载荷谱以每 200 个起落为 1 个加载谱块。

工程结构和机械在服役中受到的载荷通常是不规则的，不同的疲劳载荷谱具有不同的特点，而不同的疲劳载荷谱类型产生的疲劳特征花样和种类不同。如何确定不同的疲劳特征花样与疲劳实验寿命参数之间的关系，是准确进行扩展寿命定量分析的前提和基础。

为了确定上转轴的疲劳扩展寿命，结合上转轴断口裂纹起源以及对应的扩展过程疲劳弧线特征较明显，确定运用疲劳弧线作为断口定量分析的参量。疲劳断口上的弧形带（两弧线之间的距离）是载荷谱每循环一次留下的痕迹，疲劳弧形带与载荷谱循环次数有一一对应的关系，每条弧形带的宽度就是载荷谱循环一次造成的裂纹扩展量。

在扫描电镜下从疲劳源区开始沿着裂纹的主扩展方向，对每条疲劳弧线距源区的长度进行测量，测量的数据见表 7-1。利用列表梯形法[式(7-2)]对其扩展寿命进行计算，计算结果为 $\sum N_i = 32$ 个循环周次。

表 7-1　疲劳裂纹扩展速率实测数据

编　号	裂纹比度 a(mm)	S(mm)	N_i
1	0.411	0.171	1
2	0.582	0.172	1
3	0.754	0.183	1
4	0.937	0.184	1
5	1.121	0.210	1
6	1.331	0.210	1
7	1.541	0.210	1
8	1.751	0.210	1
9	1.961	0.265	1
10	2.226	0.321	1
11	2.547	0.347	1
12	2.894	0.340	1
13	3.234	0.312	1
14	3.546	0.375	1
15	3.921	0.289	1
16	4.210	0.233	1
17	4.443	0.266	1
18	4.709	0.263	1
19	4.972	0.278	1
20	5.250	0.262	1
21	5.512	0.381	1
22	5.893	0.238	1
23	6.131	0.405	1
24	6.536	0.333	1
25	6.869	0.310	1
26	7.179	0.333	1
27	7.512	0.381	1
28	7.893	0.357	1
29	8.250	0.405	1
30	8.655	0.381	1
31	9.036	0.357	1
32	9.393	0.429	1
33	9.822		
$\sum N_i$			32

$$N_f = \sum_{i=1}^{n} N_i = \sum_{i=1}^{n} \frac{(a_{i+1} - a_i)}{\left(\frac{\mathrm{d}a_{i+1}}{\mathrm{d}N_{i+1}} + \frac{\mathrm{d}a_i}{\mathrm{d}N_i}\right)\Big/2} \tag{7-2}$$

式中，N_f 为疲劳扩展寿命；N_i 为第 i 段的扩展寿命；a_i 为第 i 个点距离源区的裂纹长度；da_i/dN_i 为裂纹扩展速率。

利用表 7-1 中数据进行曲线拟合，可以得到疲劳裂纹扩展速率与裂纹长度之间的关系曲线，如图 7-15 所示，可见在扩展前期裂纹扩展速率随裂纹长度的变化逐渐加快，在扩展中后期裂纹扩展速率随裂纹长度的变化上下波动。

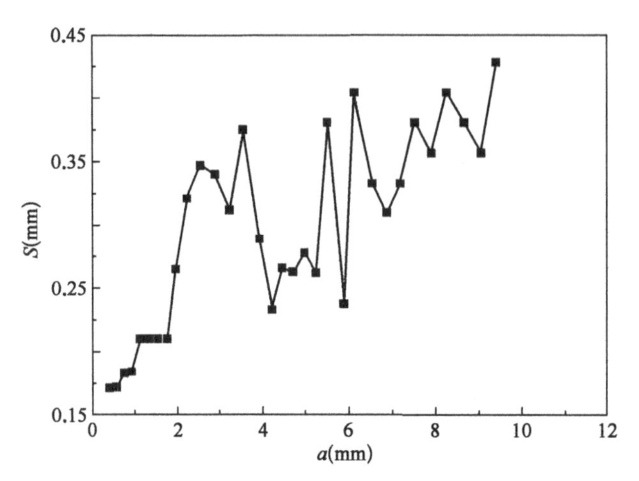

图 7-15　疲劳裂纹扩展速率 S 与裂纹长度 a 之间的关系曲线

7.1.2.6　综合分析与讨论

根据上转轴裂纹故障背景情况分析以及裂纹的宏微观形态观察结果可知，上转轴断口为疲劳特征，推断上转轴裂纹性质为疲劳开裂。上转轴断口呈点源，位于孔边外表面，源区未见明显的冶金缺陷，源区对应的孔内壁侧面可见磨损痕迹。断口从源区起源后沿外表面和孔两方向扩展，整个断口最深扩展长度为 9.822 mm，断口扩展充分。这些特征为高周疲劳的典型特征，因此判断上转轴裂纹性质为高周疲劳开裂。

由于理论设计上转轴孔处受力较小，而实际开裂处全程参与载荷谱的加载，与理论设计有一定的偏差。分析认为造成这种情况的原因可能有以下几个方面：

(1) 从上转轴内表面孔边卷边特征可以说明，上转轴与轴销安装较紧，销钉穿过轴孔后出现了过盈配合，甚至使孔内金属向轴内转移卷边，致使在实验工作过程中施加的载荷都转移到上转轴孔上，这样一来上转轴在工作过程中始终都参与载荷谱的加载过程。

(2) 上转轴源区对应处的孔内侧面损伤严重，也可能与轴销安装不当造成的损伤有较大关系。当孔内壁靠近表面处镀铬层损伤严重，形成了应力集中区，由于高周疲劳对表面损伤的敏感程度较大，在一定的载荷谱加载的应力作用下，进而发生高周疲劳开裂。

(3) 通过对镀铬层残余应力的测试可知其值较大，未开裂部位的残余拉应力一般为 100～200 MPa，最大的达到了 444.2 MPa，较大的残余拉应力对上转轴的开裂也起到了促进作用。

综合以上分析可知，上转轴裂纹的性质为高周疲劳开裂，其裂纹萌生于2倍目标寿命与5个加载谱块之前。上转轴开裂原因与轴孔安装过紧进而承受较大载荷谱应力、源区侧表面损伤和残余应力共同作用有关。结合以上原因，通过加强装配过程控制、提高表面处理，上转轴已完成安全寿命实验(即7倍目标寿命)。

7.1.3 GH4169 涡轮盘

涡轮盘是航空发动机上最核心的零件之一，其在四大热端部件(燃烧室、导向器、涡轮叶片和涡轮盘)中所占的质量最大，重量可达几百公斤。涡轮盘的性能对于保证整个发动机系统和飞机的安全性以及可靠性都极为重要。随着航空发动机推重比的逐步提高，涡轮盘的性能要求也将越来越高，有关涡轮盘成形的技术研究也将越来越受到重视。

GH4169 涡轮盘的锻造具有塑性低、变形抗力大、可锻温度范围窄、导热性差等特点，且锻件的晶粒尺寸不能通过热处理细化，主要通过锻造工艺控制[9-10]。所以，涡轮盘的锻造工艺又是极其苛刻的。而在涡轮盘的锻造过程中，会在涡轮盘的内部引入残余应力，降低构件的疲劳性能，导致零件变形，影响发动机的安全性、可靠性和耐久性。通过对锻件表面残余应力以及剥层后对其内部的残余应力场的分析，能够了解涡轮盘在锻造过程中的变形、金属流动情况、应力集中的关键部位、残余应力沿深度分布情况等信息，因此涡轮盘的锻造残余应力研究具有重要的工程意义。

本节将采用X射线衍射法测量GH4169涡轮盘表面残余应力，并结合电解抛光测量涡轮盘内部残余应力，同时使用盲孔法以及中子衍射法检测涡轮盘内部残余应力，并将三种检测方法进行对比，分析三种方法测量涡轮盘残余应力的可行性及准确性。

7.1.3.1 涡轮盘表面残余应力测试

本节针对GH4169涡轮盘残余应力展开研究，其表面残余应力测试点如图7-16所示。

根据图7-17和图7-18的分析可得，GH4169涡轮盘表面以残余拉应力为主，且其切向方向的残余拉应力都大于径向方向，某些点受到残余压应力作用，可能是由于涡轮盘锻造完成后的机械加工对表面残余应力的影响。A面的残余拉应力最大值出现在X3点的切向处，其值为1 149.20 MPa；而B面的残余压应力最大值则是X17点的切向方向，其值为1 285.21 MPa。

通过图7-19，可以发现GH4169涡轮盘A面在与圆心距离小于11 cm以及大于18 cm这段范围内四条测试边的残余应力变化趋势大体相符，一致性好，在11～18 cm这段范围内，四条测试边的残余应力则不太一致；B面四条测试边的残余应力变化趋势大体相符，一致性较好。

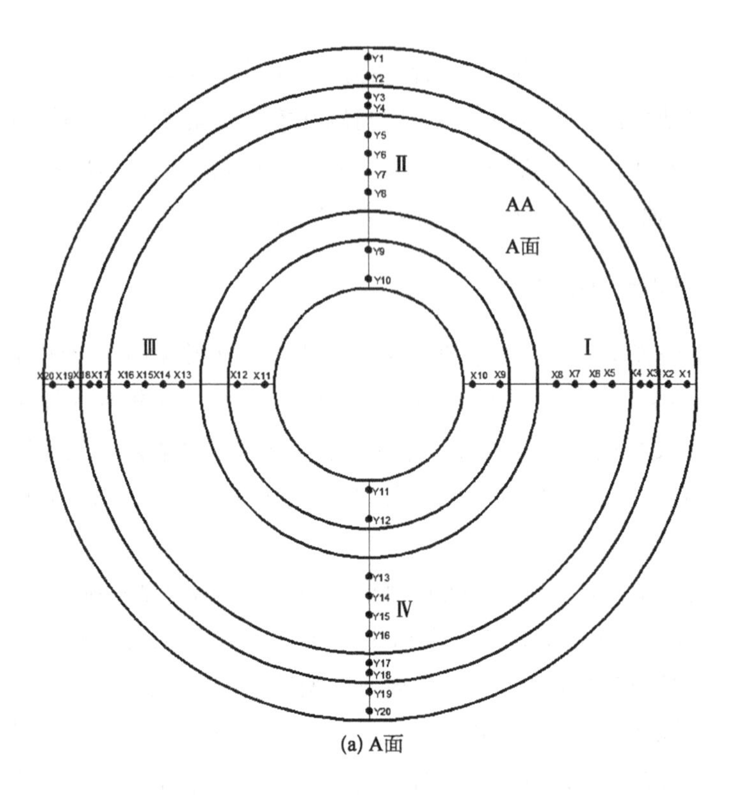

(a) A面

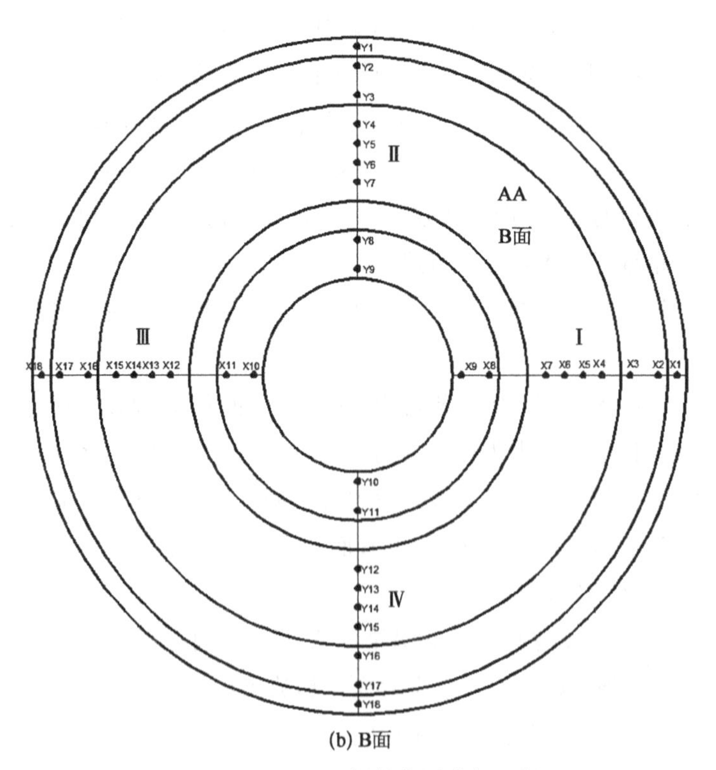

(b) B面

图 7－16　GH4169 涡轮盘测试点示意图

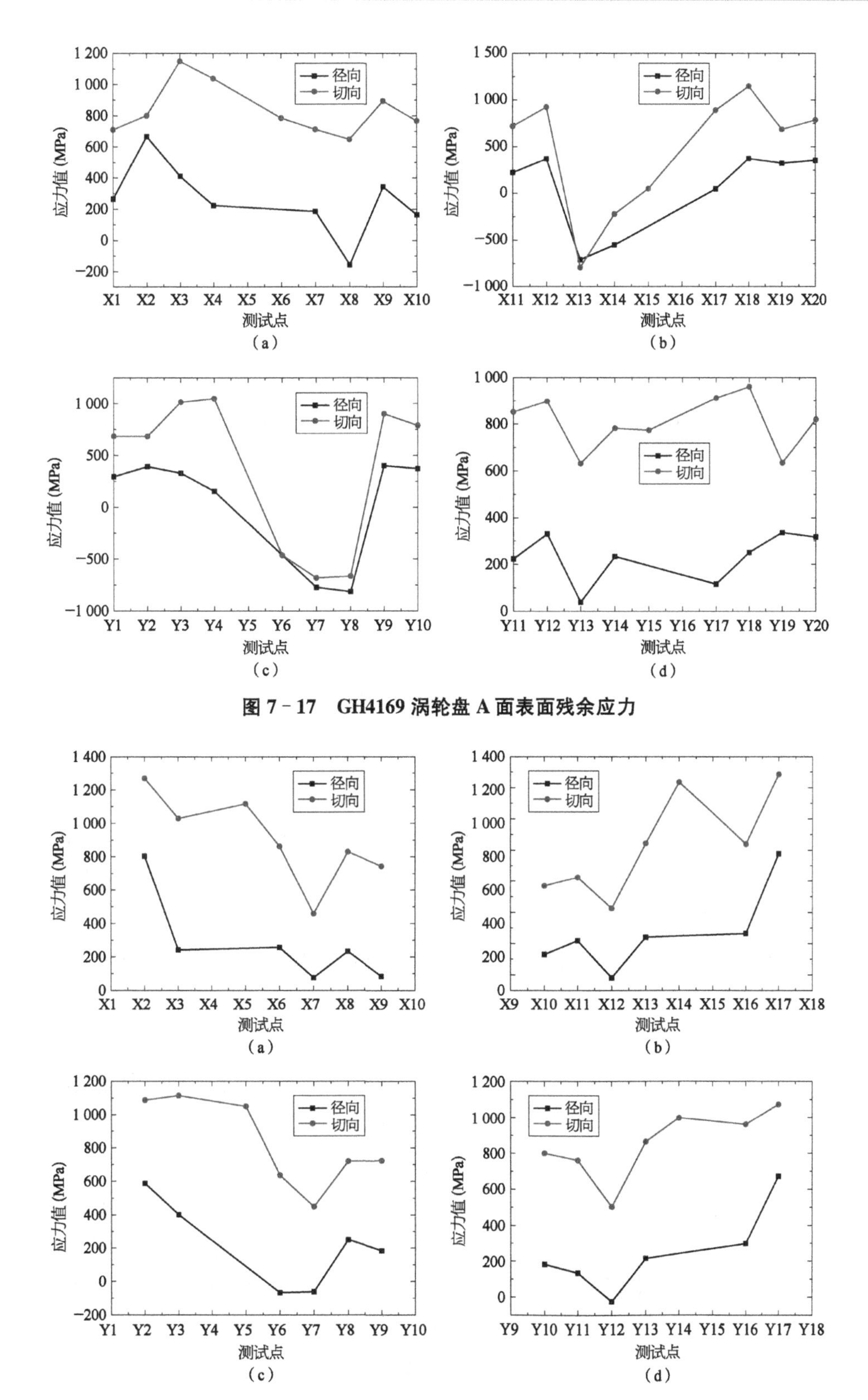

图 7-17 GH4169 涡轮盘 A 面表面残余应力

图 7-18 GH4169 涡轮盘 B 面表面残余应力

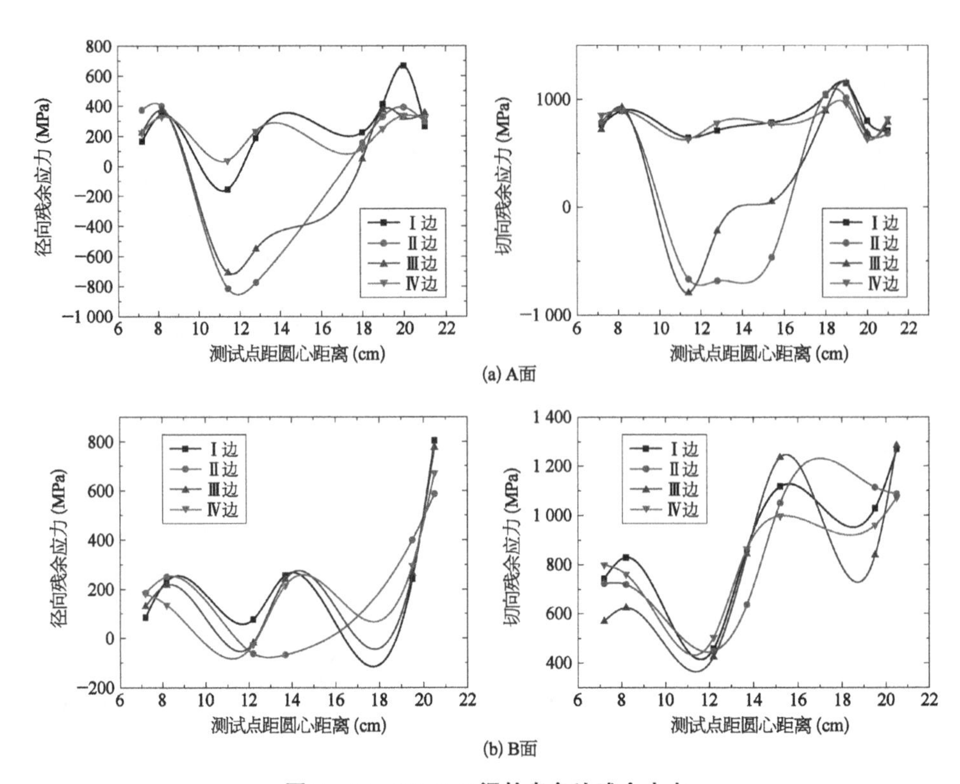

图 7-19　GH4169 涡轮盘各边残余应力

7.1.3.2　涡轮盘内部残余应力测试

1) X 射线衍射法

由于 X 射线衍射法只能测试试件表面(10 μm 以内)的残余应力状态，要得到涡轮盘内部的残余应力分布，必须结合电解抛光对涡轮盘进行剥层，逐层测试残余应力以得到涡轮盘内部的残余应力分布。

根据电化学腐蚀的原理，使用如图 7-20 所示的电解抛光仪对涡轮盘进行剥层，通过调节水流流速、电压以及抛光时间来控制腐蚀的深度，并使用 XRD 残余应力仪测量该深度的残余应力。

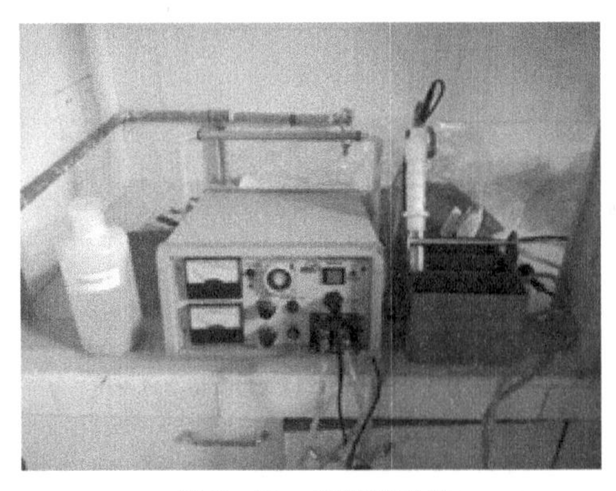

图 7-20　电解抛光仪

故本测试选取了上节中部分测试点进行剥层并测试残余应力，测试点分布如图 7-16 所示。

由图 7-21 分析可得，GH4169 涡轮盘各测试点径向与切向的残余应力随深度的变化皆较为相似，在 0～100 μm 左右的深度，由表面的残余拉应力变为残余压应力，至 100 μm 深度左右，残余应力趋向于零，100 μm 到 2 mm 深度的残余应力趋于零应力水平。

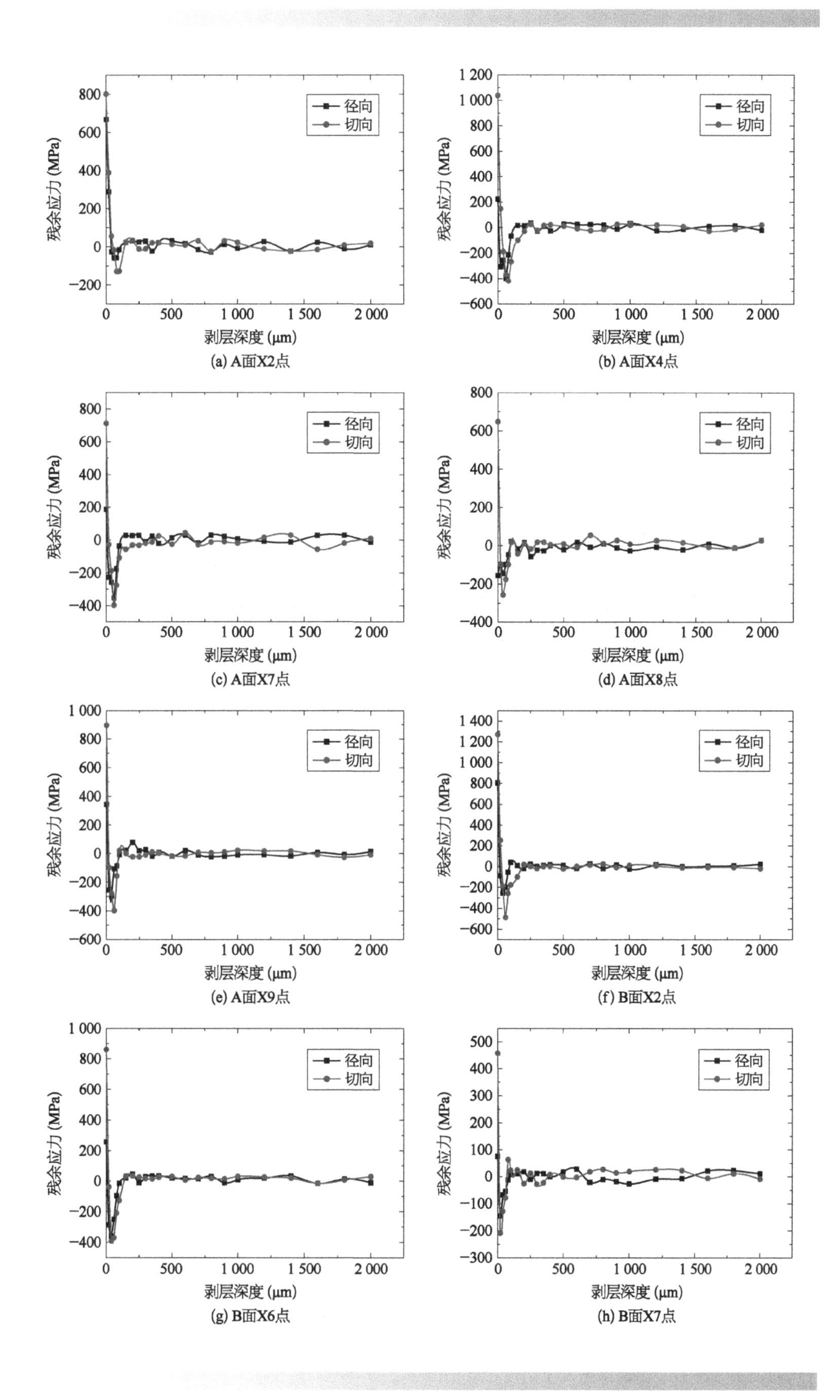

(a) A面X2点
(b) A面X4点
(c) A面X7点
(d) A面X8点
(e) A面X9点
(f) B面X2点
(g) B面X6点
(h) B面X7点

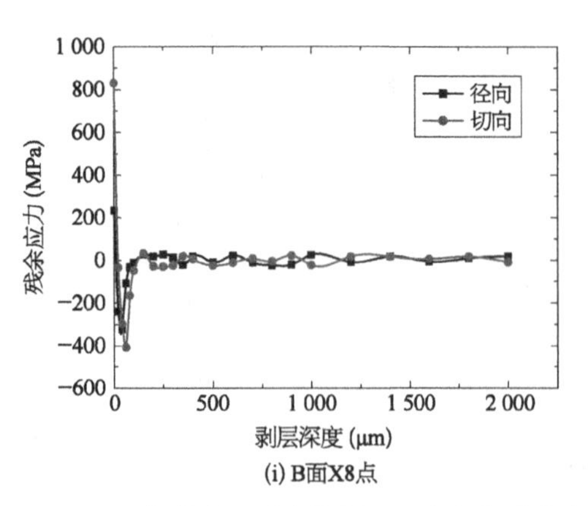

(i) B面X8点

图 7-21　GH4169 涡轮盘测试点沿剥层深度方向残余应力变化

2) 盲孔法

本小节使用 RS-200 钻孔残余应力仪进行盲孔法残余应力测试，测量涡轮盘内部残余应力。

GH4169 涡轮盘钻孔实验测试结果如图 7-22 所示。四个点的残余应力变化趋势较为相似，随着深度的增加，径向与切向两个方向的残余应力都是从近表面的残余拉应力逐渐减小，至 90 μm 处，减小到零应力左右，而 90 μm 之后受到残余压应力作用，其

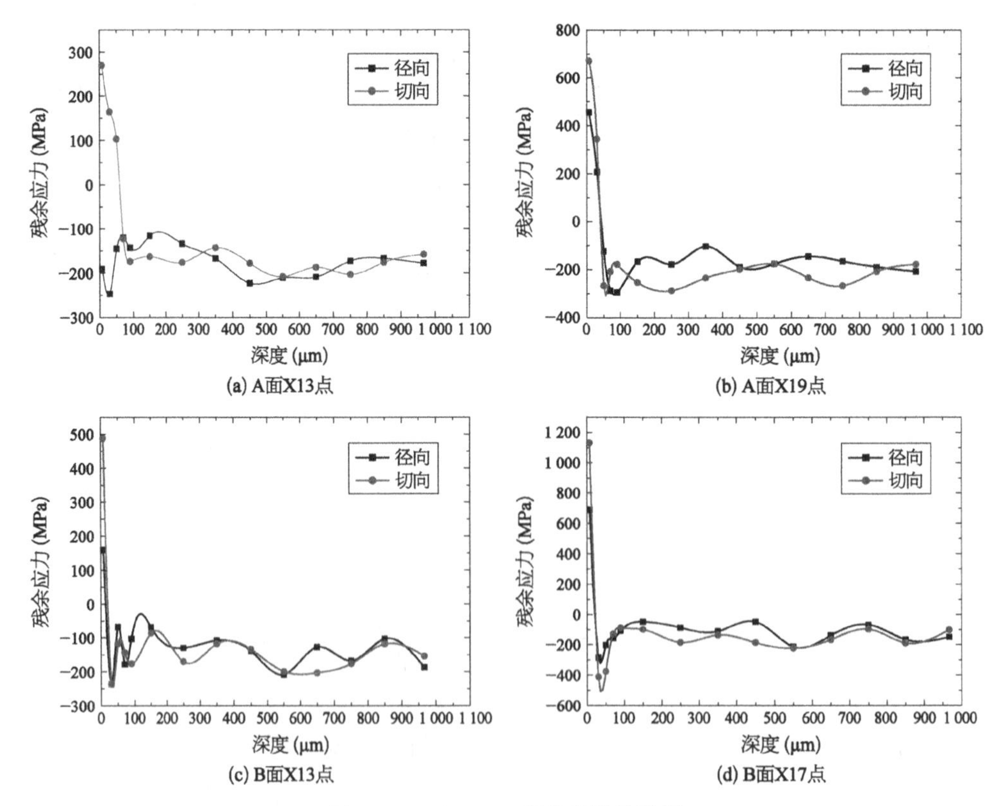

图 7-22　GH4169 涡轮盘钻孔数据

范围在 100～300 MPa 上下波动。

3）中子衍射法

实验样品为 GH4169 涡轮盘切下来的 45°扇形部分，具体测量点位置和零点参考面选择位置如图 7-23 所示。其中，C 点距内表面 1 mm，D 点距 GH4169 涡轮盘凸缘外表面 1 mm，E 点距外表面 1 mm。之所以选择这三个点进行 GH4169 涡轮盘近表层残余应力测量，是因为用中子衍射法进行近表层残余应力测量时，需要把衍射体积设置得很小，而其他测量点要么由于位置原因测不到，要么由于中子穿透深度太大而没有测试信号。

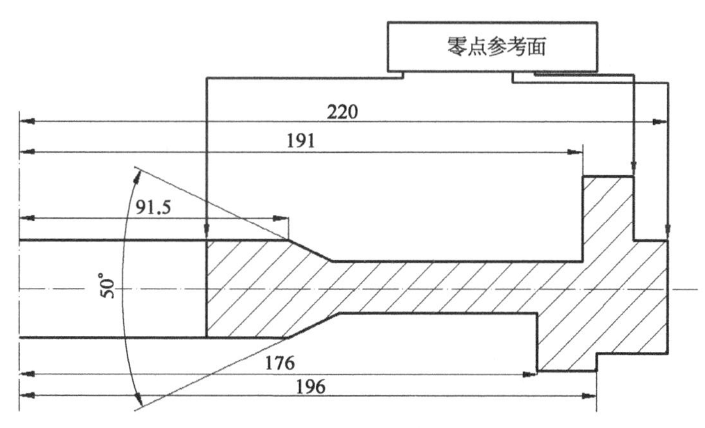

图 7-23　GH4169 涡轮盘尺寸示意图及近表面具体测量位置

GH4169 涡轮盘 C、D、E 测量点近表层切向和径向的残余应力测量过程如图 7-24 所示。

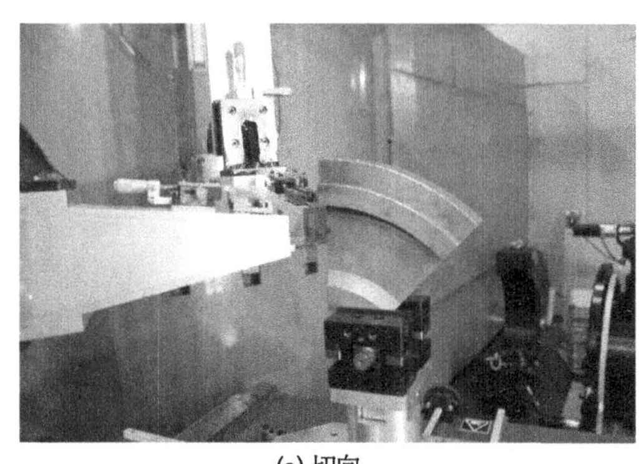

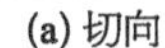
(a) 切向

(b) 径向

图 7-24　GH4169 涡轮盘 C、D、E 测量点近表层切向和径向残余应力测量过程

GH4169 涡轮盘 C、D、E 测量点径向和切向残余应力分布如图 7-25 所示。从图 7-25 可以看出，距离表面 1 mm 和距离表面 2 mm 时，径向和切向残余应力变化并不大，且径向的残余压应力均小于切向。

4）X 射线衍射法与盲孔法对比

根据本书第 3 章内容，涡轮盘对称边的残余应力一致性较好，对称点的残余应力可做相互对比。其中 A 面 X2 点的 X 射线与 X19 点的盲孔法残余应力结果对比如图 7-26

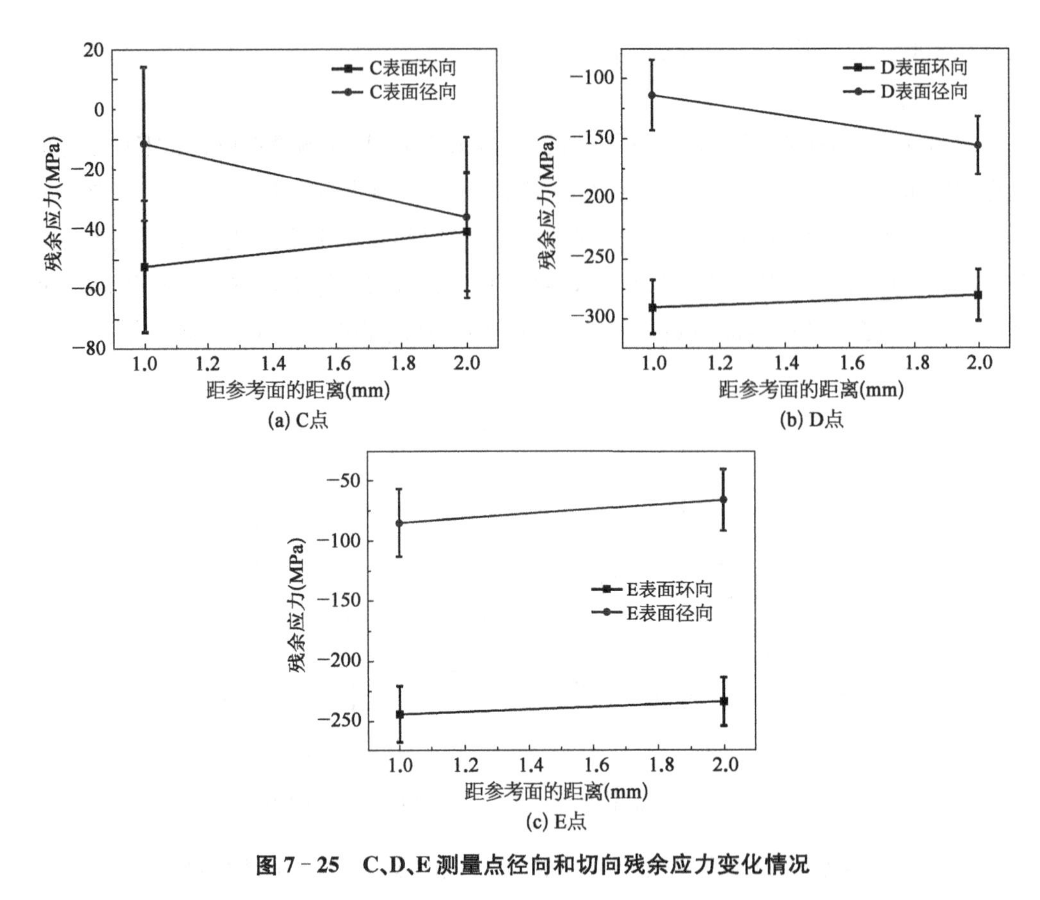

图 7-25 C、D、E 测量点径向和切向残余应力变化情况

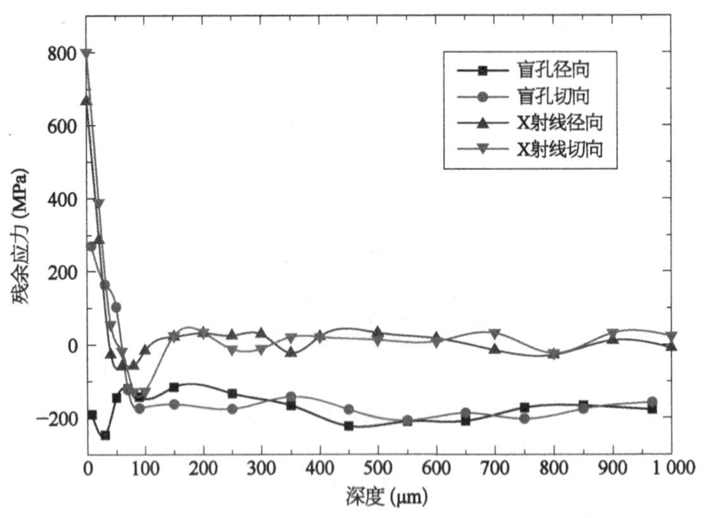

图 7-26 A 面 X2 点 X 射线与 X19 点盲孔残余应力结果对比

所示。两种方法的残余应力随着深度的变化趋势大致相同，从近表面的残余拉应力快速变为残余压应力，然后残余压应力的值有一段下降的趋势，并在 100 μm 深度左右开始上下波动。而不同的是，X2 点的 X 射线残余应力约在 0 MPa 上下波动，而 X19 点的盲孔残余压应力约在 200 MPa 上下波动。

A 面 X8 点的 X 射线与 X13 点的盲孔法残余应力结果对比如图 7-27 所示。两种方法的残余应力随着深度的变化趋势大致相同，从近表面的残余拉应力快速变为残余压应力，然后残余压应力的值有一段下降的趋势，并在 100 μm 深度左右开始上下波动。而不同的是，X8 点的 X 射线残余应力约在 0 MPa 上下波动，而 X13 点的盲孔残余压应力约在 250 MPa 上下波动。

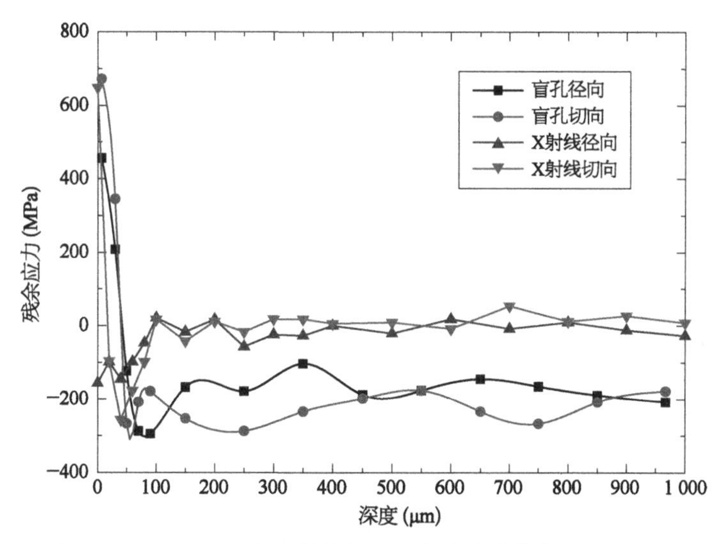

图 7-27 A 面 X8 点 X 射线与 X13 点盲孔残余应力结果对比

B 面 X2 点的 X 射线与 X17 点的盲孔法残余应力结果对比如图 7-28 所示。两种方法的残余应力随着深度的变化趋势大致相同，从近表面的残余拉应力快速变为残余压应力，然后残余压应力的值有一段下降的趋势，并在 100 μm 深度左右开始上下波动。

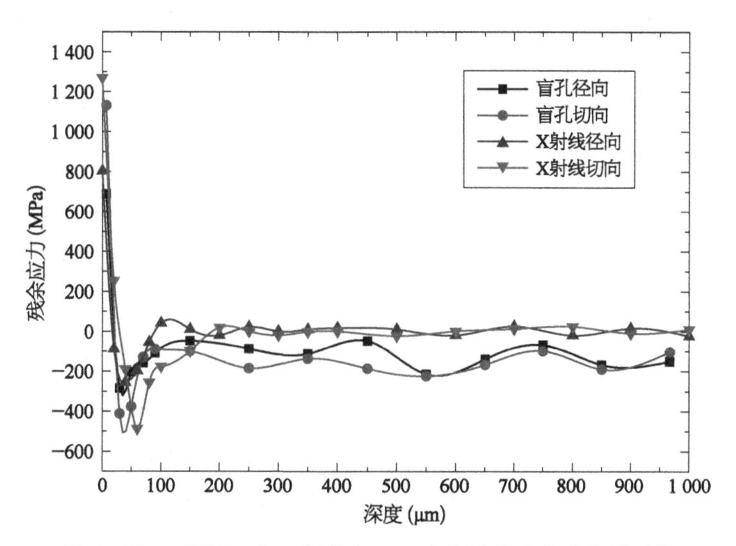

图 7-28 B 面 X2 点 X 射线与 X17 点盲孔残余应力结果对比

而不同的是，X2 点的 X 射线残余应力约在 0 MPa 上下波动，而 X17 点的盲孔残余压应力约在 150 MPa 上下波动。

B 面 X6 点的 X 射线与 X13 点的盲孔法残余应力结果对比如图 7－29 所示。两种方法的残余应力随着深度的变化趋势大致相同，从近表面的残余拉应力快速变为残余压应力，然后残余压应力的值有一段下降的趋势，并在 100 μm 深度左右开始上下波动。而不同的是，X2 点的 X 射线残余应力约在 0 MPa 上下波动，而 X13 点的盲孔残余压应力约在 180 MPa 上下波动。

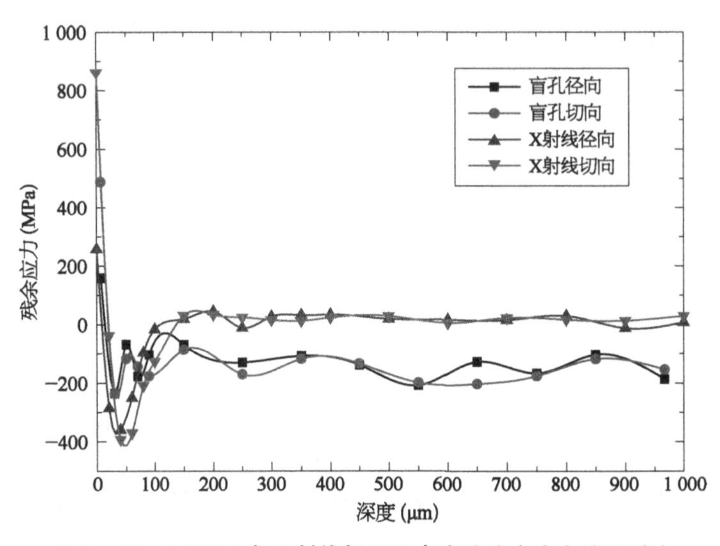

图 7－29　B 面 X6 点 X 射线与 X13 点盲孔残余应力结果对比

综上，X 射线法与盲孔法残余应力随着深度的变化趋势大致相符，但相同深度下，X 射线法与盲孔法残余应力结果有近 200 MPa 的差距，这可能是由于涡轮盘对称点本身残余应力存在一定的差距；其次 X 射线法在电化学腐蚀剥层的时候也会造成一定的残余应力释放，对最终结果产生影响；同时盲孔法在测量时进给量较难精确测量，这会导致钻孔深度测量误差，也会对最终结果产生影响。

5) X 射线衍射法与中子衍射法对比

X 射线衍射法测得的 A 面 X9 点与 C 点皆为轮芯部位的点，位置较为接近，故将其进行对比分析，结果如图 7－30 所示。

从图中可以发现，两种方法测得的残余应力大致相同，均处于较低的应力状态，且径向的残余压应力皆小于切向的残余压应力。而由于中子衍射法所测的是 1～2 mm 深度平均的残余应力，只能代表应力变化的趋势，无法具体比较两者的数值。整体上，X 射线衍射法所测的残余压应力较中子衍射法小，但差距不大。通过中子衍射法也可以进一步验证 X 射线衍射法的准确性。

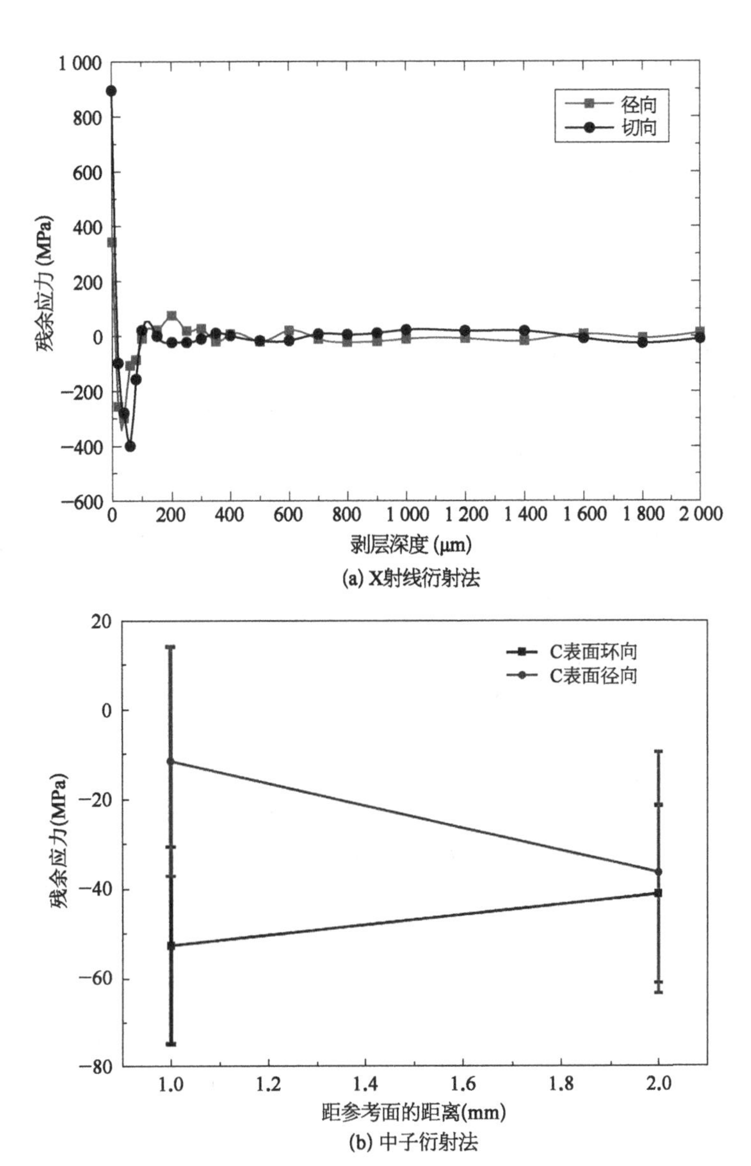

图 7-30　轮芯部位残余应力

7.1.4　铝合金喷丸成形

7.1.4.1　2024-T351 铝合金喷丸成形

喷丸成形是一种从喷丸强化工艺衍生出来的钣金成形方法。其原理在本书第1章中已经阐述过,这里不再赘述。喷丸成形工艺装备简单,无需专用模具和压力机,成形方法灵活多变,可以成形型面复杂的零件,非常适合于小批量生产,是飞机机翼、机身整体壁板成形的首选方法。为了提高喷丸成形变形能力与效率,大尺寸弹丸(直径大于2 mm)喷丸成形技术得到应用。然而,弹丸尺寸的增大在满足成形需要的同时,会使受喷材料表面质量状态发生较大变化,甚至会影响到成形零件的力学性能。

目前,国内外学者对小弹丸喷丸强化后材料表面形貌、表面粗糙度及表层残余应力的变化研究较多,但针对喷丸成形特别是大弹丸喷丸成形后材料表面质量的研究很少。因此,开展大弹丸喷丸成形后材料表面状态变化规律研究,对改进壁板零件喷丸成形工艺具有积极的意义。文献[11]针对 2024 - T351 铝合金进行了直径 3 mm 大弹丸喷丸成形实验,研究了材料表面质量的变化规律。

1) 实验材料及方法

本实验使用材料为从美国进口的 2024 - T351 铝合金板材,厚度为 12.7 mm。将原始板材加工成大小为 400 mm×160 mm×10 mm 的板状试样,利用 MP20000 数控喷丸机进行喷丸成形及强化工艺实验。喷丸成形的弹丸选择直径为 3 mm 的钢珠,喷丸强化弹丸规格为 S230,直径为 0.58 mm。具体喷丸成形及强化工艺参数见表 7 - 2,其中喷丸强化的喷丸强度为 0.18 mmA。表 7 - 3 为试样编号与喷丸状态对应关系。

表 7 - 2 喷丸成形及强化工艺参数

实验工艺	弹丸直径 (mm)	弹丸流量 (kg/min)	喷射距 (mm)	气压 (MPa)	移动速度 (mm/min)
喷丸成形	3	12	500	0.3/0.5	3 000
喷丸强化	0.58	12	500	0.18	500

表 7 - 3 试样编号与喷丸状态对应关系

试 样 编 号	喷 丸 状 态
1#	喷丸强化
2#	0.3 MPa 气压喷丸成形
3#	0.5 MPa 气压喷丸成形
4#	0.3 MPa 气压喷丸成形+喷丸强化
5#	0.5 MPa 气压喷丸成形+喷丸强化

残余应力测试采用 PSPC - MSF3M X 射线衍射仪,测量方法为侧倾固定 Ψ 法,定峰方法为半高法,X 射线管高压为 40 kV,管电流为 250 mA,X 射线照射面直径为 6 mm。

2) 实验结果与讨论

图 7 - 31 为不同喷丸工艺下 2024 - T351 铝合金表层残余应力分布曲线。从图中可以看出,试样表面均为残余压应力,且随着深度的增加残余压应力先增大后减小,最后逐步减小到零,然后转为拉应力。表 7 - 4 列出了残余应力分布的三个特征值(即表层残余压应力、最大残余压应力和残余压应力层深度)的大小。

由表 7 - 4 可知,经过喷丸强化处理后,2024 - T351 铝合金材料表面形成深度为 626 μm 的残余压应力层,残余压应力最大值为 265 MPa。0.3 MPa 和 0.5 MPa 气压喷丸成形再强化后形成的残余压应力层深度分别达到 1 103 μm 和 1 170 μm,比仅喷丸强

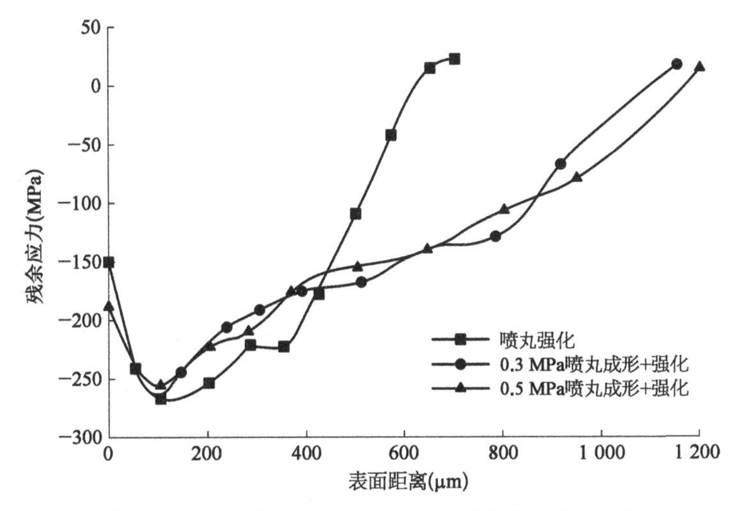

图 7-31　不同状态下 2024-T351 残余应力分布对比

化的提高 76.2%和 86.9%，但最大残余应力值分别为 277 MPa 和 254 MPa，与仅喷丸强化的相比并无明显差别。分析其原因在于：相比于喷丸强化，大弹丸喷丸成形提高了铝板表层材料塑性变形程度，使发生塑性变形区域向内部延伸，更深的弹坑下方材料产生不均匀变形，从而提高了残余压应力层深度；而残余压应力值与材料屈服强度有关，因此同种材料不同喷丸工艺下产生的残余应力值差别不显著。

表 7-4　残余应力特征参数值

喷 丸 状 态	表层残余压应力(MPa)	最大残余压应力(MPa)	残余压应力层深度(μm)
喷丸强化(1#)	154	265	626
0.3 MPa 喷丸成形+强化(4#)	251	277	1 103
0.6 MPa 喷丸成形+强化(5#)	193	254	1 170

7.1.4.2　铝合金超声波喷丸成形

超声波喷丸是近年来提出的一种新型金属板料成形和表面改性方法，其基本原理是利用撞针或弹丸的高频(20 kHz)撞击，使板料发生塑性变形，同时在喷丸区域呈现高密度位错和有益的残余压应力分布。超声波喷丸能获得更大的硬化层深度和最大压应力值，同时具有容易实现自动化生产、成形工序简单等优势，因此在航空、航天、汽车等工业领域具有广阔的应用前景[12]。然而，超声波喷丸同时也会引起表面粗糙度的增大，甚至造成一定程度的表面损伤，这些因素对金属材料的表面质量和寿命有不利影响。

文献[13]以铝合金数控超声波喷丸成形制件为研究对象，研究超声波喷丸过程参数对残余应力的影响规律，以获得最佳的表面完整性。

1) 实验条件

超声波喷丸成形采用由南京航空航天大学自主研制的数控超声波喷丸装置(图 7-32a)

进行实验。利用 MSF - 3M 型 XRD 残余应力分析仪测量超声波喷丸成形后试样的残余应力，采用电解抛光的方法制备喷丸试样的不同深度表面，以便测量喷丸试样残余应力沿深度的分布状况。

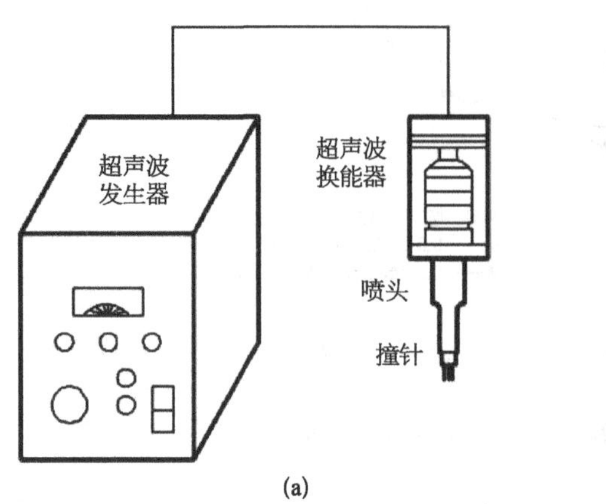

(a)

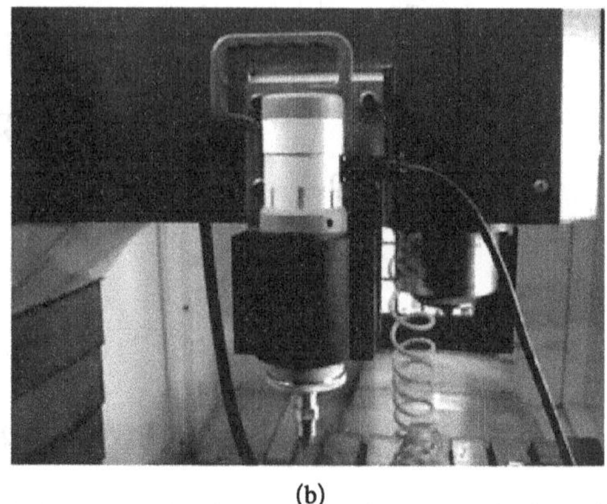

(b)

图 7 - 32　超声波喷丸装置示意图(a)及在机床上装夹(b)

实验材料采用 AA2024 - T351。室温 20℃下该材料的力学性能如下：抗拉强度 R_m 为 470 MPa，屈服强度 R_s 为 325 MPa，伸长率 δ 为 10%，显微硬度为 170 HV，弹性模量 E 为 68 GPa，密度 ρ 为 2 770 kg/m^3。热处理方式为固溶处理加自然时效处理。试样尺寸为 200 mm×50 mm×1.5 mm。

数控超声波喷丸过程参数如下：电流强度 0～2.5 A，撞针直径分别为 2 mm、3 mm、5 mm，进给速度 0～400 mm/min，超声波喷丸成形轨迹间距分别为 1 mm、0.5 mm、0.2 mm、0.1 mm。按图 7 - 33 所示的成形轨迹，采用控制变量法对铝合金板料进行数控超声波喷丸成形。为保证试样在喷丸过程中能够充分变形且不发生移动，要对试样的四周进行限制。通过实验得到的部分数控超声波喷丸成形制件如图 7 - 34 所示。

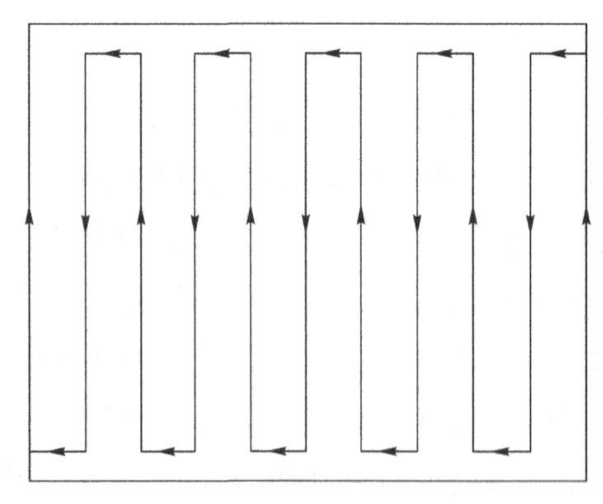

图 7 - 33　超声波喷丸成形轨迹

图 7 - 34　超声波喷丸成形件

2) 实验结果及分析

图 7 - 35 所示为残余应力沿深度分布随超声波喷丸参数的变化规律，从图中可以

看出，超声波喷丸能在制件内引入数值较高、分布呈现梯度形式的残余压应力场；不同喷丸参数下的表面残余应力值基本相同，在－150～－180 MPa 之间；超声波喷丸引入较深的残余应力分布，残余应力的临界深度在 500～650 μm 之间；在距离表面 200 μm 左右处，产生了最大残余压应力；喷丸成形轨迹间距和电流强度对残余应力场有很大影响，而撞针直径和进给速度对残余应力场的影响较小。

在其他条件不变的情况下，最大残余压应力和临界深度随着电流强度的增大而增大，如图 7－35a 所示，电流强度为 2.4 A 时的最大残余压应力相对于 1.2 A 时增大了近 41.9%，临界深度增大了近 100 μm。最大残余压应力和临界深度随着成形轨迹间距的增大而急剧减小，如图 7－35b 所示，轨迹间距为 1.0 mm 相对于 0.1 mm 时的最大残余压应力减小了 32.7%，临界深度减小了近 200 μm。最大残余压应力和临界深度随着进给速度和撞针直径的增大而略有减小，分别如图 7－35c、d 所示，因此，在实际生产中可以选择较大的进给速度，既可以保证引入较大的残余应力场，又能够有效地节省加工时间。残余压应力场的分布对制件的疲劳寿命有着十分重要的影响，引入的残余压应力越大，试样的疲劳寿命越高。

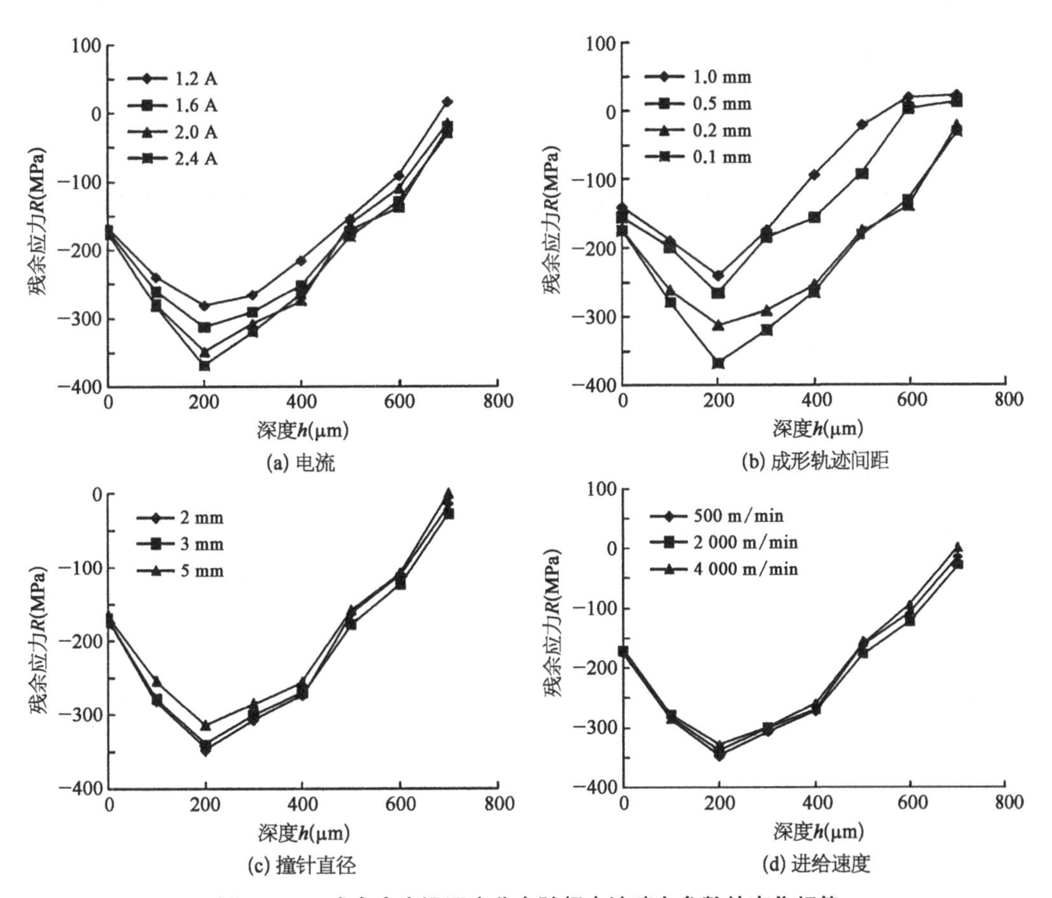

图 7－35 残余应力沿深度分布随超声波喷丸参数的变化规律

7.1.5 6061 铝合金预拉伸板

7.1.5.1 实验部分

6061 铝合金属于 Al - Mg - Si 系合金，具有优良的耐蚀性、可焊性和成形性等，被广泛应用于工业生产中。6061 铝合金为可热处理强化合金，经过热处理可获得很高的力学性能，但在固溶处理-淬火过程中将出现较严重的淬火残余应力，残余应力的存在严重地影响着材料的后续加工使用。对于铝合金板材通常采用预拉伸工艺消减残余应力，即板材在淬火后进行一定变形量的拉伸以消减淬火过程中产生的残余应力。目前，国内相关生产企业对铝合金板材进行预拉伸消减残余应力时，拉伸量的选取仅仅沿用国外数据，缺乏对板材残余应力的消减效果与拉伸量匹配关系的研究。而对于不同合金、规格的铝合金选用的拉伸量不匹配，将造成板材后续加工中变形严重。据悉，某厂生产 6061 预拉伸板，其拉伸量给定仅规定了 1.5%～3.0%的拉伸范围，未根据板材规格进行给定拉伸量的调整，导致铝合金预拉伸板因残余应力过大，在使用及加工过程中变形严重。因此，亟须对相应厚度规格的预拉伸板拉伸量与残余应力匹配关系进行研究。结合工业化生产实际状况，文献[14]作者对经不同拉伸量的典型厚度规格(60 mm)的 6061 铝合金预拉伸板进行残余应力测量，分析其残余应力消减效果与拉伸量之间的关系，为得到加工变形较小的铝合金板提供参考。

1) 实验方案

选取三块由同一生产工艺制备的 60 mm 厚 6061 预拉伸板作为实验材料。在板材淬火后，分别对其进行 1.5%、2.0%、2.5%的预拉伸。然后用 ZDL - Ⅱ 型钻孔装置在每张板材上钻取两个孔，使用 DRA - 30A 动静态应变仪分别测量其长度方向及宽度方向的残余应力值，获得该合金、规格下最小残余应力对应的拉伸量。并将实验所得较优拉伸量应用于工业化生产，跟踪用户加工变形情况，验证该拉伸量的适用性。

2) 实验材料

实验用某厂生产的 60 mm 厚 6061 铝合金厚板作为实验材料。这三块预拉伸板材均采用同一生产工艺制备，其生产工艺为铣面-加热-轧制-淬火-拉伸，其预定拉伸量见表 7 - 5。

表 7 - 5 实验材料

板材编号	合金状态	厚度(mm)	数量(张)	钻孔数(个)	设定拉伸量(%)
1#	6061 - T651	60	1	2	1.5
2#		60	1	2	2.0
3#		60	1	2	2.5

3）实验设备

ZDL－Ⅱ型钻孔装置见图7－36；DRA－30A动静态应变仪见图7－37；另有计算机及其他配套导线。

图7－36　ZDL－Ⅱ钻孔装置

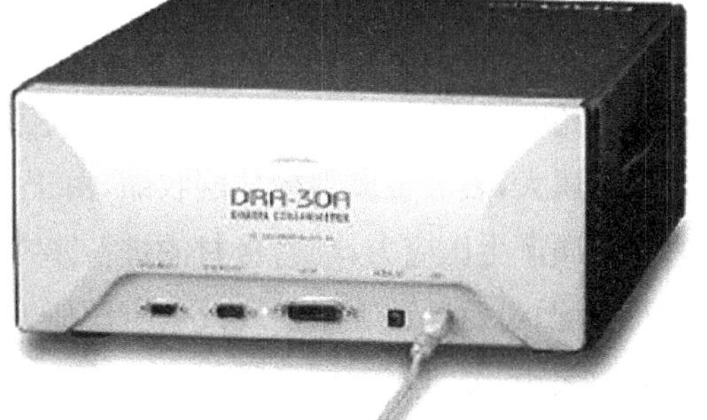

图7－37　DRA－30A动静态应变仪

4）测量过程

铝合金板材表面处理→将专用箔式应变花粘贴于铝合金板材表面→应变花连接到应变仪上并调零→钻具安装在构件上并对准应变花中心→钻孔和扩钻→分两次读取释放应变值→计算残余应力。

7.1.5.2　实验结果

1）测量结果

实验结果如图7－38所示，60 mm左右厚度规格的6061铝合金厚板，经1.9%左右的拉伸量后其残余应力值较小。

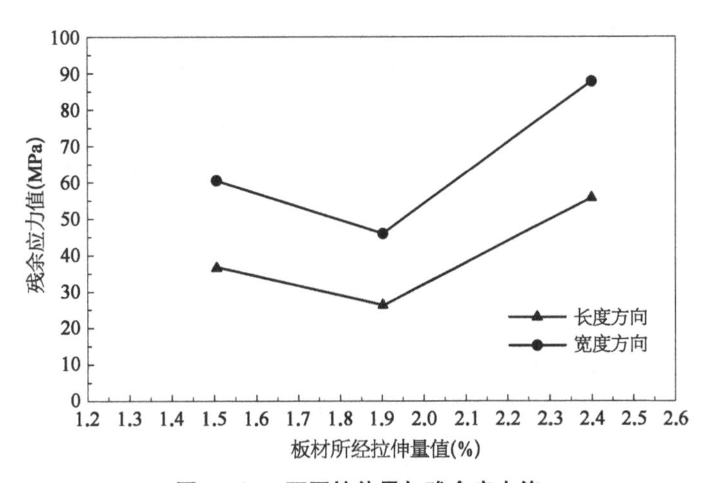

图7－38　不同拉伸量与残余应力值

2）适用性验证结果

根据实验结果，将60 mm左右厚度（55～68 mm）的6061铝合金厚板拉伸量设定为2.0%，进行该合金、规格的生产验证。共对36批60 mm左右规格的6061预拉伸板进行了实验，其实际拉伸量为 1.8%～2.1%，经使用证明其加工变形程度与进口材料相当。工业化验证结果表明：对 60 mm 左右规格的 6061 预拉伸板来说，采用 1.9%左右的拉伸量，其残余应力消减效果较好。

7.1.5.3 分析与讨论

对于铝合金而言，淬火残余应力主要是冷却时巨大的温度梯度引起的热应力。淬火刚开始时，加热后的板材快速进入淬火区(水淬)，此时由于板材表层金属冷却速率比内层金属大，表层金属骤冷急剧收缩，由于板材的整体连续性，故表层金属产生拉应力、内层金属产生压应力；随着板材的进一步冷却，最终是内层金属骤冷急剧收缩，使应力重新分配，最后导致表层金属残余有压应力，内层金属残余有拉应力。淬火后板材的残余应力大小、分布，与金属特性、淬火前应力分布、淬火温度、冷却速度等因素密切相关。也即不同合金经不同的轧制、淬火等工艺，其表层及内层残余应力是不相同的。本次实验所选的三块材料均采用同一铸锭、同一生产工艺，其淬火后板材残余应力是一致的，因此，通过检测经不同拉伸量的板材的残余应力状况，可验证拉伸量对残余应力的消减效果。

对淬火后的板材进行预拉伸的实质是，通过外加拉伸力与原来的淬火残余应力相互作用发生新的塑性变形，使残余应力释放和消减，并达到新的内应力平衡。对淬火后的板材进行拉伸，无论是受压应力的表层金属还是受拉应力的内层金属，它们在受到外力的作用后都将发生变形，当给予的拉伸力超过该金属的弹性极限后，就发生塑性变形。随着拉伸的不断进行，表层金属由压应力逐步转变为拉应力，而内层金属一直受拉应力的作用。当拉伸量达到一定值后松开夹具，铝合金板会发生弹性回复，只留下塑性变形，在回弹过程中，应力会被释放。拉伸量太小，板材仅做弹性变形或较小的塑性变形，其塑性变形产生的应力不足以抵消原有的淬火残余应力，残余应力值仍较大。随着拉伸量的增加，当拉伸量到某恰当值时，理论上其残余应力可接近于 0 MPa。拉伸量继续增加，板材的过量塑性变形会产生额外的应力叠加，从而使最终的残余应力消减效果减弱。因此，要获得较好的残余应力消减效果，必须合理地匹配预拉伸时的拉伸量，过大或过小的拉伸量给定，其残余应力消减效果均不理想。本实验中 1＃板材实际拉伸量为 1.5%，其长度方向残余应力 36.84 MPa，宽度方向残余应力 60.68 MPa，残余应力值较大，主要是塑性变形较小，回弹过程中应力释放不够充分。2＃板材实际拉伸量为 1.9%，其长度方向残余应力 26.78 MPa，宽度方向残余应力 46.02 MPa，残余应力值较小，这是由于塑性变形适中，塑性变形引起的新应力较好地抵消或消减了原有的淬火残余应力。3＃板材实际拉伸量为 2.4%，其长度方向残余应力 55.97 MPa，宽度方向残余应力 87.84 MPa，残余应力值较大，这是因为在内应力处于平衡状态时继续增加拉伸量，过量塑性变形产生了额外的应力叠加，从而使最终的残余应力消减效果减弱。从残余应力测量结果(图 7－38)及生产验证结果均可以明显看出，对于 60 mm 厚度的 6061

铝合金厚板,采用1.9%左右的拉伸量,其残余应力消减效果较好。

7.2 汽车领域

7.2.1 汽车驱动桥壳

驱动桥是汽车传动系中最末端的总成件,是汽车车体与车轮之间重要的承载件,但其工作环境充斥着油污、水等腐蚀性介质。在汽车运行过程中,桥壳受到持续的疲劳载荷作用,在此情况下,桥壳极易发生疲劳断裂、腐蚀磨损等失效形式。因此,桥壳的静强度、抗应力腐蚀性能以及疲劳强度是衡量其综合性能的重要指标。由前述分析知,残余应力对材料的静强度、抗应力腐蚀、疲劳强度等力学性能有着直接或间接的重要影响,所以对桥壳进行残余应力检测是十分必要的。

7.2.1.1 残余应力测试对象、设备

文献[15]作者采用Propto公司生产的X射线残余应力分析仪对桥壳的残余应力进行检测,如图7-39所示。

图7-39 桥壳残余应力检测

桥壳属于轴对称结构,为了区分桥壳的两端,对桥壳的两端分别记为1号端和2号端,每一端的四个检测区域分别用1、2、3和4表示,桥壳的1号端及四个检测区域如图7-40所示;2号端检测区域与此相对应。

2号端四个检测区域与1号端的四个检测区域序号是一一对应的,1号端的每个检测区域可分别表示为1-1、1-2、1-3、1-4,2号端的每个区域可分别表示为2-1、2-2、2-3、2-4。

7.2.1.2 残余应力研究结果分析

1号端纵向残余应力检测结果如图7-41所示,并做如下分析:

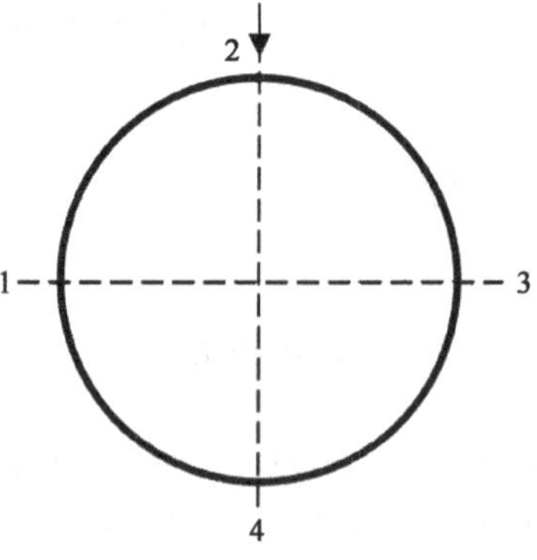

图 7-40 桥壳不同检测区域示意图

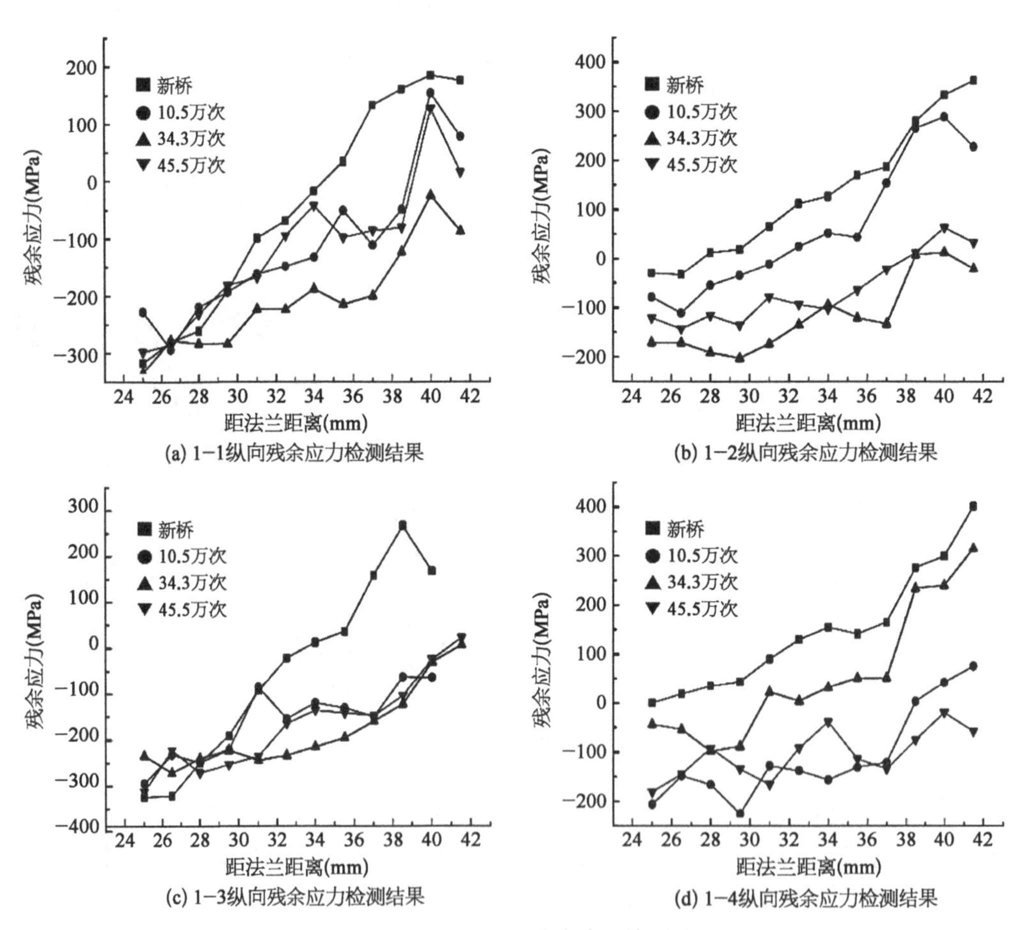

图 7-41 1号端纵向残余应力检测结果

(1) 从焊缝中心至母材,残余应力呈现逐渐增大的趋势,从压应力逐渐向拉应力转变。在强度相对较弱的焊缝区基本都是残余压应力或是较小的残余拉应力,强度相对较高的母材区的应力值也较低。由于焊缝区域往往存在各种缺陷,是相对较为薄弱的组织结构,而残余压应力对提高材料强度是有利的,因此,此处的残余应力分布对于提高焊缝强度是十分有利的。

(2) 环形焊缝切平面与桥壳载荷方向相互平行的1－1和1－3的焊缝中心附近的残余应力随加载次数的增加变化不大,而切平面与桥壳载荷方向相互垂直的1－2和1－4相应位置的残余应力随加载次数的增加有较大的变化。材料力学中,简支梁的中性面既不存在拉应力也不存在压应力,靠近中性面处的应力变化也较小,而检测区域1－1和1－3可近似看作位于桥壳的中性面,与远离中性面的1－2和1－4相比,此处受到外载荷的作用相对较小,因此桥壳不同截面处的应力随加载次数的变化规律是不同的。

(3) 桥壳断裂后残余应力检测值的绝对值均变小,这说明桥壳断裂时环形焊缝处发生了应力松弛现象。产生这一现象的原因是桥壳断裂后,产生弹性变形的材料得以部分恢复形变,减小了对环形焊缝处材料的挤压作用,从而降低了此处的残余应力值(绝对值)。

2号端纵向残余应力检测结果如图7－42所示。

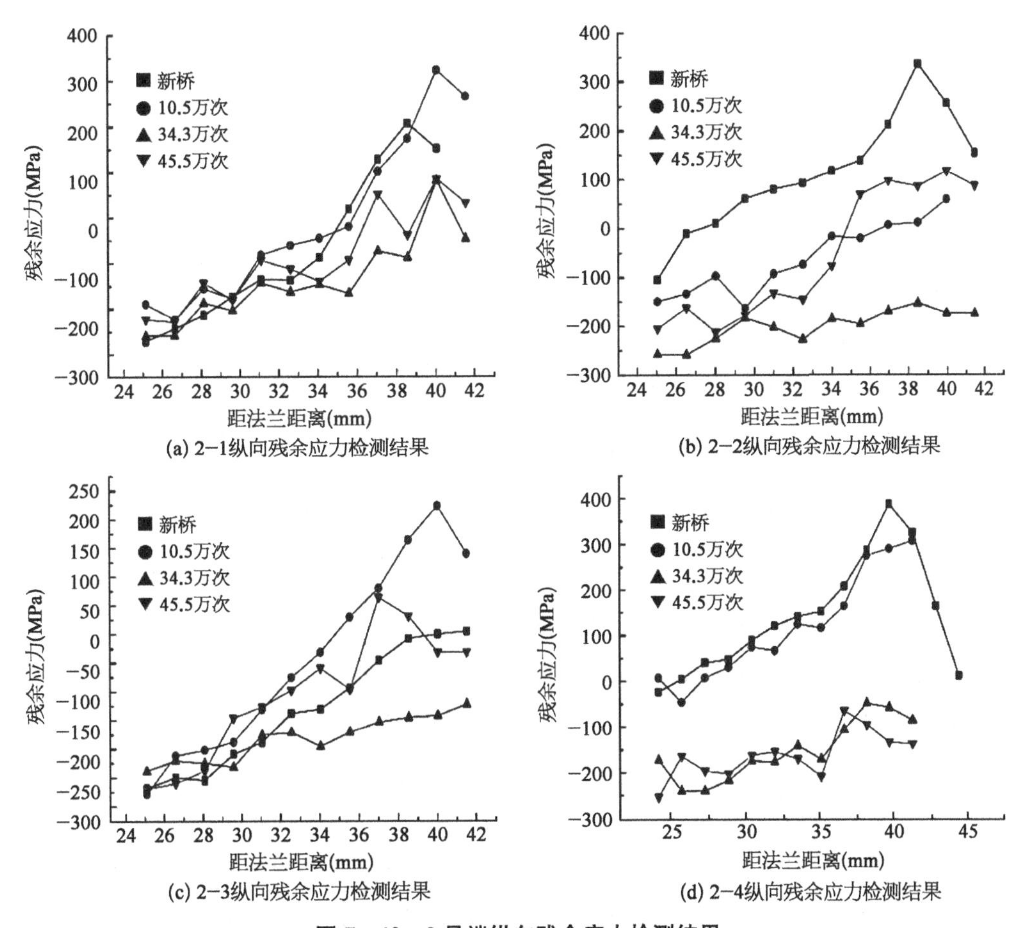

(a) 2－1纵向残余应力检测结果

(b) 2－2纵向残余应力检测结果

(c) 2－3纵向残余应力检测结果

(d) 2－4纵向残余应力检测结果

图7－42　2号端纵向残余应力检测结果

由于桥壳是轴对称结构,加工工艺也是相同的,因此,2号端的纵向残余应力分布规律与1号端的纵向残余应力分布规律基本一致,此处不做具体分析。从研究桥壳残余应力与加载次数之间变化规律的角度进行分析,2 号端的 2-2 和 2-3 区域较为适合作为研究区域。

1 号端横向残余应力检测结果如图 7-43 所示。

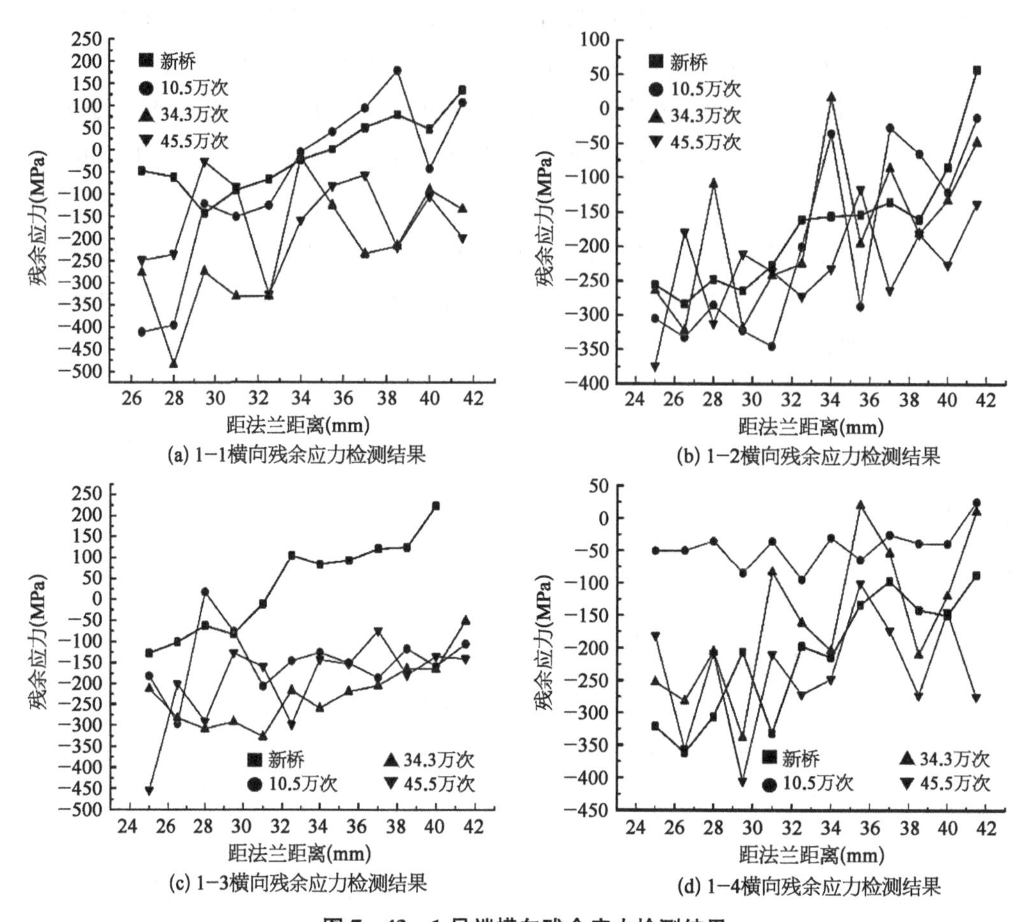

图 7-43　1 号端横向残余应力检测结果

与纵向残余应力检测结果相比,半轴套管与桥壳本体环形焊缝处的横向残余应力、沿焊缝的分布以及随加载次数的变化均没有明显的规律性,2 号端的横向残余应力检测结果与 1 号端类似,不做具体分析。

7.2.2　汽车发动机气门弹簧

气门弹簧是发动机中一个十分重要的组成部分,其功能是克服气门关闭过程中气门及传动件的惯性力,避免各传动件间因惯性力作用而产生间隙,保证气门及时落座并紧密贴合,防止气门在发动机振动时发生跳动而破坏其密封性。为此,气门弹簧不仅应具有足够的刚度和强度,而且更应具有足够的可靠性。随着发动机向大功率、高速方向发展,气门弹簧在高动态应力和高响应及防止共振等方面被提出了更高的要求。

文献[16]作者采用X射线应力测试仪对汽车发动机气门弹簧在生产加工过程的关键工序中残余应力的变化进行了测量，分析弹簧失效机理，模拟发动机工况并进行疲劳寿命实验，探讨提高气门弹簧疲劳寿命和性能的途径(图7-44)。

图7-44　气门弹簧失效件实物

7.2.2.1　实验设备和实验方法

残余应力实验采用X射线残余应力测试仪。实验样件材料为直径较小的合金钢丝，根据样件的化学成分和组织结构，实验应用侧倾固定ψ法。实验设备的具体参数选择如下：衍射晶面为αFe(211)；应力常数−318 MPa/(°)；定峰方法为交相关法；ψ角选择0°、25°、35°和45°；2θ扫描范围为162°～151°；扫描步距0.10°；计数时间0.5 s；管压25 kV；管流7 mA；X射线斑直径0.6 mm。

文献[16]主要是探讨气门弹簧在去应力退火和喷丸强化处理两道关键工序中残余应力的变化规律，共准备加工工艺参数不同的5种样件，分别标识为A、B、C、D、E样件，A、B、C、D、E样件每种不少于20件，用于模拟发动机实际工况的疲劳寿命实验，通过不同样件疲劳寿命实验获得的实验次数和负荷损失率进行对比，探讨不同工序中气门弹簧残余应力和疲劳寿命的关系。

实验采用的5种气门弹簧样件具体参数如下：

(1) A样件。气门弹簧进行420℃、保温60 min去应力退火，采用直径为0.4 mm丸粒一次喷丸强化处理。

(2) B样件。气门弹簧进行420℃、保温60 min去应力退火，采用直径为0.6 mm丸粒一次喷丸强化处理。

(3) C样件。气门弹簧进行420℃、保温60 min去应力退火，先采用直径为0.6 mm丸粒喷丸一次，再采用直径为0.4 mm丸粒进行二次喷丸强化处理。

(4) D样件。气门弹簧进行420℃、保温60 min去应力退火，未进行喷丸强化处理。

(5) E样件。气门弹簧未进行去应力退火，未进行喷丸强化处理。

实验在X射线应力测试仪上进行。由于气门弹簧实验样件钢丝直径较小，而且内侧面难以进行检测，因此，将实验样件气门弹簧用线切割的方法沿中心线截开，并将不同加工工艺获得的样件进行标识。测试时用小磁铁吸住样件，稳定所需测量夹角。分别对样件的内侧表面和外侧表面与钢丝轴线成45°和135°方向进行表面残余应力测试，然后对A、B、C样件的5 μm、10 μm、50 μm、100 μm、200 μm和300 μm等次表面残余应力进行测试，次表面及更深处则通过电解抛光法获取。次表面测试时，每一点也都与钢丝轴线分别成45°和135°两个方向。

7.2.2.2 气门弹簧内、外侧表面残余应力的变化

表7-6给出5种样件内、外侧表面与钢丝轴线成45°和135°方向所测试的残余应力结果。表中,"+"为拉应力,"-"为压应力。对表中的数据进行分析对比,可以得出如下结论:

(1) 从表中E样件的测试结果可得出,气门弹簧卷制以后,未进行去应力退火处理,在弹簧的内侧表面无论是与钢丝轴线成45°还是成135°方向都存在拉应力,而在弹簧的外侧表面则存在较大的压应力。

(2) 从表中D和E样件的测试结果得出,气门弹簧在卷制后立即进行去应力退火处理,气门弹簧内侧的残余拉应力已消除,并存在有较小的残余压应力,而外侧的残余压应力比未去应力退火前有所减小。

(3) 从表中5种样件的测试结果对比得出,气门弹簧在卷制后立即进行去应力退火处理,并进行喷丸强化处理后,内、外侧表面的残余压应力增大。

(4) 从表中A、B和C样件的测试结果得出,气门弹簧若要内、外侧表面残余压应力都大于500 MPa,则应采用直径0.6 mm的丸粒进行喷丸强化处理才能满足设计要求。

表7-6 气门弹簧内、外侧表面残余应力测试结果

样件代号	外侧表面残余应力(MPa)		内侧表面残余应力(MPa)	
	45°	135°	45°	135°
A	-591	-573	-478	-447
B	-627	-589	-579	-548
C	-574	-511	-513	-517
D	-305	-240	-77	-48
E	-612	-803	+63	+69

7.2.2.3 气门弹簧次表面残余应力的变化

表7-7给出三种不同喷丸强化处理工艺下加工的样件,采用X射线应力测试仪,在5 μm、10 μm、50 μm、100 μm、200 μm和300 μm等次表面上外侧面与钢丝轴线成45°和135°方向所测试的残余应力结果,表中"-"为压应力。对表中的数据进行分析,可以得出如下结论:

(1) 气门弹簧在一次喷丸强化处理和二次喷丸强化处理后,内、外侧表面获得的残余压应力变化不大,但次表面的残余压应力二次喷丸效果优于一次喷丸。

(2) 次表面上外侧面与钢丝轴线成45°和135°方向所测试的残余应力在50 μm附近时残余压应力较大。

表 7-7 气门弹簧次表面残余应力测试结果

样件代号 方向	次表面深度(μm)						
	0	5	10	50	100	200	300
A-45°	−591	−687	−791	−825	−340	−302	−253
A-135°	−573	−710	−858	−881	−504	−364	−199
B-45°	−627	−609	−668	−736	−567	−383	−224
B-135°	−589	−598	−679	−818	−558	−356	−282
C-45°	−574	−604	−779	−793	−771	−599	−244
C-135°	−511	−626	−719	−784	−530	−515	−244

7.3 核电领域

7.3.1 反应堆压力容器顶盖J型接头

反应堆压力容器是反应堆冷却剂系统的重要承压边界设备，包容堆芯核燃料、控制部件、堆内构件以及反应堆冷却剂。控制棒驱动机构(CRDM)通过反应堆压力容器顶盖上的贯穿件进入反应堆压力容器，经过堆内构件进入燃料组件。CRDM贯穿件与反应堆压力容器顶盖之间采用J型接头连接和密封，防止反应堆冷却剂通过贯穿件与顶盖之间泄漏[17]。

CRDM贯穿件以及J型接头承受着高温高压的一次侧冷却剂[18]。根据核电厂已有运行经验表明，在未达到设计寿命之前CRDM贯穿件J型接头发生应力腐蚀开裂(PWSCC)是失效形式之一，而焊接残余应力是引起PWSCC的主要原因[19]。因此，CRDM贯穿件以及其J型接头寿期内的完整性对保证反应堆安全运行具有重要的意义。

根据美国电力研究院(EPRI)的研究报告[20]，对于600镍基合金贯穿及其J型接头，采用盲孔法测试的残余应力最大值一般在350～450 MPa的范围内。目前国内在建核电厂的反应堆压力容器贯穿件材料已普遍采用690合金取代600合金，因此有必要研究690合金及其焊接接头的残余应力情况。

文献[21]作者模拟核电厂反应堆压力容器顶盖CRDM贯穿件分布情况，制作了三个J型接头模拟件，采用盲孔法测量贯穿件内壁的残余应力，研究不同位置残余应力分布情况，讨论倾角对残余应力的影响，为核电厂压力容器顶盖CRDM管座完整性评估和寿命预测提供了依据。

7.3.1.1 实验材料及方法

反应堆压力容器顶盖J型接头结构如图7-45所示，其中反应堆压力容器顶盖材

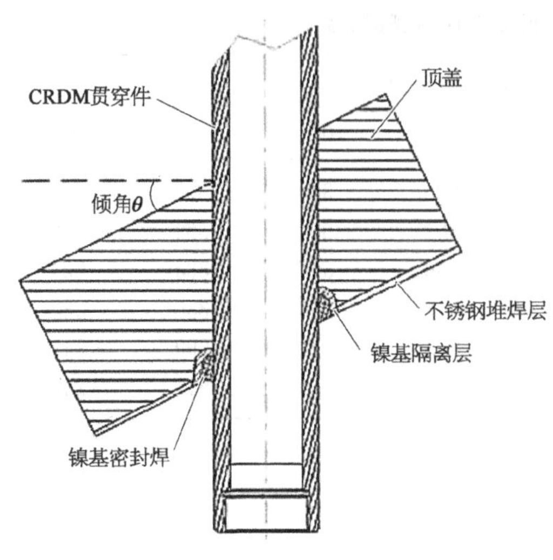

图 7-45　J 型接头试件示意图

料为 SA-508Gr.3Gr.1 锻件，内壁堆焊 309 L+308 L 不锈钢堆焊层。CRDM 贯穿件材料为 690 镍基合金，隔离层焊接采用 ENiCrFe-7 焊条，密封焊焊接采用 ERNiCrFe-7A 焊丝。

制作的三个 J 型接头模拟件(图 7-46)，分别模拟位于反应堆压力容器顶部(倾角为 0°)、最边缘(倾角为 46°)以及中间位置(倾角为 26°)的 J 型接头。每个 J 型接头采用钟点位置标志试件上的不同位置，其中 0 点钟位置对应锐角位置，6 点钟位置对应钝角位置。

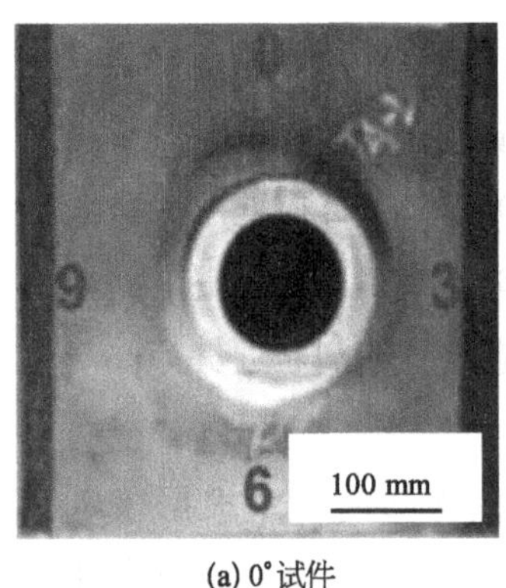

(a) 0°试件

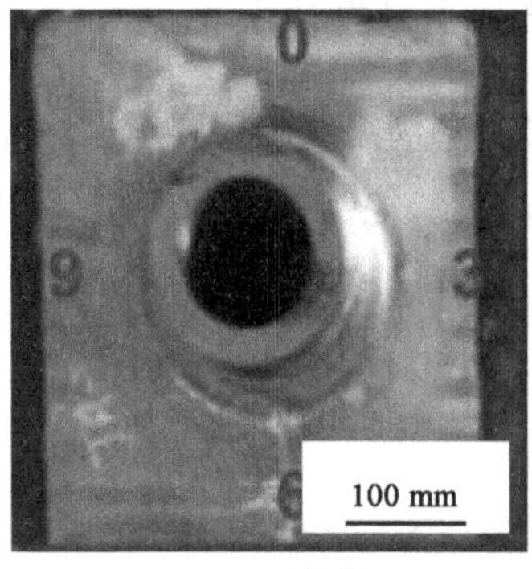

(b) 26°试件

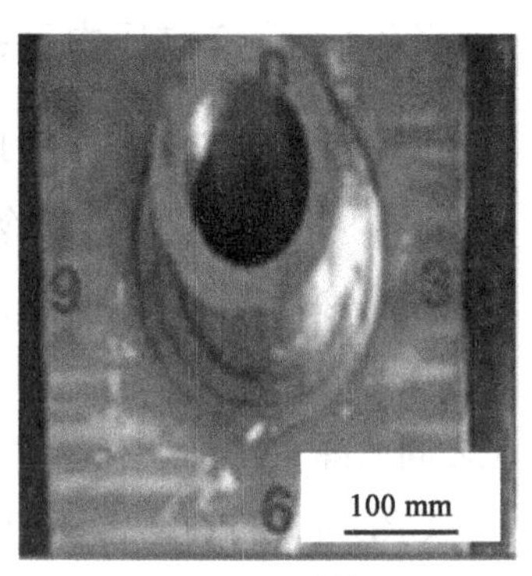

(c) 46°试件

图 7-46　J 型接头模拟件

7.3.1.2　残余应力测点分布

0°试件为对称结构，采用顺序焊接方式，6 点钟位置为起弧和收弧位置。根据文献[21]研究，不同角度的残余应力分布趋势基本一致，因此 CRDM 管内壁应力测试部位选择 0 点钟和 6 点钟两个位置。

26°和 46°试件为非对称结构，焊接顺序采用 180°分段焊，6 点钟位置为起弧处，0 点钟位置为收弧处，应力测试部位选择 6 点钟、3 点钟和 0 点钟三个区域。

每个测试区域的测点共 6 个，分布如图 7-47 所示。焊趾处 1 点，焊缝根部 1 点，焊趾至焊缝根部的 1/2 距离位置 1 点，距离焊趾 19 mm 处 1 点，距离焊缝根部 19 mm 和 39 mm 处各 1 点。

7.3.1.3　实验结果及分析

图 7-48～图 7-50 分别为三个 J 型接头在三个位置的残余应力分布情况，可以看出倾角对焊缝中心处的轴向应力和环向应力有明显的影响。

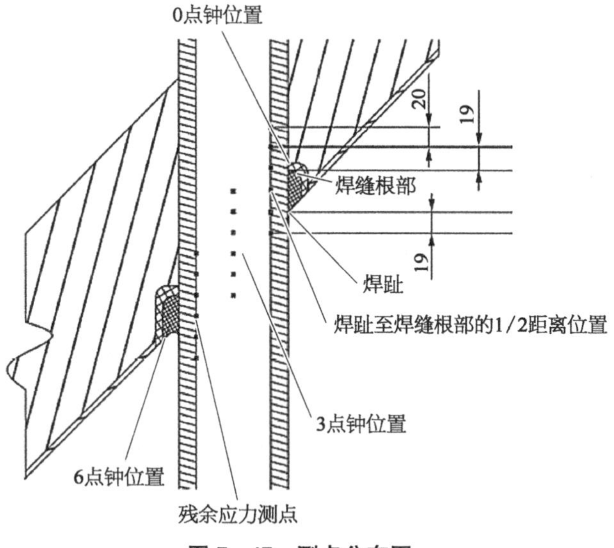

图 7－47　测点分布图

如图 7－48，随着倾角的增大，6 点钟位置处焊缝中心的环向和轴向残余应力均增大，但轴向残余应力的最大值出现在 0°试件焊趾与焊缝根部之间的中心位置。环向残余应力的最大值位于 46°试件的焊趾处，达到约 340 MPa，明显高于 0°试件和 26°试件。这是因为焊后 J 形接头朝锐角方向发生变形，管子倾斜角越大，角变形越大，由于角变形使得 6 点钟位置产生一个附加的拉应力，倾斜角越大，产生的角变形越大，从而导致产生附加的拉应力越大。

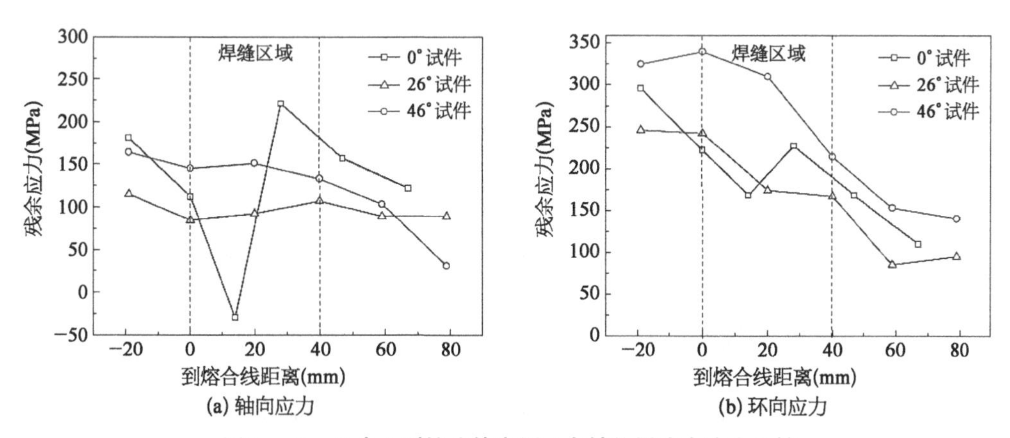

图 7－48　三个 J 型接头管内侧 6 点钟位置残余应力比较

如图 7－49，在 0 点钟位置，倾角对残余应力分布的影响与 6 点钟位置相似，即随着倾角的增大，焊缝中心的环向和轴向残余应力均增大。在焊缝中心处均出现残余应力的拐点，但 0°试件轴向应力分布趋势与 26°试件和 46°试件有所差异，0°试件的焊缝中心为轴向应力最低值，26°试件和 46°试件的焊缝中心为轴向应力最高值，其中 26°试件环向应力最大值约为 243 MPa。0°试件的最大轴向应力出现在焊趾位置。

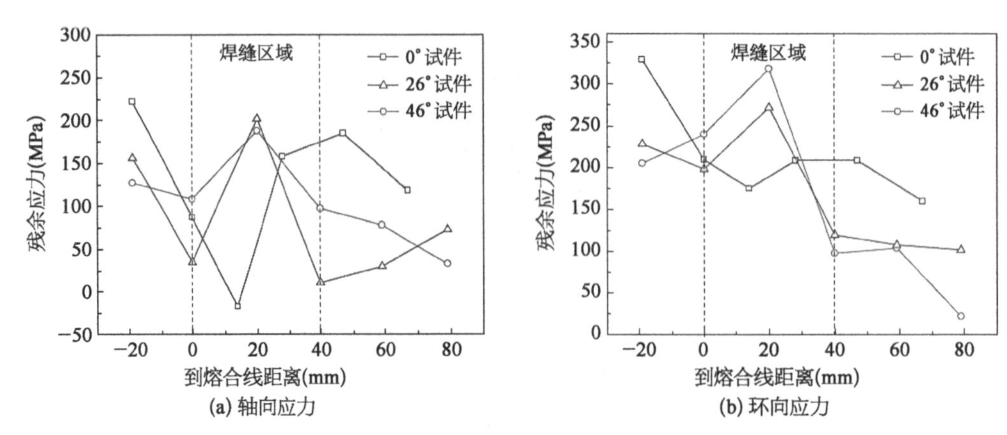

图 7-49　三个 J 型接头管内侧 0 点钟位置残余应力比较

如图 7-50，在 3 点钟位置，倾角对残余应力分布的影响与 6 点钟和 0 点钟位置明显不同，0°试件焊缝中心的残余应力水平最高，随着倾角的增加，轴向和环向应力减小。这是因为焊后发生角变形，导致管子发生椭圆变形，从而造成 3 点钟位置产生一个附加的压应力，从而使得 3 点钟位置的应力减小。

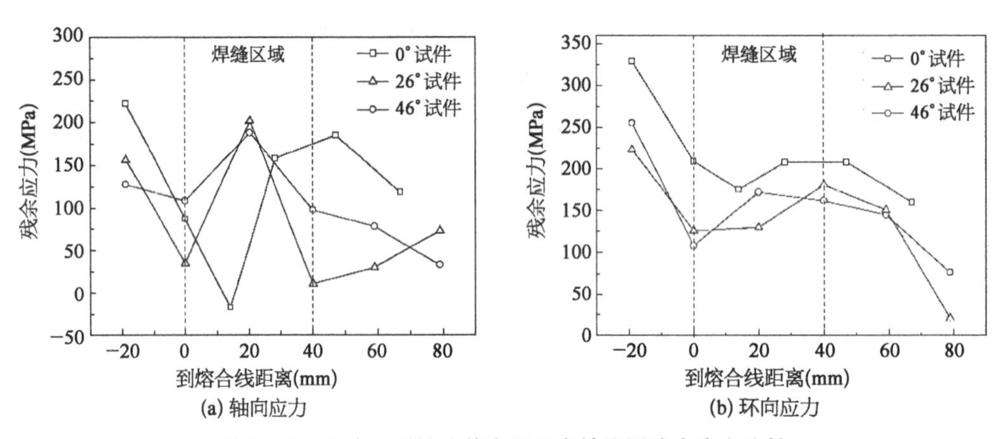

图 7-50　三个 J 型接头管内侧 3 点钟位置残余应力比较

7.3.2　大型核电厚壁结构

焊接残余应力不仅可引起冷裂纹、热裂纹、脆性断裂等缺陷，还会引起焊接构件变形、失稳，影响构件尺寸精度，降低其抗疲劳强度、抗应力腐蚀及抗蠕变开裂的能力。

现代焊接结构正向着大型化和复杂化方向发展，且焊接结构的工作条件越来越苛刻，要求也越来越严格。由于核反应堆堆内构件长期在高温、高压和高辐照的环境条件下运行，承受环境腐蚀和疲劳载荷。因此掌握堆芯板与筒体焊接残余应力的分布规律和产生机理显得尤为重要，对残余应力进行测量和控制也具有重大意义。

文献[22]采用 X 射线衍射法测试核电厚壁结构堆芯板端面、堆芯板与吊篮筒体环焊缝焊接前后应力,分析机加工以及焊接对大型核电焊接结构应力分布的影响。

7.3.2.1 测试对象与方法

共测试两块堆芯板(1#和2#),其结构和焊接工艺完全相同。测试1#堆芯支撑板端面上焊接前后应力,2#堆芯支撑板焊后端面、1#和2#吊篮筒体与堆芯支撑板连接环焊缝及其附近区域焊接前后外表面应力。堆芯板上测试线、筒体和堆芯板焊缝区域测试线示意图见图7-51。母材为Z3CN18-10NS奥氏体不锈钢。

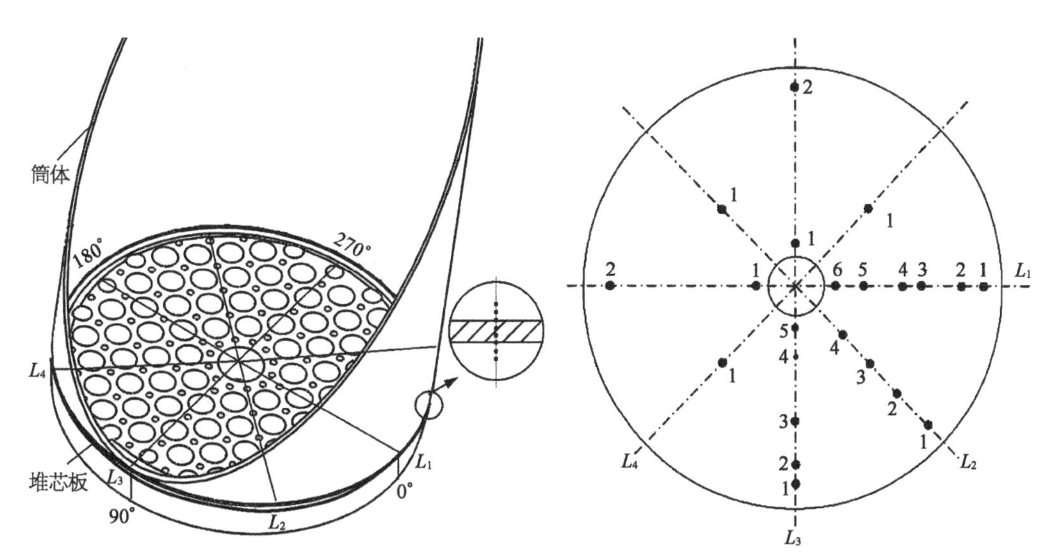

图7-51 筒体及堆芯板三维示意图

图7-52 堆芯支撑板端面测试示意图

对堆芯支撑板焊接前后端面L_1、L_2、L_3、L_4线进行残余应力测试(测试方案见图7-52,为了图示清楚,堆芯板中部分孔未画出);对连接环焊缝及其附近区域焊接前后外表面0°、90°、180°及270°线进行残余应力测试(图7-52)。由于是现场测试,该堆芯板直径约3.5 m,若对整个端面进行测试耗时耗力,所以该方案主要测试堆芯板端面的1/4(第四象限)区域,其他象限则测量1~2个点作为参照比较。

7.3.2.2 1#堆芯板焊接前后残余应力

图7-53、图7-54分别为1#堆芯板焊前和焊后残余应力分布图。

从图7-53、图7-54中可以看出,径向残余应力(R_x)既有拉应力也有压应力;除L_2线外,其余各测试线上的切向应力(R_y)为拉应力;堆芯板焊前的径向和切向拉应力均在-100~400 MPa之间且峰值均不超过400 MPa。由于焊前没有预热,所以测出堆芯支撑板焊前残余应力均为表面机加工残余应力。文献[23]作者进行的实验也表明,车削加工工件表面切向残余应力多为拉应力。由于堆芯板表面机加工是为旋转加工,其切削线速度随径向尺寸变化而变化,因此其表面残余应力分布不均。

从图7-54中看出,焊接后支撑板各个测试区域的残余应力分布趋势跟焊前大体相似,残余拉应力峰值仍然和焊前一样,并未超过400 MPa。由于吊篮筒体和堆芯支撑

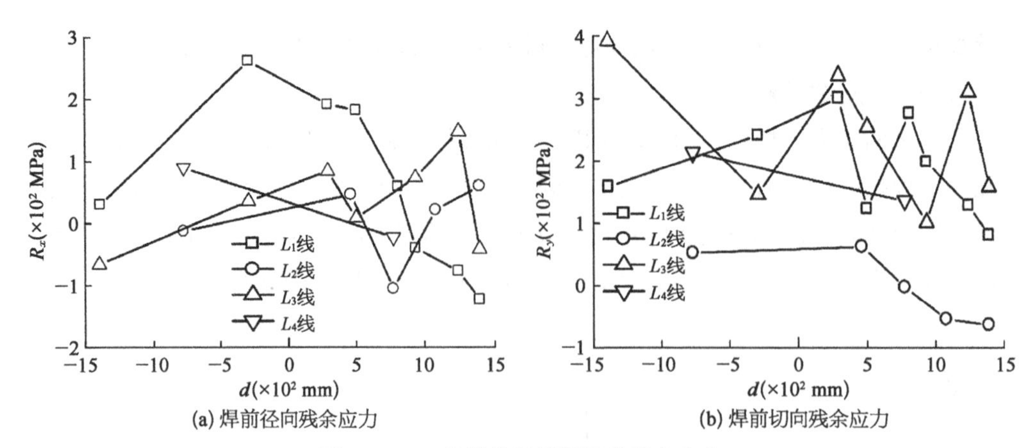

图 7-53　1＃堆芯板端面焊前残余应力

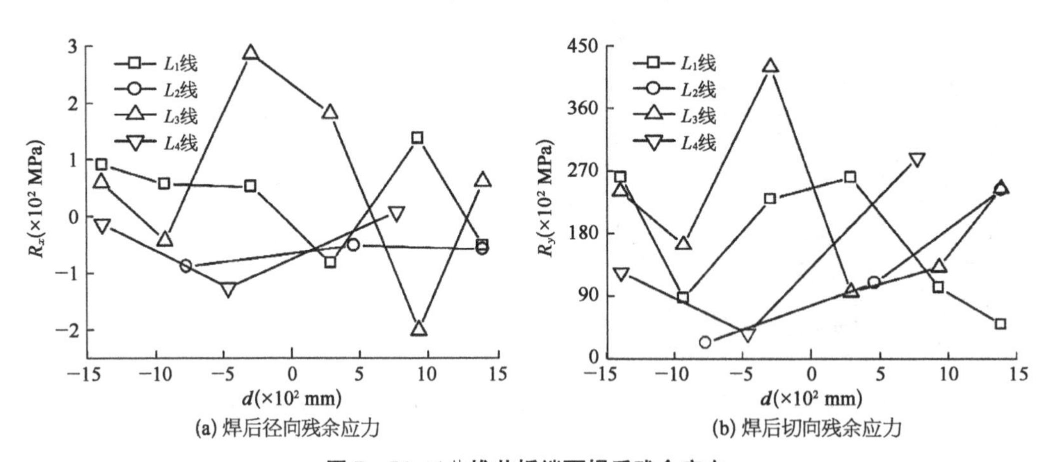

图 7-54　1＃堆芯板端面焊后残余应力

板尺寸大，堆芯支撑板端面离焊接区域较远，焊接应力对堆芯支撑板端面影响甚微，因此焊后其表面残余应力并不会发生大的变化；另外焊缝下部设计有应力释放槽，所以焊接环焊缝对堆芯板表面影响不大，主要还是机加工应力。

7.3.2.3　1＃、2＃堆芯板环焊缝残余应力

图 7-55、图 7-56 分别为焊后 1＃堆芯板和 2＃堆芯板环焊缝残余应力分布图。

由图 7-55、图 7-56 可以看出，焊后焊缝区环向残余应力（R_H）基本上为拉应力，1＃板 90°、270°和 2＃板 0°、90°位置线应力分布趋势相近，焊缝中心高于焊趾，而远离焊缝区域的母材环向应力偏高。1＃板 0°、180°和 2＃板 180°、270°位置线上的环向应力在焊缝区域较低，部分区域出现压应力。文献[24]和[25]的研究中也存在着各个角度线测试趋势不一致的现象。可能是焊接引弧熄弧、加工打磨和修补焊原因所致。轴向残余应力（R_z）焊缝区基本上为压应力；压应力峰值均在 400 MPa 左右，且 1＃板和 2＃板各测试线的应力分布趋势均较一致。这种应力分布状态和文献[24-25]中管道对接焊缝区域应力分布状态相似。文中测试的筒体结构为厚壁大型结构，且焊缝经过打磨，

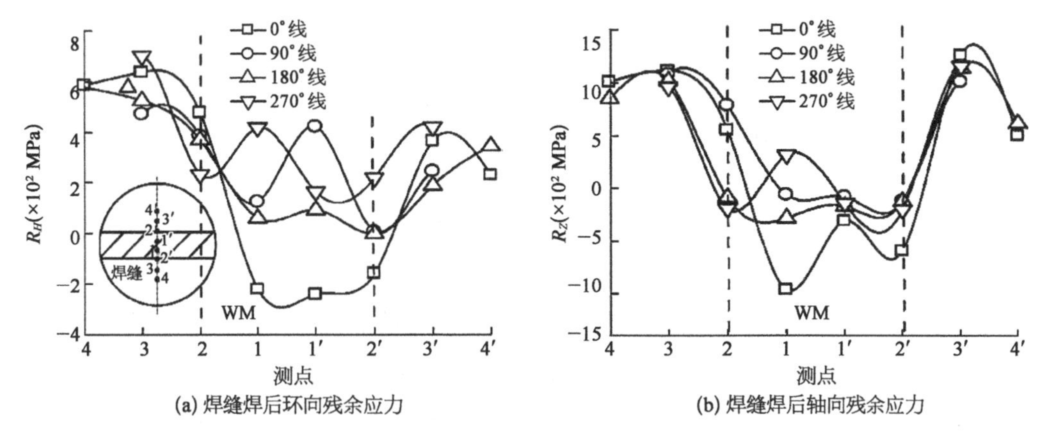

(a) 焊缝焊后环向残余应力　(b) 焊缝焊后轴向残余应力

图 7-55　1#堆芯板环焊缝焊后残余应力

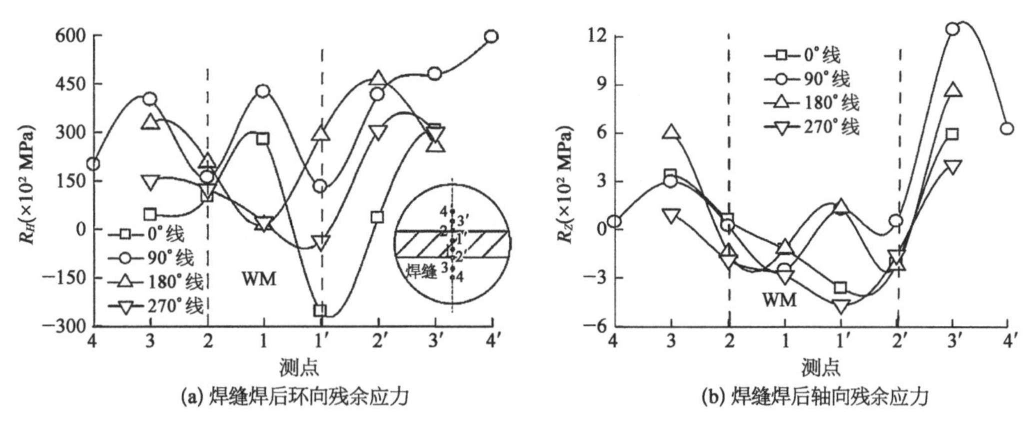

(a) 焊缝焊后环向残余应力　(b) 焊缝焊后轴向残余应力

图 7-56　2#堆芯板环焊缝焊后残余应力

打磨焊缝会造成测试应力的分散。

堆芯板和筒壁远离焊缝区域的应力值较大，这与机加工和测量时的表面状态有关。由于本测试是直接对工程用构件进行测量，不可避免地受到工程中一些实际因素的影响，但是其结果仍能够较好地反映环焊缝总体应力分布趋势，体现出工程中原始的应力状态。

图 7-55、图 7-56 中个别测试点的应力值很大，甚至超过材料的抗拉强度，这可能是由于筒体和堆芯板经过车削加工产生加工硬化造成的。此外，X 射线衍射法是基于弹性变形理论，材料表面发生的塑性变形也会致使测量结果有所偏大；测试件表面的粗糙度也会造成测试值发生偏差。

7.4　轨道交通领域

7.4.1　高速列车车体铝合金

350 km/h 及以上的高速列车，系采用大型中空铝合金型材焊接而成，其疲劳破坏现象突出。疲劳破坏一般都是从表面开始，表面残余应力对铝合金车体疲劳强度有较为显著的影响。残余应力与焊接缺陷、接头几何不连续、冶金非均匀等因素交互作用，影响焊接结构的强度、抗脆断能力、耐腐蚀性能等，降低高速列车车体结构的安全可靠性，缩短其服役寿命[26-27]。目前，对于高速列车用大型中空铝合金型材焊接残余应力的研究还处于起步阶段，因此，无损、快速检测车体焊接结构残余应力，对于高速列车车体可靠性研究具有重要的工程意义。

文献[28]中采用超声波测量方法对高速车体侧墙的焊接残余应力进行了测量，为服役状态下高速列车车体结构安全评估和疲劳寿命预测奠定了一定的基础。

文献[29]选取某类型高速列车，对铝合金焊接接头分别采用X射线法、盲孔法进行了残余应力测试研究，并针对关键焊接接头进行了残余应力有限元模拟。通过对比研究，以期探究较为精准的高速列车车体结构残余应力的无损检测技术，实现对高速列车车体安全可靠性有效地进行评价。

7.4.1.1 残余应力测试对象、设备及参数

X射线衍射法及盲孔法残余应力测试均选取某类型高速列车焊接接头，母材为A5083P－0铝合金。X射线衍射法测试残余应力采用iXRD应力测试仪。表7－8为X射线衍射法测试涉及的参数。

表7－8 X射线衍射法残余应力测试参数

辐射靶材	应力计算方法	管电流(mA)	衍射晶面	衍射角(°)	扫描范围(°)	准直管直径(mm)
CoKα	$\sin^2\psi$	4	311	148.90	120～160	1
测试方法	**弹性常数**	**管电压(kV)**	**定峰方法**	**滤波片**	**应力常数(MPa)**	**曝光时间(s)**
倾侧法	18.56×10^{-6}	25	PearsonⅧ	V	－125.2	2

盲孔法测量残余应力，采用高速钻孔装置，在高速列车车体结构上钻取小1.5 mm、深度达1.5 mm的盲孔。利用DH3816静态应变仪测量钻孔过程中产生的钻削应变。根据标准计算残余应力并进行盲孔法标定实验，获得的标准系数为$A=-1.53\ \mu\text{e/MPa}$、$B=-2.69\ \mu\text{e/MPa}$。

7.4.1.2 车体焊接残余应力有限元模拟

针对实验检测的焊接接头，使用非线性有限元分析软件Sysweld进行热力耦合分析，建立有限元计算模型。采用Hypermesh软件进行网格构建。在温度梯度变化较大的焊缝及其附近区域，对网格进行加密处理，在远离焊缝较远处和温度变化不明显的区域，网格划分较为稀疏，整个几何模型表现为由细密到疏松的过渡方式。模型单元为八节点六面体类型，节点为465 556个，单元为330 450个。热源模型采用双椭球热源模型。

热物理性能和力学性能参数随温度发生变化，采用材料性能计算软件 Jmatpro 4.1 进行热物理性能计算，得到不同条件下主要物理性能参数与温度的对应关系，如图 7-57 所示。

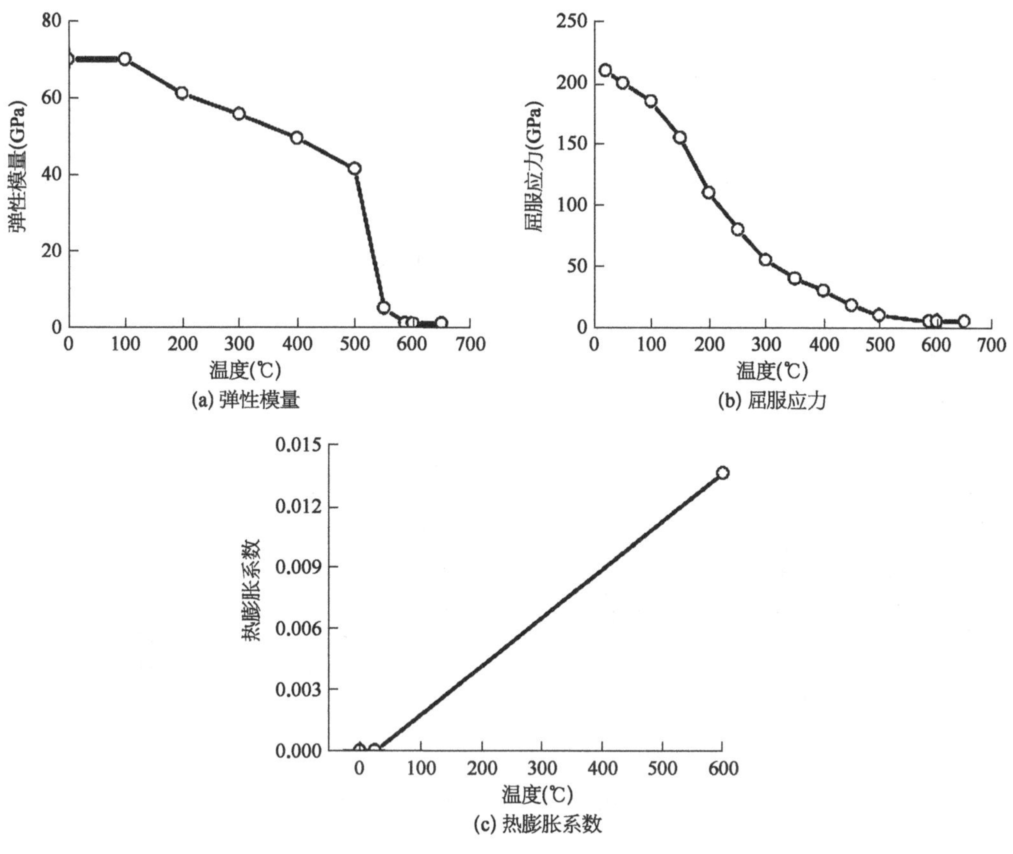

图 7-57　主要物理性能参数与温度的关系

7.4.1.3　残余应力研究结果分析

图 7-58 为车顶铝合金焊接接头由 X 射线衍射法、盲孔法以及有限元法测得的残余应力分布。图中，W 表示焊缝，HAZ 表示热影响区，M 表示母材。

由图 7-59 可知，车顶铝合金焊接接头分布着较高的拉伸残余应力及压缩残余应力，最高纵向应力达到 146.3 MPa，由于焊接缺陷的存在，残余应力会加速焊接缺陷的扩展，降低高速列车运行的安全可靠性。由图 7-58 可知，除少数点之外，有限元法模拟计算结果比其他两种方法所得结果要大。这是由于实际车体铝合金焊接结构和有限元几何模拟结构之间的差异产生的。实际车体铝合金焊接接头受力较为复杂，不仅受纵向载荷的作用，在车体运行过程中，还受到振动载荷以及其他载荷的作用，即焊接状态和模拟状况的受热、散热以及边界条件均不同，因此，造成测试结果和模拟结果的差异。

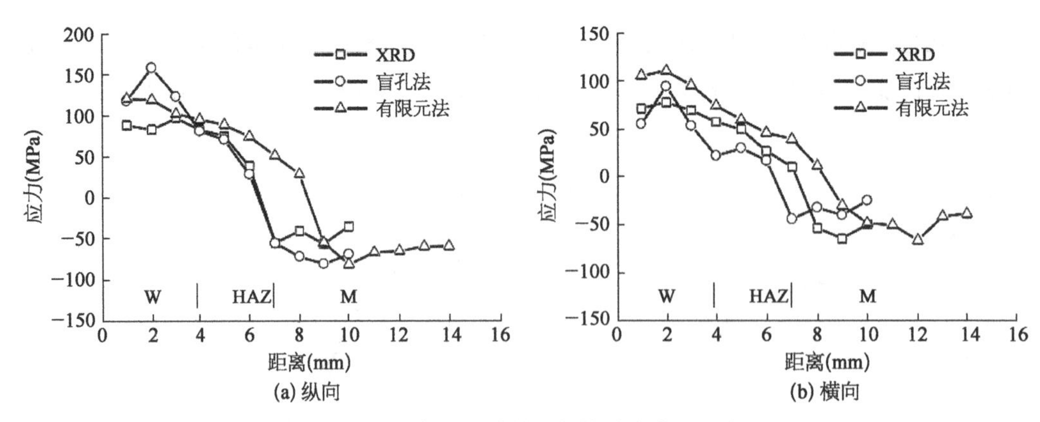

图 7-58　车顶焊接接头焊接残余应力分布

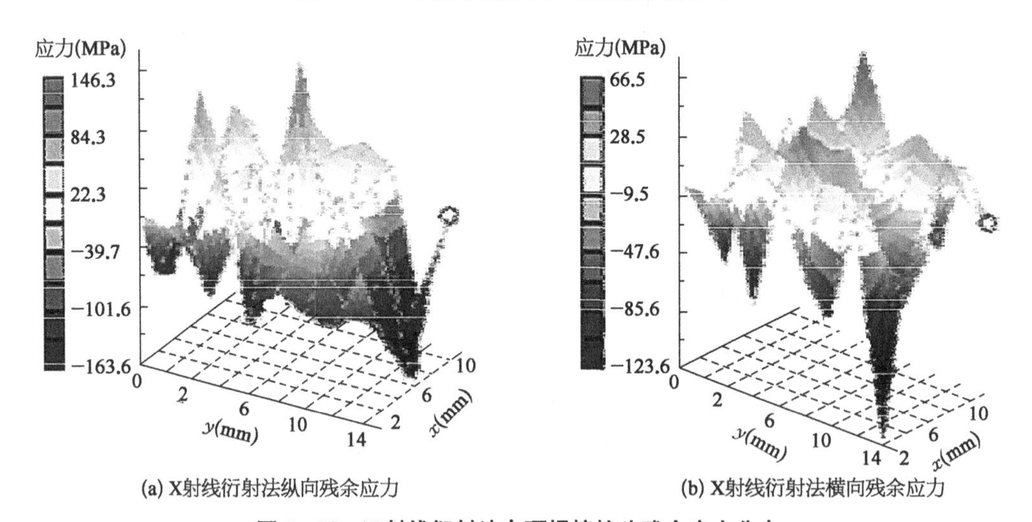

图 7-59　X 射线衍射法车顶焊接接头残余应力分布

7.4.2　轨道交通车辆铝合金地板

由于轨道交通车辆铝合金车体结构主要由长直铝合金型材构成，故特别适合于搅拌摩擦焊(FSW)技术的应用与推广。近年来，该技术在轨道交通车辆铝合金车体制造上的应用越来越广泛，国内各主要轨道车辆制造厂均在大力发展该项技术[30]。FSW接头残余应力大小对焊接结构的尺寸稳定性、抗腐蚀性及疲劳性能等均有很大影响。通常认为 FSW 焊缝两侧残余应力低于弧焊，但 FSW 在热过程中还承受较大的锻压力，因此其残余应力的产生机理及分布更为复杂[31]。文献[32]基于超声波残余应力无损检测技术，测试了铝合金地板典型部位 FSW 与熔化极氩弧焊(MIG)的残余应力，并进行了对比分析。

7.4.2.1　测试方法

超声波残余应力检测技术主要是基于材料的声弹性效应，即固体在有限变形条件下连续介质的力学应力状态与弹性波波速间的关系。故可通过实验获取 6005A-T6 铝合金材料的超声波声速与残余应力的数学关系，实现通过声速测量来获取残余应力值。

采用哈尔滨工业大学研制的超声波残余应力测量系统（图 7 - 60），对中车长春轨道客车股份有限公司生产的铝合金地板典型部位进行 MIG 与 FSW 残余应力测试分析。地板型材尺寸结构除焊接接头存在差异外，其余结构一致，焊缝两侧的测试布点位置如图 7 - 61 所示。地板部件焊接顺序为焊缝 A1→A4→A2→A3，FSW 焊缝宽度 19 mm，MIG 焊缝宽度 11 mm。

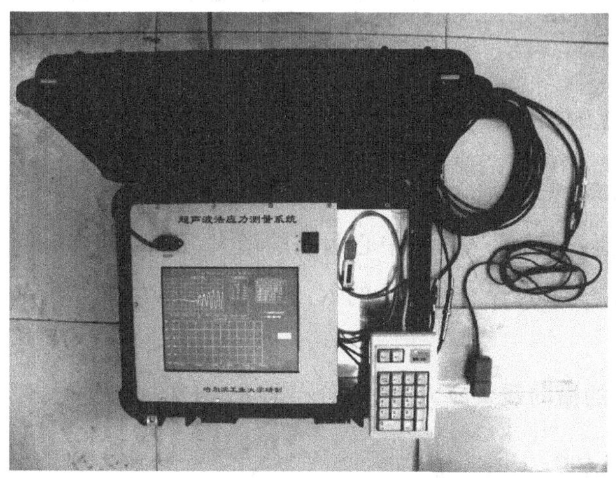

图 7 - 60　超声波残余应力测量系统

焊缝A1　6~7个测试点
6~7个测试点
焊缝A2　6~7个测试点
6~7个测试点
焊缝A3　6~7个测试点
6~7个测试点
焊缝A4　6~7个测试点
6~7个测试点

图 7 - 61　铝合金地板焊缝残余应力测试点布置图

7.4.2.2　纵向残余应力

焊缝 A1～A4 的纵向残余应力（R_x）测试结果如图 7 - 62 所示。由图 7 - 62 可以看出，铝合金 MIG 的 R_x 在靠近焊趾的位置（距焊缝中心约 10 mm）出现最大值，并随着与焊缝中心距离的增大，残余应力迅速降低，在距焊缝中心大于 30 mm 的位置应力值降至 0，甚至局部位置出现较小的压应力；铝合金 FSW 的 R_x 在靠近焊趾的位置处（距焊缝中心约 15 mm 处）出现最大值，随着与焊缝中心距离增大，残余应力快速下降。

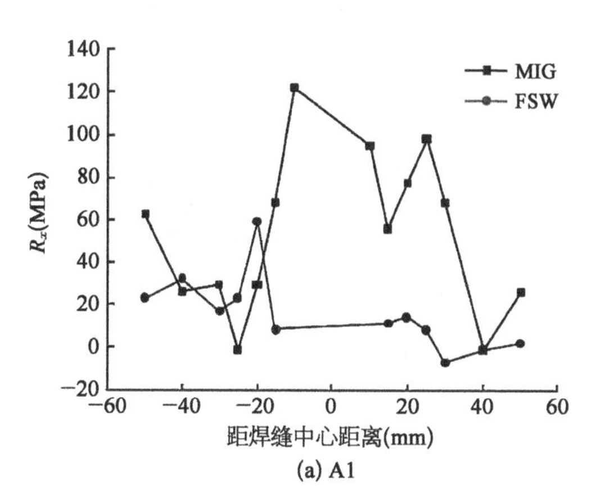

(a) A1

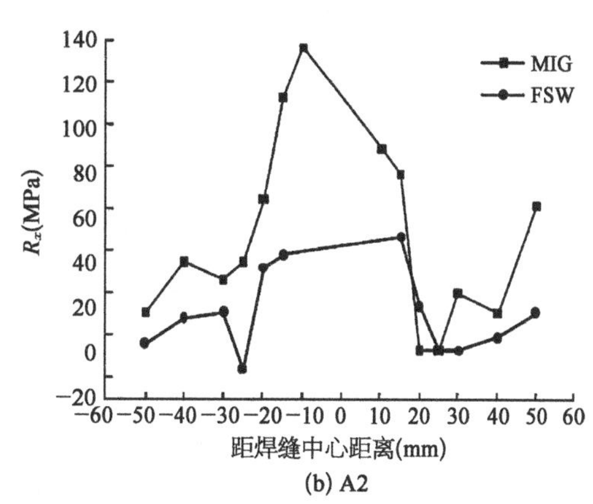

(b) A2

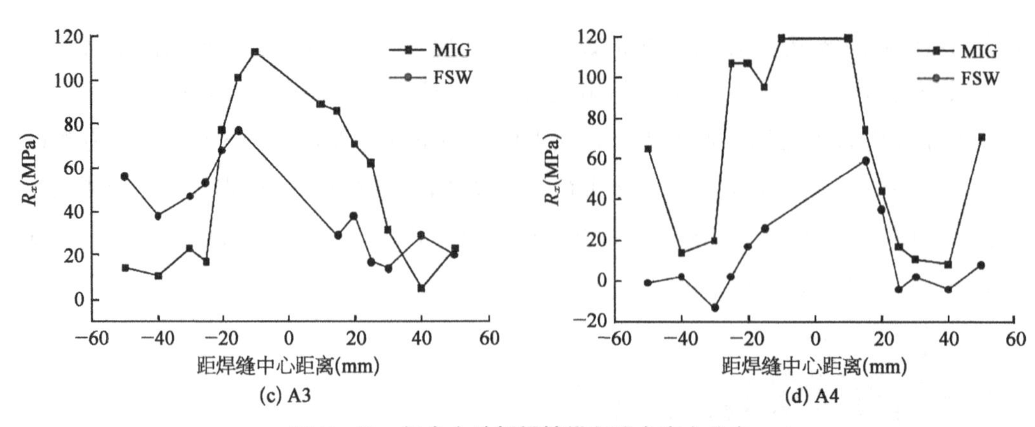

图 7-62　铝合金地板焊缝纵向残余应力分布

铝合金 FSW 纵向残余应力分布规律与 MIG 的残余应力分布规律整体趋势相近，均是在焊趾附近出现残余应力最大值，并随着与焊缝中心距离的增大，残余应力降低，个别远离焊缝的位置出现较小的压应力。FSW 与 MIG 的 R_x 差值平均约为 64 MPa。

7.4.2.3　横向残余应力

由图 7-63 可知，焊缝 A1～A4 的横向残余应力 (R_y) 分布与 R_x 分布规律类似，最

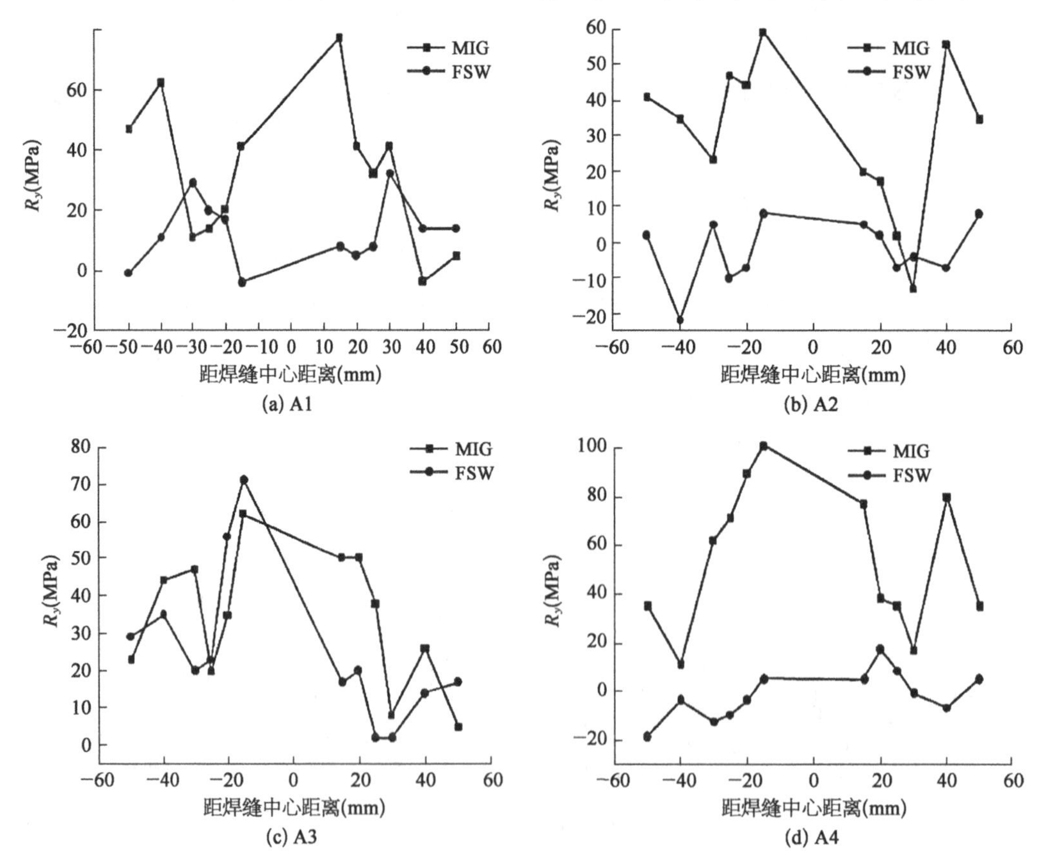

图 7-63　铝合金地板焊缝横向残余应力分布

大值也出现在靠近焊趾位置处，并随着与焊缝中心距离增大，应力逐渐下降，个别位置出现了较小的压应力。FSW 与 MIG 的 R_y 差值平均约为 42 MPa。

焊缝 A1、A2、A4 的 FSW 横向残余应力均在 20 MPa 左右，但 A3 的横向残余应力最大值却达到 77 MPa，基本与 MIG 焊一致，显著高于其他三条焊缝。其主要原因在于：A3 作为最后一条 FSW 焊缝，其横向约束达到最大，可变形或位移空间在四条焊缝中最小，导致其横向应力释放条件最差，残余应力值也相应最大。

7.5 桥梁领域

7.5.1 观音岩大桥构件焊缝应力测试

在大跨径钢结构桥梁中，构件由于受力大，采用厚钢板的情形越来越多；此外构件与构件间的连接接头以及重要节点的节点板也由于其传力大，越来越趋于采用厚钢板，因而桥梁结构中的连接焊缝越来越复杂，焊接完成后在焊缝区域和热影响区产生的焊接残余应力问题越来越突出。结构构件在制造过程中留下的残余应力是产生变形和开裂等工艺缺陷的主要原因，将直接影响到焊接构件的疲劳强度、结构的刚度和稳定承载力[33-34]。因此在钢结构桥梁的构件制作和现场安装过程中，残余应力的水平、性质及分布情况是设计、制造和使用者共同关心的问题，准确测量出构件的残余应力就显得十分重要。及时对焊接完成后的焊缝进行应力检测，了解焊接残余应力的大小及分布规律，一方面可为后续的消除残余应力技术方案提供可靠的科学数据；另一方面对消除残余应力工艺后的焊缝进行应力检测，可掌握焊缝应力重分布情况，明确处理后的效果，对提高焊缝的疲劳强度、保证构件的制作质量、满足结构的受力安全，有着重要的意义。

7.5.1.1 磁测法的应用情况及测前的准备工作

磁测法目前已经在三峡工程的钢闸门、北京西站钢门楼主桁架、石油化工设备中的球罐等项目中得到应用，但在大跨径钢结构桥梁构件焊接应力的测试中还没有应用的报道资料。

采用磁测法测试前，首先要进行灵敏系数的标定。可通过单向拉压或 4 点弯曲实验确定。正式测试时，首先将试件焊缝上的测点经过打磨，然后将测试仪器的一个探头直接接触在测点上，另一个探头则放在预先标定好灵敏系数的钢板上，探头底部有两个磁极，通过测量磁导率的变化来确定一点的应力状态。

对于须进行消除应力工艺处理的焊缝，必须选用同一测点对焊接残余应力进行测试，以便确定工艺处理后的效果是否满足要求。

7.5.1.2 试件概况

重庆江津观音岩长江大桥[32]为大跨径钢结构斜拉桥，其主桥跨径组合为 35.5 m+

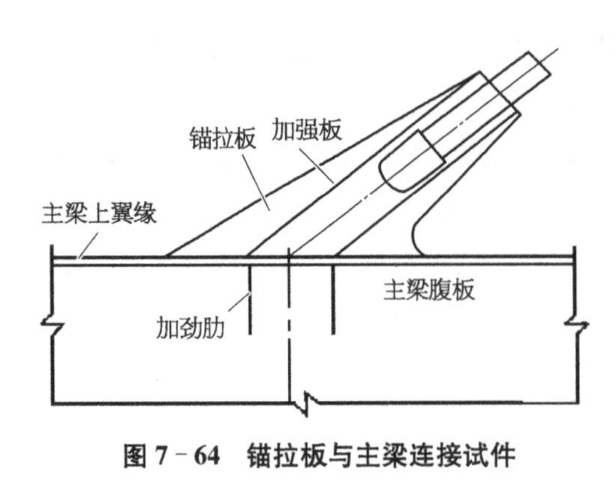

图 7-64　锚拉板与主梁连接试件

186 m+436 m+186 m+35.5 m，主桥长 879 m。斜拉索在钢梁上的锚固采用了锚拉板结构形式(图 7-64)。锚拉板焊接于主梁上翼缘顶板，锚管嵌于锚拉板上部的中间，两侧用焊缝与锚拉板连接，中部除开孔安装锚具外，尚须连接上下两部分。为了补偿开孔部分对锚拉板截面的削弱，以及增强其横向的刚度，在板的两侧焊接了加强板，并和主梁上翼缘板连接，各板件厚度情况见表 7-9。这种锚固方式具有传力途径明确、构造简单、工地施工作业方便等特点。钢材采用 Q370qE。

表 7-9　试件主要板件厚度　(mm)

构 件 号	测试焊缝相关板件		
	锚拉板	加强板	主梁上翼缘板
CJ1,CJ3	60	40	50
CJ2	50	30	50

在锚拉板与主梁的这种接头形式中，锚拉板焊缝与主梁顶板急剧过渡，接头在外力作用下力线扭曲很大，易造成极不均匀的应力分布，焊缝处载荷应力和焊接残余应力集中程度较大，当焊缝根部或过渡处存在缺陷时，经长时间的疲劳应力影响会产生疲劳断裂。此外由于各板件厚度大、焊缝多，焊接时产生焊接残余应力的问题比较突出。

为研究此类构件接头区域焊接残余应力的大小及分布情况，专门制作了三个足尺比例实验构件，通过对这三个试件的钢锚拉板与工字梁连接区域焊缝进行残余应力测试，以及超声波冲击后焊接残余应力变化情况的实验研究，以确定焊后残余应力的大小及分布规律，并明确超声冲击方法对焊接残余应力消除的作用及效果。

焊接应力是一种无载荷作用下的内应力，因此会在焊件内部自相平衡，在焊缝及热影响区产生拉应力，而在距焊缝稍远区段的母材内产生与之相平衡的残余压应力。焊缝的拉应力对焊缝的疲劳将产生非常不利的影响，而残余压应力对焊缝没有不利的影响，因而此次测试以焊缝的残余拉应力为主要对象。测试采用了磁测法。三个试件编号分别为 CJ1、CJ2 和 CJ3。

三个研究试件中共设 43 个焊接应力测试点，其中 A 焊缝为锚拉板与钢主梁上翼缘的连接焊缝，相应在构件上的测点编号为 A1，A2，…，A10。B 焊缝为锚拉板与其加强板之间的连接焊缝，相应的测点编号为 B1，B2，…，B7。

7.5.1.3　实验结果分析

从焊接残余应力测试结果中可以看出，横向应力 R_x 与主应力 R_2、纵向应力 R_y 与

主应力 R_1，在大多数测点上较为接近，若只考虑平面应力，则纵向、横向应力的方向就近似为主应力的方向。图 7－65 和图 7－66 分别为 A、B 焊缝的纵向残余应力分布情况。

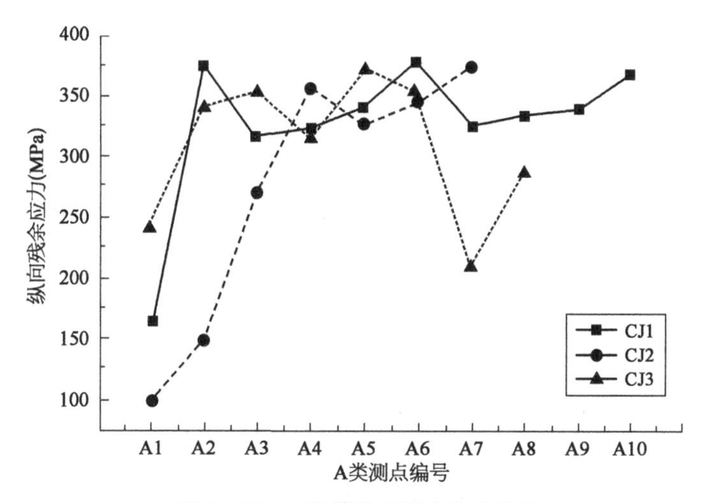

图 7－65　A 焊缝纵向残余应力分布

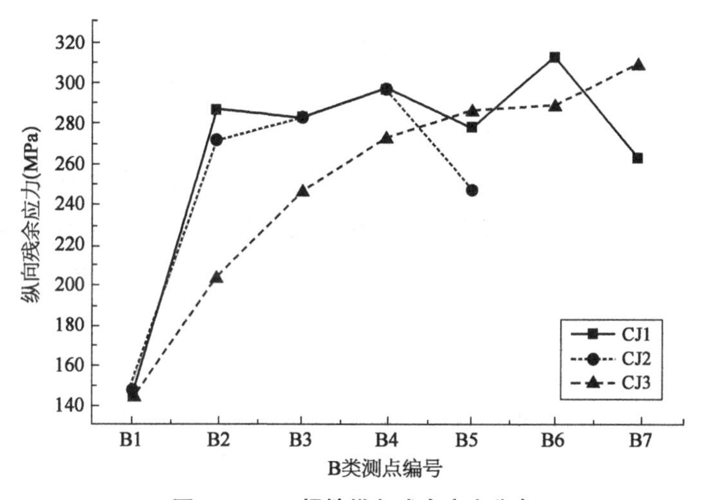

图 7－66　B 焊缝纵向残余应力分布

从图 7－65 中可以看出，各试件的 A 焊缝在位于端部处残余应力值较小，之后便大幅增长，在距离焊缝端部 400～450 mm 以后焊接应力值波动较小，基本稳定在较高的应力水平上，形成了一个高残余应力平台段。如试件 CJ1 的 A3～A10 段、CJ2 的 A4～A7 段及 CJ3 的 A3～A6 段。三个试件的平台段纵向焊接残余应力平均值分别为 338 MPa、349 MPa、347 MPa，均达到了 Q370qE 钢材屈服强度的 90%以上。由文献[34]可知平台段的长度是随着焊缝的长度同步增长的，而残余应力上升段根据不同的板厚在达到一定数值后将不再继续增长。因此 A 焊缝除去两端部小部分的焊接应力较小段和上升段外，大部分区段的纵向残余应力都处于屈服强度 90%左右的水平，这将对焊接接头性能与构件的疲劳强度产生较大的不利影响。

B 焊缝的纵向残余应力分布与焊缝有同样的规律，但其焊接残余应力水平较 A 焊缝有明显的降低。这是因为连接 B 焊缝的两块钢板较 A 焊缝的薄。三个试件焊缝的残余应力升高段距焊缝端部为 250～300 mm，在距端部 300 mm 以后形成高残余应力平台段，比 A 焊缝平台段纵向残余应力平均降低了 18%，如图 7-66 所示。

除了焊缝的分布特点外，节点的局部构造情况对焊缝应力也有明显的影响。试件主梁上翼缘与锚拉板局部连接处，是截面突变的地方，也是内力变化最大的地方，最容易产生应力集中，由于结构设计比较周全的考虑，锚拉板截面在这里做了曲线形的平滑过渡，大大地降低了应力集中的影响。图 7-65 中三个试件 A1 点的平均应力为 168 MPa，是前述三个试件平台段平均应力的 48.7%，说明锚拉板在这里的局部构造非常重要，曲线形的平滑过渡对降低焊接残余应力起到很重要的作用。

7.5.2 超声波冲击消除钢结构桥梁焊接残余应力

超声波冲击法是一种减小应力集中、消除焊接残余应力、改善焊缝处应力状态的工艺方法。对于局部构造复杂的部位，采用超声波冲击法消除焊接残余应力，有着操作灵活、不受焊缝位置和构件尺寸大小限制等优点。这种方法由乌克兰巴顿焊接研究所提出，近年引入我国，已在北京电视台钢结构立柱等工程项目中得到应用[36]，但在斜拉桥锚拉板区域还没有被应用的文献记录。

超声波冲击消除焊接残余应力工艺，是用高频率冲击头撞击焊缝及热影响区，使以焊趾为中心的一定区域的焊接接头表面产生足够深度的塑变层，从而有效地改善焊缝与母材过渡区(焊趾)的外表形状，降低焊接接头的应力集中程度，重新调整焊接残余应力场。超声波冲击形成的表面压应力将降低、均匀化和消除焊接残余拉应力[34,37]，从而使接头疲劳强度得以提高。

文献[38]以重庆市江津观音岩长江大桥为背景，通过对该桥三个锚拉板与工字梁连接试件相关焊缝进行超声波冲击实验，研究超声波冲击对消除钢结构桥梁焊接残余应力的作用。

7.5.2.1 实验概述

重庆江津观音岩长江大桥是一座主跨 436 m 的钢结构斜拉桥。该桥的锚拉板直接焊接在主梁(工字梁)上翼缘板上。斜拉索锚拉板与主梁顶板的连接板件包括锚拉板 N_1(厚度为 50 mm 和 60 mm)、锚拉板加劲肋 N_2 和 N_3(厚度为 30 mm 和 40 mm)、主梁顶板 N_4(厚度为 50 mm)、主梁底板(厚度为 80 mm)和主梁腹板上的加劲肋板 N_5(厚度为 22 mm)。所有板件采用 Q370qE 钢材。

由于锚拉板与工字梁连接部位的各板材厚度都较大，连接焊缝也较多，同时有的地方焊缝相对集中，焊接后易形成较大的焊接残余应力。为了进行超声波冲击对减小和消除钢结构桥梁焊接残余应力的研究，根据该桥梁各梁段和锚拉板的施工制作工艺情况，以足尺比例制作了三个具有代表性的锚拉板与工字型截面主梁的连接试件。其中1#和2#试件为主梁在现场拼接的梁段，3#试件是标准梁段、非现场拼接的梁段。试件的各组成板件及连接焊缝如图7-67所示。

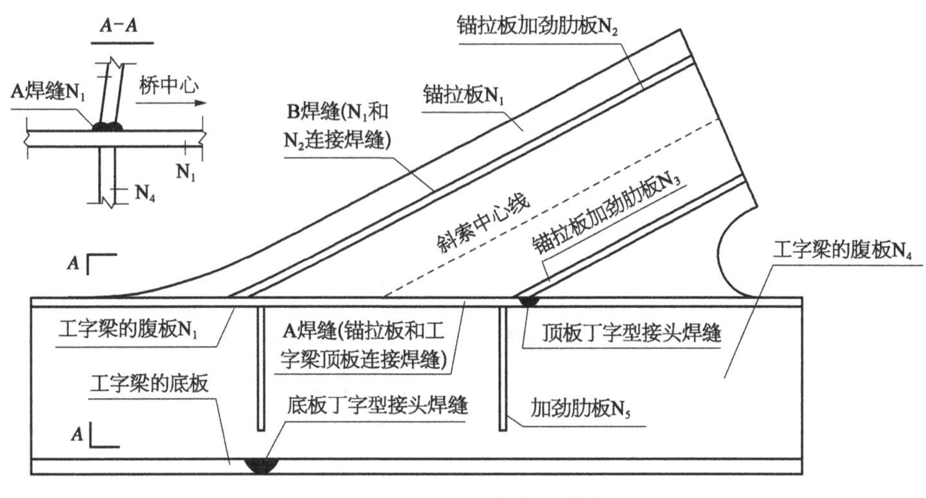

图7-67 试件构造示意图

试件中的焊缝有3类：第1类为A焊缝，它是工字型截面主梁顶板N_4和锚拉板N_1连接的焊缝。第2类为B焊缝，它是锚拉板的加劲肋板N_2和锚拉板N_1连接的焊缝。第3类为丁字型接头焊缝，包括两处：① 由N_4顶板对接缝和A焊缝垂直相交形成的焊缝为顶板丁字型接头焊缝；② 由工字梁底板对接缝和腹板N_5连接的焊缝为底板丁字型接头焊缝。其中，A、B类焊缝为熔透角焊缝。

3个构件上分别设置13、9、8个焊接应力测点，具体布置如图7-68～图7-70所示。其中A焊缝测点位于N_4板上的焊趾，B焊缝测点位于N_2与N_1板的连接焊缝上，

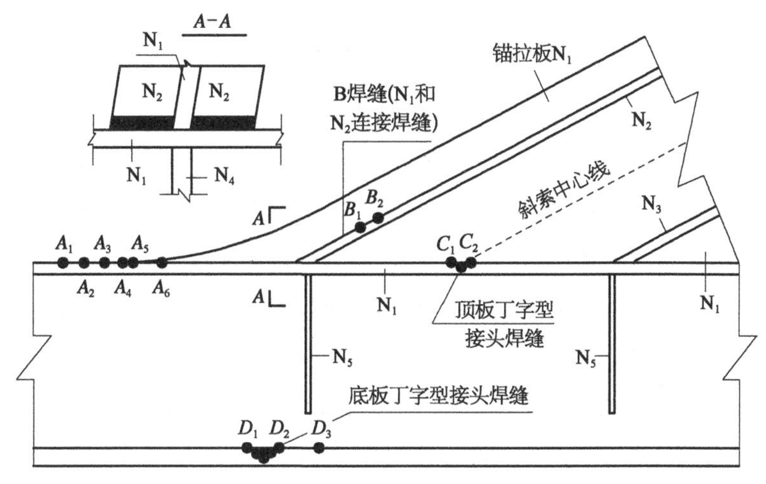

图7-68 1#试件测试点分布

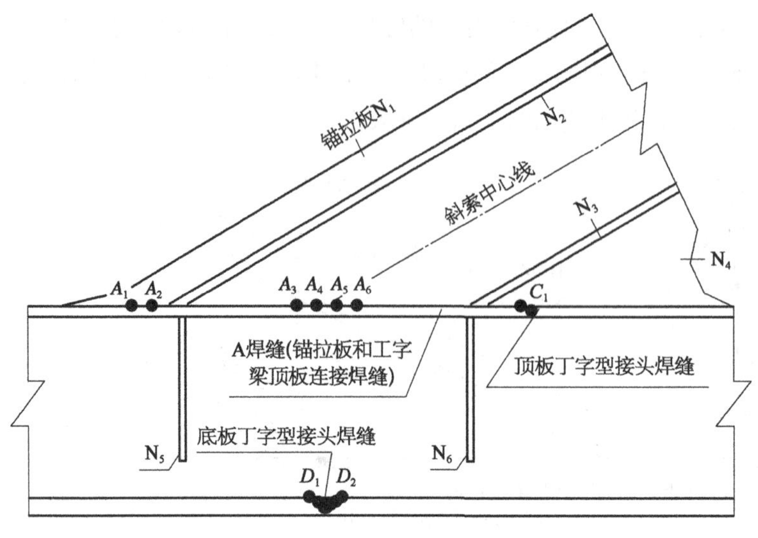

图 7-69　2＃试件测试点分布

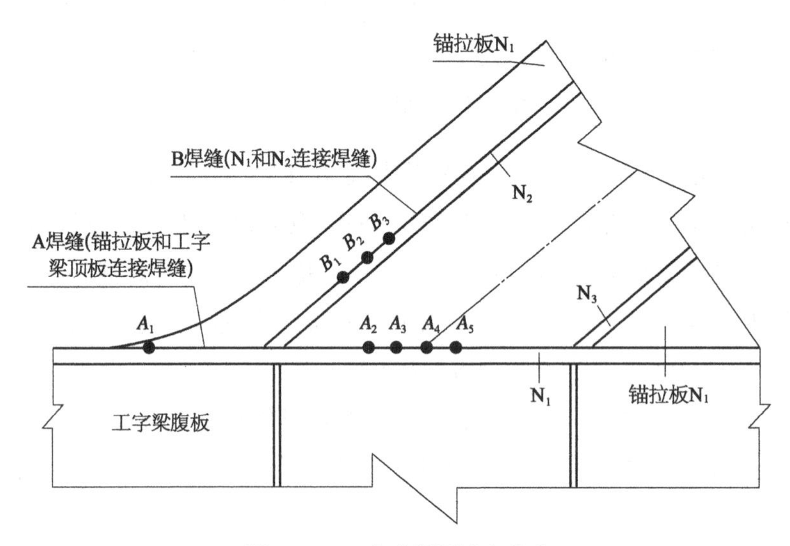

图 7-70　3＃试件测试点分布

丁字型接头焊缝位于翼缘和底板的接头焊缝处。

实验选用的超声波冲击设备型号为 WD2050，其冲击频率为 20 kHz，冲击振幅为 50 μm。超声波冲击时压痕覆盖率大于 90%，冲击弧坑深度在焊缝处和焊趾处均为(0.8±0.2)mm，在母材处为(0.5±0.2)mm。冲击行走的速度为 200 mm/min。实验前对焊缝进行局部打磨，然后对焊缝、焊趾和热影响区进行冲击，并对冲击前后的焊接残余应力进行测试和分析。

焊接残余应力测试采用 SC21 三维应力分布磁测仪，它是一种快速无损测量铁素体、奥氏体钢系内应力的仪器，其工作电压为(220±22)V，工作频率为 1～10 Hz。灵敏系数 $K \geqslant 12$ mA/MPa，测试中探头尺寸选用 14 mm×14 mm，所测应力层深 δ 为

1.35 mm。在整个实验过程中，对每一测点进行冲击前后应力的测试。实验前对试件的构件材质进行应力测试灵敏系数标定。

7.5.2.2 测试结果分析

1) A 焊缝

表 7－10 给出了 3 个试件中 A 焊缝在超声波冲击前后的应力测试结果。表中拉应力为正，压应力为负；X 向残余应力 R_x 为测点垂直焊缝长度方向的应力；Y 向残余应力 R_y 为测点平行焊缝长度方向的应力。

表 7－10 超声波冲击前后 A 焊缝的残余应力

试件编号	测点	R_x (MPa)		下降幅度 (%)	R_y (MPa)		下降幅度 (%)
		冲击前	冲击后		冲击前	冲击后	
1#	A_1	136	28	79.0	241	84	65.1
	A_2	179	41	77.1	342	128	62.6
	A_3	262	112	57.3	351	151	57.0
	A_4	199	138	31.0	316	78	75.3
	A_5	278	248	11.0	369	154	58.3
	A_6	153	−24	116.0	286	58	79.7
2#	A_1	113	60	46.9	163	154	5.5
	A_2	176	−24	113.6	373	45	87.9
	A_3	238	−52	121.8	322	−6	101.9
	A_4	271	−14	105.2	376	−26	107.0
	A_5	161	−35	121.2	331	−11	103.3
	A_6	210	98	53.3	366	149	59.3
3#	A_1	189	109	42.3	269	89	66.9
	A_2	205	117	42.9	355	163	54.1
	A_3	184	147	20.1	325	163	49.8
	A_4	244	99	59.4	342	167	51.1
	A_5	196	171	12.8	373	173	53.6
平均值		199.6	71.7	65.3	328.7	101.8	69.0

由表 7－10 可以看出：超声波冲击前，焊缝存在着相当大的焊接残余应力，Y 向残余应力大部分在 300 MPa 以上，远大于 X 向残余应力，且 X 向和 Y 向平均残余应力差达 129.1 MPa；经过超声波冲击后，A 焊缝各测点 X 向和 Y 向的残余应力均大幅降低，平均下降幅度分别达 65.3%和 69.0%，Y 向残余应力均在 175 MPa 以下，有些测点的残余应力变为负值(压应力)，即消除了残余拉应力，此类焊缝在实桥中的工作状态为受拉，残余拉应力的减小和消除使焊缝能更好地发挥其承载能力；相比之下，经超声波冲击后 Y 向的残余应力下降幅度大，且比较均匀，这说明超声波冲击能在一定程度上均匀化焊接残余应力，改善局部区域焊接应力集中的状况。

2) B焊缝

表7-11给出了试件中B焊缝在超声波冲击前后的应力测试结果。由表可以看出,超声波冲击前,焊缝存在着较大的焊接残余应力,且Y向残余应力大于X向残余应力,但Y向残余应力(均小于300 MPa)及X向和Y向平均残余应力差(99.2 MPa)均较A焊缝小;经过超声波冲击后,B焊缝各测点X向和Y向的残余应力也都明显下降,平均下降幅度分别达44.4%和57.8%,比A焊缝降低幅度小。

表7-11 超声波冲击前后B焊缝残余应力

试件编号	测点	R_x (MPa)		下降幅度(%)	R_y (MPa)		下降幅度(%)
		冲击前	冲击后		冲击前	冲击后	
1#	B_1	149	−8	105.4	234	81	65.4
	B_2	199	177	11.1	289	157	45.7
3#	B_1	193	146	24.4	283	179	36.7
	B_2	187	80	57.2	296	81	72.7
	B_3	124	94	24.2	246	77	68.7
平均值		170.4	97.8	44.4	269.6	115	57.8

3) 丁字型接头焊缝

表7-12给出了试件中丁字型接头焊缝在超声波冲击前后的应力测试结果。由表可以看出,超声波冲击前,该类焊缝也存在着相当大的焊接残余应力,且Y向残余应力也大于X向残余应力,但两者平均残余应力差仅有73.4 MPa,是3类焊缝中最小的,它的X向残余应力(平均为225.9 MPa)是3类焊缝中最大的;经过超声波冲击后,丁字型接头焊缝各测点X向和Y向的残余应力下降幅度很大,平均下降幅度分别达89.7%和96.5%,是3类焊缝中降低幅度最大的一类。

表7-12 超声波冲击前后丁字型接头焊缝残余应力

试件编号	测点	R_x (MPa)		下降幅度(%)	R_y (MPa)		下降幅度(%)
		冲击前	冲击后		冲击前	冲击后	
1#	C1	258	82	68.2	343	−25	107.3
	C2	284	−51	118.0	357	−92	125.8
	D1	235	28	88.1	255	−41	116.1
	D2	195	97	50.3	174	105	39.7
	D3	215	102	52.6	327	−79	124.2
2#	C1	210	−19	109.0	359	109	69.6
	D1	184	−20	141.7	280	20	92.9
平均值		225.9	31.3	89.7	299.3	−0.43	96.5

7.6 化工领域

7.6.1 P110 级石油套管淬火残余应力

P110 级石油套管的生产工艺要经过调质处理(淬火+高温回火)。对于淬火冷却过程,现场一般采用从淬火加热温度一直冷却到室温,在整个过程中表面温降速度远大于心部温降速度,产生热应力;当温度冷却到 Ms 点以下时,发生马氏体转变,产生组织应力。马氏体的变形能力较差,故当残余应力在某一瞬间达到某一临界值,在马氏体层的薄弱区域就会产生裂纹源。因此提高马氏体转变之前钢管横断面温度的均匀性和减缓马氏体转变的剧烈过程,对减小钢管淬火残余应力有很好的效果。

文献[39]以降低 P110 级石油套管淬火过程热应力和组织应力为目的,考虑套管横断面的温差大小和马氏体相转变的剧烈程度,提出了水淬+空冷+水淬的冷却方式。和现场直接淬火冷却工艺相比较,利用逐层钻孔法测试了不同工艺下的释放应变,进而计算出其残余应力的大小,并分析了残余应力对裂纹产生和扩展的影响。提出的水淬+空冷+水淬冷却方式,改变了钢管切向残余应力的应力状态,降低了轴向残余应力的数值大小,对淬火裂纹产生和扩展的趋势起到了阻碍作用。

7.6.1.1 实验材料与方案

实验材料为低成本碳锰系 25MnV 钢,取自衡阳华菱钢管厂的合格热轧管样,尺寸 244.48 mm×11.99 mm。主要化学成分为:C 0.25%~0.30%,Si 0.20%~0.40%,Mn 1.50%~1.80%,V 0.06%~0.15%,P≤0.020%,S≤0.010%,As+Sn+Pb+Sb+Bi≤0.050%。

采用直接淬火、水冷+空冷+水冷两种冷却方式。其中直接淬火模拟了现场直接淬火至室温的冷却方式;水冷+空冷+水冷冷却方式以提高马氏体转变前钢管横断面温度的均匀性和减缓马氏体转变的剧烈程度为控制思路,控制钢管在水中的停留时间,使芯部温度降到 Bf 点以下(根据 CCT 曲线和计算得到该钢种的 Bf 值在 430℃左右),然后取出空冷使钢管芯部和表面温差最小,温度场尽可能均匀,然后再次入水完成马氏体组织转变。不同冷却方式示意图如图 7-71 所示。

根据实验室加热炉炉膛空间的大小,沿钢管轴向切取 190 mm×125 mm 试样,采用 SX2-4-10 型箱式电阻加热炉加热及保温。在 910℃保温 35 min 出炉,采用不同的冷却方式冷却,水温为 16~17℃。对冷却后的试样采用 YD-28 型动态电阻应变仪,利用逐层钻孔法测试不同工艺下残余应力的释放应变,分析不同冷却方式对残余应力的影响。

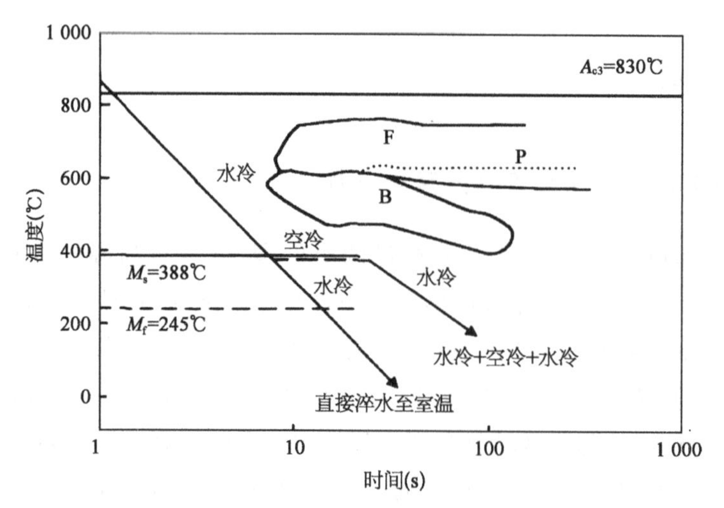

图 7-71　淬火冷却方式示意图

7.6.1.2　实验结果与分析

1）工艺 1：直接淬火冷却

模拟现场淬火冷却工艺，淬火温度 910℃，保温 35 min，直接淬火冷却至室温。逐层钻孔测量不同深度释放应变值和计算应力，见表 7-13。

表 7-13　工艺 1 逐层钻孔释放应变值和计算应力值

孔深(mm)	e_1(×10^{-6})	e_2(×10^{-6})	e_3(×10^{-6})	R_x (MPa)	R_y (MPa)
1	−68	−84	−221	234	193
2	−72	−86	−276	281	237
3	−70	−88	−253	260	220
4	−66	−84	−232	239	202
5	−65	−82	−219	229	191

由表 7-13 看出，直接淬火冷却方式下，钢管切向残余应力为拉应力，范围在 229～281 MPa 之间，轴向残余拉应力的大小为 191～237 MPa。孔深为 2 mm(即孔深为孔直径的 1.2 倍左右)时，应力得到了完全释放，在该深度区域切向和轴向应力最大，分别为 281 MPa 和 237 MPa。孔深 2～5 mm 时，随孔深增加，应力值逐渐减小。

2）工艺 2：水淬＋空冷＋水淬

淬火温度 910℃，保温 35 min，淬水冷却到 280℃，空冷时温度回升到 310℃，再次入水冷却至室温。逐层钻孔测量不同深度释放应变值和计算应力，见表 7-14。

由表 7-14 看出，水淬＋空冷＋水淬冷却工艺下，钢管切向残余应力为压应力，范围在−422～−185 MPa，且随孔深增加压应力呈增加的趋势。钢管轴向残余应力为拉应力，范围在 90～190 MPa。孔深 1～2 mm，切向压应力和轴向拉应力均有明显的增加

表 7-14　工艺 2 逐层钻孔释放应变值和计算应力值

孔深(mm)	$e_1(\times10^{-6})$	$e_2(\times10^{-6})$	$e_3(\times10^{-6})$	R_x (MPa)	R_y (MPa)
1	91	216	88	−183	91.7
2	171	329	126	−310	114
3	185	423	151	−348	176
4	200	457	169	−382	189
5	223	465	184	−422	177

趋势。钻孔孔深为孔直径的 1.2 倍左右时,残余应力得到完全释放。孔深 2 mm 时,切向压应力为 310 MPa,轴向拉应力为 114 MPa。孔深为 2～5 mm 时,随孔深增加,残余应力增加趋势变平缓。切向压应力最大为 422 MPa,轴向拉应力最大为 189 MPa。

3) 分析与讨论

直接淬火冷却过程中,在冷却初始阶段,未发生组织转变,钢管表面和芯部由于温差作用引起热应力。当钢管表面冷却到 Ms 点时,表面区域发生组织转变,此时热应力和组织应力同时存在,作用相反(热应力对表面产生压应力,对芯部产生拉应力;组织应力对表面产生拉应力,对芯部产生压应力)。当钢管芯部区域的温度也冷却到 Ms 点时,芯部发生组织转变,热应力和组织应力共存。马氏体转变为非扩散型转变,故在芯部发生马氏体转变时表面区域已经完成组织转变,此时表面区域只存在热应力。水淬+空冷+水淬冷却过程中,空冷阶段提高了马氏体转变前钢管横断面温度的均匀性,减小了热应力,缓解了二次水冷时马氏体转变产生组织应力的作用。热应力和组织应力之和是正值(拉应力)还是负值(压应力),决定了淬火裂纹是否发生:若为正值则易裂;若为负值则不易裂。

比较直接淬火冷却至室温、水淬+空冷+水淬两种冷却工艺下,钻孔法测得钢管壁厚不同深度上切向和轴向残余应力值,如图 7-72 所示。对比两种冷却工艺下的切向

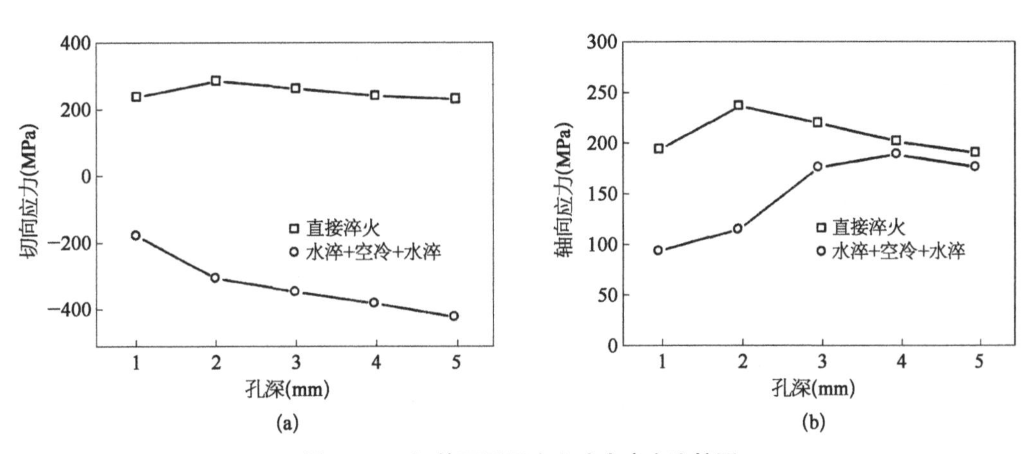

图 7-72　钢管不同深度上残余应力比较图

和轴向应力值看出，提出的优化冷却工艺将钢管切向残余应力状态变为压应力。轴向残余应力仍为拉应力但数值上减小，孔深在1～2 mm时轴向残余应力降低幅度最大，为101～123 MPa；孔深在2～5 mm时，随孔深增加，轴向残余应力减小趋势变平缓，最小降幅为13 MPa。钢管在冶炼或轧制中不可避免地存在着微小的局部裂纹，提出的水淬＋空冷＋水淬冷却工艺在切向上为压应力，其存在起到阻碍微裂纹产生和扩展的作用；在轴向上残余应力小于直接淬火至室温下的轴向残余应力，降低和缓解了微裂纹产生和扩展的趋势。故水淬＋空冷＋水淬冷却工艺有利于降低和缓解钢管内微裂纹的产生和扩展，即有利于减少和避免淬火裂纹的产生。

7.6.2 管道热开孔残余应力

站场与阀室是石油天然气储存与运输过程中必不可少的组成部分。为了满足阀门、仪表和法兰等的安装需要，站场和阀室设计中经常会遇到在主管道上开孔的情况。特别是在早期国内管道建设施工规范还不完善的条件下，现场管道多采用热切割的开孔方式。这就可能导致开孔部位局部存在严重的应力集中，管道结构不连续，进而影响管道结构的承载能力[40-41]。

文献[42]作者采用小孔检测方法，针对西气东输二线站场/阀室中常用的ERW电阻焊管，分析研究了不同位置、不同大小热开孔对于管道原始残余应力的影响程度，研究结果为正确设计、指导施工现场进行开孔、焊接具有重要的理论指导作用。

7.6.2.1 实验材料与实验方法

目前，西气东输一线、二线站场/阀室内管道常用的焊管类型为ERW电阻焊管，规格多为ϕ406.4 mm×12.5 mm和ϕ457 mm×14.2 mm，钢级L415MB。本实验材料取自宝钢生产的钢级L415MB、ϕ406.4 mm×12.5 mm电阻焊管。化学成分见表7－15，表中同时列出计算所得的CE_{IIw}、C_{eq}和P_{cm}值。材料的拉伸和冲击性能见表7－16。

表7－15 L415MB电阻焊管化学成分 (%)

C	Si	Mn	P	S	Cr	Mo	Ni	Nb
0.068	0.21	1.25	0.009 8	0.003 5	0.024	0.002	0.006 7	0.004 1

V	Ti	Cu	Al	B	CE_{IIW}	C_{eq}	P_{cm}
0.002 4	0.019	0.017	0.028	0.000 2	0.298	0.292	0.152

表7－16 L415MB电阻焊管力学性能

试　样	规格 (mm)	抗拉强度 (MPa)	屈服强度 (MPa)	断后伸长率 (%)	冲击功 (J)
管体90°横向	38.1×50	570	530	37	207

利用热切割的方法分别在 ERW 电阻焊管焊缝位置开直径为 ϕ26 mm 和 ϕ50 mm 的小孔，距离直焊缝 13 mm 位置开 ϕ26 mm 左右小孔，具体如图 7－73 所示。采用小孔检测法分别对 ERW 电阻焊管原始残余应力以及开孔后的残余应力分布进行测量。

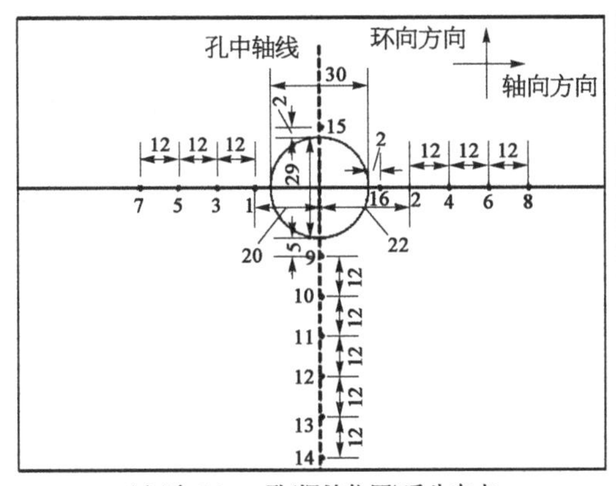

(a) 开 ϕ26 mm孔(焊缝位置)后分布点

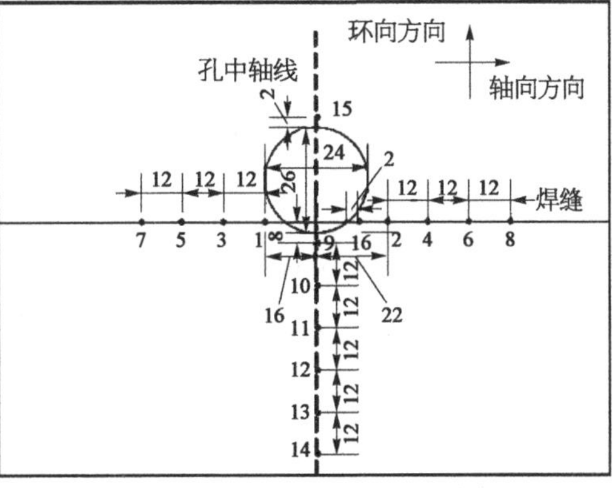

(b) 开ϕ26 mm孔(焊缝附近)后分布点

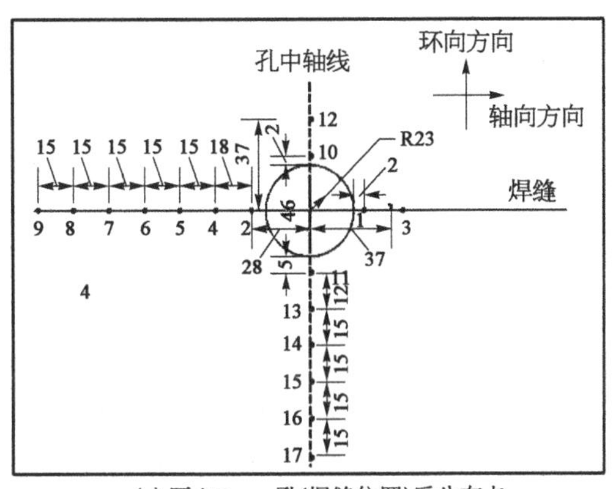

(c) 开ϕ50 mm孔(焊缝位置)后分布点

图 7－73　开孔和测点位置

残余应力测试采用 BE120－2CA－K 型应变花和 CM－1L－32 型静态电阻应变仪完成，盲孔钻削在钻床上进行。从应力测试标准出发，各测点之间距离应达到小孔直径的 6 倍即 12 mm 以上。测试过程中，结合管道的具体尺寸，对盲孔位置进行了较合理的安排，保证测点与边界距离保持 15 mm 以上，各测点之间距离保持 12 mm 以上。

7.6.2.2　实验结果与分析

ERW 电阻焊管焊接成型后，通过在线热处理改善焊缝和热影响区的组织和性能，这导致焊缝及其附近区域的残余应力分布较为均匀，且残余应力值低于管体区域。在焊缝位置和焊缝附近分别通过热切割开 ϕ26 mm 和 ϕ50 mm 孔后，ERW 电阻焊管直焊缝上残余应力的分布曲线如图 7－74 所示，焊管焊缝区域原始残余应力以平均值的方式绘制在图上。

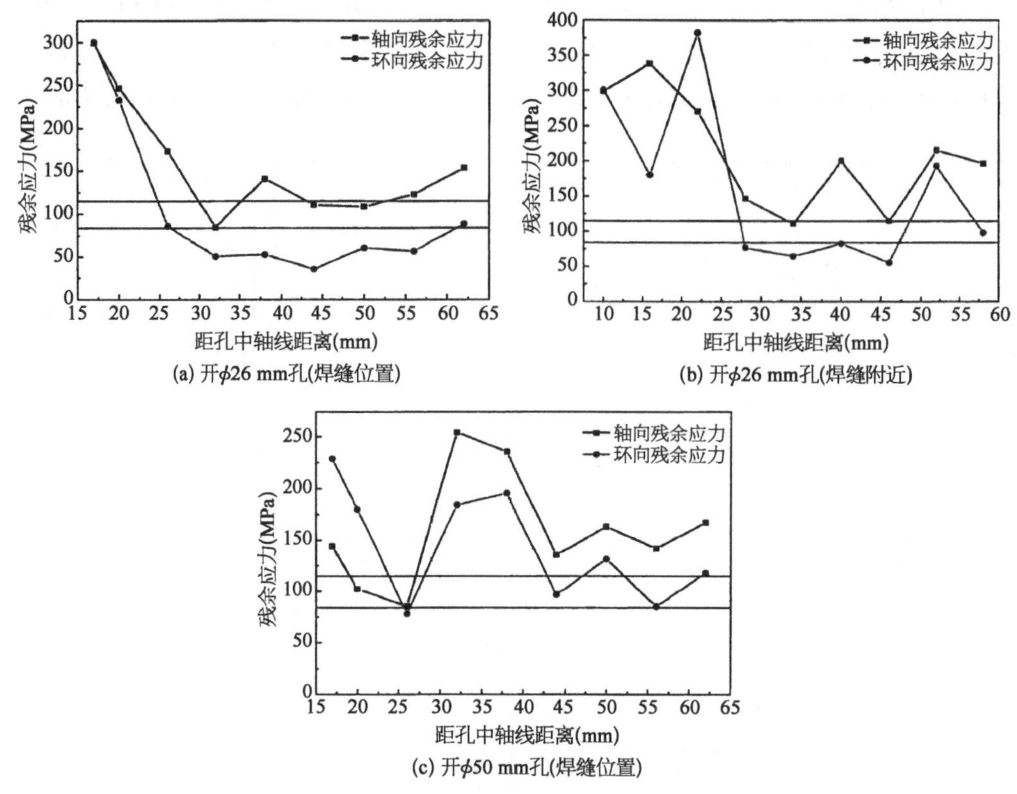

图 7-74　开孔后距孔中轴线残余应力分布

由图 7-74 可知，通过热切割开孔冷却后，开孔边缘残余应力值迅速上升，环向残余应力的增加幅度相对大于轴向残余应力。随着开孔直径的增加，应力的增加幅值减小，但应力集中的影响范围增大。当在直焊缝中心开 ϕ26 mm 孔后，如图 7-74a 所示，焊缝线上轴向、环向残余应力的峰值相对于 ERW 电阻焊管原始状态分别增加了 2.6 和 3.6 倍，约为母材屈服强度的 56%。开孔后，轴向和环向应力集中的影响范围距离开孔中心分别为 30 mm 和 26 mm。当焊缝附近开 ϕ26 mm 孔后，如图 7-74b 所示，焊缝线上轴向、环向残余应力的峰值相对于 ERW 电阻焊管原始状态分别增加了 2.9 和 4.5 倍，分别约为母材屈服强度的 64%和 72%。开孔后，轴向和环向应力集中的影响范围距离开孔中心分别为 3 mm 和 28 mm。当在焊缝中心开 ϕ50 mm 孔后，如图 7-74c 所示，焊缝线上轴向、环向残余应力的峰值相对于 ERW 电阻焊管原始状态分别增加了 2.2 和 2.7 倍，分别约为母材屈服强度的 48%和 43%。开孔后，轴向和环向应力集中的影响范围距离开孔中心分别为 76 mm 和 73 mm。综上所述，热切割开孔位置对 ERW 电阻直焊缝残余应力的影响较大，开孔位置紧切直焊缝后残余应力幅值增加最大。热切割开孔大小对 ERW 电阻直焊缝应力集中范围影响较大，应力集中程度随着开孔直径的增加而增加。

在焊缝中心和焊缝附近分别通过热切割开 ϕ26 mm 和 ϕ50 mm 孔后距离 ERW 直焊缝不同距离残余应力的分布曲线如图 7－75 所示。对比 ERW 电阻焊管原始状态残余应力分布曲线(图 7－75a)，ERW 电阻焊管上距焊缝不同距离残余应力分布较为均匀，热切割开孔改变了其残余应力的原始分布状态，同在直焊缝上基本一致，即开孔边缘残余应力迅速上升，局部存在应力集中区域。在直焊缝中心开 ϕ26 mm 孔后，如图 7－75b 所示，轴向、环向残余应力的峰值相对于 ERW 电阻焊管上的峰值残余应力分别增加了 1.65 和 1.56 倍，分别约为母材屈服强度的 59%和 54%。开孔后，轴向和环向应力状态改变范围为距直焊缝 43 mm 内。在焊缝附近开 ϕ26 mm 孔后，如图 7－75c 所示，轴向、环向残余应力的峰值相对于 ERW 电阻焊管上峰值残余应力分别增加了 1.84 和 1.65 倍，分别约为母材屈服强度的 66%和 57%。开孔后，轴向和环向应力状态改变范围约为距离直焊缝周围 44 mm。在焊缝中心开 ϕ50 mm 孔后，如图 7－75d 所示，轴向、环向残余应力的峰值相对于 ERW 电阻焊管上峰值残余应力分别增加了 1.61 和 1.75 倍，分别约为母材屈服强度的 60%和 61%。开孔后，轴向和环向应力状态改变范围约为距离直焊缝周围 55 mm。

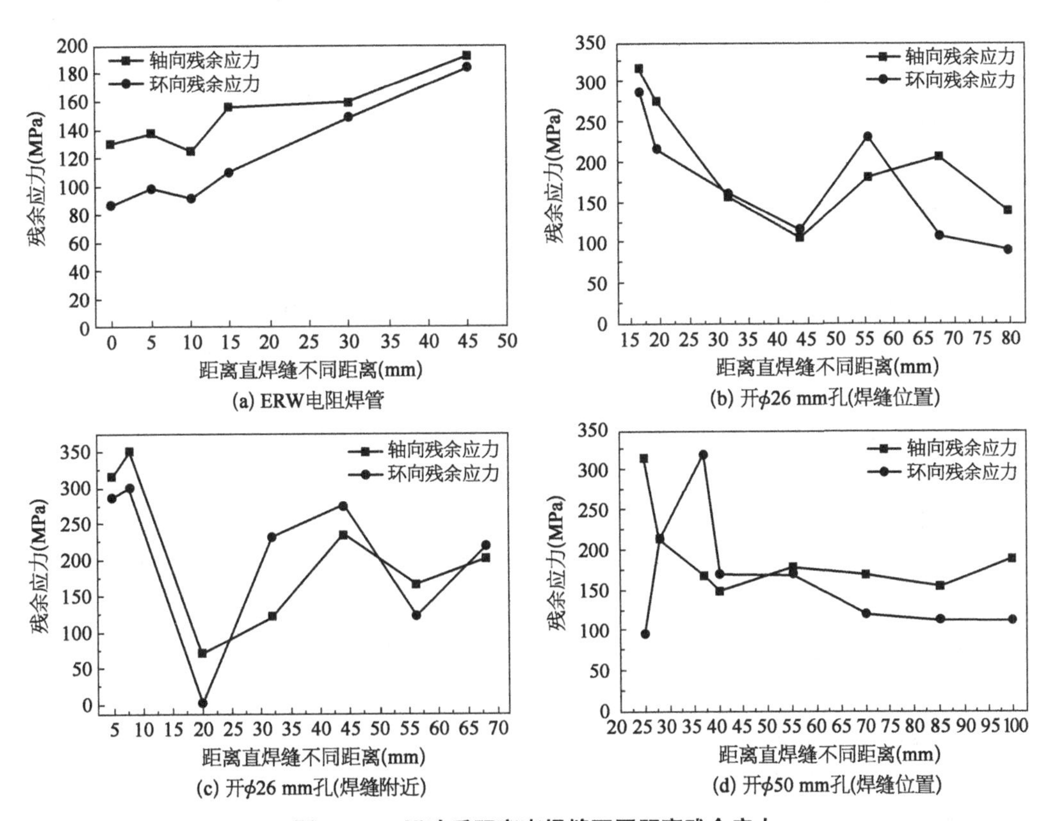

(a) ERW电阻焊管　(b) 开ϕ26 mm孔(焊缝位置)　(c) 开ϕ26 mm孔(焊缝附近)　(d) 开ϕ50 mm孔(焊缝位置)

图 7－75　开孔后距离直焊缝不同距离残余应力

对比三种方式热切割开孔后的残余应力可知，当在焊缝中心开 ϕ26 mm 孔时，残余应力的分布较为规律，即开孔边缘残余应力急剧上升，随着距离的增加，开孔的影响逐渐减小。当焊缝附近开 $\phi 26$ mm 孔对 ERW 电阻焊管原始残余应力幅值的影响最大，不仅孔边缘残余应力峰值大，而且在应力集中区域残余应力的波动幅度也较大。通过统计可知，ERW 电阻焊管上整体残余应力值较小，轴向和环向残余应力最大值分别约为母材屈服强度的 38%和 29%。焊缝附近开孔后，ERW 电阻焊管上轴向和环向残余应力最大值约为母材的 66%和 72%，分别增大了 1.7 和 2.4 倍。这主要是因为紧切直焊缝热开孔时，ERW 焊缝侧的受热时间较长。当在焊缝中心开 $\phi 50$ mm 孔时，由于受热区域更大，应力集中程度相对减小，残余应力的幅值相对是三种情况下最小的，但是应力集中的区域较大，特别是在直焊缝上影响区域高达 51 mm。

参考文献

[1] 王乐安，唐祥松，刘强.TC11 钛合金叶片模锻工艺分析[J].材料工程，1994(5)：24 - 25.
[2] Lu Jinwen, Ge Peng, Zhao Yongqing. Recent development of effect mechanism of alloying elements in titanium alloy design[J]. Rare Metal Materials and Engineering, 2014, 43(4): 0775 - 0779.
[3] 张彩珍，杨健，魏磊，等.航空发动机钛合金叶片喷丸强化残余应力研究[J].表面技术，2016，45(4)：208 - 212.
[4] 刘新灵，张峥，陶春虎.疲劳断口定量分析[M].北京：国防工业出版社，2010：45 - 47.
[5] 张燚，章文峰，闫海.断口定量分析在评估构件疲劳寿命中的应用[J].材料工程，2000(4)：45 - 48.
[6] 张栋，钟培道，陶春虎，等.失效分析[M].北京：国防工业出版社，2004：18.
[7] 陶春虎，习年生，张卫方，等.断口反推疲劳应力的新进展[J].航空材料学报，2000，20(3)：158 - 160.
[8] 胡春燕，刘新灵，陈星，等.主起落架上转轴开裂原因分析[J].航空学报，2014，35(2)：461 - 468.
[9] 黄乾尧，李汉康.高温合金[M].北京：冶金工业出版社，2000：21 - 32.
[10] 阿列克山大 J D，等.宇航材料的锻造和性能[M].北京：国防工业出版社，1985：18 - 24.
[11] 王明涛，曾元松，黄遐.大尺寸弹丸喷丸成形 2024 - T351 铝合金表面质量研究[J].航空制造技术，2012，401(5)：92 - 94.
[12] 高琳.高能超声波喷丸板料成形技术研究[D].南京：南京航空航天大学，2012.
[13] 史学刚，鲁世红，张炜.铝合金超声波喷丸成形制件表面完整性研究[J].中国机械工程，2013，24(22)：3100 - 3104.
[14] 罗海云. 6061 铝合金预拉伸板残余应力测量与分析[J]. 铝加工，2013(4)：52 - 55.
[15] 刘云东.汽车驱动桥壳残余应力及其疲劳寿命分析[D].合肥：合肥工业大学，2014.
[16] 熊杰，汪家全，张勇，等.汽车发动机气门弹簧残余应力的研究[J].车用发动机，2009(2)：89 - 92.
[17] 郑明光，杜圣华.压水堆核电站工程设计[M].上海：上海科学技术出版社，2013.

[18] 孙广，兰银辉，张中伟，等.压水堆核电站控制棒驱动机构下部Ω焊缝的焊接[J].焊接，2013(8)：64－66.

[19] 孙海涛，盛朝阳，高晨，等.OVERLAY堆焊技术在核电设备维修中的应用[J].焊接，2015(9)：53－56.

[20] Ahluwalia K, King C. Materials reliability program: review of stress corrosion cracking of alloys 182 and 82 in PWR primary water service, MRP－220[R]. Electric Power Research Institute, Canada, 2010.

[21] 黄逸峰，张俊宝，梅乐，等.核电反应堆压力容器顶盖J型接头内壁残余应力[J].焊接，2016(1)：23－27.

[22] 邹家生，潘浩，刘川，等.大型核电厚壁结构X射线衍射法残余应力测试[J].江苏科技大学学报(自然科学版)，2013，27(6)：532－535.

[23] 张亦良，黄惠茹，李想.车削加工残余应力分布规律的实验研究[J].北京工业大学学报，2006，32(7)：582－586.

[24] Deng D, Murakawa H. Numerical simulation of temperature field and residual stress in multi-pass welds in stainless steel pipe and comparison with experimental measurements[J]. Computational Materials Science, 2006, 37(3): 269－277.

[25] Akbari D, Sattari-Far I. Effect of the welding heat input on residual stresses in butt-welds of dissimilar pipe joints[J]. International Journal of Pressure Vessels and Piping, 2009, 86(11): 769－776.

[26] 王元良，周友龙，胡久富.铝合金运载工具轻量化及其焊接[J].电焊机，2005，35(9)：14－18.

[27] 晏传鹏，莫斌.新型锌铝合金焊接技术研究[J].西南交通大学学报，1993(2)：37－41.

[28] 路浩，刘雪松，孟立春，等.高速列车车体服役状态残余应力超声波法无损测量及验证[J].焊接学报，2009，30(4)：81－83.

[29] 荀国庆，黄楠，陈辉，等.X射线衍射法测试高速列车车体铝合金残余应力[J].西南交通大学学报，2012，47(4)：618－622.

[30] 王炎金.铝合金车体焊接工艺[M].北京：机械工业出版社，2009.

[31] 李亭，史清宇，李红克，等.铝合金搅拌摩擦焊接头残余应力分布[J].焊接学报，2007，28(6)：105－107.

[32] 闫占奇.轨道交通车辆铝合金地板FSW与MIG焊残余应力对比分析[J].城市轨道交通研究，2018(2)：64－66.

[33] 孟广喆，贾安东.焊接结构强度和断裂[M].北京：机械工业出版社，1986.

[34] 王者昌.关于焊接应力应变问题的再探讨[J].焊接学报，2006，27(8)：108－112.

[35] 刘小渝.磁测法测试钢结构桥梁的焊接残余应力[J].重庆交通大学学报(自然科学版)，2010，29(1)：38－41，84.

[36] 陈立功，倪纯珍.建筑钢结构的焊接残余应力与消除方法探索[C]//中国机械工程学会焊接学会.第十一次全国焊接会议论文集(第2册).上海：上海交通大学出版社，2005：35－38.

[37] 李刚.焊接应力与焊接变形控制[J].水利水电技术，2004，35(6)：46－47.

[38] 刘小渝.超声波冲击消除钢结构桥梁焊接残余应力的实验研究[J].中国铁道科学,2008(5):46-50.
[39] 李亚欣,刘雅政,洪斌,等.逐层钻孔法测量P110级石油套管淬火残余应力分析[J].钢铁,2010,45(6):59-62.
[40] 孙正国.管道开孔和开孔补强[J].油气储,1993,12(1):23-26.
[41] 孔令勤,王贤虎,范丽华.对96版《锅规》在受压元件上开孔规定的分析[J].锅炉制造,1999,21(1):31-32,38.
[42] 邵春明,胡美娟,罗金恒,等.管道热开孔残余应力分析[J].石油管材与仪器,2016,2(3):49-52.

附录
X射线衍射残余应力测试步骤

1 简介

扩展软件系统随Proto XRD应力分析仪一起，还为使用者提供了一个程序包，用于应力计算的全面的运算法则。不仅有系统的驱动、计算和监控仪器，还有收集处理应力数据，提供给研究者许多的参考文献和通过一个详细的图标运算来操作应力数据。其他部分和仪器操作联系在一起。

2 操作方法

在随后的操作程序描述中，假设操作者已经在安全的环境下受到X射线衍射测量应力的原理及机械、电子和Proto XRD应力分析仪的操作培训，才可以安装系统。如果不符合上述中任何一条，请不要进行操作，操作后果不在保证之内。

3 开始程序

3.1 启动XRDWin2.0

确定系统正确安装。

打开电脑启动Windows 98/2000/XP，双击XRDWin按钮：

出现下面的对话框后，点击**确认**进入系统：

User
Please input your name:
admin
Password:
Current project:
C:\XrdWin Data\20181128
Language:
English
OK
New Project
Cancel

3.2 启动系统

按下 Main Power On 和 X－Ray Power On 按钮(只在 iXRD 系统)。确认冷却扇在运转,一个红灯点亮指示主功率已开。

按键转换到提供高压电源(iXRD)。

从底盘中安装在水泵上的流量指示器上确认水在流动。

按下 System Enable 键,一个黄色指示灯指示二级系统功率的应用(只应用于 LXRD 系统)。

3.3 系统初始化

点击**系统➡初始化**或者在工具栏上的初始化键来初始化系统。

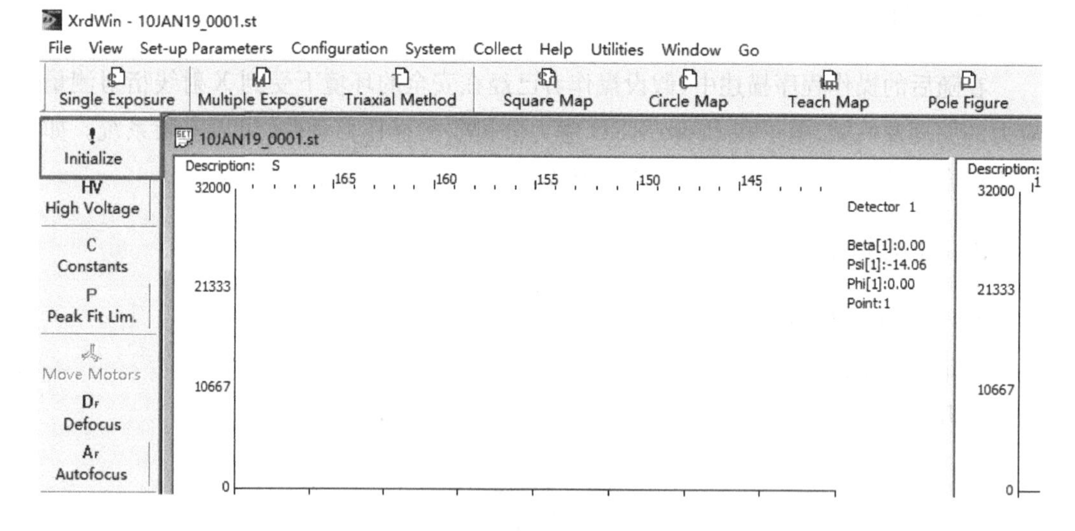

屏幕显示如下:

点击**初始化**键初始化系统。

如果要更改传输断口,点击**通信断口**按钮(**一般不需要**)。

在任何时候可以按“**停止**”来停止初始化,选择表中电机按**该轴回起点**使其回位。

如果要回位所有的电机,选择**所有轴回起点**按钮。

复位:复位控制器。

如果只是浏览保存的数据，可以不用初始化系统。

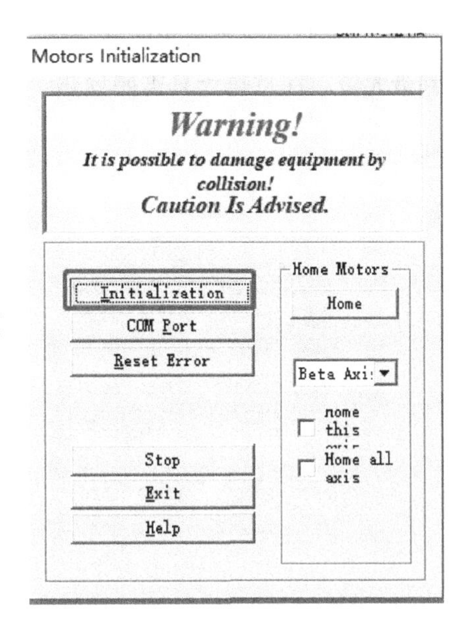

3.4 高压和 X 射线管预热

在打开全部能量前，X 射线管必须先预热到设置的合适的能量级别。

确保辐射安全，遵守屏蔽原则。

确认高压安全互锁灯熄灭包括 KEY SWITCH 按钮。

准备使用 X 射线时，按下 X - Ray ON 按钮激活 X 射线。红色 X - Ray ON 灯亮，发生器照明，预热 X 射线管。

点击**系统➡高压**，或者左侧菜单栏中**高压**，出现以下对话框：

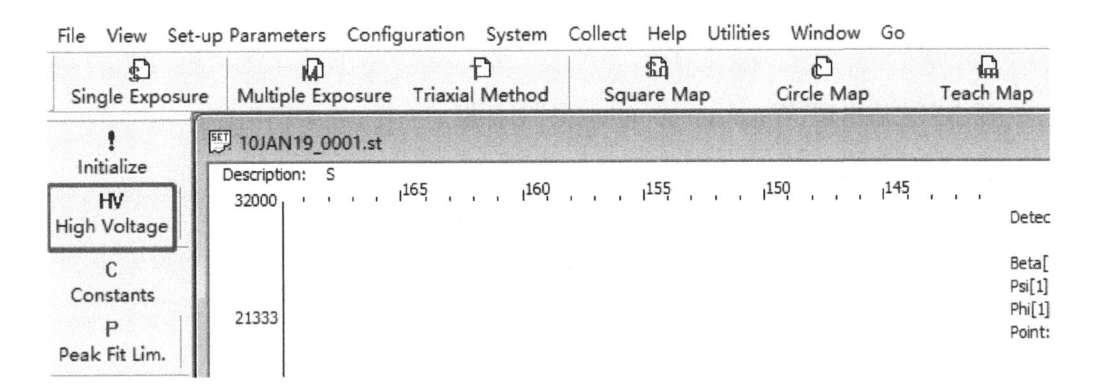

对话框中设置值一栏主要设置**轮廓**（**采集**）的电压和电流，以及**增益**（**取背底**）时的电压与电流，一般情况下**轮廓一栏**不用修改（30 kV、25 mA），增益（取背底）电压根据实际需要可以改动，但**必须小于** 30 kV。

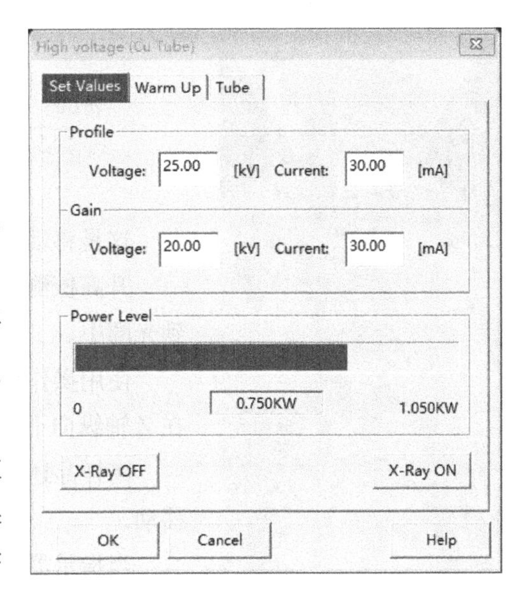

X 射线管一栏主要是选择靶材，根据实际所用靶材来选择（Cr、Cu、Mn、…），电压电流一般不需要改动。

预热一栏预热电压电流一般无须改动，预热周期则按照右图要求进行。如果衍射仪**不使用**的时间在**一周以内**，则只需预热 7 **分钟**；如果**不使用**时间**超过一周**，则需要预热 15 **分钟**；如果时间更长，则需预热到**最大值**。注意**每天只需要预热一次**。参数正确后点击确认开始预热。

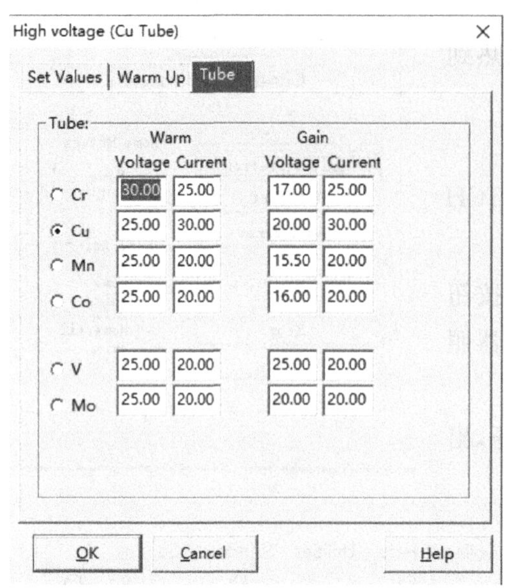

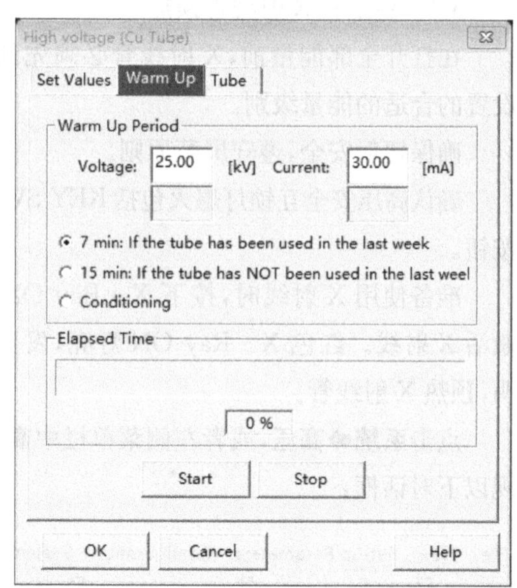

预热完之后出现“Warm up completed!”对话框。

4 聚焦技术

Proto 系统装备了两种不同的聚焦技术：**手动和自动**。

4.1 手动聚焦技术

执行此技术：

在主菜单中，选择**配置➡用户配置**，默认值是 20 mm，会出现在散焦值对话框中：

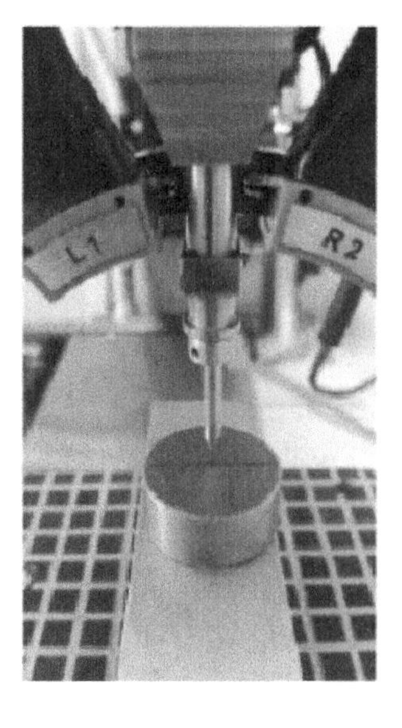

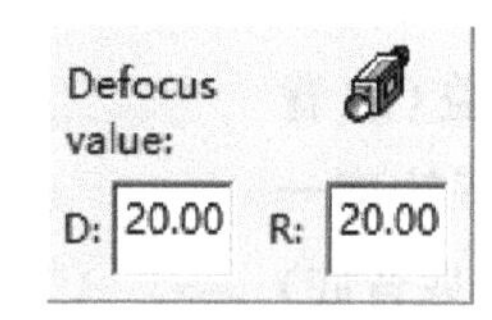

这是移动**指示器**的最小距离。

升高探测头到足够高，移除光圈，手动滑动聚焦指示器到光圈中。

使用操作杆，选择 Z 轴电机位置，按下开关探测头就会在 Z 轴纵向下移动(见左图)。

离样品还有几毫米的位置时要小心地以 1 mm 步进移动。

当指示器的尖端刚碰到样品的表面时，在程序主菜单中选择**系统➡散焦(工具栏中离焦按钮也可以选)**：

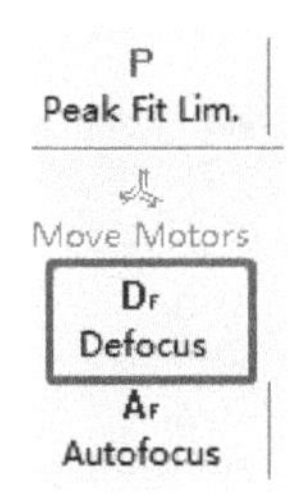

然后就出现下面的信息：

点击**确认**，探测器会上移到输入常数对话框的距离(默认是 20 mm)，然后出现下面的信息：

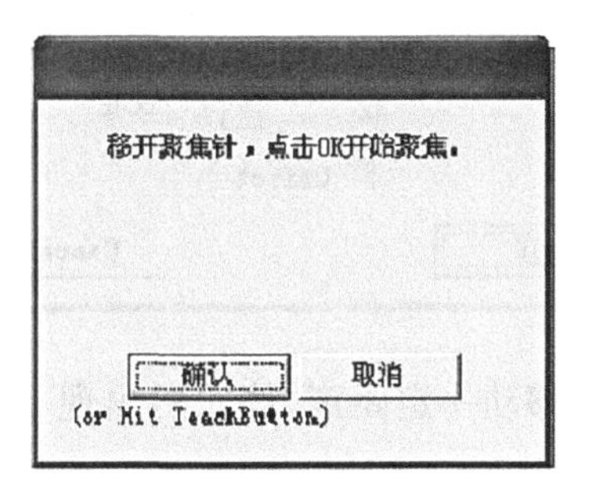

移开指示器，把**光圈(准直管)**滑动到瞄准器内点击**确认**。探测头就会向下移动聚焦。

现在就可以准备测试了。

4.2 自动聚焦技术

该技术使用了一个不同的指示器来做自动聚焦，按下面路线执行。

首先将自动对焦针手动滑到探测器中(见右图)。

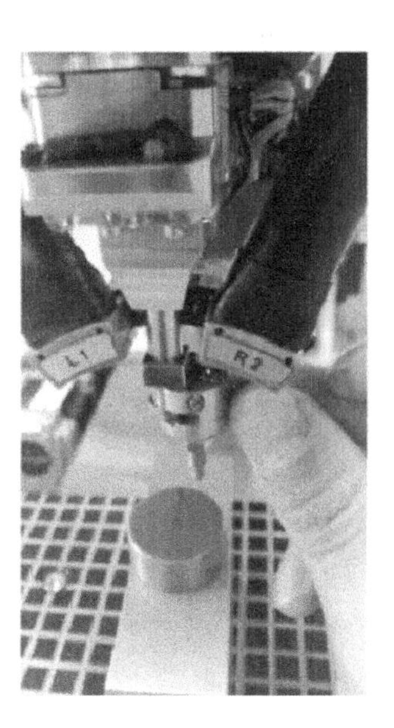

通过指示器移动 **Z 轴**，使得对角阵靠近带测点，无须接触。其中对焦针头部有个行程开关，当对焦的时候如果对焦头与带测点接触，**Z 轴**将自动停止向下。

在主菜单中选择**系统➡自动聚焦**，或使用左侧菜单的快捷键：

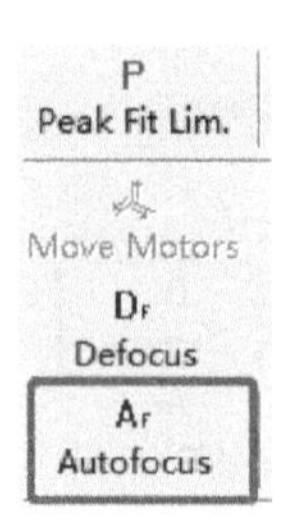

然后出现以下信息：

点击 OK，对焦针开始向下移动，直到与待测点接触后出现以下对话框：

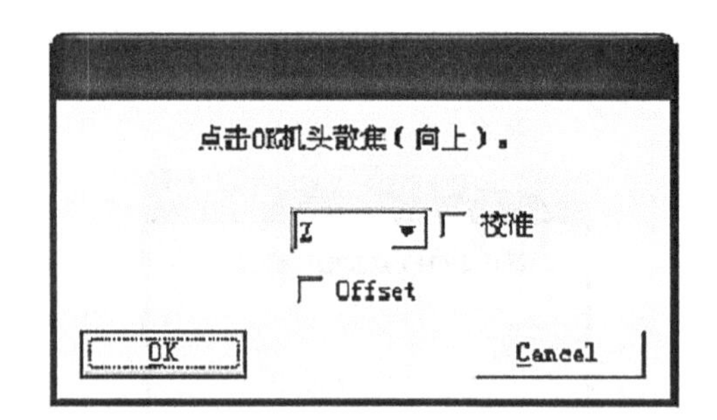

点击 OK，指针开始向上移动一定距离，停止后出现下面对话框，要求移开对焦针（指针），此时可以再次对焦：

移开指针，点击**确认**：

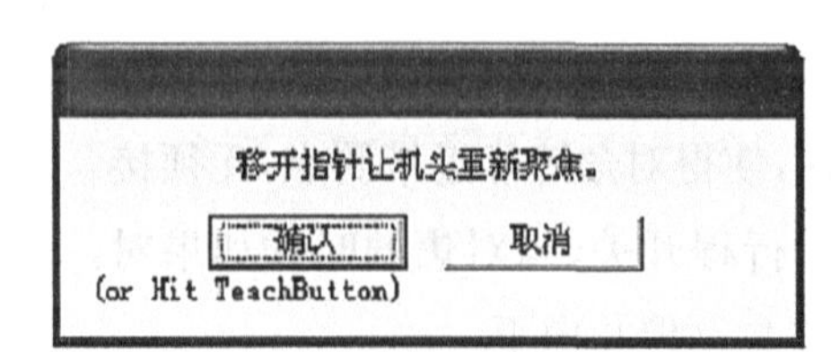

5 应力测试程序

5.1 单次曝光

在一个 β 角收集衍射峰信息。

5.1.1 衍射峰采集

在程序主菜单，选择单次曝光，再选择**采集➡轮廓**：

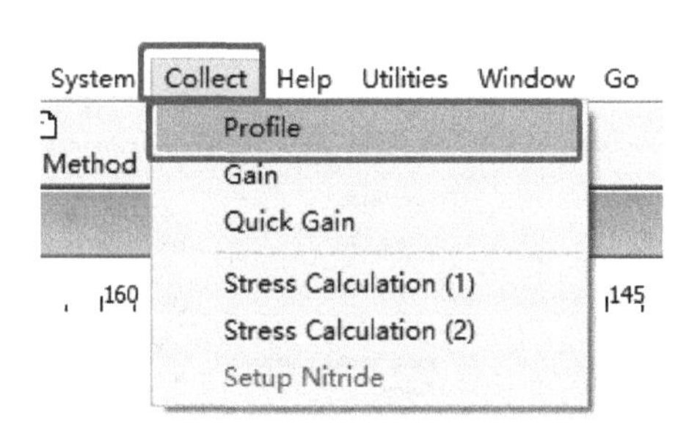

出现下面的对话框，对话框中第一栏**采集常数**中，**曝光**一栏根据需要可以改动，其中**曝光次数增益**是取背底用。β 角一栏是探测器到一个 Φ 角后测试的**摆角**，一般为 3°，光圈则是所用光圈光斑的直径大小：

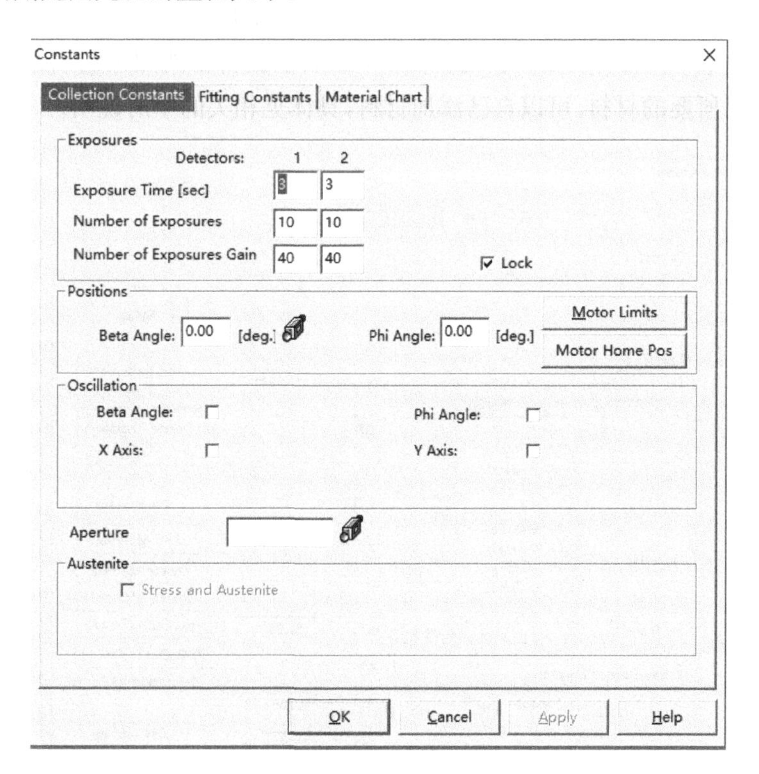

第二栏是**拟合常数**，这一栏主要是**峰值定位**的选择，一般为 Gaussian(**高斯**)法，当然用户也可以根据自己需要选择其他方法。

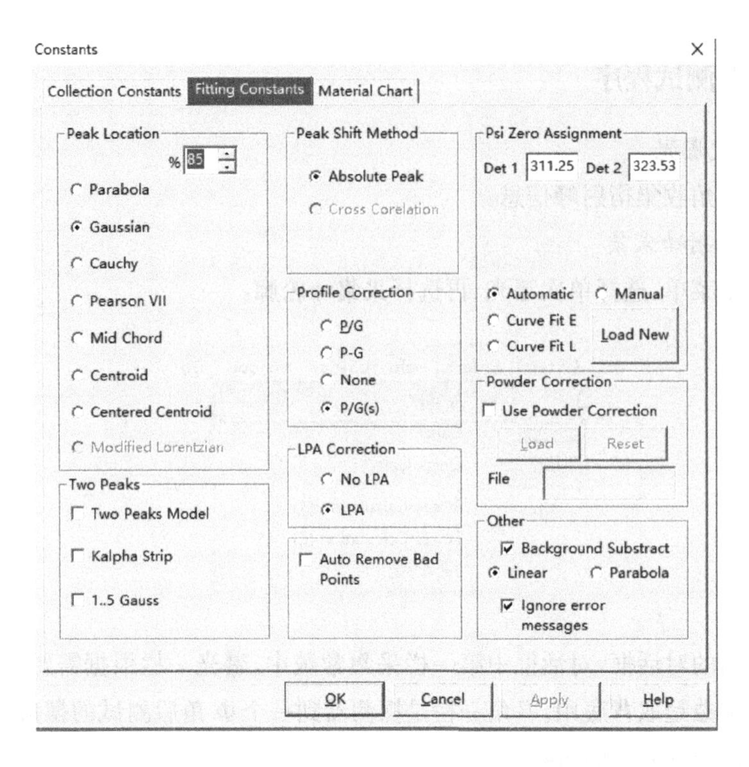

第三栏是材料图，这一栏主要选择辐射类型(根据自己所用靶材选择，一般为 Cr Cu Mn_K－Alpha)，还有就是材料选择，同样也是根据自己所用的材料来选择，当然，如果没有自己所要的材料，可以自己添加材料，具体见相关的手册说明。

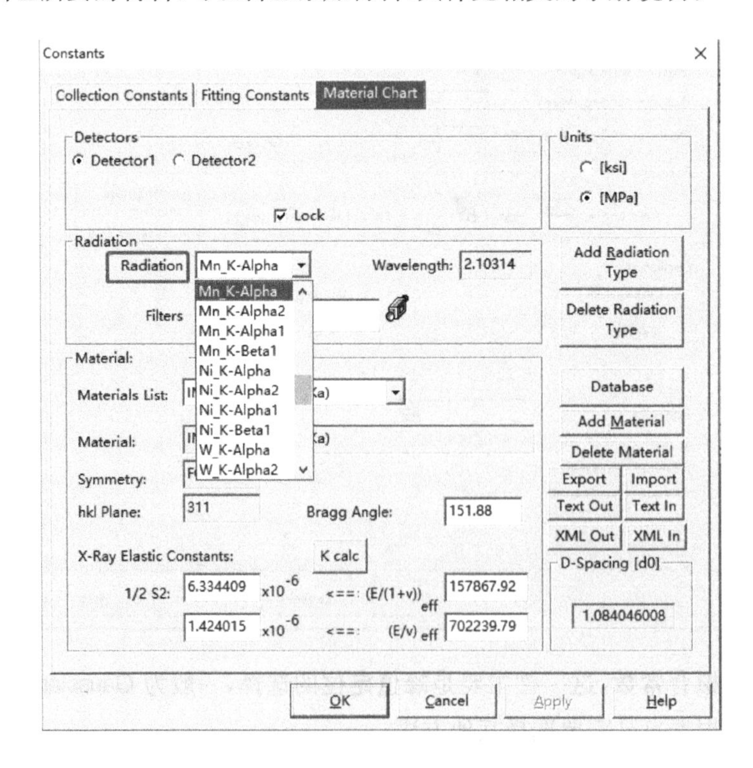

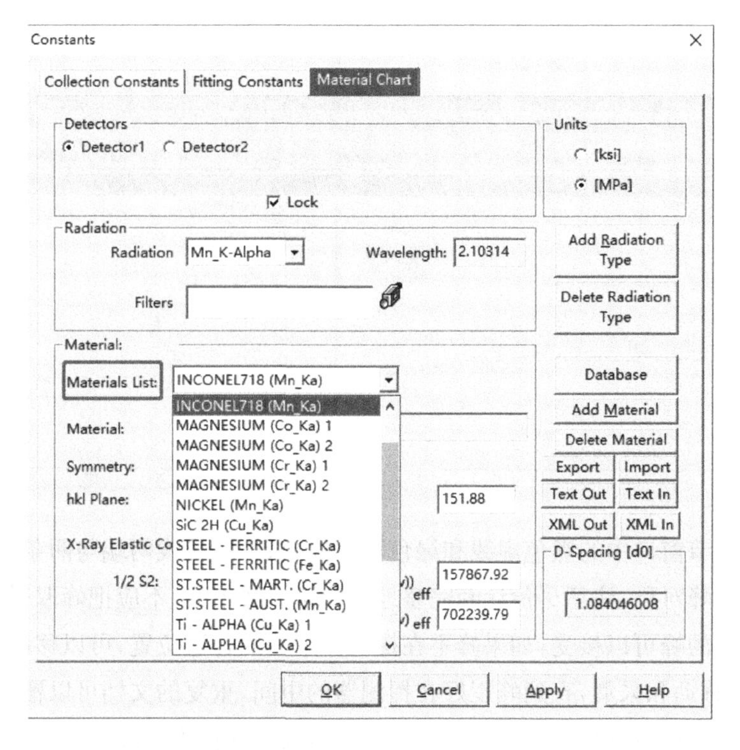

所有参数选择完毕以后点击**应用**、**确认**，出现以下对话框，该对话框显示所有设置的参数，检查参数正确后点击确认进行测试：

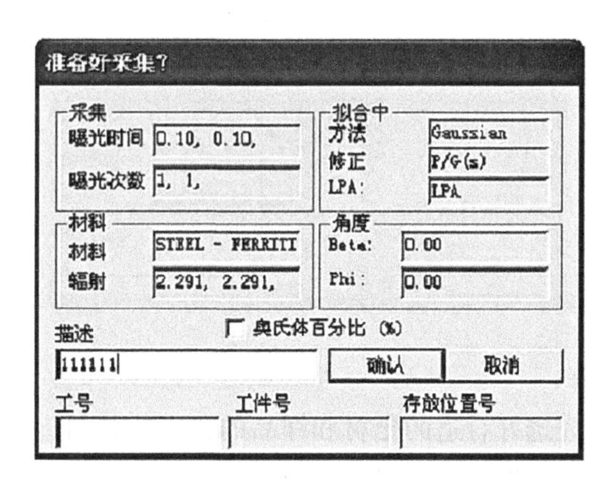

采集结束后，就会显示衍射峰。下面的窗口会显示采集的真实峰：

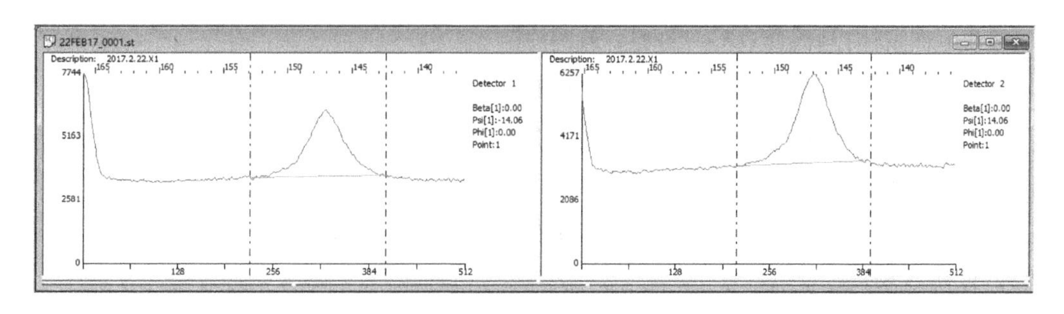

单击窗口，扣除背底衍射图如下。如果再点击，背底就会去除并应用拟合：

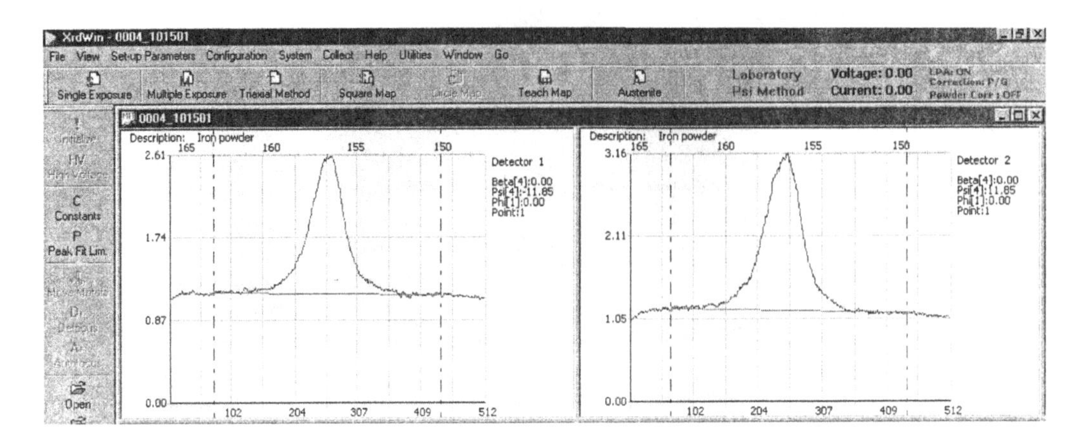

用鼠标调节窗口中的黑色虚线和绿色波浪线，绿色波浪线两端与两条虚线相交，并且与所得到的峰对称，注意尽量让峰完整地在两条虚线中间，不应把峰取得太窄。

上面显示的峰可以接受，如果峰不在探测器中间的合适位置，可以移动探头收集信息，可以重复移动和采集，直到峰正好在探测器的中间，重复的文档可以覆盖。

浏览衍射峰窗口、单机窗口，峰位可以通过常数对话框中已经选择的峰位法计算出来，在每个峰位的右侧显示峰的位置。

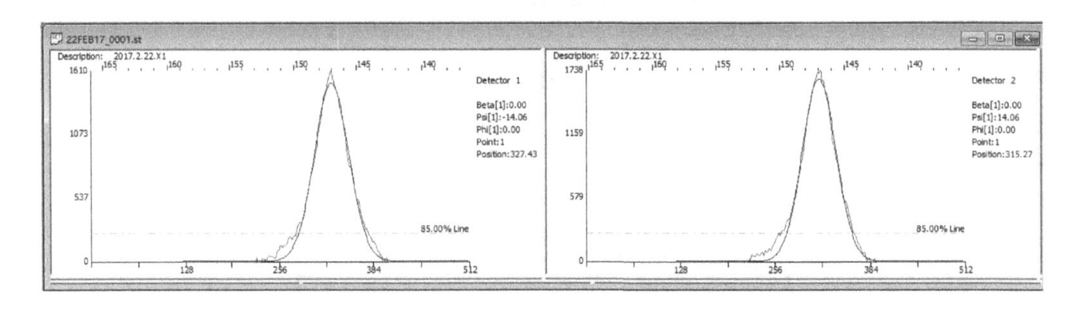

5.1.2　单信息采集

采集背底时，必须先选好合适的靶材和样品的背底片材料。这可以在测试样品时用没有衍射峰以相近方式扩展的不同材料来获得。对于大多数材料，最合适的背底材料如下：

(1) 铁素体，马氏体(BCC)材料：黄铜片。

(2) 奥氏体，镍基(FCC)材料：铁垫片或 β-钛片。

(3) 钛基(BCC，HCP)，铝合金(FCC)材料：玻璃片。

其他可根据要求定制。

关闭 X 射线，放置背底材料后，使用手动或者自动技术调节高度。

打开 X 射线。

在软件上选择**采集**➡GAIN(**增益**)：

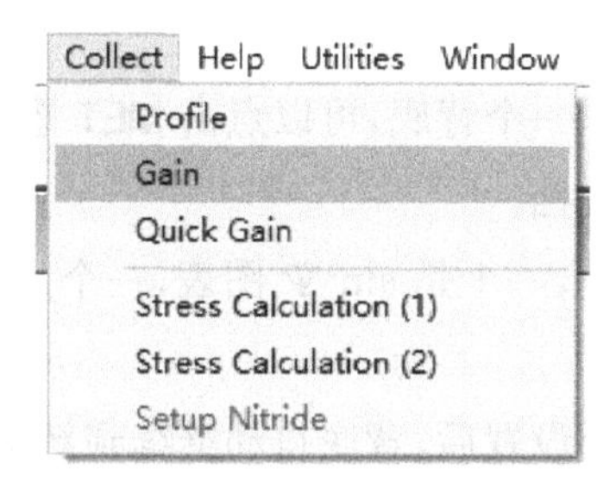

出现以下对话框：

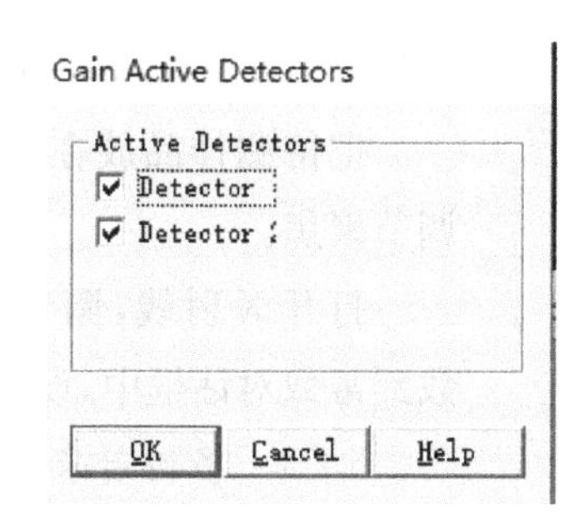

选择两个探测器单击**确认**。

快门打开收集到一个衍射峰。采集过程中的曝光时间和次数都会显示出来。采集快门结束快门关闭，衍射峰会在同一图表中和两个探测器的衍射峰一起显示出来：

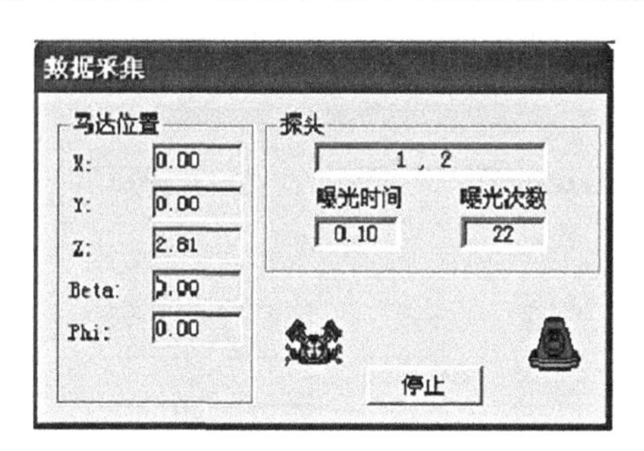

5.1.3　单曝光应力计算

用一个 β 角(两个 Psi 倾斜)来测量应力是可以的，这种方法一般限定在材料有以下特征的情况下：

(1) d 和 $\sin^2\Psi$ 的关系曲线是线性的，并且没有因为剪切应力出现 Psi 分裂；

(2) 材料的晶粒良好；

(3) 材料是各向同性，没有晶格出现。

采用该方法，测量出现的误差必须仔细估计。

总之，这种方法是没有其他测试方法的时候才使用的。

5.2　多曝光文档

多曝光文档是在多个 β 角下采集多点衍射峰，使用 $\sin^2\Psi$ 法来计算应力。其既可以计算正应力又可以计算剪应力。结果在一个综合报告中给出，而且文件自动保存。可以再修改，再保存。

在一个单独文件中采集了一个背底，可以点击 MET 按钮或者在主菜单上**文件—新建—多次曝光**打开多次曝光文档。

文档会显示另外两个窗口，一个是 $\sin^2\Psi$ 图表，一个是应力报告。背底自动继续到新文件中。

所有测量参数都被定义及设置后，背底自动继续到新文件中。如不是，可以选择**文件—打开增益**打开一个存在的背底。文档采集后左右的背底文件自动分别保存。

把待测样品放在测角仪下，用手动或自动方法调节聚焦。

打开 X 射线，调节功率（kV 和 mA）及曝光次数到常数对话框中，设定衍射峰采集的初始值。

5.2.1 多衍射采集

选择**采集➡多次曝光**技术来采集衍射峰(见左图)。**常数**对话框显示如下：

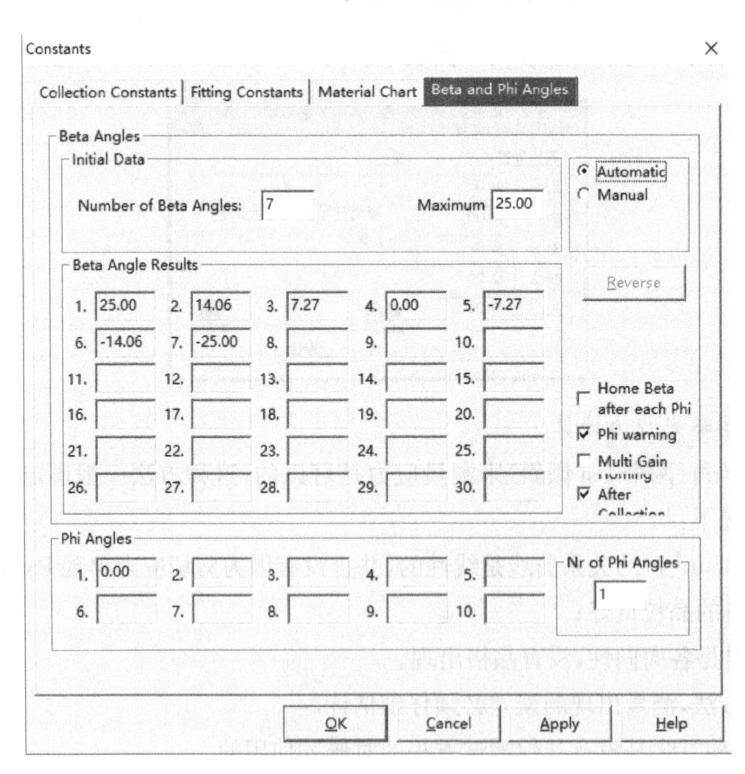

对话框中包含 β 和 Φ 角。双击激活这些参数，然后输入 β 和 Φ 角。输入希望的最大 β 角及数目，程序会自动计算其他角，这些角通常都是以 $\beta=0$ 对称的，每个探测器都

包含对应于 $\Psi=0$ 的两个 β 角：

对于两个探测器，$\Psi=\beta\pm(\pi-2\theta)/2$，这些值代替表中程序计算的最接近的值。有时如果最大 β 角值靠近该值，可以适当减少。

除了以上两个值，都可以手动更改。点击**确认**继续。如果系统安装了一个 Φ 转盘，就可以在多个角度进行测量。

输入 Φ 角个数，点击**确认**会出现以下对话框：

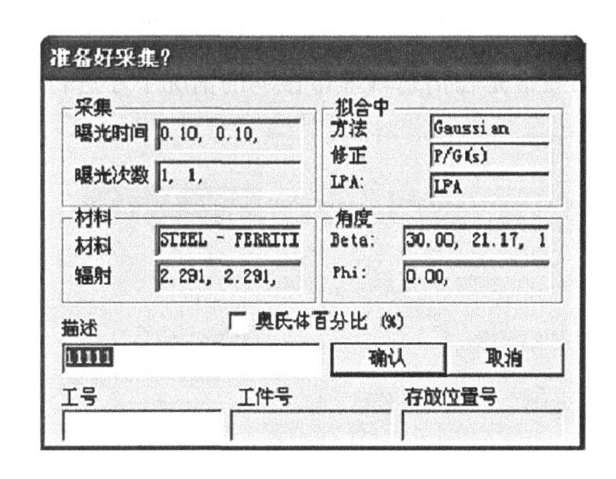

同时，请**确认**选择的测量参数。点击**确认**，将看到 β 电机移动到第一个角去采集信息。如果**选择摆动**，会看到**选择的轴开始移动并摆动**。

测量过程中，每次采集完成后就可以显示衍射峰曲线，然后 β 电机移动到下一个角度进行采集，直到测量结束。

最后一次采集的衍射峰显示后，程序会在左边窗口显示 d 和 $\sin^2\varphi$ 关系曲线，在右边窗口显示应力报告，如下图：

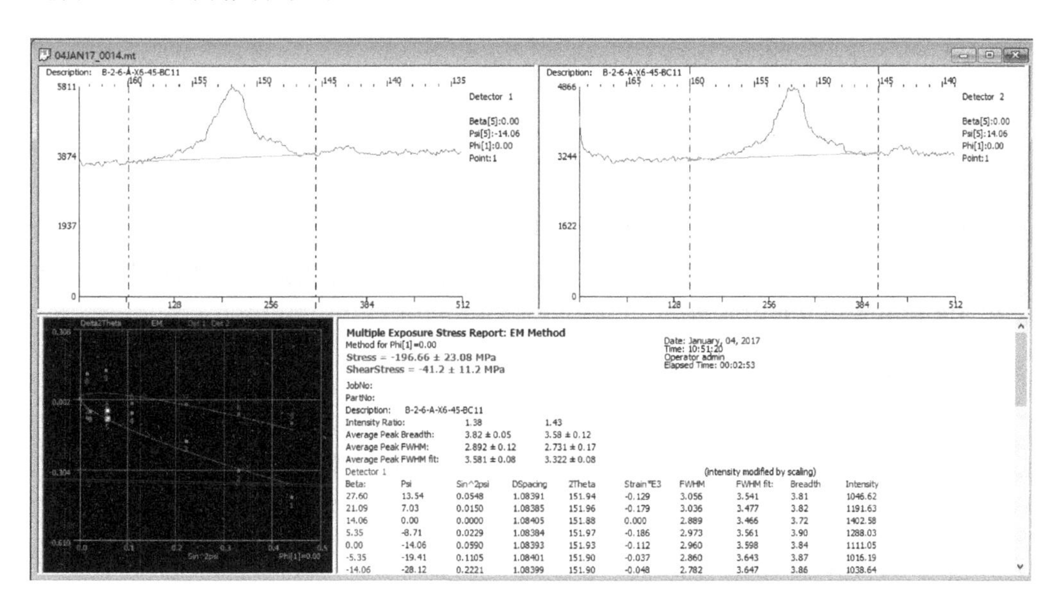

5.2.2 多背底采集

多背底采集，必须核对对话框中的β和Φ角，选择最大β角及使用个数，然后如下继续：

(1) 放置背底材，正确聚焦。

(2) 打开 X 射线。

(3) 在主菜单中选：采集➡增益。

(4) 系统就会从第一个β角开始到最后一个进行多背底采集。

注意：多背底采集经常是在衍射峰非常微弱的情况下才进行的。

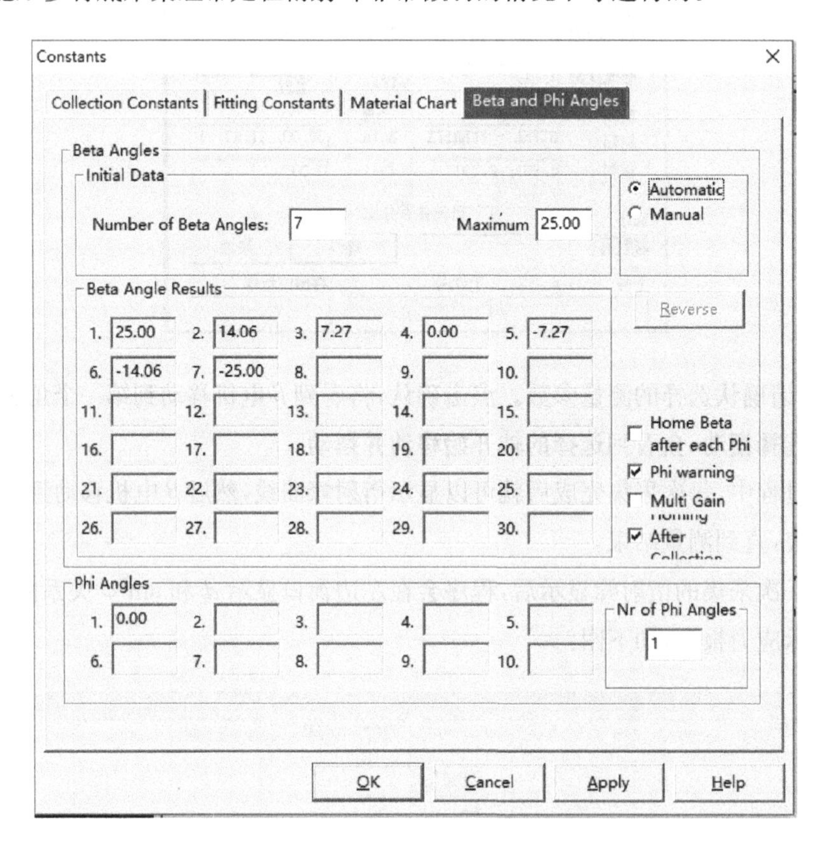

选择的β角必须和衍射峰采集的β角在顺序和值上完全相同。只要选择了多背底选项，程序就会使用所有的背底在每个β角采集。如只用一个背底启动程序，就在β和Φ角对话框中取消多背底选项。

5.3 三轴技术

5.3.1 自动测量

Proto XRD 系统安装一个旋转后可实现自动三轴应力测试。测试前必须：

(1) 确定样品的旋转不会干扰β移动。

(2) 核对可设最大角。

(3) 射线光斑必须和旋转中心一致。

(4) 启动三轴应力测试。

(5) 在快速启动栏点击单曝光。

(6) 设置每次单曝光程序所需参数,采集衍射峰和背底。

(7) 参数设好后,点击快速启动菜单中的三轴方法。

(8) 打开常数对话框。

(9) 选择 β 和 Φ 角,程序自动推荐角度。如需要可自行选择,一般使用 0°、45°、90° 或 0°、60°、120°。

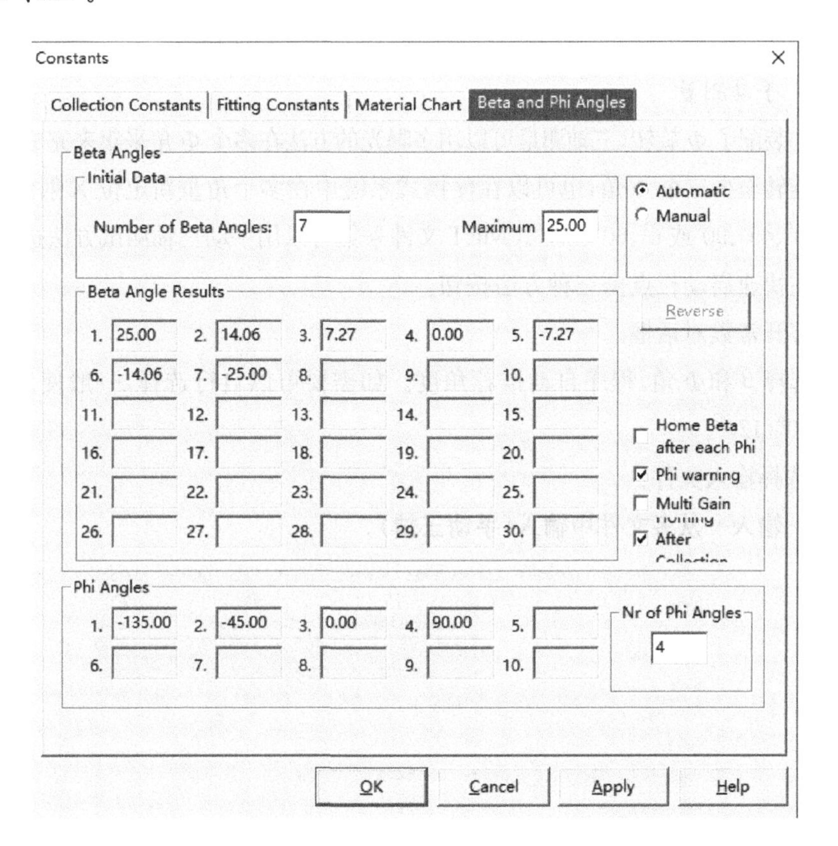

点击**确认**。

在主菜单中选择**采集—采集三轴方法**。出现常数对话框,核对并点击**确认**。

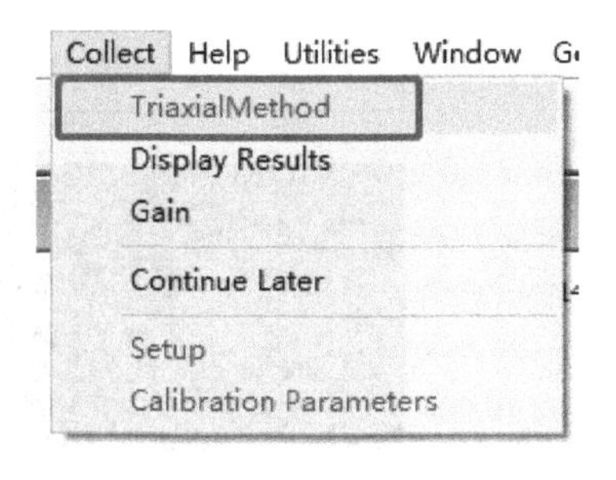

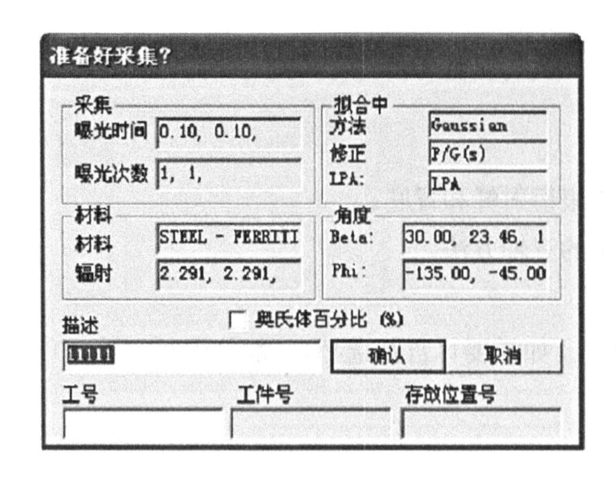

然后出现左图所示对话框。

输入测量说明，点击**确认**。

应力报告包括：

(1) 使用的 φ 角和 Φ 角；

(2) 应力张量误差；

(3) 主应力结果；

(4) 主应力方向；

(5) 换算应力结果；

(6) 其他信息。

5.3.2 手动测量

系统中装配了 Φ 旋转，三轴测量可以用多曝光的方法在多个 Φ 角采集来完成。这部分可以手动旋转至少三个 Φ 角，也可以在便携式系统中在多个角重新定位 X 射线测角仪。一般使用 0°、45°、90°或 0°、60°、120°。MET 文件采集可以用手动三轴测试方法进行：

(1) 在快速启动栏点击三种方法按钮。

(2) 打开常数对话框。

(3) 选择 β 和 Φ 角，程序自动推荐角度。如需要可以自行选择，一般使用 0°、45°、90°或 0°、60°、120°。

可以选择输入文件：

文件—输入—从多文件中输入(手动三轴)。

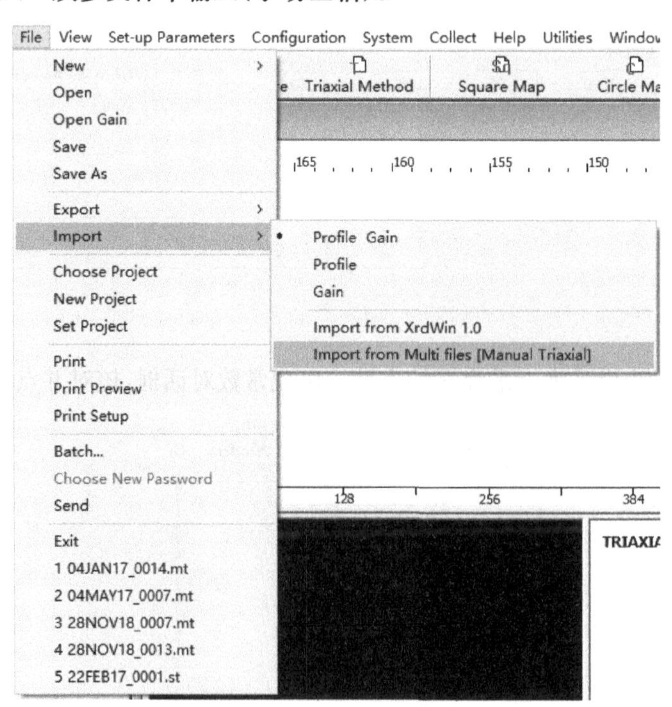

下面的对话框是用来输入文件,在多文件下双击空白处载入一个文件。注意 Φ 角是采集常数中使用的。文件全部加载后点击**确认**执行三轴计算。

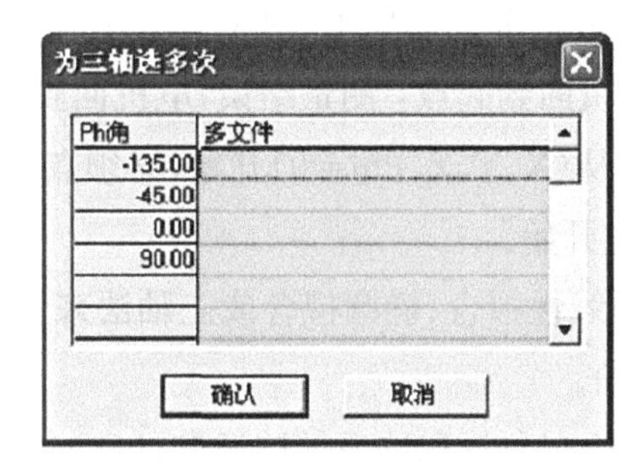

5.4 方形云图

用配备了 X、Y 轴的 Proto XRD 系统,可以在一个平坦的样品上进行绘图技术,程序如下:

(1) 启动测量为单次曝光技术。

(2) 放置样品,确认 X、Y 轴的平移。

(3) 可能的话,标记样品绘图的长和宽。

(4) 把指示器放在起点,在样品表面上 0.5 mm 聚焦,移动电机,然后指向 Y 轴。

(5) 检验两轴上的平行位移。

(6) 回到起点,用手动或自动聚焦技术。

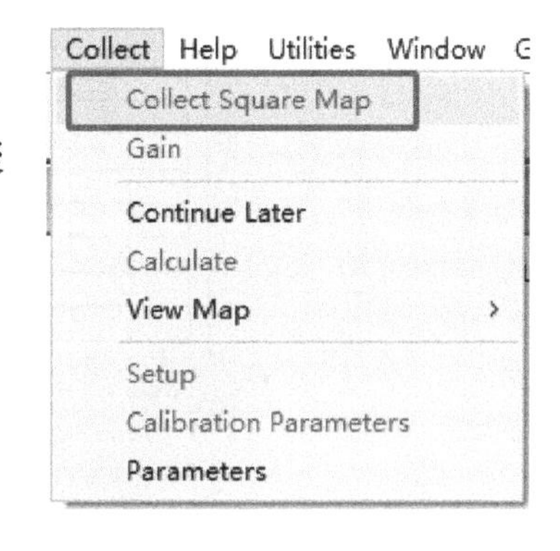

5.4.1 方形云图参数

打开 XRD Win 软件,选择**采集—采集方形云图**。

出现以下对话框:

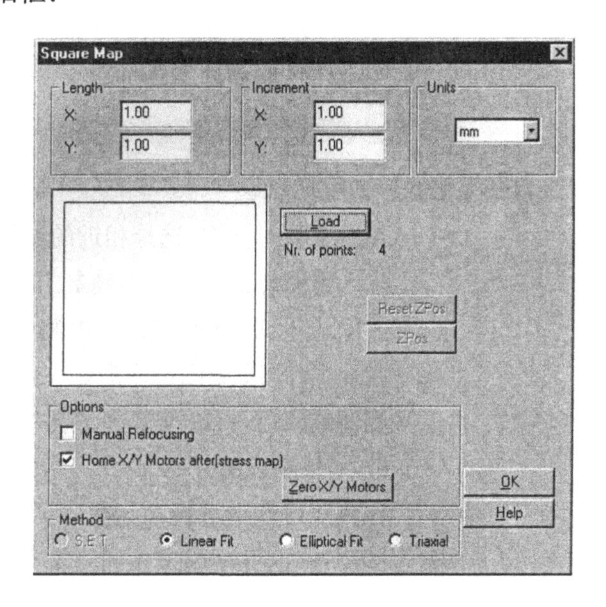

在 X 轴和 Y 轴上选择绘图的长度，以 mm/inch 为单位。所有绘图都是从 X=0、Y=0 开始，绘图前电极零位使 X/Y 轴电机归零。检查下面必需的选项。

手动重聚焦：每次测试开始前手动聚焦，程序会停在下一个点等待聚焦。

应力绘图后 X/Y 轴电机回到起点：测量结束，电机回到开始位置。

使用 Z：程序默认绘图从(X、Y、Z、Phi=0)开始，必须点击“X/Y 轴电机位置零”来确保程序从第一个选择的点开始。

方法：绘图中可以选择线性拟合、椭圆拟合或三轴法来进行应力计算。如选三轴，每次必须输入至少 3 个 Φ 角。

完成后点“装载”，所有绘图参数和选项都被保存，以准备给程序使用。

显示测量点的数量，测量点的数量是无限制的，如果绘图非常大，文件也非常大。

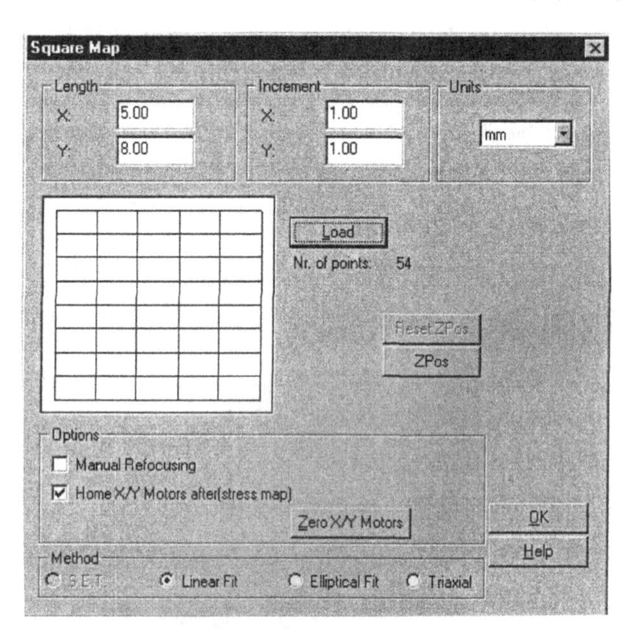

现在就可以开始样品的应力绘图。

5.4.2　方向云图采集

在主菜单中选择**采集—采集方形云图**。

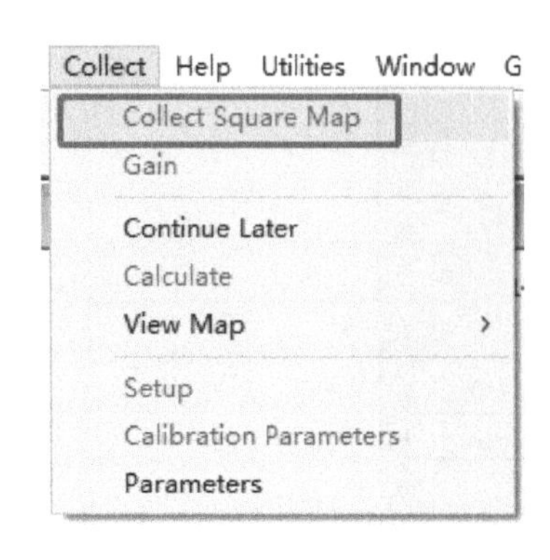

出现常数对话框，选择相近的参数并点击**确认**。

输入测量点说明，并点击**确定**，屏幕显示网格图，每个点都被标记出来。这些点被依次测量，随后显示应力结果。在采集时浏览绘图选择**采集—查看地图**(见左图)。

测试结束后，可以预览这些点并做修改处理。

5.5　预设云图

该程序设计用来自动完成不同坐标的不同样品上的多次测量，也可以用来做同一部分不同位置的测量。

要测量的不同点的坐标事先记录下来，如果样品的表面在同一高度上测量就更好了。按照下面的步骤记录这些点的坐标。

(1) 在快速启动栏里点击**预设云图**，就会打开一个新的文档：

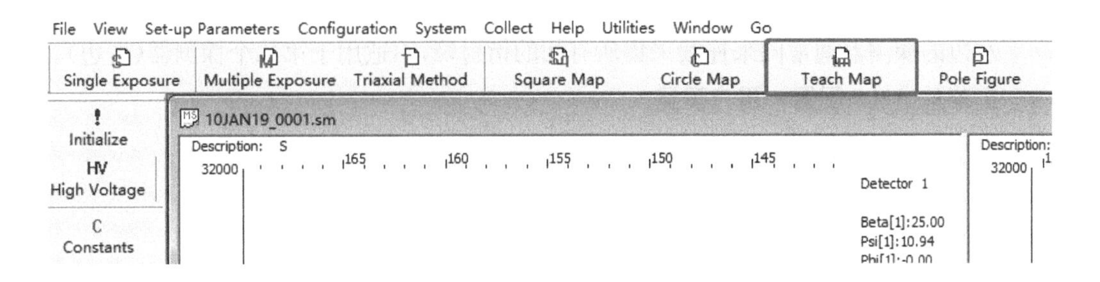

(2) 在菜单里选择采集➡Collect TeachMap，其中**采集常数**、**拟合常数**、**材料图**以及**角度的设置**都和前面一样，预设云图多了一个**预设云图点的采集**，然后点击**开始**进行取点。

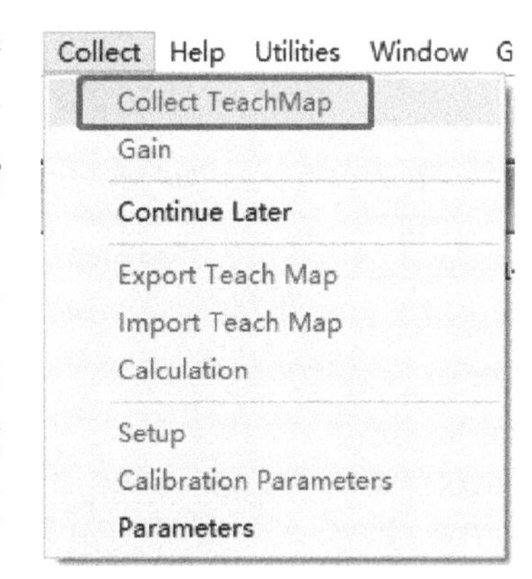

使用**手动指示器**聚焦在试样的一个点上，使用**粗针聚焦**，将探测器内的**光圈(准直管)**拔下来，插入**粗针聚焦针**，使用**手动指示器**进行聚焦，当聚焦针快要接近试样表面时Z轴移动速度放慢，当聚焦针针尖差不多与工件贴近后，长按**手动指示器**右上角的**红色按键**。

(3) 直到对话框中出现第一个点的坐标：X=0，Y=0，Z=0。

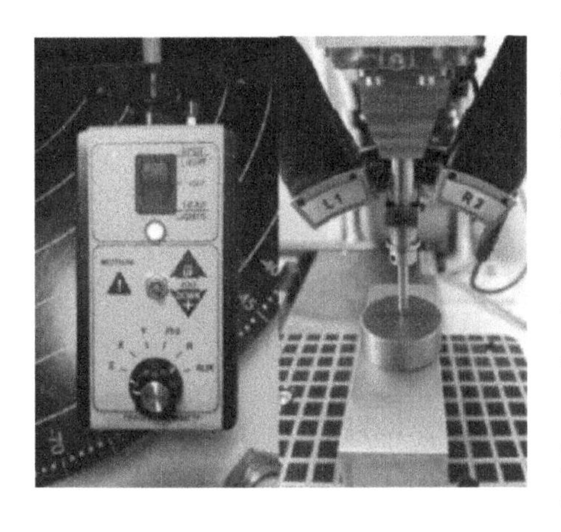

(4) 接下来使用控制器调节对焦头，聚焦第二个需要测的点，长按指示器右上角**红色按键**，直到对话框出现第二个点。

(5) 按同样操作，采集所要测的第三个点。

(6) 用户可以根据自己的需要设置多个点，这里只设置三个点。设置完之后点击“**停止**”，点击“**确认**”。

(7) 查看所有设置的参数是否正确，如果正确点击“**确认**”。出现下面的对话框，点击“OK”开始测量。

5.6 残余奥氏体

5.6.1 概述

使用Proto XRDWin可以用两种不同的方法测试残余奥氏体，分别是表征方法和平均峰法。

5.6.2　平均峰法

该法使用四个不同的峰来确定残余奥氏体的量，每个峰的 R 值和强度都计算出来。使用 Cr 靶的特征峰是：马氏体(211)、(200)和奥氏体(220)、(200)，需要滤波片去除 K_β 线。

5.6.2.1　配置

左边的探测器通常同来连续采集所有相的衍射峰，不适用于第二个探测器(右边)。

主菜单中选：**配置—用户配置**。

出现如下对话框：

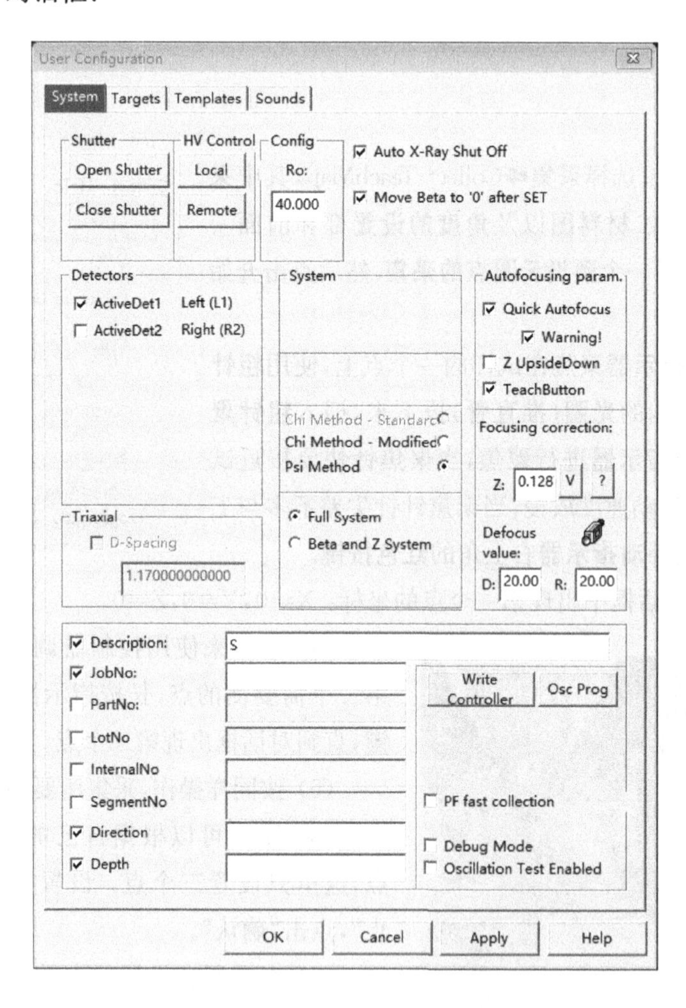

不要选中探测器 2。

系统可以只用一个探测器采集。

5.6.2.2　衍射峰采集

采集样品衍射峰；把探测器放在要测峰对应的正确角度；用手动或自动聚焦；打开 X 射线。

(1) 在采集常数对话框中输入探测器 1 对应的 β 角值，β 角定位在对应的 Psi＝0，

Psi $=\beta-(\pi-2\theta)/2$ 对探测器 1 加负号。

(2) 选择采集时间和摆动角(推荐 100 s)。

(3) 采用 Single Exposure 技术,采集所有衍射峰的衍射峰和背底,或者先采集所有峰的衍射峰,最后采集背底。

(4) 采集完每个衍射峰,保存结果。

(5) 记录文件名。

5.6.2.3 奥氏体采集计算

选择顶部工具栏**奥氏体**、**平均峰值法**和**平均峰值法迷你计算**:

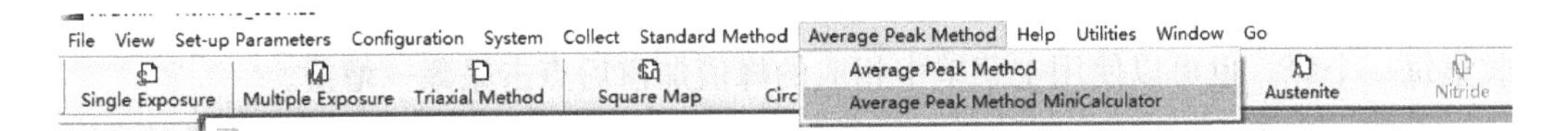

以下对话框将会出现:

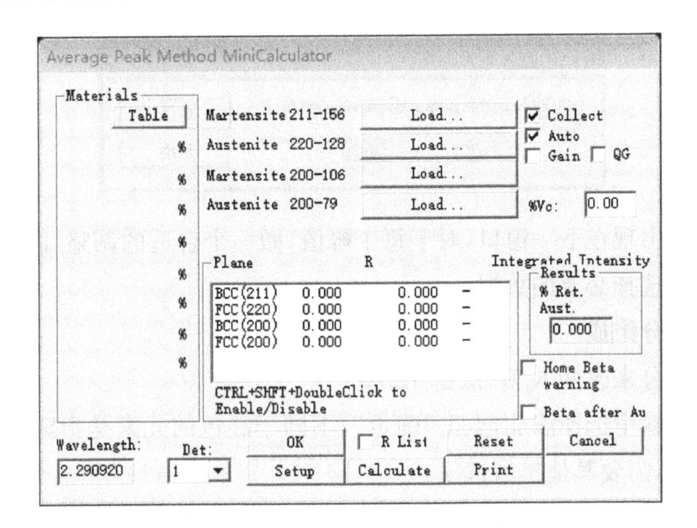

计算程序的平均峰值法相同。可以加载已经收集到的峰。启动应用程序,按下列步骤。

采集:需要在每个峰值处测量。

在每一处采集时都应遵循以下步骤:

手动:在每一次采集结束后手动移动探测器,确定测量时的角度正确。

背底:采集增益而不是轮廓。

程序执行奥氏体测量如下:

(1) 位置示例使用手动或自动对焦指示器和位置检测器收集第一峰,$\alpha(211)$,156°。

(2) 点击 X 射线并点击**确定**。

(3) 在对话框中,点击对话框中样品的化学组合物的按钮,进入化学成分按平均峰值法(化学成分表见加载文档结束)。

(4) 选择配置参数。

(5) 检查选项。

(6) 点击装载，峰采集开始。

(7) 如果增益是不可用的，可以通过在样品上面加增益垫片收集。

(8) 在增益采集结束后可以重新恢复测量(一定要取消增益)。

(9) 一旦测试完成后，软件将显示在对话框中完成。选择下一个峰值开始测量。

(10) 将探测器移动到下一个位置角 γ(220, 128) 并单击**加载**。

(11) 其余峰值采集同以上步骤。

测量结束时，软件将显示计算结果、该比例与相应的峰，如果增益是必要的，可单独收集每一个峰。也可以使用主菜单中相应的峰值加窗后点击**采集—增益**。

在第一次采集结束后，手动采集背底可以用作以后每个峰的背底。修改 R 值，可以点击每个对话框的中心 R 值按钮，输入 R 值，下面的窗口打开：

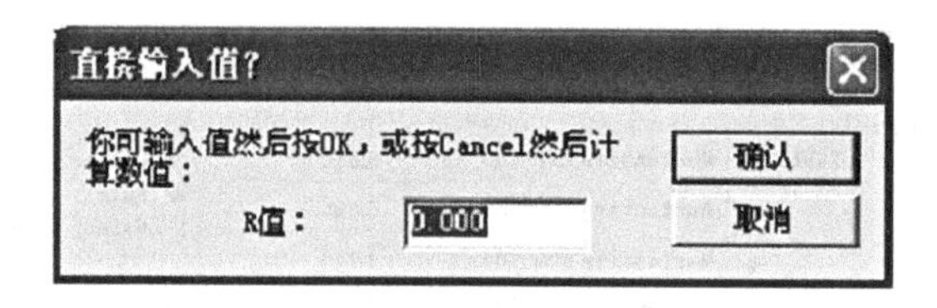

测试结果会出现在下一窗口，对于每个峰值，做一个合适的调整，但调整 ROI 尽可能地靠近峰值来选择必要的数据。

加载化学成分组成

修改化学成分来改变 R 值，点击 Table。

在红色的元素中选择添加，点击“确定”，不同于红色的元素是指定元素，灰色元素表示不可用元素，需要其他扩展选项。

(1) 在第一个框中输入元素名称并点击保存来保存化学成分。

(2) 点击**加载**来加载化学元素。

(3) 点击**去除**来除去化学成分。

(4) 输入化学成分的百分比。

(5) Fe 占剩余的百分比。

(6) 含量在 2%以下的元素没有必要输入。

5.7 单晶体应力测量

5.7.1 方法

单晶体应力测量分为两部分：一是获取极图，二是利用极图来测试应力。

5.7.2 设备装置

获取极图需要一个单晶试样和合适的靶材，Phi 需要旋转。样品必须固定在工作台上，因为在测试的过程中样品要保持静止。

5.7.3 极图

5.7.3.1 软件设置

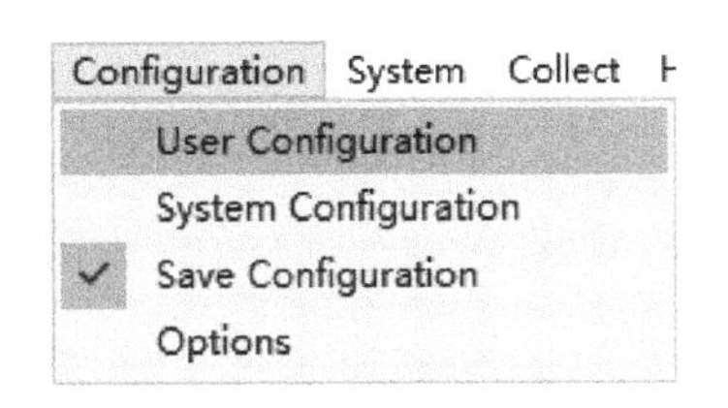

第一步：在顶部工具栏点击**配置—用户配置**。

测试过程只需要右探测器。它将会禁用测量过程中的一些特征。最值得注意的是快门会被打开，而X射线的检测被终止。如果舱门被打开，X射线会断电，不会有X射线辐射。如果有其他原因影响X射线电源使其断开，测试将重新开始。

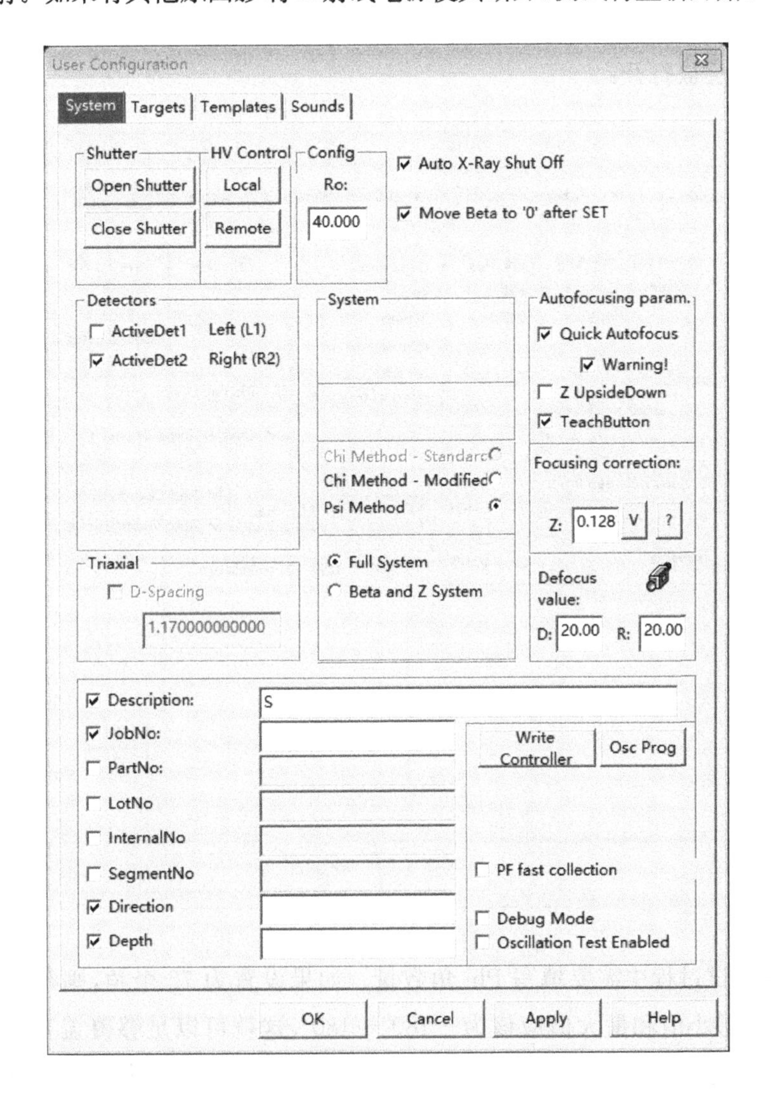

5.7.3.2 极图参数设置

点击顶部工具栏**极图**按钮启动极图程序：

File View Set-up Parameters Configuration System Collect Help Utilities Window Go

Single Exposure | Multiple Exposure | Triaxial Method | Square Map | Circle Map | Teach Map | Pole Figure | Austenite | Nitride

在顶部菜单栏点击**采集—常数**：

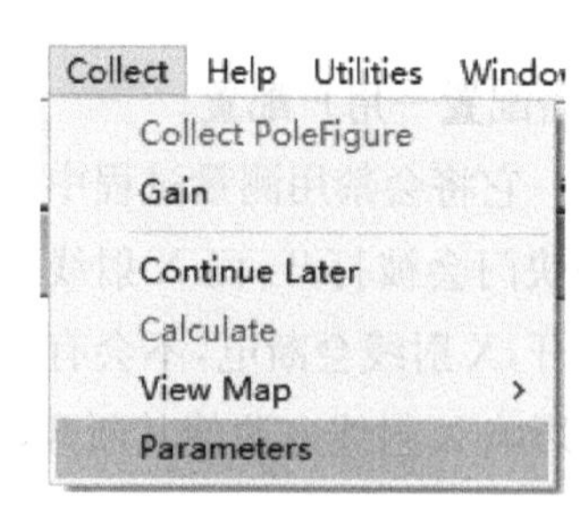

以下窗口会被打开：

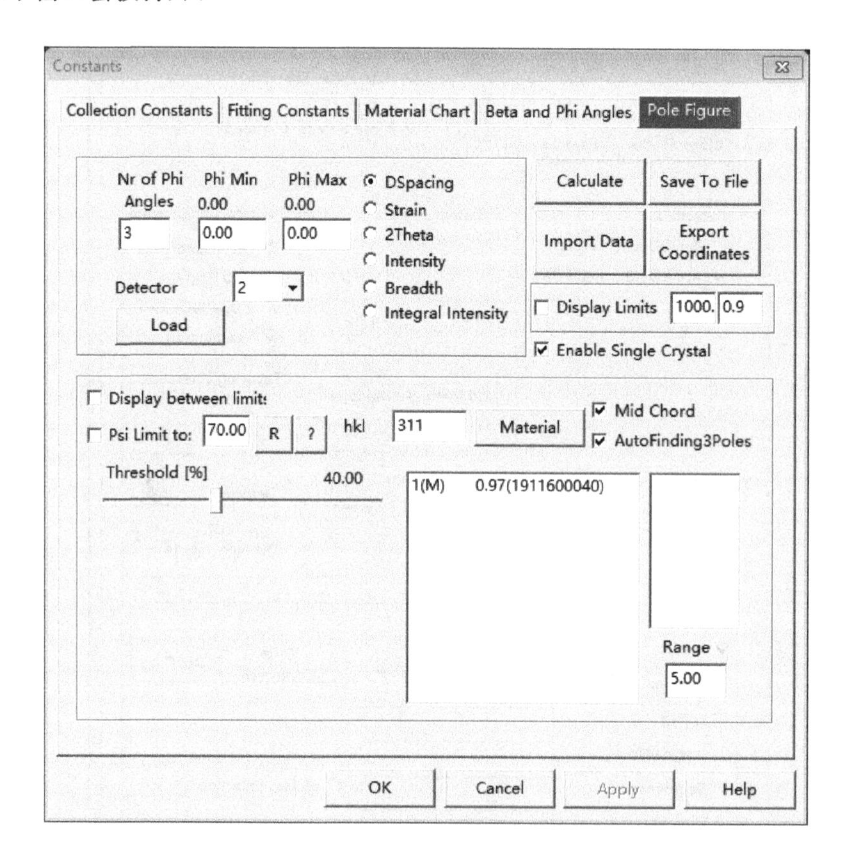

在极图测试过程中需要填写 Phi 角数量。如果设置为 72 个角，则每 5°做一次扫描。Phi 角的最小值和最大值应该为－180°～180°，这就可以足够覆盖要测试的每一点。选完 Phi 角数量，点击**加载**，软件会默认选择**强度**、**使能单晶体**、Mid Chord 和**自动找寻 3 极**。如果只想测单晶，可以取消**使能单晶体**项。

点击**材料图**按钮，选择合适的靶材和材料。

在 Beta 和 Phi 角菜单中，需要填写**增量**和**最大 Beta 角**以及选择 PF incr，通过选择 PF steps 需要手动添加增益。

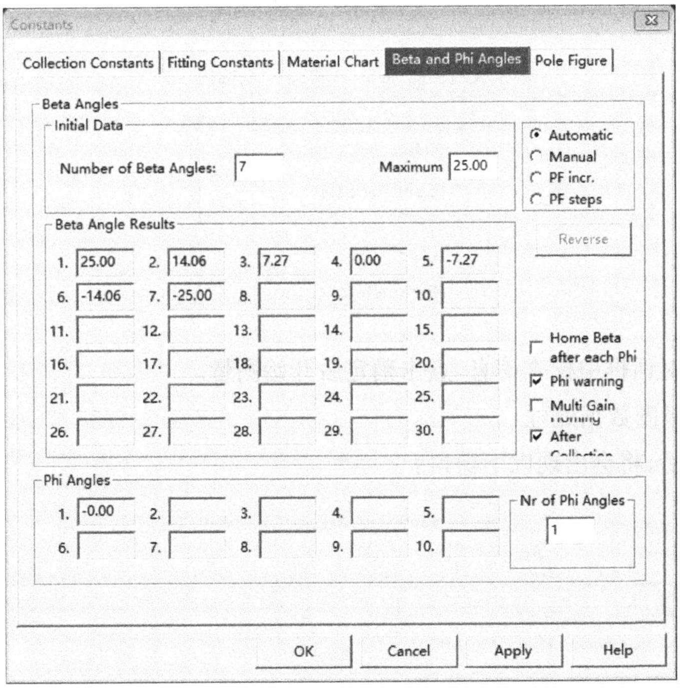

Constants

Collection Constants | Fitting Constants | Material Chart | Beta and Phi Angles | Pole Figure

Beta Angles

Initial Data

Number of Beta Angles: 7　　Maximum 25.00

Automatic
Manual
PF incr.
PF steps

Beta Angle Results

1. 25.00　2. 14.06　3. 7.27　4. 0.00　5. -7.27
6. -14.06　7. -25.00　8.　9.　10.
11.　12.　13.　14.　15.
16.　17.　18.　19.　20.
21.　22.　23.　24.　25.
26.　27.　28.　29.　30.

Reverse

Home Beta after each Phi
Phi warning
Multi Gain
Homing After Collection

Phi Angles

1. -0.00　2.　3.　4.　5.
6.　7.　8.　9.　10.

Nr of Phi Angles 1

OK　Cancel　Apply　Help

对采集常数，曝光时间应不大于 1 s，曝光次数限制在 1 次来加快采集速度，曝光时间不大于 1 s，曝光次数 1 次已经足够来采集单晶结构信息。完成以上信息后点击**应用—确定**。

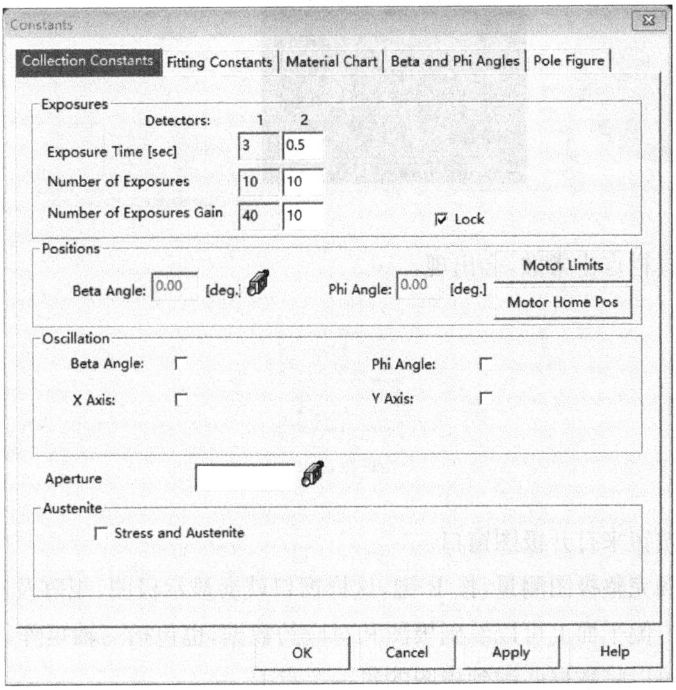

Constants

Collection Constants | Fitting Constants | Material Chart | Beta and Phi Angles | Pole Figure

Exposures

Detectors:	1	2
Exposure Time [sec]	3	0.5
Number of Exposures	10	10
Number of Exposures Gain	40	10

Lock

Positions

Beta Angle: 0.00 [deg.]　Phi Angle: 0.00 [deg.]

Motor Limits
Motor Home Pos

Oscillation

Beta Angle:　Phi Angle:
X Axis:　Y Axis:

Aperture

Austenite

Stress and Austenite

OK　Cancel　Apply　Help

启动测试过程，点击顶部菜单栏的**采集—采集极图**：

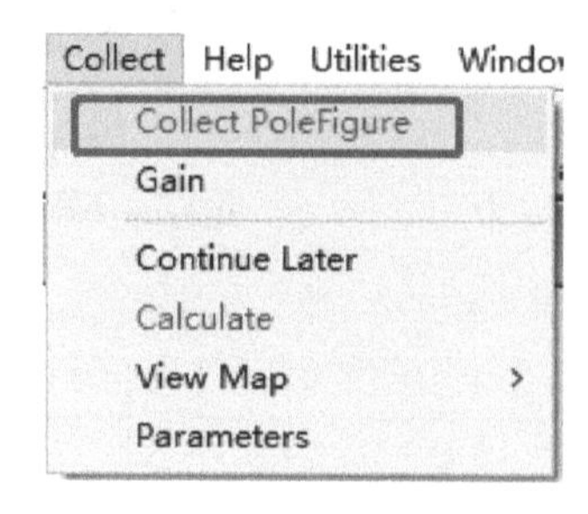

在弹出的对话框中检查信息，点击**确定**后开始测量。

5.7.3.3　极图数据处理

测试结束后，将会出现以下窗口：

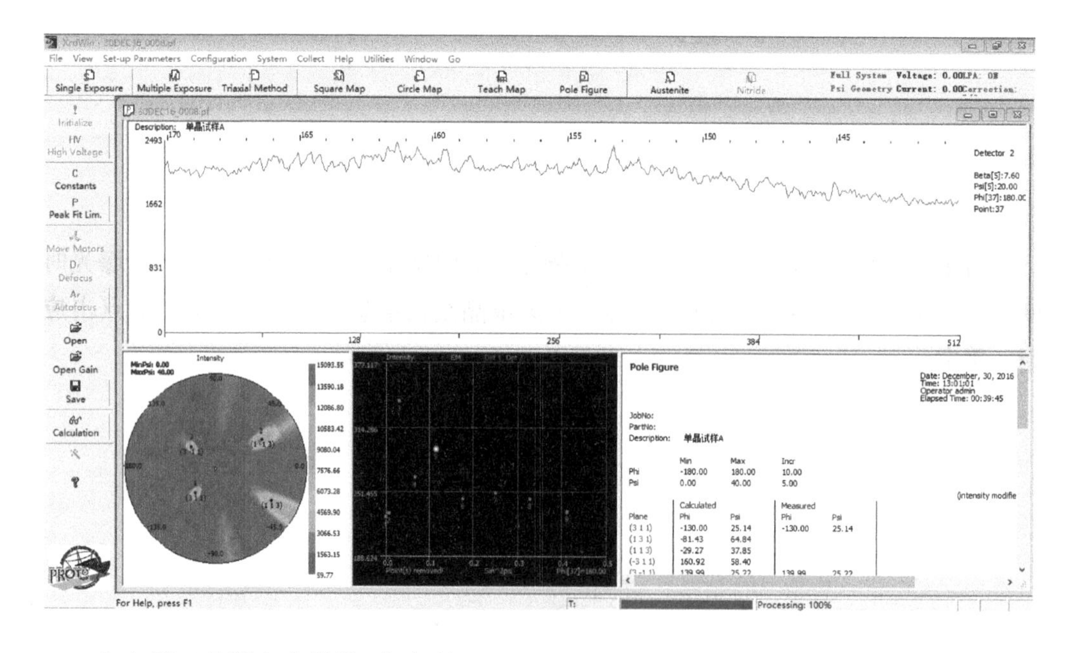

在左侧工具栏点击**常数**，会出现：

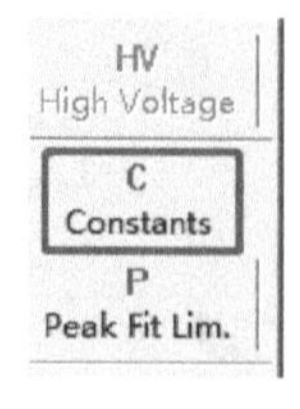

点击**极图**按钮来打开极图窗口。

加载矩阵和完整极图测量，按 R 键，这样窗口就会显示极图、矩阵及有关数据。

在左下和右侧平面上可以看到极图和对应的数据，也包括三轴矩阵、逆矩阵和晶体的三轴数据。可以将数据匹配到极图的每一个点上。

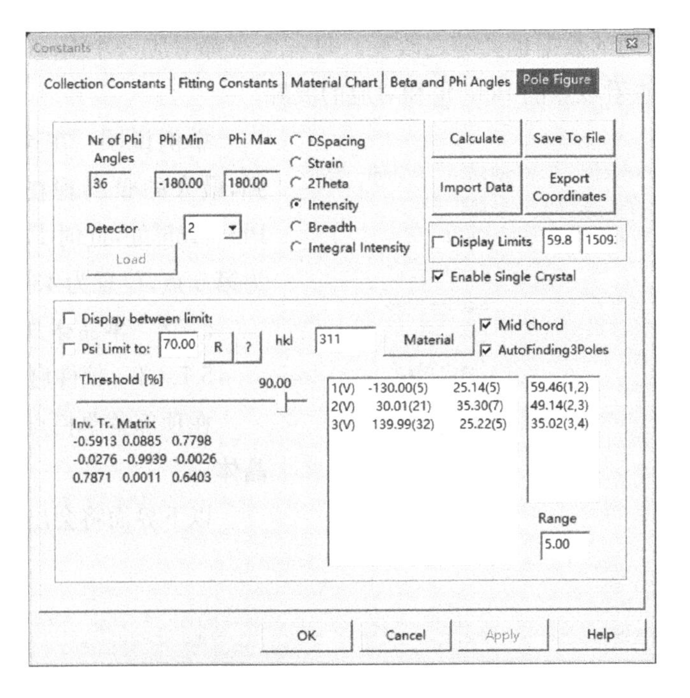

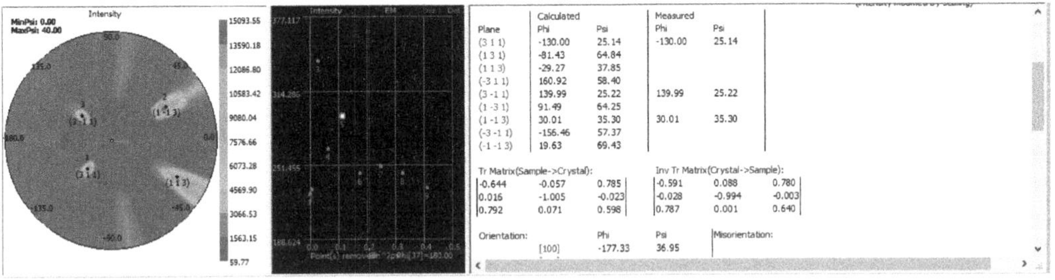

地图查看

通过点击右侧 Phi 按钮，可以浏览每一个 Phi 角处的测量数据。对屏幕上边的波

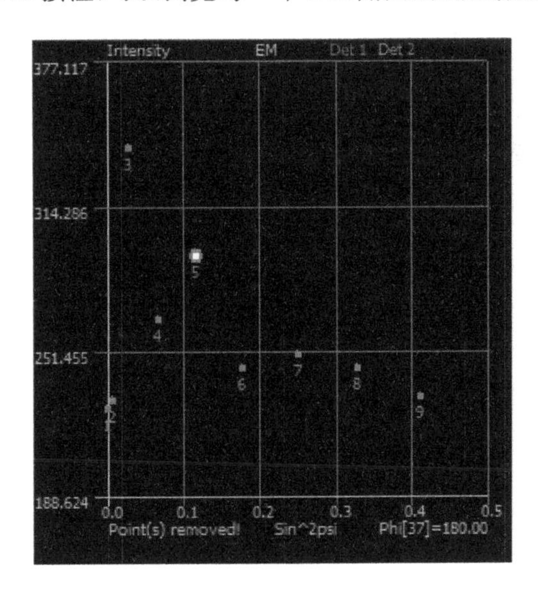

峰进行修改时，下面的数据也会随之改变。每一个点都对应一个 Beta 角和波峰，通过点击该点就可以查看该点的 Beta 角和对应的波峰。

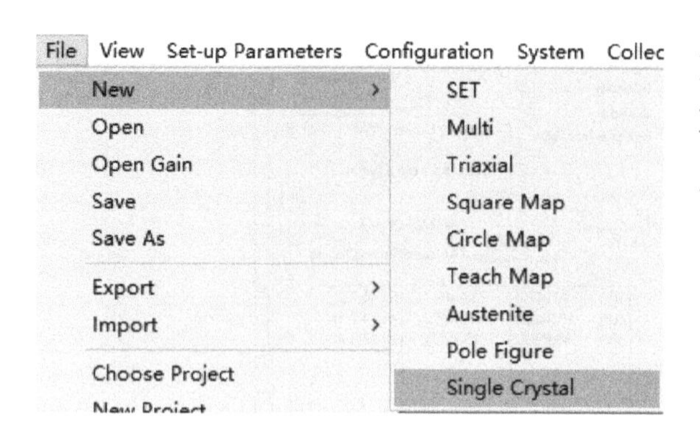

举例说明：在这个例子可以看到，最大的极出现在 Beta＝26.40°、Phi＝155°处，此时 Psi＝40.00°，该点为第 6 点，位置为 437.3。

5.7.4 单晶体应力测试

5.7.4.1 软件启动

在顶部菜单栏点击**文件**，单击**单晶体**。

以下界面将会出现：

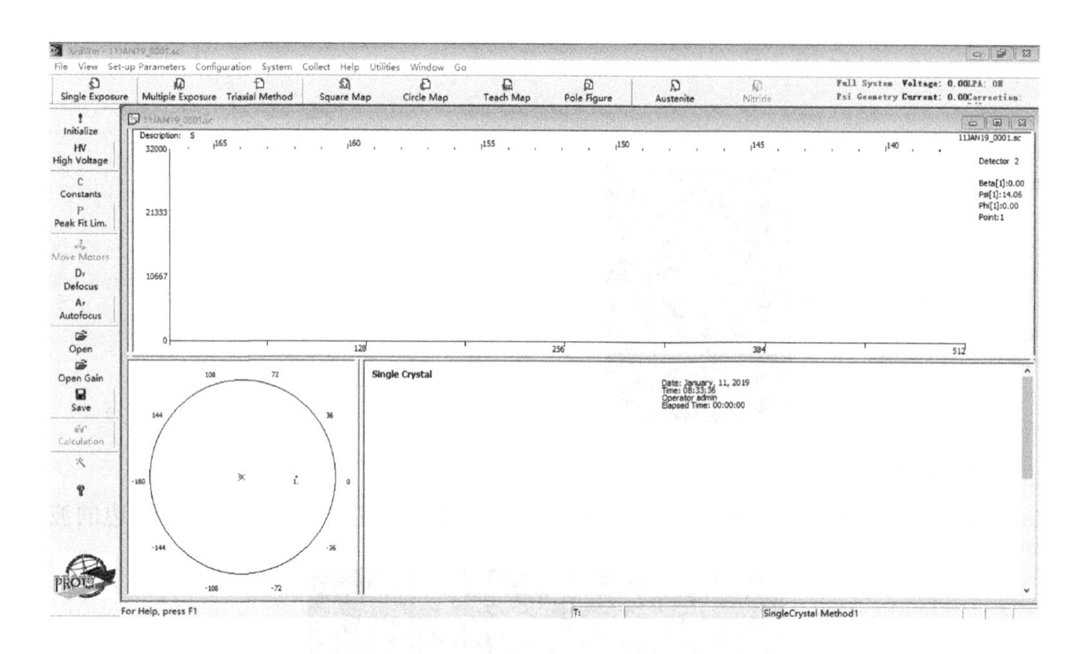

5.7.4.2 参数设置

在顶部菜单栏点击**采集**，点击**参数**：

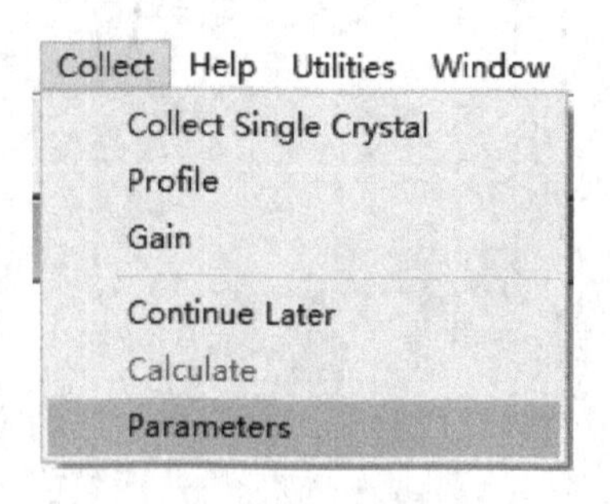

以下界面将会出现：

点击 Import Tr Matrix 按钮，选择单晶应力测试文件，打开，然后点击**打开**：

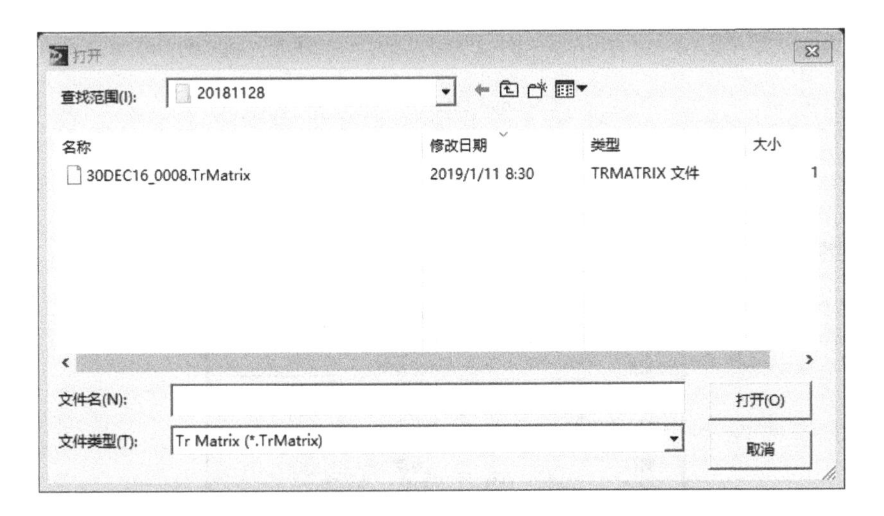

在**常数**对话框中显示单晶体参数。

接下来选择所需要使用的材料和极图。

点击**材料** 1 按钮，标准材料窗口打开，就可以选择所需要的材料。改变材料将会改变 hkl 平面，并改变极数和位置。如果测试时的 X 射线管是原来的，这一步是必须做的。

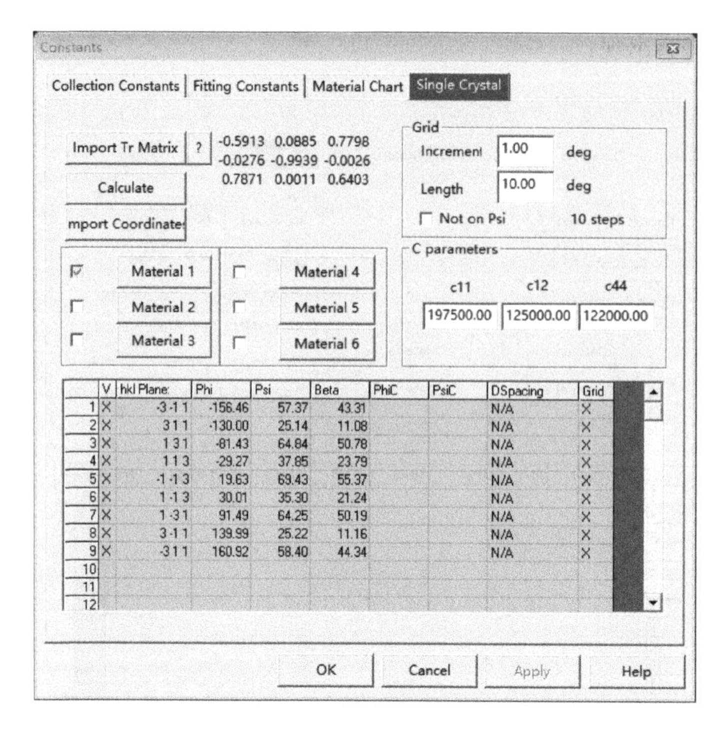

在顶部菜单中选择**采集单晶体**：

Collect Help Utilities Window
Collect Single Crystal
Profile
Gain
Continue Later
Calculate
Parameters

以下窗口会打开：

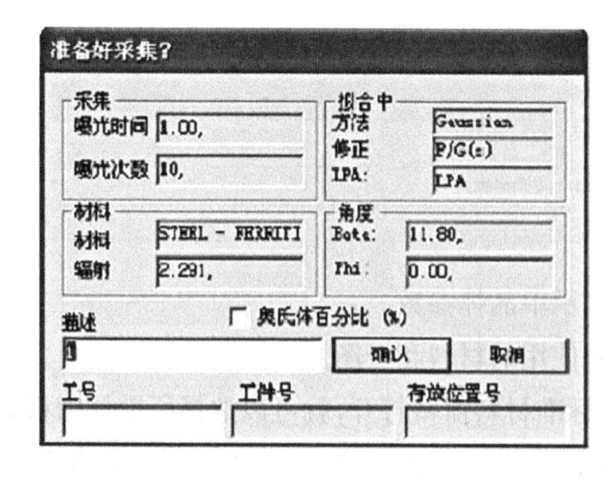

检查常数设置，点击**确定**开始采集。

采集结束后,以下窗口会打开:

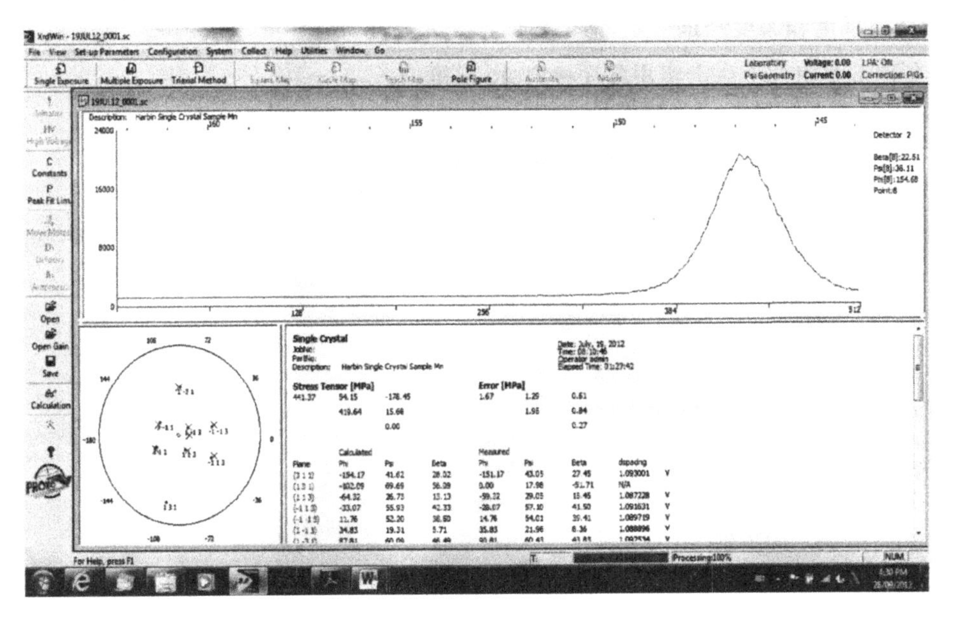

5.7.5 单晶数据的处理

在屏幕右下方会显示最终的数据结果:

(1) $R_{1,1}$ 是没有剪切力和 X 方向上剪切力的等效力;

(2) $R_{2,1}$ 是剪切应力;

(3) $R_{2,2}$ 是 Y 方向的应力。

要想得到应力张量,还需要做一次计算。

点击顶部菜单栏中的**实用程序**,选择**主应力确定**,选择**二维模型**:

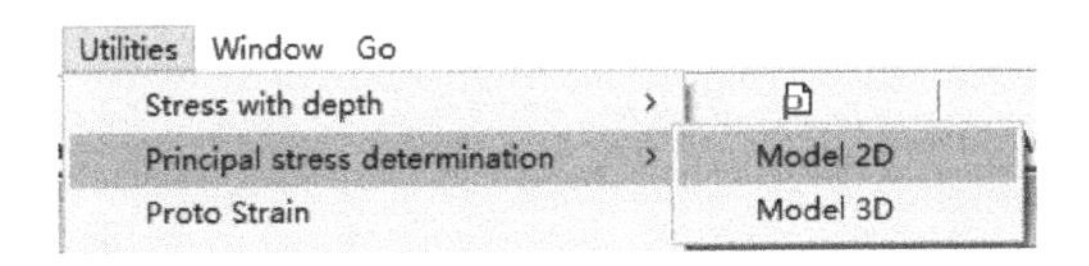

以下对话框就会打开:

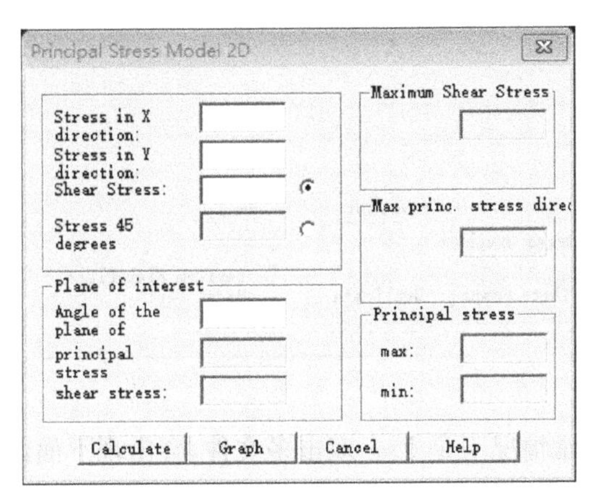

输入 X、Y 方向的应力及**切应力**，点击计算就可以得到最终结果。

5.8 梯度和深度修正

在顶部菜单栏上点击**实用程序➡Proto 梯度**：

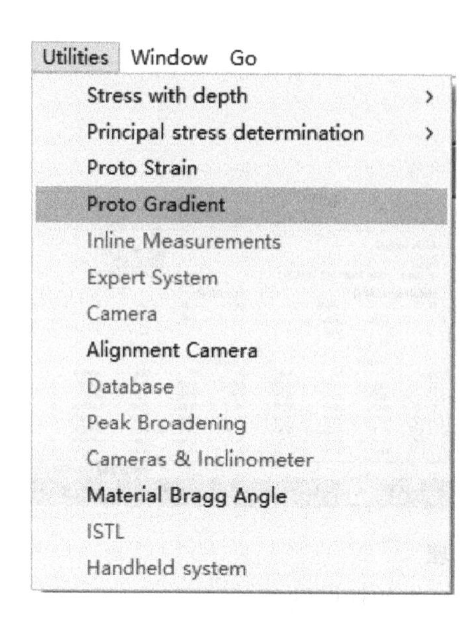

会出现下面的窗口，首先在输入任何数值之前要确保单位是正确的(inches，mm)：

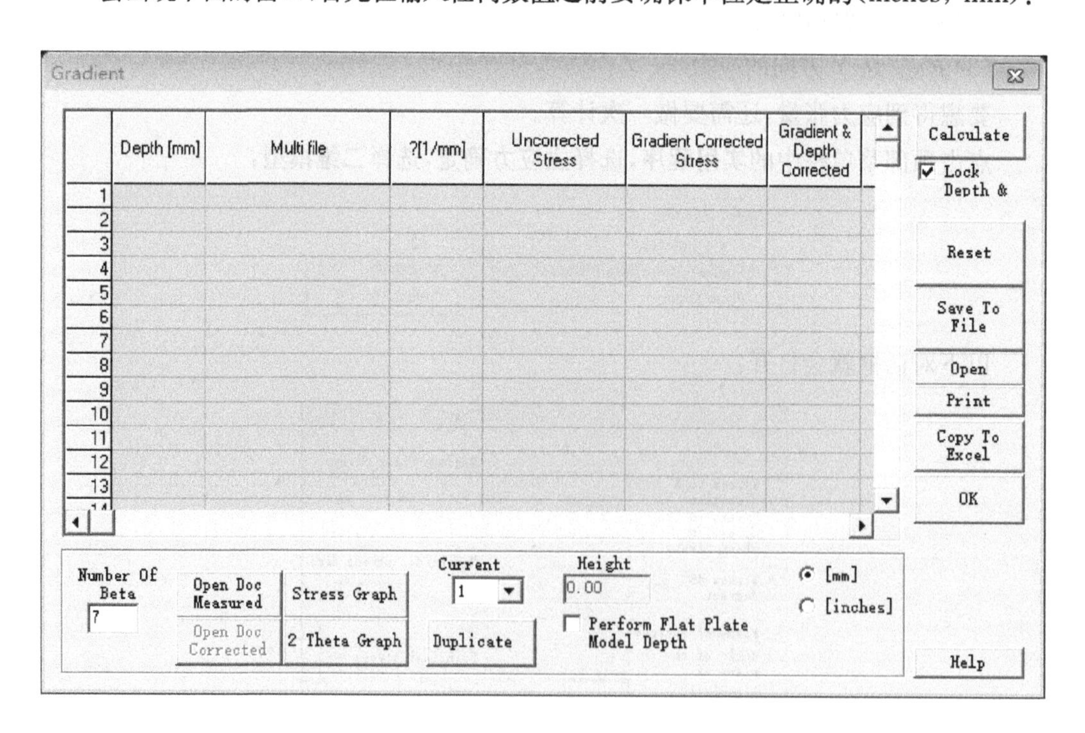

输入初始深度(正常情况下是 0)。双击**多文件**，会出现下面的对话框：

Gradient

	Depth [mm]	Multi file	?[1/mm]	Uncorrected Stress	Gradient Corrected Stress	Gradient & Depth Corrected
1	0					

Calculate
Lock Depth &

打开

查找范围(I): 20181128

名称	修改日期	类型	大小
28NOV18_0015.mt	2018/11/28 16:08	MT 文件	1
28NOV18_0014.mt	2018/11/28 16:03	MT 文件	1
28NOV18_0013.mt	2018/11/28 15:58	MT 文件	1
28NOV18_0012.mt	2018/11/28 15:54	MT 文件	1
28NOV18_0010.mt	2018/11/28 15:51	MT 文件	1
28NOV18_0011.mt	2018/11/28 15:49	MT 文件	1
28NOV18_0008.mt	2018/11/28 15:14	MT 文件	1

文件名(N):
文件类型(T): Multi File (*.mt;*.em)
打开(O)
取消

确保在正确的目录下选择所需要的文档，双击该文档，或者在文件窗口上单击选择该文档然后单击**打开**。

这样就可以加载所有的文档信息到适当的列：

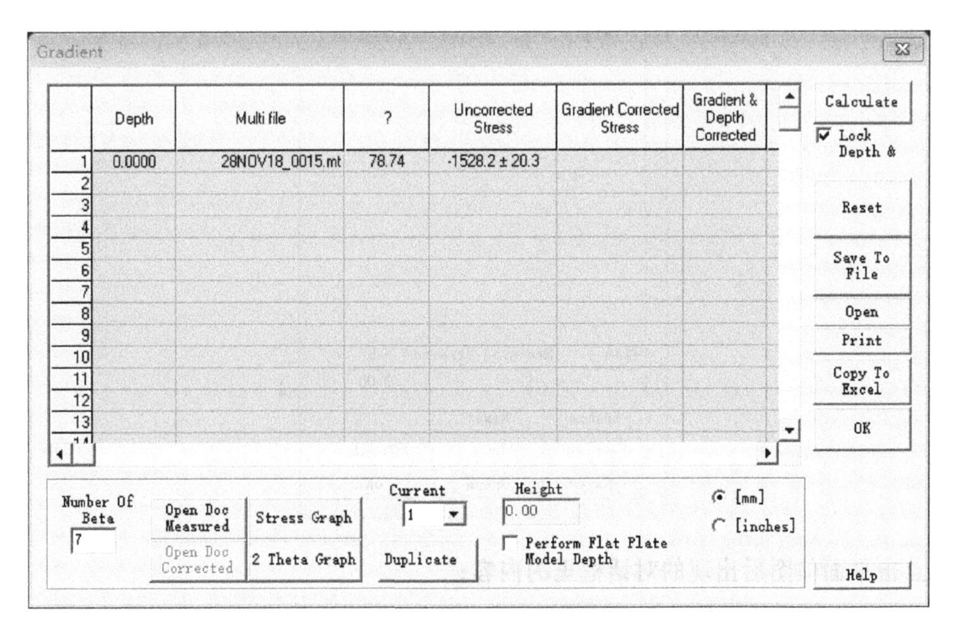

重复以上操作，直到所有的深度和文件都添加到图表中。

添加合适的材料常数到 μ 一栏中，单击**复制**改变这一栏获得相同的数字。

然后单击**计算**获得**梯度修正应力值**。

不要跳过任何一行可能更改一个被错误输入的值，但是不能补充一个被跳过的行。如果发生这种事，需要从头开始单击**复位**。

完成以后，拷贝数据到 Excel 中或者打印表格，所以可能有一个数据的拷贝来输入**深度修正**这一图表中。

保存这一张图表同时图表在之后也可能被用来参考。

深度修正

执行**深度修正**，在顶部菜单栏中单击使用**程序➡深度应力➡新建**：

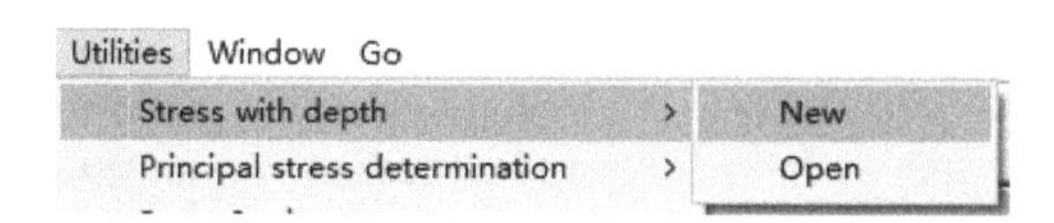

会出现下面的对话框，选择**平面体**：

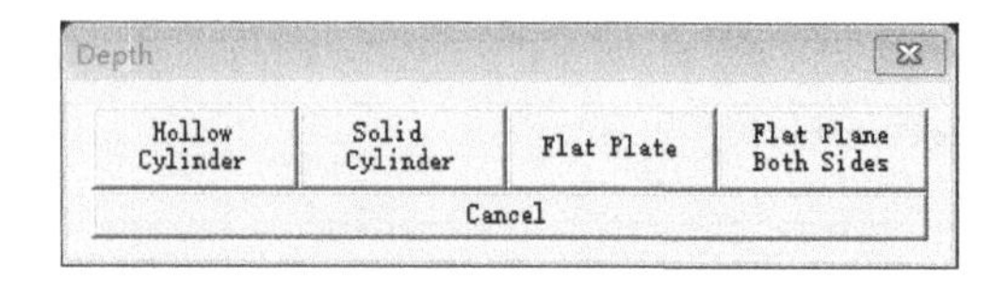

会出现下面的对话框(**此图是空心柱体图**)：

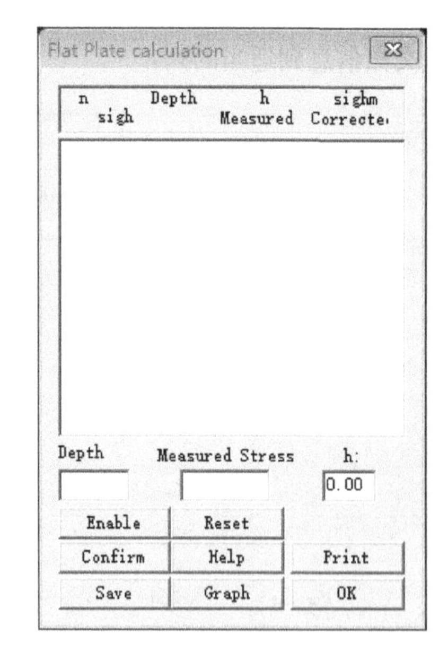

点击平面体图后出现的对话框里的内容：

(1) 点击**梯度修正值**进入表格；

(2) **深度**是相同的；

(3) 被测应力是**梯度修正应力**；

(4) H 是零件的厚度；

(5) **确认**输入值并且计算**深度修正应力值**；

(6) **重新设置**图标进入下一个计算表格；

(7) **打印**并且**保存**成一张图表，这样数值就能被添加到**最终的报告中**。

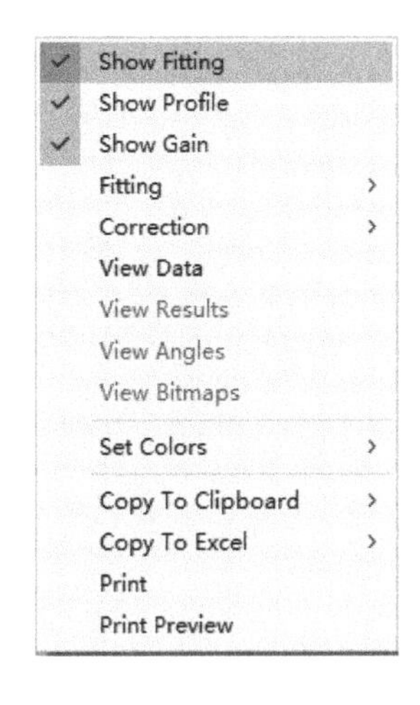

6　显示和选项

6.1　衍射峰显示

可以随时操作采集或保存的任何衍射峰。用鼠标右键点击窗口中任何一个峰，按如下选项选择。

显示拟合：显示拟合曲线。

显示轮廓：显示衍射峰。

显示增益：显示背底。

拟合：可以更换拟合方法。

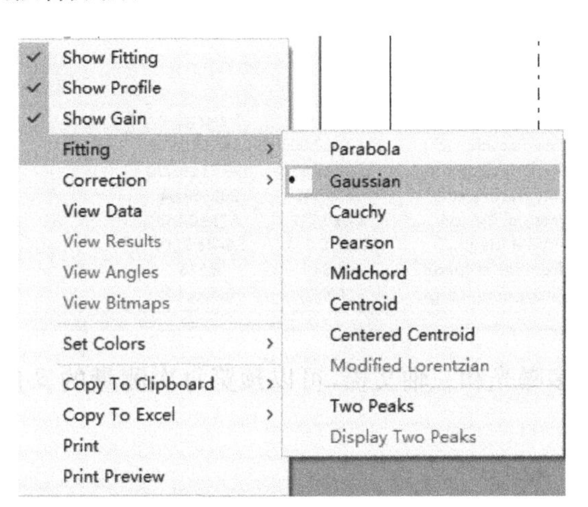

修正：可以更改应用在峰上的校正。

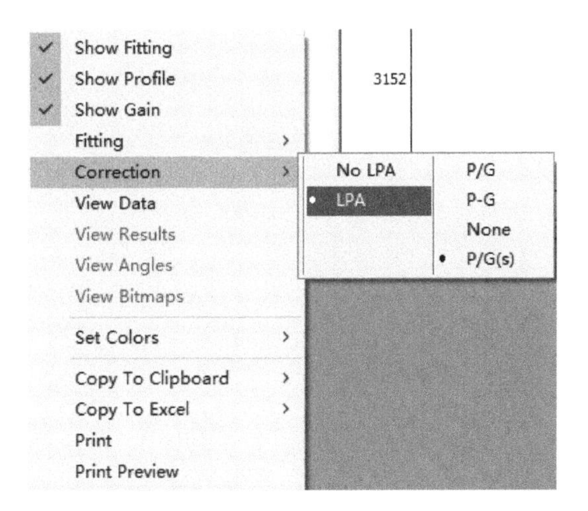

查看数据： 在每个探测器通道上显示峰强。

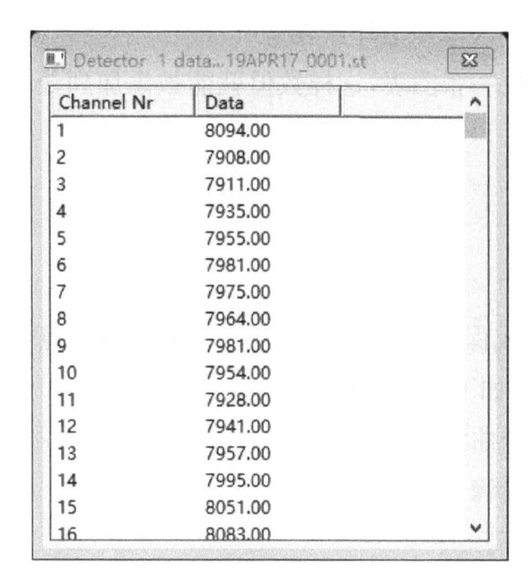

Detector 1 data...19APR17_0001.st

Channel Nr	Data
1	8094.00
2	7908.00
3	7911.00
4	7935.00
5	7955.00
6	7981.00
7	7975.00
8	7964.00
9	7981.00
10	7954.00
11	7928.00
12	7941.00
13	7957.00
14	7995.00
15	8051.00
16	8083.00

查看结果： 峰拟合后，可以预览峰位、峰宽和 FWHM 等结果。

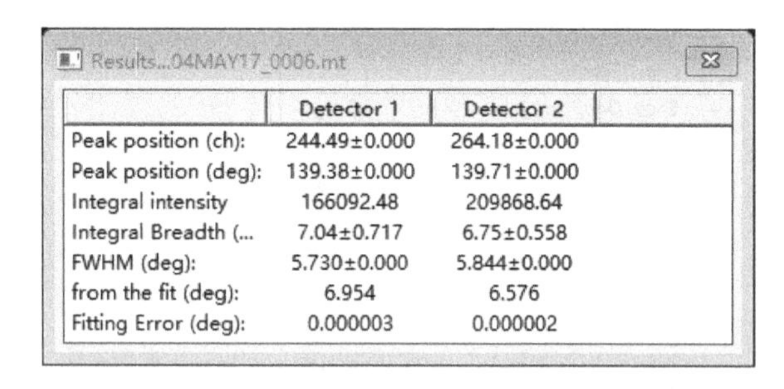

Results...04MAY17_0006.mt

	Detector 1	Detector 2
Peak position (ch):	244.49±0.000	264.18±0.000
Peak position (deg):	139.38±0.000	139.71±0.000
Integral intensity	166092.48	209868.64
Integral Breadth (...	7.04±0.717	6.75±0.558
FWHM (deg):	5.730±0.000	5.844±0.000
from the fit (deg):	6.954	6.576
Fitting Error (deg):	0.000003	0.000002

查看角度： 对于多曝光和三轴文档，可以预览每次测量的 β 角和选定角度的衍射峰显示。

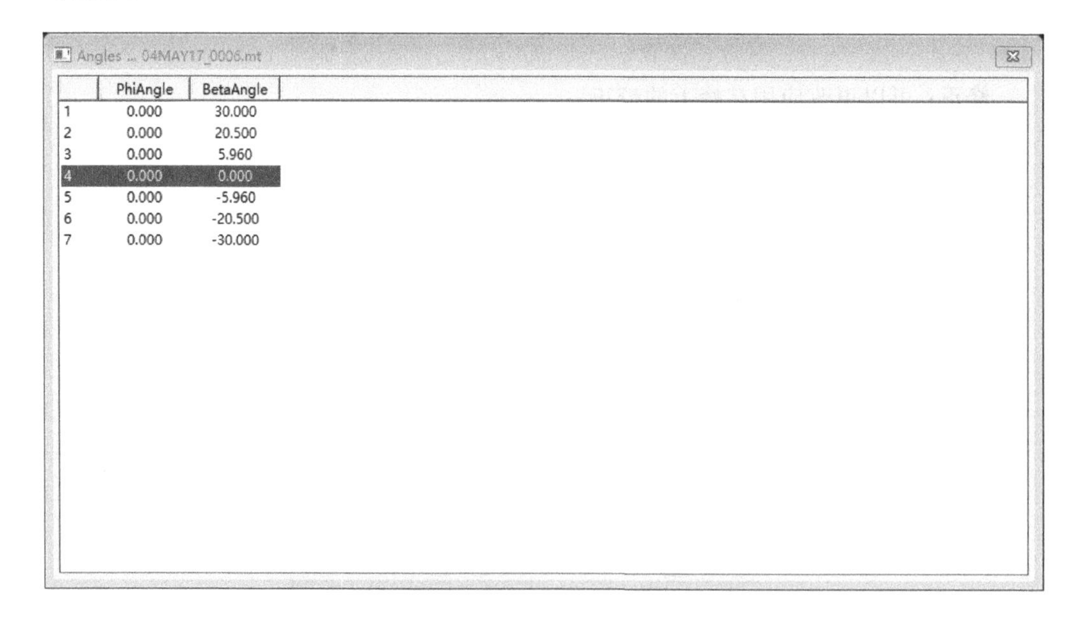

Angles ... 04MAY17_0006.mt

	PhiAngle	BetaAngle
1	0.000	30.000
2	0.000	20.500
3	0.000	5.960
4	0.000	0.000
5	0.000	-5.960
6	0.000	-20.500
7	0.000	-30.000

对于预设云图，可以用相同的程序预览点和角度：

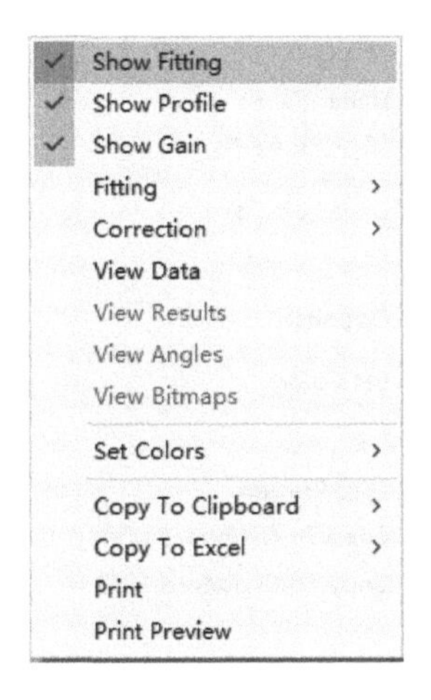

查看位图： 可以立刻浏览所有 ps 倾斜点。

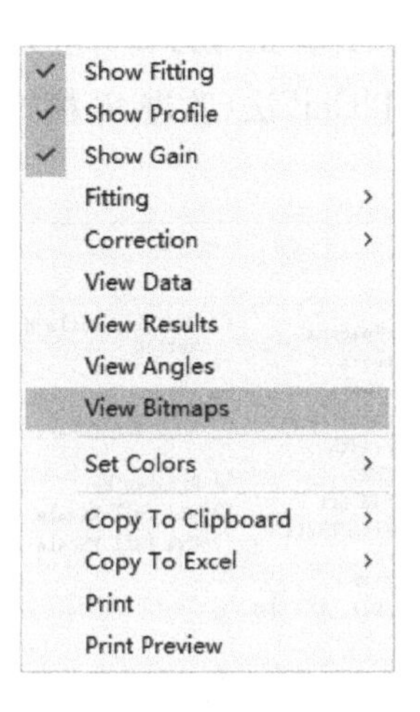

设置颜色： 可以修改窗口内容的颜色，可以选择多种颜色。也可以重新设置默认设置。

拷贝到剪切板： 选择一个或全部衍射峰，以 BMP 或 WMF 形式拷贝粘贴到其他如 MS Word 和 MS Excel 中。

拷贝到 Excel： 衍射峰可以输出到 Excel 文件，图表会自动生成。

打印： 可以打印衍射峰和背底。

打印预览： 打印前可以预览衍射峰和背底。

6.2 $\sin^2\Psi$ 结果

XRDWin 程序有多种 $\sin^2\Psi$ 分析法，包括线性"Psi"法、线性"Chi"法和只用于"Psi"的椭圆法。

更改计算方法如下。

用鼠标右键点击 $\sin^2\Psi$ 窗口，出现如下对话框：

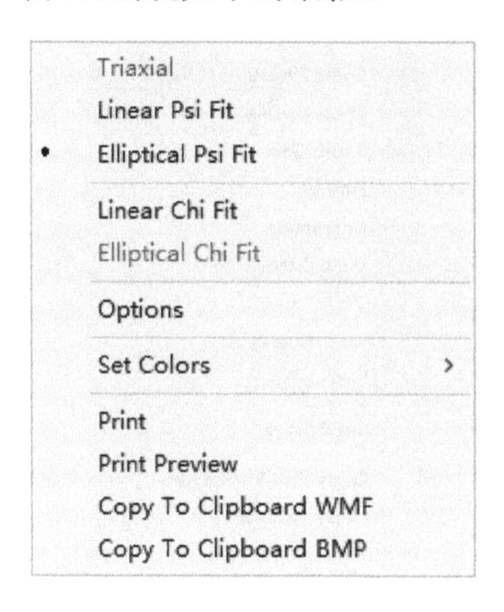

点击：

(1) **线性 Ψ 拟合：** 用 Ψ 法(Ω 模式)进行数据线性拟合，只能计算出正应力。

(2) **椭圆拟合：** 应用椭圆回归计算正应力和剪应力，只用于 Ψ 法(Ω 模式)。

(3) **线性"Chi"拟合：** 当采用"Chi"法(改进 Ψ 模式)测试时应用线性拟合，只能计算出正应力。

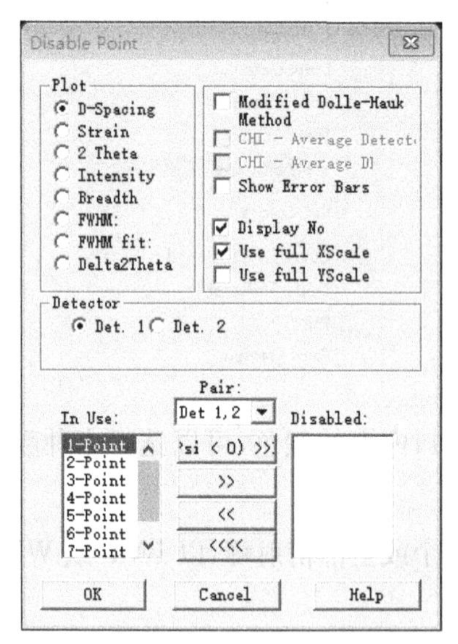

选项：显示或修改结果显示。可显示：

(1) D 和 $\sin^2\Psi$ 关系曲线；

(2) 应力和 $\sin^2\Psi$ 关系；

(3) 2θ 和 $\sin^2\Psi$ 关系；

(4) 强度和 $\sin^2\Psi$ 关系；

(5) 积分宽度和 $\sin^2\Psi$ 关系。

当选择线性 Ψ 法拟合时，使用 Dolle - Hauk 修正，该项不能用于其他方法。

显示数据误差。

更改 $\sin^2\Psi$ 轴比例。

移动探测器 1 或 2 的点，一个或多个点移动后就会显示成移动的点。

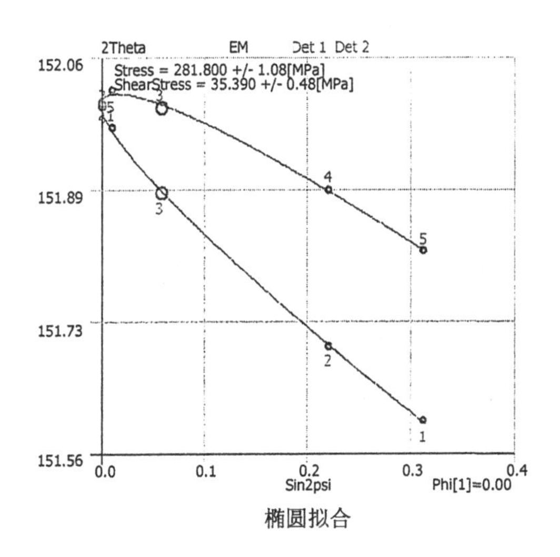

椭圆拟合

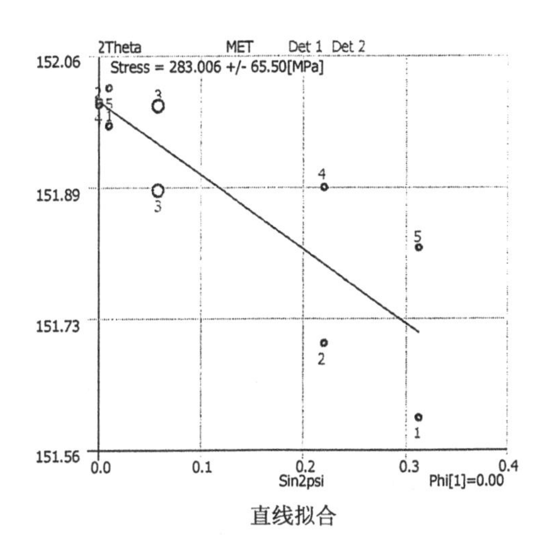

直线拟合

设置颜色： 可以修改窗口中 $\sin^2\Psi$ 曲线颜色，如下所示。

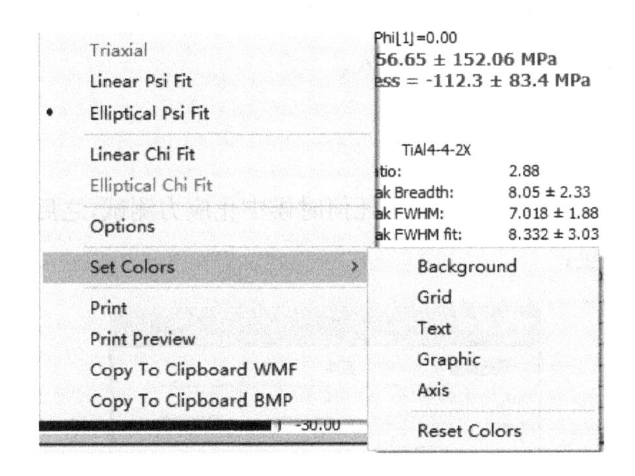

文件关闭后所有修改参数都保存下来。

可使用打印、打印预览和以 BMP 或 WMF 格式拷贝到剪切板功能。

6.3 应力报告

应力报告可以保存成文本文档、Word 或 Excel 文档。文档包含计算参数和结果，可以打印、打印预览和页面设置选项。

拷贝到文本： 应力报告输出成文本文件。

拷贝到 Excel： 应力报告输出成 Excel 文件，图表自动生成。

Print MS Word：应力报告输出成 Word 文件。

7 探测器定位

采集多曝光文件时，程序自动设置峰的起点。两个探测器的唯一共用的角是 $\Psi=0$，它对应于垂直于 D 的方向。因此，在 $\Psi=0$ 时选择 β 角测量的晶面间距，材料表格中的布拉格角就被指派到待测峰位的频道。

选择的 β 角值为 $\pm(\pi-2\theta)/2$：

对探测器 1，$\beta=+(\pi-2\theta)/2$，对于钢材样品 $\beta=+\dfrac{\pi-156.3°}{2}=+11.85°$；

对探测器 2，$\beta=-(\pi-2\theta)/2$，对于钢材样品 $\beta=-\dfrac{\pi-156.3°}{2}=-11.85°$。

因此，$\Psi=0$ 处的峰自动设置成和材料表中布拉格角相同的值。其他 β 角处峰的测试是探测器在一个频道的几个角度下依次计算出来的，角度不变，频道变化。如果程序没有找到对应于 $\Psi=0$ 的 β 角，它会参照最靠近正确值 2°的角。如果没有可用的值，程序会使用拟合对话框中的值。

平均峰位置中显示的值可以手动设置：

(1) 给两个探测器选择最接近的 β 角，通常，点击峰的窗口计算 $\beta=0$ 的峰位。

(2) 在**拟合常数**点击**新零位**，就可计算出应力。材料表中的布拉格角值就被指派到输入的频道中，这些值也可以手动输入。

8 停止测试

测试中会出现下面的窗口，可以在任何时候中止应力测试，之后可以继续。点击**停止**按钮，测试就会停止：

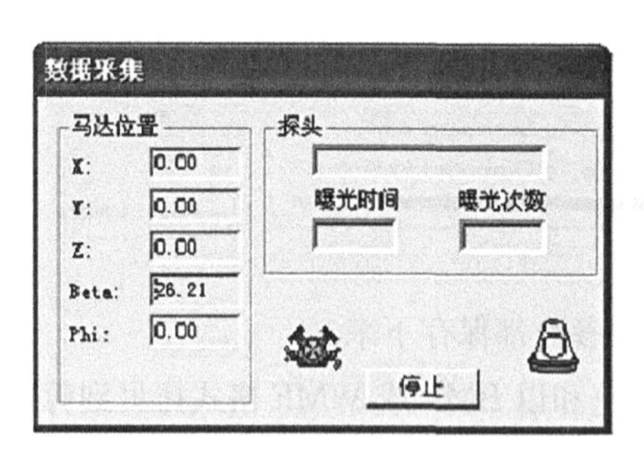

出现以下信息：

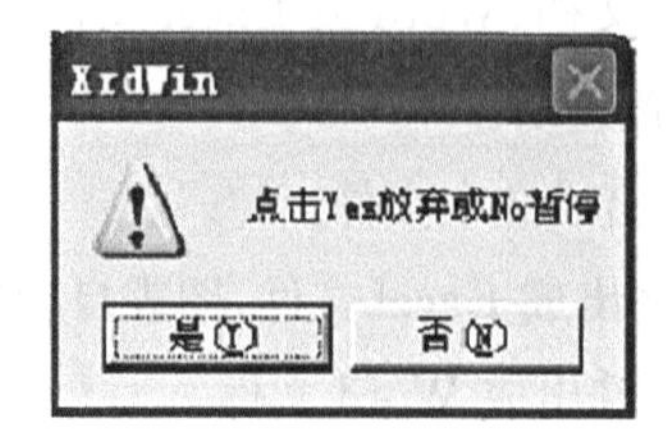

点击**是**将停止测试，然后可以进行一个新的测试。

点击**否**将暂停测试，可以继续测试。如果想关闭再继续，可以简单地单击下面显示菜单中的**以后继续**，以便将来继续。

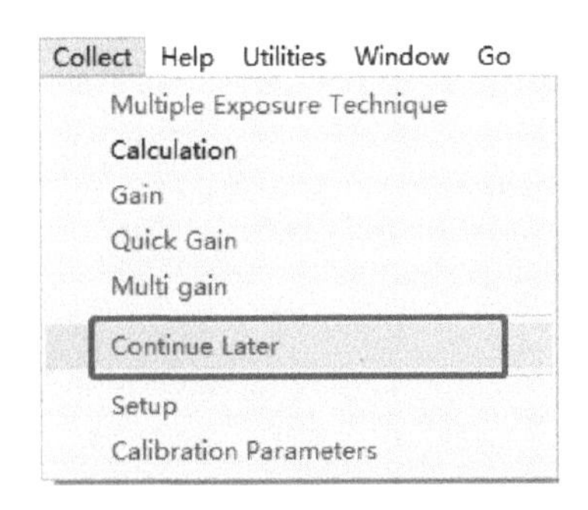

当再打开应用，系统初始化后，就会出现前次进行测试的状态。继续上次的应用，点击**确定**。

程序会接上上次最后的角度继续测试。

索 引

(按汉语拼音排序)

《残余应力基础理论及应用》彩图

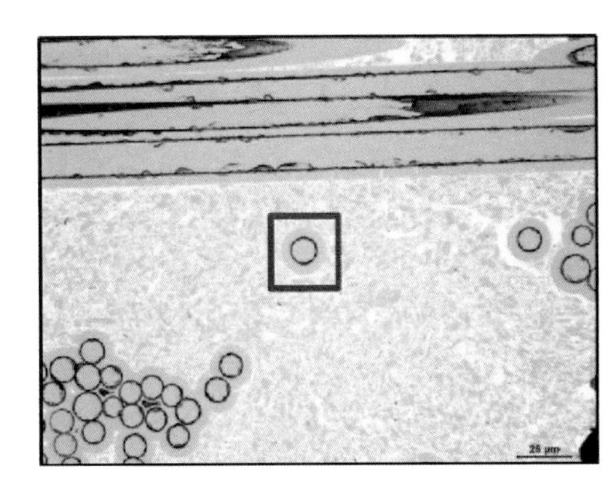

附图1 所研究的纤维和基质区域的光学显微照片

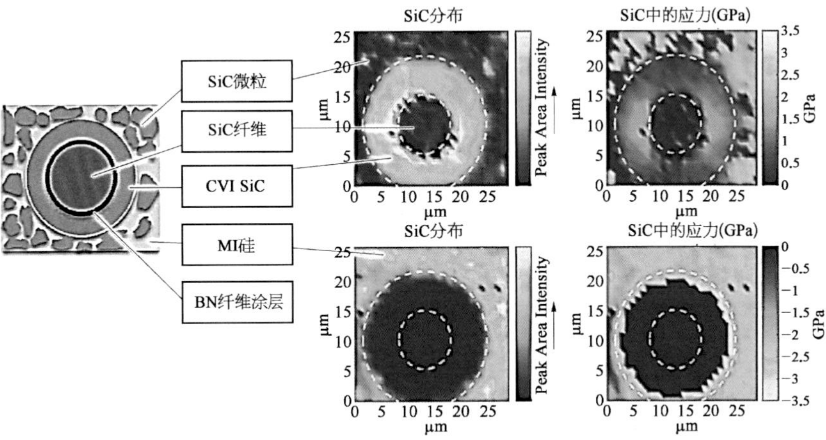

附图2 用微拉曼光谱技术测量了板1中30 μm × 30 μm区域内的碳化硅、未反应硅的分布及Sylramic纤维周围的残余应力

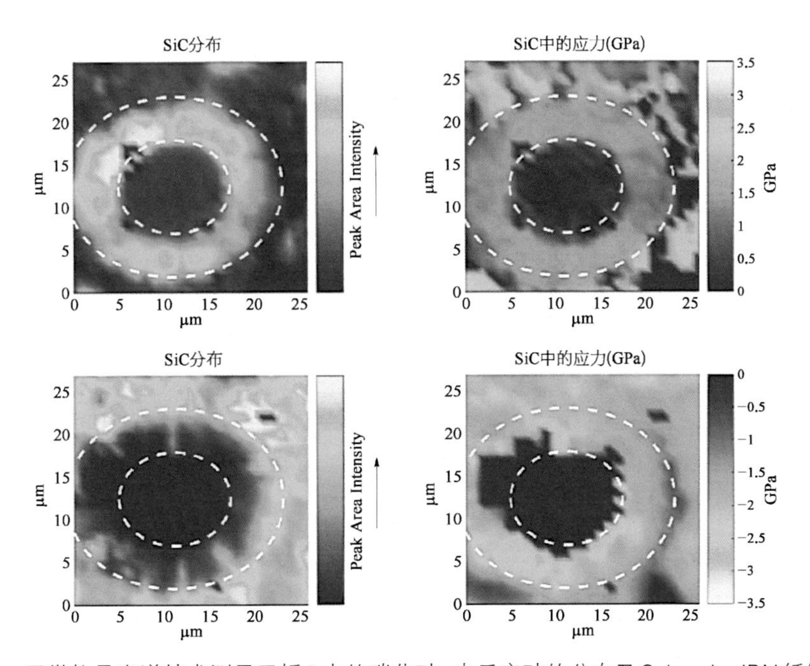

附图3 用微拉曼光谱技术测量了板2中的碳化硅、未反应硅的分布及Sylramic-iBN纤维周围的残余应力

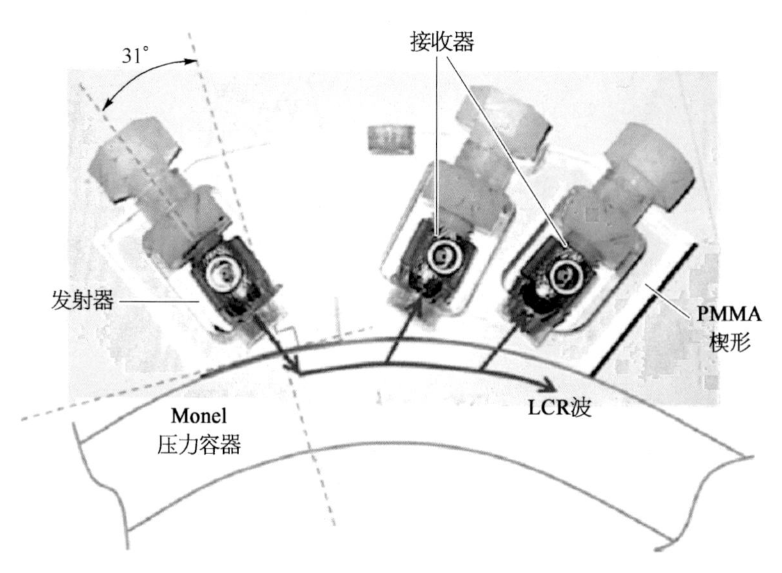

附图4　LCR波在镍合金压力容器中传播

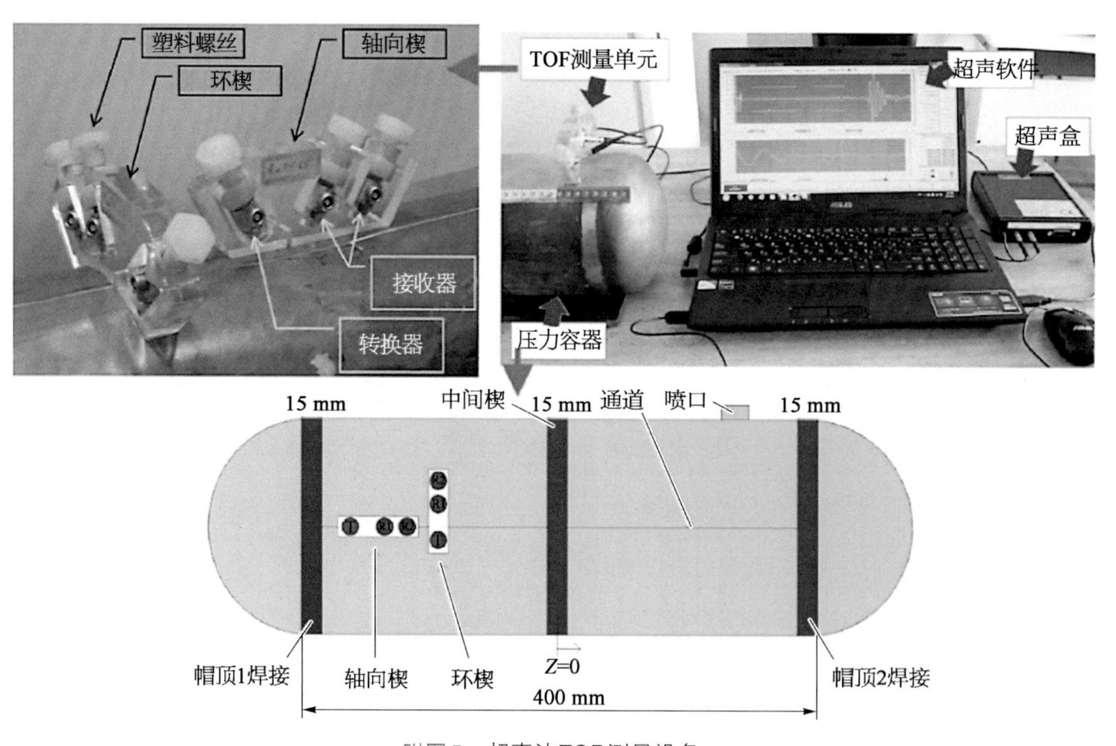

附图5　超声波TOF测量设备

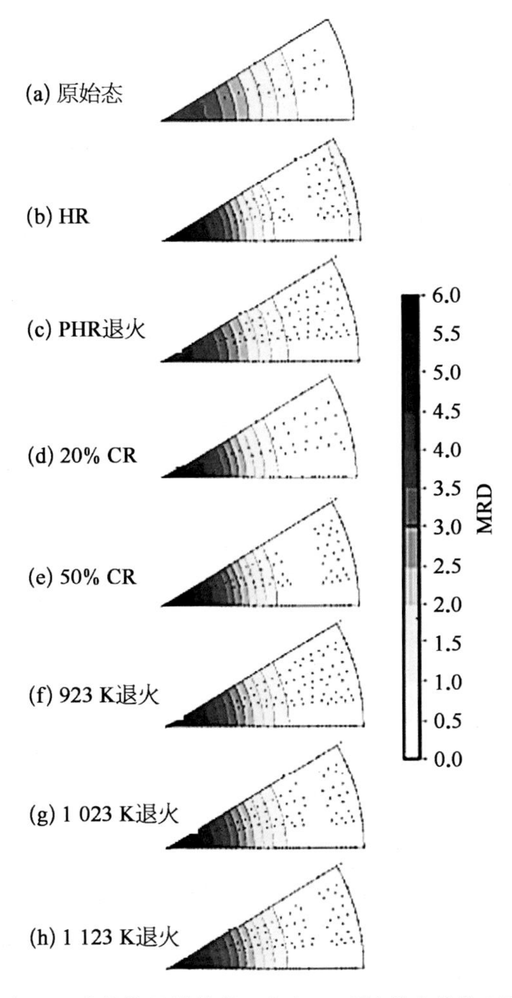

附图6　表示Zr防扩散层结构的*N*方向IPF图（等高线从0到6 MRD）

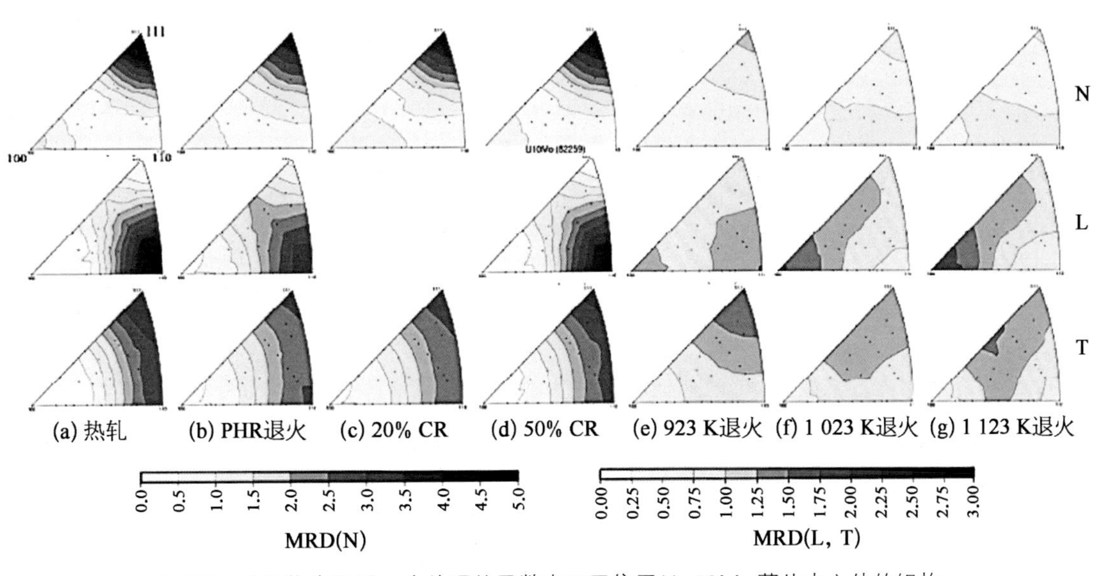

附图7　IPF作为最后一步处理的函数表示了位于U-10Mo薄片中心处的织构

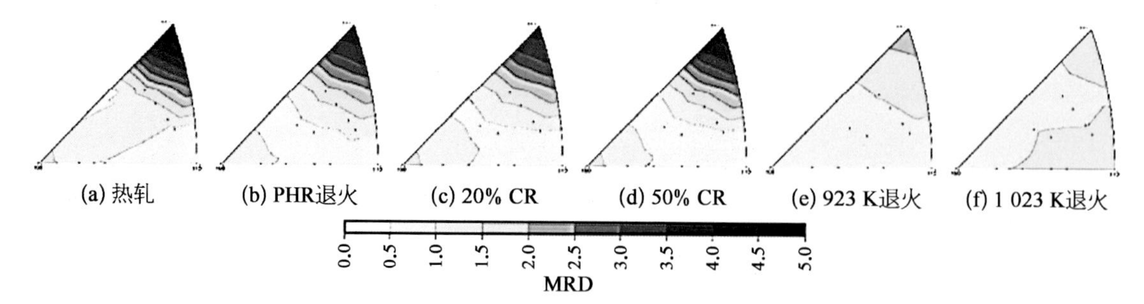

附图8 在HIP结合之前,N方向上的IPF

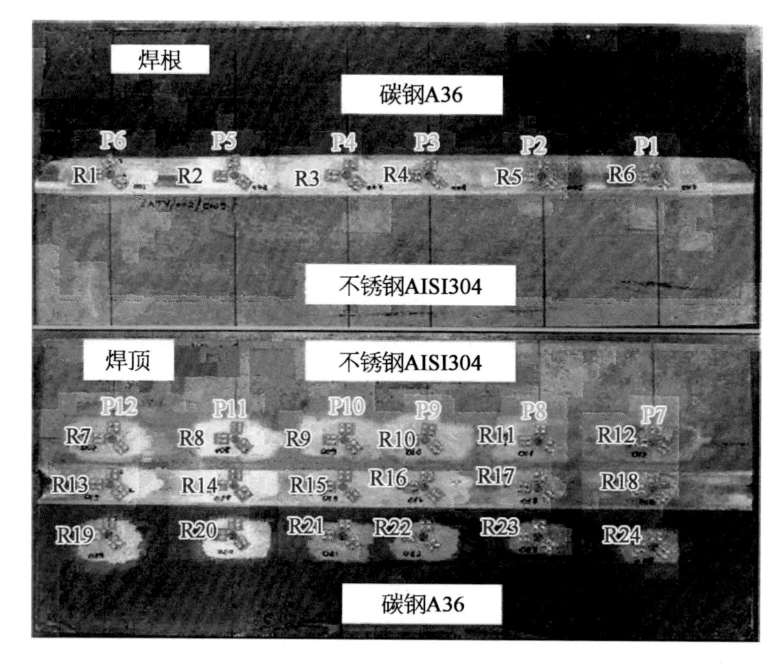

附图9 焊接试样中残余应变测量点示意图

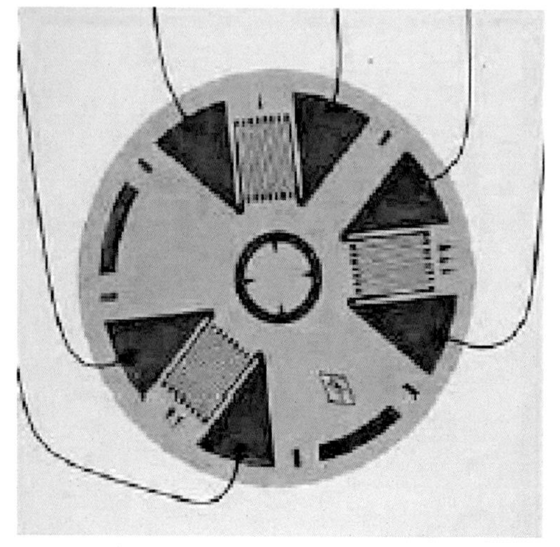
附图10 残余应力测量中常用的应变花[52]

附图11 真实的应变花 TML FR-5-11-3LT

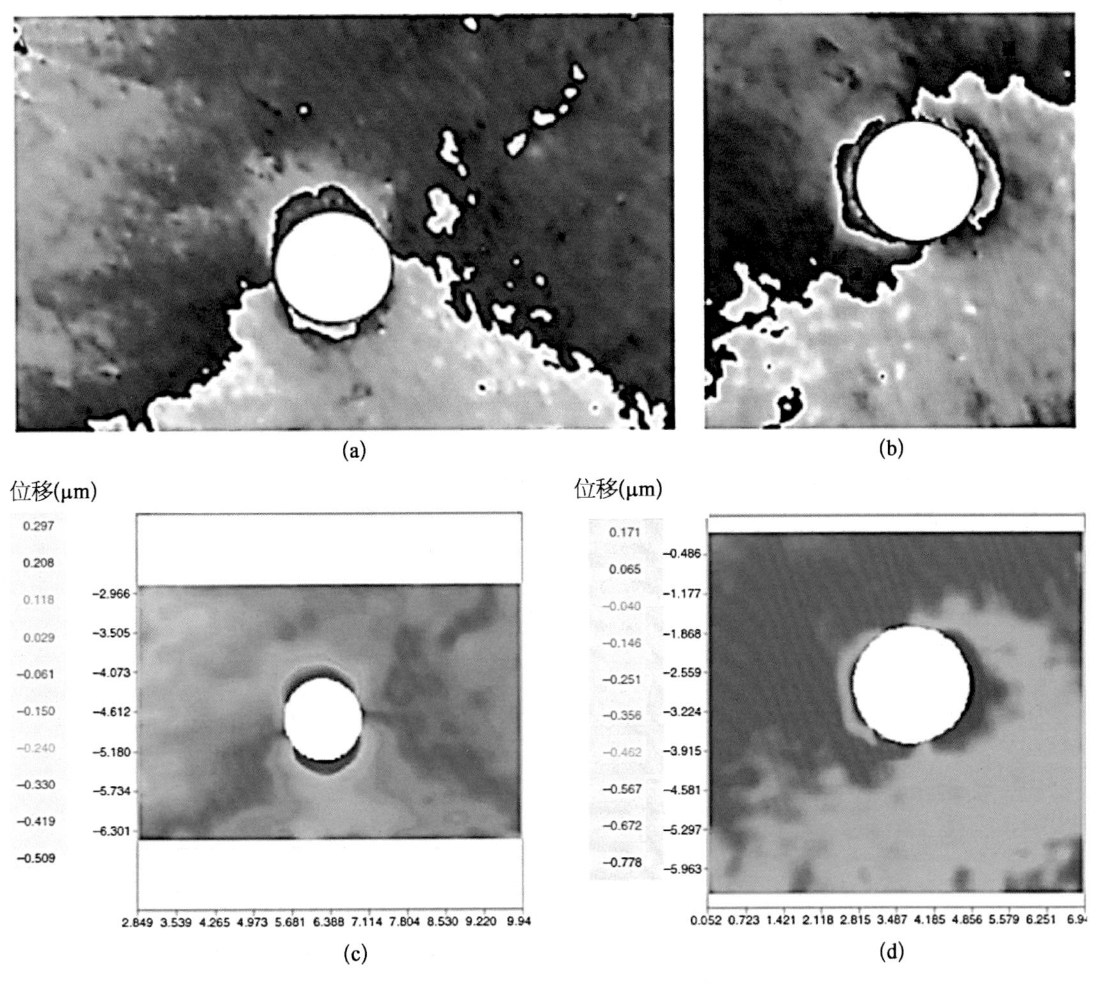

附图 12　u、v 方向的相图(a、b)和位移场在 u、v 方向的解缠相图(c、d)

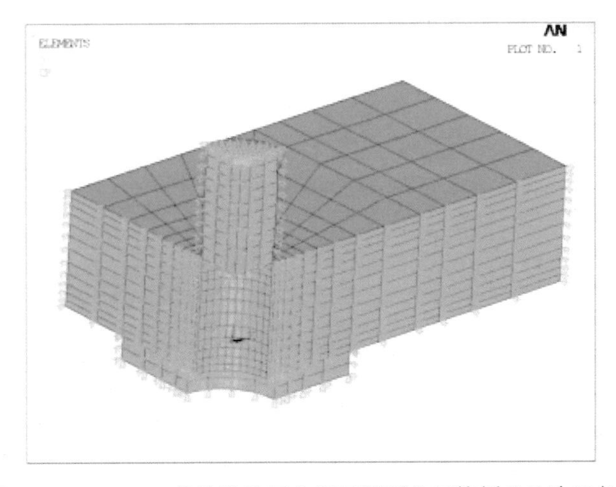

附图 13　t = 10 mm 构件孔挤压有限元模型的网格划分及边界条件

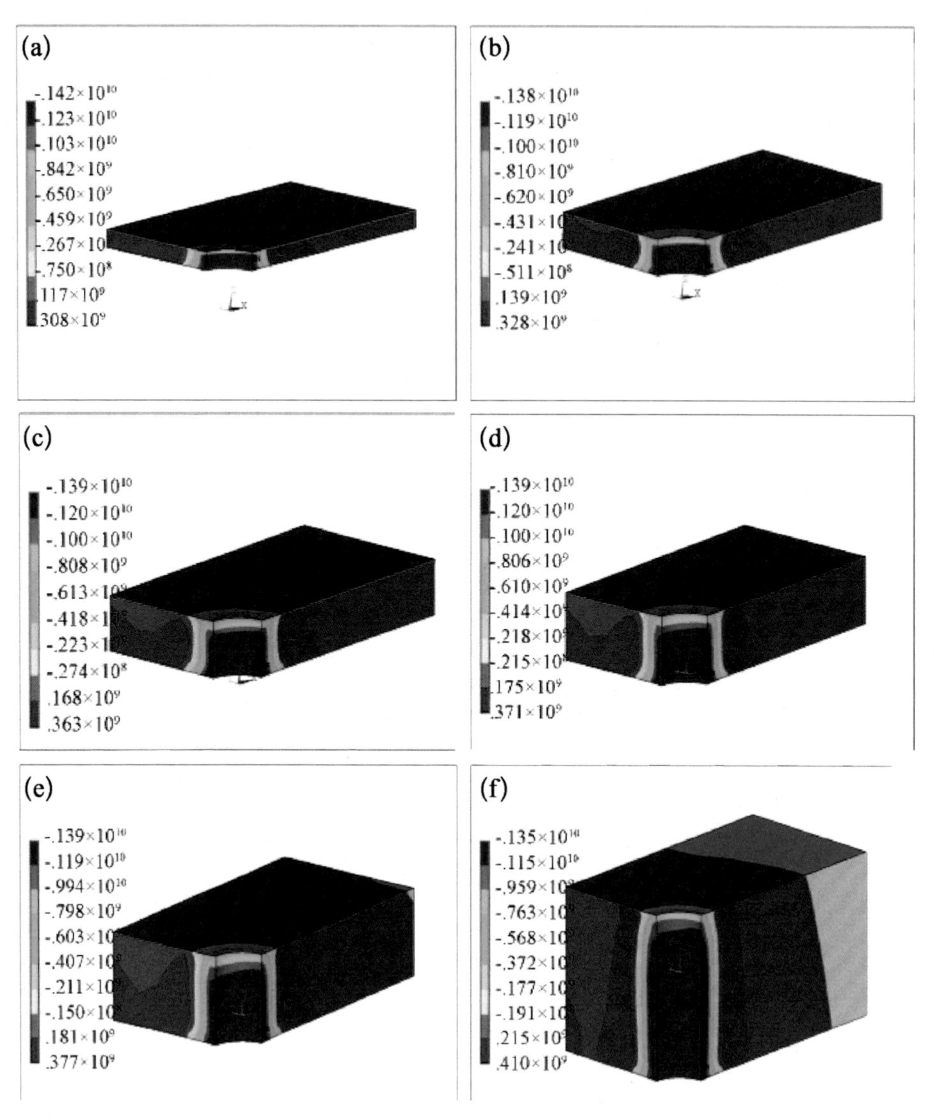

附图14　300 M 超高强度钢在厚度 t 为 2 mm(a)、4 mm(b) 、6 mm(c)、8 mm(d)、10 mm(e)、20 mm(f) 时构件实体残余应力云图

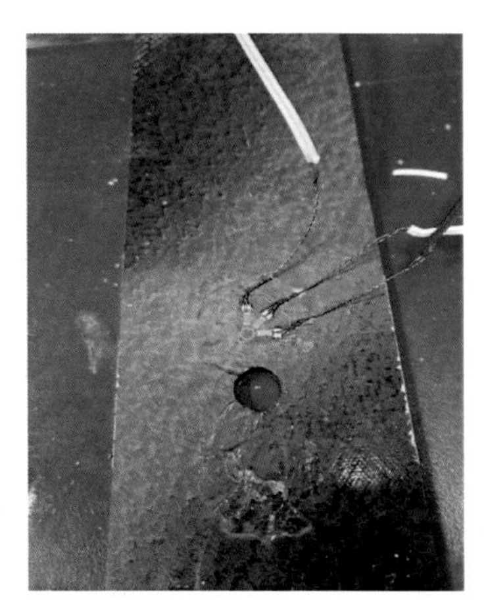

附图15　M12C复合材料

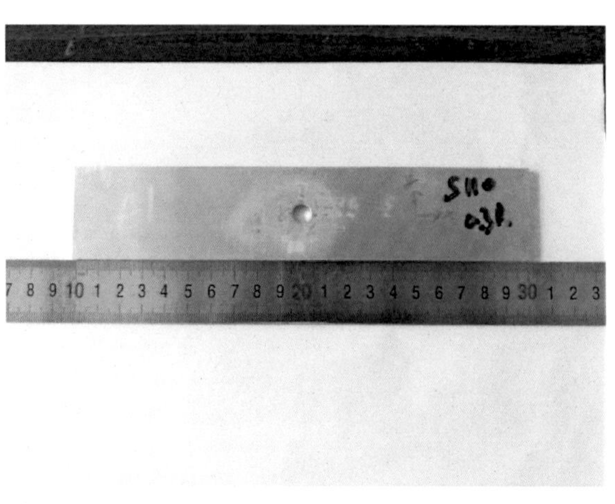

附图16　AA2397铝锂合金

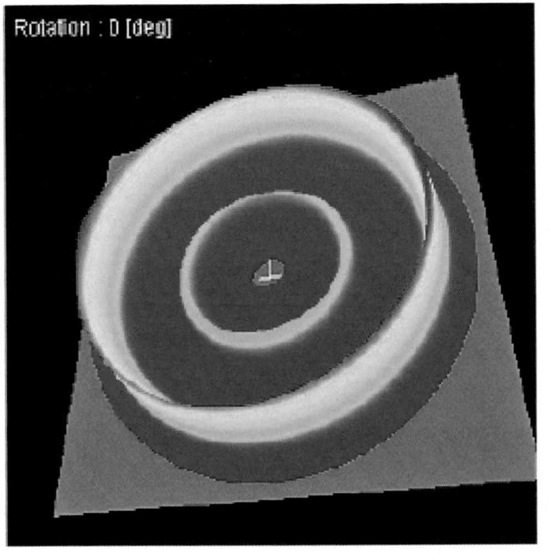

(a) 1点德拜环

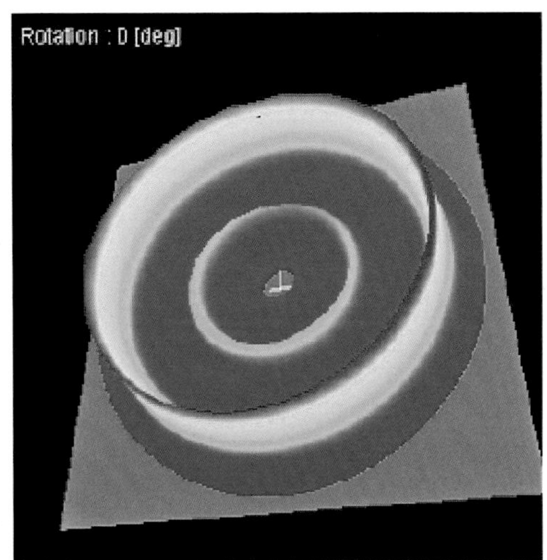

(b) 6点德拜环

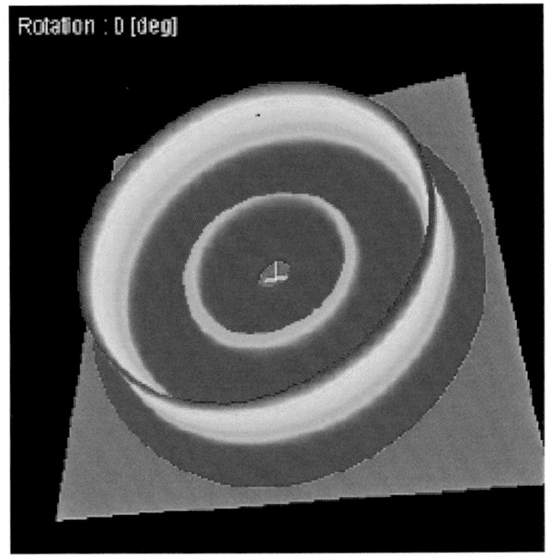

(c) 7点德拜环

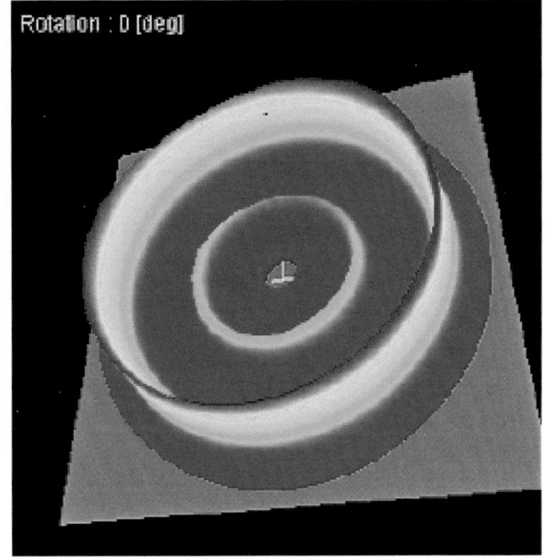

(d) 8点德拜环

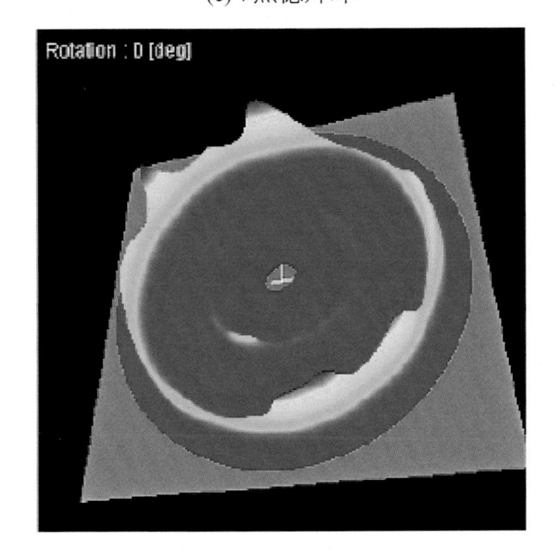

(e) 5点德拜环

附图17　二维面探测试部分结果(一)

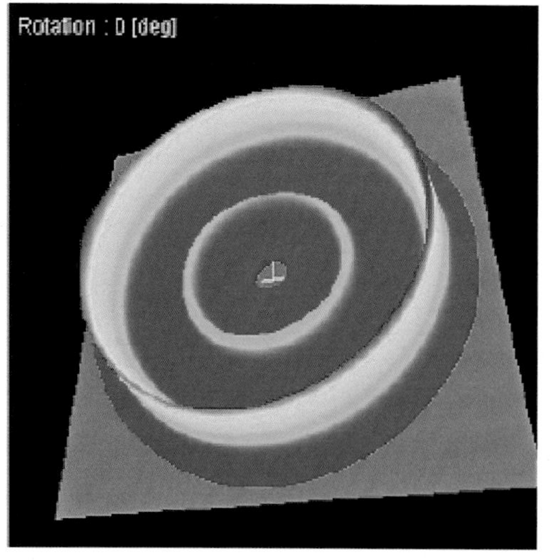

(a) 1点德拜环

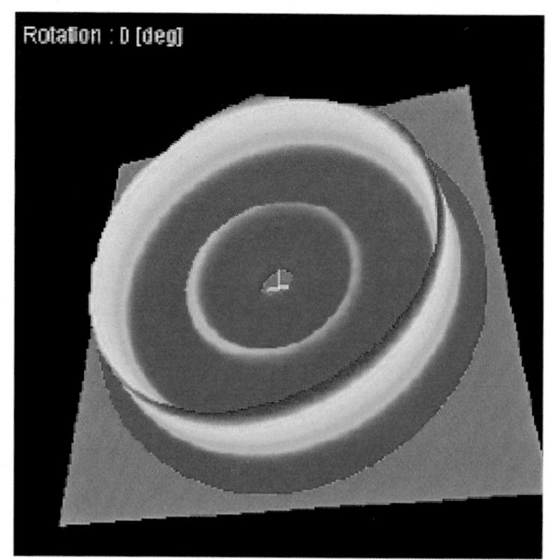

(b) 2点德拜环

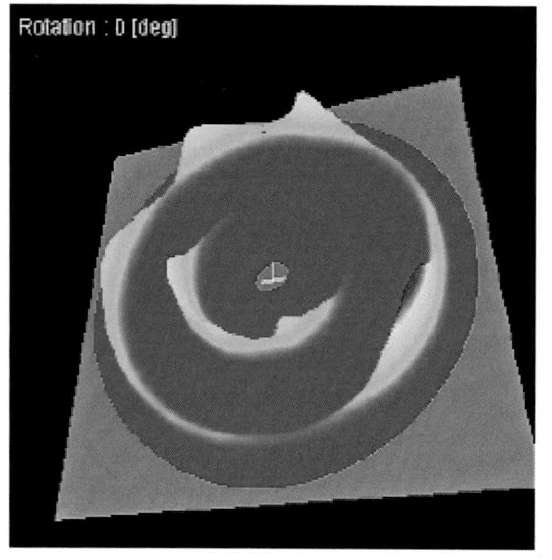

(c) 3点德拜环

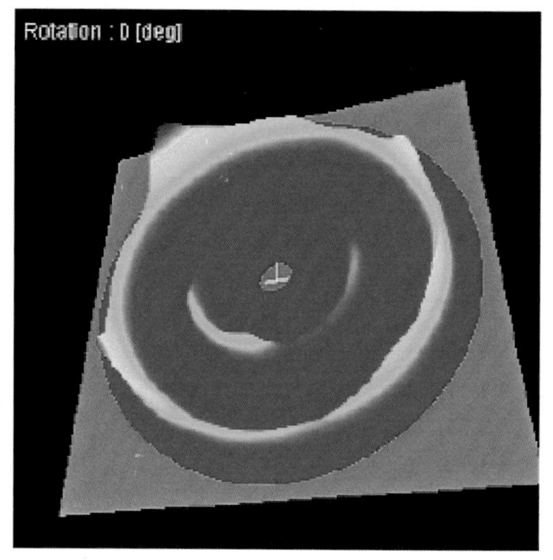

(d) 4点德拜环

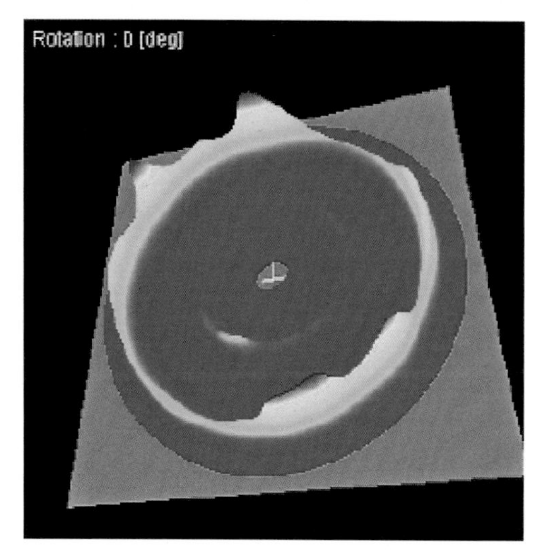

(e) 5点德拜环

附图18　二维面探测试部分结果(二)